国家社科基金
GUOJIA SHEKE JIJIN HOUQI ZIZHU XIANGMU
后期资助项目

生态现代化与气候治理
——欧盟国际气候谈判立场研究

Ecological Modernization and Climate Governance
—A Study on European Union's Positions in
International Climate Negotiations

李慧明 著

社会科学文献出版社
SOCIAL SCIENCES ACADEMIC PRESS (CHINA)

国家社科基金后期资助项目
出版说明

　　后期资助项目是国家社科基金设立的一类重要项目，旨在鼓励广大社科研究者潜心治学，支持基础研究多出优秀成果。它是经过严格评审，从接近完成的科研成果中遴选立项的。为扩大后期资助项目的影响，更好地推动学术发展，促进成果转化，全国哲学社会科学规划办公室按照"统一设计、统一标识、统一版式、形成系列"的总体要求，组织出版国家社科基金后期资助项目成果。

全国哲学社会科学规划办公室

序　言

　　全球气候变化已经成为当前人类社会面临的最严峻挑战之一。对此，国际社会采取了积极的应对措施，在联合国框架下通过了一系列国际协议，试图协调各国的不同立场和利益诉求，寻求问题的解决。正是由于全球气候变化对世界各国社会经济几乎全方位的影响以及国际社会的高度关注，全球气候治理问题也越来越成为影响国际秩序转型、全球政治重塑和地缘政治与地缘经济格局调整的关键性影响因素。长期以来，欧盟在全球气候治理中一直试图发挥积极的"领导"作用，成为推动全球气候治理的重要力量。因此，通过分析和研究欧盟的气候政策及其国际气候谈判立场，对于我们理解全球气候治理的实际进程及未来发展趋势有着非常重要的现实和理论意义。

　　当前，全球气候治理正处于十分关键的十字路口，2015 年底世界各国经过反复艰难谈判最终达成了具有里程碑意义的《巴黎协定》并于2016 年 11 月正式生效。正当国际社会沉浸在这种难得的胜利氛围准备为全球气候治理的进一步发展而铆足干劲的时候，美国总统特朗普却不顾国际社会的普遍反对，为一己之私利而宣布退出《巴黎协定》，又为全球气候治理带来了巨大的不确定性。当然，长期以来，美国对全球气候治理的政策立场始终处于反复摇摆之中，特朗普的宣布退出似乎也并不出人意料，但由此也更加窥见全球气候治理所具有的复杂性和艰巨性。正是由于上述原因，李慧明博士基于生态现代化理论，深入欧盟内部，深刻剖析欧盟的国际气候谈判立场及其背后的动机，对我们全面理解欧盟在全球气候治理中的政策立场及其采取这种政策立场的深刻动因，具有十分重要的价值，进而也为我们理解当前正在踯躅前行、缓慢推进甚至还有激烈反复的全球气候治理进程带来了重要的启示。

　　作为李慧明博士在中共中央编译局博士后科研工作站的博士后合作导师，他的平和性格、谦虚品质和严谨治学态度给我留下了深刻的印象。他的学术专著即将出版，对此我感到非常高兴、深表祝贺，并欣然应允作序。对他这几年在全球气候治理研究领域取得的一些成就，我倍感欣慰。希望他取得更大的成绩，为我国气候治理政策的制定乃至国际社会真正解决这一难题做一些更加有益的理论探索和实践尝试。

2015年底达成的气候治理《巴黎协定》预示着全球气候治理将迎来一个全新的阶段，全球气候治理的减排模式、资金援助、技术转让和能力建设等问题的解决也将不同于以往的京都时代和后京都时代。特朗普政府宣布退出《巴黎协定》对这一新旧模式的转换增加了巨大的不确定性，但全球气候治理的大趋势不会发生根本逆转，走向绿色发展和低碳经济已经成为全球性潮流，世界各国（包括美国的一些地方州和市）已经对低碳转型做出了严肃的思考和认真的部署。尤其是欧盟在全球气候治理中的一些应对理念和政策选择，值得我们深入审视和剖析。慧明博士的研究表明，长期以来，欧盟实质上就是秉持一种生态现代化的理念，在应对全球气候变化问题上采取非常积极的政策举措，比如相对高的减排目标、可再生能源发展目标和能源效率的提升目标，还有在欧盟内部实施的碳排放交易体系。所有这些政策举措实质上就是要推动欧盟的经济转型，尤其是大力促进欧盟清洁能源的技术进步和市场化，凭借欧盟在绿色技术领域、低碳市场领域和低碳转型的市场管理与政策领域的优势地位，进一步巩固和提升欧盟在国际体系中的优势地位，以便在未来的低碳经济竞争中处于更加有利的地位。为此，欧盟也做出了长期的规划和实践行动，在内部经济社会发展和能源转型方面，在外交和国际合作方面，欧盟都采取了一系列具有实效性和可行性的政策，也取得了较为明显的成就。在全球的绿色技术、生态产业市场和新能源开发与应用领域欧盟已经成绩不凡，其内部经济社会的生态现代化程度也达到一个相对较高的水平。所有这一切都表明，欧盟应对气候变化的生态现代化战略是一个相对较为成功的行动战略。但是，自2008年世界金融危机以来，欧盟内部面临越来越多的问题与挑战，这与正在发生深刻变化的国际秩序转型相互交织、相互影响，2016年的英国脱欧更加加剧了欧盟面临的诸多危机和不确定性。当前，世界经济复苏乏力，反全球化潮流涌现，欧盟面临的经济挑战、难民危机、民粹主义上升与极右势力抬头等问题与挑战，不但使欧洲的一体化步伐受到极大影响，而且使欧盟对全球气候治理议题的关注程度相对下降，这进一步强化了国际社会对全球气候治理前景的担忧。美国退出《巴黎协定》对欧盟的气候治理政策及在国际气候谈判中的立场无疑会产生较大影响，会进一步加大欧盟的减排压力，加重欧盟为发展中国家提供资金援助和技术转让等方面的国际责任。但是，正如2001年美国退出《京都议定书》后更加激发了欧盟在全球气候治理中发挥"领导"作用的雄心，此次美国宣布退出《巴黎协定》是否为欧盟发挥"领导"作用再次打开一扇"机会之窗"？从欧盟和法德意三国对美国特朗普宣布退出《巴黎协定》发表的声明来看，欧盟在全球气候治理问题上不会后退。虽然由于欧盟本身正在面临一系列问题与挑战，欧盟自身的政治意愿和治理能力都存在相对下降的趋势，但我们有理由相信欧盟会继续坚定贯彻和实施其做出的承诺，在应对全球气候变化这一事关全人类前途与命运的重大问题上，欧盟会继续加强与中国等发展中国家的合作，推动全球气候治理进程深入发展，为《巴黎协定》治理目标的实现做出应有的贡献。

　　李慧明博士《生态现代化与气候治理——欧盟国际气候谈判立场研究》一书立意高远，思路清晰，论点深刻，资料翔实，在理论和实践上对欧盟的气候治理战略进行了深刻而富有见地的探究，对我国在全球气候治理中的身份定位、政策制定和责任担当也具有重要的启示意义和借鉴价值。如前所述，当前全球气候治理正处于关键的十字路口，由于美国的后退和欧盟面临的复杂挑战，国际社会自然把目光聚焦于中国身上。对此，中国必须有清醒的认识，一方面，全球气候变化的严峻挑战已经越来越明显，应对全球气候变化的紧迫性日益突出，中国作为一个负责任的大国，必须承担起相应的责任，这与我国当前大力倡导的共同构建"人类命运共同体"的国际理念是相一致的，中国要在全球气候治理中体现大国担当；另一方面，中国仍然是一个发展中国家，内部地区发展不平衡，自身也面临生态环境退化的严峻挑战，中国必须量力而行，不能承担超过自身国力和能力的国际责任与义务。为此，中国必须统筹国际国内两个大局，坚定绿色发展道路，大力推进低碳转型。事实上，鉴于中国本身的人口规模和经济体量，中国自身顺利实现经济社会发展的低碳化，就是对全球气候治理的最大贡献。中国走绿色发展道路是我们实现经济社会可持续发展的内在需求，不会受外界影响和左右。中国经济正处于深度的结构调整期，积极应对气候变化，减少碳排放与能源转型，这也直接关乎我国当前面临的其他环境问题的治理，比如雾霾治理问题，直接关系当前的民生大计。同时，积极应对气候变化，也直接关系到转变我国粗放的生产方式，关系到我国产业结构的深刻调整，关系到我国经济社会发展的可持续性。因此，正如慧明博士在书中强调的，我们应该站在人类文明发展的大视野下来审视全球气候变化问题，来看待欧盟气候治理战略的成功经验和存在的局限性，然后才能深刻而理性地认识我们所处的国际形势，认清我国在全球气候治理中的身份与责任，从而采取相对正确的应对战略。

当前，国际形势复杂多变，世界风云变幻莫测，国际政治的不确定性明显增加。越是面临这种形势，越是需要我们冷静观察，奋发有为，方能不忘初心，实现我们的既定目标。越是在这种情况下，越是需要我们的研究人员和学者沉下心来，着眼于现实紧迫问题，埋头理论探索，不为一时一事所动，研究真问题，做出真学问，为国家的发展建言献策，为学术理论大厦添砖加瓦，做出我们学者应尽的贡献。

是为序。

曹荣湘

2017 年 7 月 1 日于太原

内容提要

全球气候变化是当今世界面临的最严峻的全球性挑战之一。在国际气候治理中欧盟采取了积极的政策立场，成为全球减排行动中最主要的推动者，并发挥领导带头作用。特别是 2001 年美国退出《京都议定书》之后，面对世界上唯一超级大国和最大温室气体排放者的放弃甚至抵制，欧盟不但没有放弃反而积极奔走斡旋，最终使议定书得以生效。那么，决定欧盟国际气候谈判立场的因素有哪些？其在国际气候谈判中采取积极立场并发挥领导带头作用的深层次动因有哪些？

本书从生态现代化理论视角出发，遵循以利益为基础的分析路径，对上述问题进行了剖析。生态现代化理论的核心理念就是环境保护与经济发展二者之间并不矛盾和对立，在适当和正确的政策指引下二者可以实现协同发展和双赢，环境保护不是经济活动的负担，而是未来经济可持续增长的前提。采取严格的环境政策和较高的环境标准不会伤害经济竞争力，反而会促进技术革新，形成领导型市场，促进生态产业的发展，通过环境技术和环境政策的扩散赢得更大的经济利益。全球气候变化严重制约了人类社会发展道路和手段的选择，走向低碳经济已经成为全球共识。本书认为，正是基于对走向低碳经济以及采取积极先驱政策能够带来巨大经济收益的强烈预期，欧盟采取了积极的气候政策和国际气候谈判立场。首先，生态现代化理念影响了欧盟在国际气候治理中的利益认知和利益界定，促使欧盟采取了积极的先驱政策；其次，欧盟采取的生态现代化战略给欧盟带来的生态现代化收益强化了生态现代化理念的影响，成为欧盟采取积极气候政策立场的深层次经济根源与内在动力；再次，欧盟内部的气候治理成效，亦即欧盟的生态现代化成效奠定了欧盟积极国际气候谈判立场的内部基础，为欧盟在国际气候治理中"通过榜样与示范发挥领导作用"提供了国际信用和合法性，而这种生态现代化成效也进一步强化了生态现代化理念对欧盟气候政策的影响，推动了欧盟采取积极的气候政策立场。

　　具体而言，本书把上述三个变量（生态现代化理念、生态现代化收益、生态现代化成效）作为自变量，运用生态现代化理论来分析这三个变量与欧盟国际气候谈判立场（因变量）之间的互动关系，从而揭示这些因素影响欧盟气候政策及其国际气候谈判立场的路径与方式。

　　以上研究路径决定了本书所采取的主要架构。本书分为七大部分。第一部分是导论。提出了所要研究的问题，分析了国内外研究现状，然后在现有研究的基础上提出了自己的研究视角，界定了研究对象并提出本书的主要研究方法。第二部分为本书的理论阐释部分，主要是在阐述全球气候变化问题的科学性与严重影响的基础上，简要阐释了应对和解决环境问题的主要思潮和理论，进而阐述生态现代化理论的核心观点和理论框架，在理论阐释的基础上提出了本书的理论分析框架、主要变量与研究假设。第三部分是背景介绍。从历史演变的视角对国际气候谈判的发展历程以及欧盟国际气候谈判立场变迁进行梳理，以便为分析和探讨影响欧盟国际气候谈判立场提供一个深刻的历史背景。第四部分是本书的主体，分为三章。第三章“生态现代化理念与欧盟的国际气候谈判立场”。首先从理论上剖析了生态现代化理念的政策导向，然后通过对欧盟气候政策文件与欧盟相关领导人言论的话语分析以及对欧盟气候政策措施的分析，从理论上阐释了生态现代化理念对欧盟气候政策及其国际气候谈判立场的影响及其路径。第四章“生态现代化收益与欧盟的国际气候谈判立场”。首先从一般意义上概述了应对气候变化过程中的生态现代化收益对一个国家（集团）气候政策立场的重要影响，然后着重从理论和事实两方面论述了利益考量在欧盟整个气候战略中的重要影响以及应对气候变化在欧盟里斯本战略与可持续发展战略中的地位，在此基础上阐述了生态现代化收益对欧盟气候政策立场选择的重要影响及其路径，最后通过气候变化减缓技术、生态产业以及能源效率提高与可再生能源发展三个指标对欧盟在应对气候变化过程中的生态现代化收益与美国和日本的收益进行了量化比较分析，以此对欧盟在气候治理行动中的生态现代化收益有了一个定量判断，然后据此来证实生态现代化收益与欧盟应对气候变化的积极政策立场之间的相关关系。第五章“生态现代化成效与欧盟的国际气候谈判立场”。首先从理论上分析了欧盟气候治理内部行动与国际行动之间的相互影响关系，然后分析了欧盟内部生态现代化成效（气候治理成效）对欧盟国际气候谈判立场的重要影响，最后通过对欧盟气候治理的环境成效与经济成效以及欧盟本身的生态现代化指数与美国和日本的量化比较，来证实生态现代化成效与欧盟积极气候政策立场之间的相关性。第五部分专门探讨欧盟生态现代化视野下的气候外交，从全球气候外交和欧盟气候外交的历史发展演变，分析欧盟积极推动气候外交的动因，意在揭示欧盟推动器国际气候谈判立场的外在向度及其深刻根源。第六部分案例分析。本书选取两个典型案例进行分析，第一主要分析欧盟后京都国际气候谈判立场的形成，也就是 2007～2008 年欧盟"20/20/20"战略的形成，具体剖析欧盟国际气候谈判立场形成的背景、过程以及影响因素，由此来看本书提出的三个分析变量是否影响了欧盟后京都国际气候谈判立场的形成；第二是分析欧盟各成员国生态产业的发展状况对其气候政策立场的影响，以此来证明生态现代化战略对欧盟内部成员国的气候政策立场也具有重大影响。第七部分是研究问题的延伸和结论。从人类文明发展的大视野出发，对欧盟的气候治理战略进行全面系统地评价，分析其在当前全球气候治理中的重大引领性价值及对未来人类社会发展方向的启示性意义，同时也分析其存在的缺陷及改进的方向，并提出对我国气候治理的启示。最后是本书研究视角的立意与初衷、本书的研究结论及值得进一步探讨的问题。

通过理论论证和量化分析，本书得出如下结论。第一，生态现代化理念影响了欧盟在气候变化问题上的利益认知和利益界定，促使欧盟在国际气候治理中采取了积极政策立场。生态现代化理念使欧盟认为采取积极的先驱政策可以为欧盟带来先行者优势，并赢得未来低碳经济的主导权，最终为欧盟带来巨大收益。生态现代化理念为欧盟在气候变化问题上提供了行动路线图，为协调欧盟各种利益集团与成员国之间的利益充当了一种焦点和黏合剂，并且嵌入欧盟的气候制度当中影响了欧盟的政策选择。第二，通过明确坚定的减排行动促进欧盟低碳技术的革新并使之成功市场化，打造气候变化领域的"领导型市场"，发展新兴生态产业，通过提高能源效率和发展可再生能源节约经济成本并提高能源安全，这些都是欧盟制定积极气候政策的重大利益考量，也是欧盟里斯本战略和可持续发展战略的核心理念。而欧盟的气候治理行动也确实为欧盟赢得了较高的生态现代化收益，与美国和日本相比，欧盟在气候变化减缓技术、生态产业以及能源效率提高与可再生能源发展导致的经济节约与能源安全的提升这三大方面都获得了相对较高的收益，这种生态现代化收益强化了生态现代化理念对欧盟气候政策立场的影响，生态现代化理念与生态现代化收益形成了一种良性相互强化关系，成为欧盟采取积极气候政策立场的深层次经济根源和内在动力。第三，生态现代化成效奠定了欧盟"通过榜样与示范进行领导"的内在基础，为欧盟采取积极的气候政策立场赢得了国际信誉。与美国和日本相比，欧盟气候治理取得了相对较好的环境和经济成效，并且，整体而言，欧盟经济社会的生态现代化程度要高于美日。这种生态现代化成效强化了生态现代化理念对欧盟气候政策的影响，生态现代化理念与生态现代化成效形成了一种良性相互强化关系，推动欧盟采取积极的气候政策立场。较高的生态现代化成效与欧盟积极的气候政策立场之间存在明显的正相关关系。第四，欧盟的气候治理战略有着深刻的政治和经济利益考量，在全球气候变化对世界各国经济社会发展约束日益趋紧，走向低碳经济已经成为全球性共识的前提，欧盟试图通过生态现代化战略对内促使产业结构升级，抢占低碳经济的先机，赢得未来低碳经济的主导权。第五，如果说走向低碳经济已经成为人类社会未来发展的理性选择，那么，欧盟的道路至少迄今为止是朝着较为正确的方向发展，在某种意义上代表了人类未来的发展趋势，对其他国家和地区的气候治理具有重要的参考价值和借鉴意义。

　　当然，欧盟的气候政策立场是一个多种因素复杂作用的结果，影响欧盟气候政策立场的因素不仅仅在于上述三个变量，本书的研究主要意在揭示欧盟积极气候政策立场背后的生态现代化理念以及这种理念影响下的生态现代化收益与其气候治理成效的重大影响，亦即欧盟采取积极政策立场的经济利益动机。而这种应对气候变化的理念与战略可以给其他国家带来许多重要的启示和值得借鉴的方面。

目 录

导 论 ……………………………………………………………… 1

    第一节 问题的提出及研究意义 …………………………… 1

    第二节 研究现状综述 …………………………………… 9

    第三节 研究视角与基本概念界定 ……………………… 35

    第四节 研究方法及全书结构 …………………………… 40

第一章 气候变化与生态现代化理论：理论框架与变量关系 …… 43

    第一节 全球气候变化：人类面临的挑战 ……………… 43

    第二节 生态现代化理论的核心主张与理论框架 ……… 55

    第三节 分析框架、基本变量与研究假设 ……………… 77

第二章 国际气候谈判与欧盟的政策立场：历史与事实 ……… 86

    第一节 国际气候谈判的发展与演进 …………………… 86

    第二节 欧盟国际气候谈判立场：变与不变之间 ……… 106

第三章 生态现代化理念与欧盟的国际气候谈判立场 ……… 123

    第一节 生态现代化理念的政策导向 …………………… 123

    第二节 生态现代化理念与欧盟气候政策的相关性分析 ……… 126

    第三节 生态现代化理念对欧盟国际气候谈判立场的影响 … 148

    本章小结 ………………………………………………… 158

第四章 生态现代化收益与欧盟的国际气候谈判立场 ……… 160

    第一节 气候治理与生态现代化收益 …………………… 160

    第二节 生态现代化收益与欧盟国际气候谈判立场：

            定性分析 ………………………………………… 171

    第三节 生态现代化收益与欧盟国际气候谈判立场：

            定量分析 ………………………………………… 183

    本章小结 ………………………………………………… 213

第五章　生态现代化成效与欧盟的国际气候谈判立场　…………　214

　　第一节　欧盟气候治理的双重向度及其相互关系　………　214

　　第二节　生态现代化成效与欧盟国际气候谈判立场：

　　　　　　定性分析　………………………………………　219

　　第三节　生态现代化成效与欧盟国际气候谈判立场：

　　　　　　定量分析　………………………………………　226

　　本章小结　………………………………………………　238

第六章　生态现代化理论视野下的欧盟气候外交分析　………　239

　　第一节　欧盟气候外交的发展与演变　…………………　239

　　第二节　欧盟气候外交的动因分析　……………………　276

　　第三节　欧盟气候外交的成效及其局限　………………　284

　　本章小结　………………………………………………　292

第七章　案例分析　……………………………………………　294

　　第一节　欧盟后京都国际气候谈判立场的形成　………　294

　　第二节　生态现代化与欧盟成员国的气候政策分析　…　305

第八章　人类文明发展视野下的欧盟气候治理战略审视与评价　…　323

　　第一节　全球气候变化刚性约束下的人类低碳发展之路　………　323

　　第二节　欧盟气候治理生态现代化战略的价值与局限　………　341

　　第三节　欧盟气候治理战略对中国的启示　………………　349

结　论　……………………………………………………………　358

参考文献　…………………………………………………………　368

附录　英文首字母缩略词表　……………………………………　405

致　谢　……………………………………………………………　407

图目录[*]

图 0 - 1 对国际环境管理（谈判）不同态度的国家分类 ………… 12
图 0 - 2 全球环境体系中的国内因素 ……………… 15
图 1 - 1 全球人为二氧化碳排放 ……………… 45
图 1 - 2 全球平均陆地和海洋表面温度变化 ……………… 45
图 1 - 3 全球平均温室气体浓度变化 ……………… 46
图 1 - 4 二氧化碳浓度"科林曲线" ……………… 46
图 1 - 5 全球年度平均气温和二氧化碳浓度持续上升
（1880~2007 年） ……………… 48
图 1 - 6 与预估的全球平均地表温度升高有关的影响实例 ………… 49
图 1 - 7 受气候灾害影响的人口数量 ……………… 51
图 1 - 8 近几十年世界洪水灾害发生的次数 ……………… 52
图 1 - 9 现代环境治理的层次 ……………… 67
图 1 - 10 环境革新的扩散模式 ……………… 73
图 1 - 11 生态现代化隐含的"二元结构" ……………… 78
图 1 - 12 生态现代化双重向度结构模型 ……………… 78
图 1 - 13 影响国家（集团）气候政策立场的内部因素 ……………… 82
图 1 - 14 欧盟国际气候谈判立场的内部根源 ……………… 84
图 3 - 1 欧盟委员会发布的气候政策文件数量（1988~
2016 年） ……………… 130
图 3 - 2 欧盟环境部长理事会涉及气候问题次数
（1990~2016 年） ……………… 131
图 3 - 3 部长理事会和欧洲理事会结论中把气候变化视为一个
经济机遇的次数 ……………… 132

---

[*] 特别说明：本书所用图表资料，除注明资料来源和出处的，其余均为作者自己整理、汇编和绘制。

图 3 - 4   2008 年欧盟 "气候行动与可再生能源一揽子计划" 的
         基本结构 ……………………………………………… 145

图 3 - 5   "努力共享决定" 规定的欧盟 27 个成员国 "ETS" 没有
         覆盖部门的温室气体减排目标（到 2020 年与 2005 年
         相比）………………………………………………… 146

图 3 - 6   欧盟国际气候谈判立场形成的三层博弈 …………… 152

图 3 - 7   欧盟气候变化规划结构 ……………………………… 157

图 4 - 1   环境技术世界市场总额（2005～2020 年）………… 167

图 4 - 2   世界环境技术增长率（2005～2020 年，CAGR）… 167

图 4 - 3   "绿色" 技术中的创新 - 科学环节（2000～2007 年）… 168

图 4 - 4   相比所有行业而言，减缓气候变化技术的创新趋势 … 168

图 4 - 5   技术成本会随着时间下降 …………………………… 170

图 4 - 6   欧盟气候战略结构 …………………………………… 172

图 4 - 7   生态现代化收益与欧盟气候谈判立场结构 ……… 181

图 4 - 8   可再生能源技术专利的国家分布比例（2005 年）… 185

图 4 - 9   汽车污染控制技术专利的国家分布比例（2005 年）… 186

图 4 - 10   专利合作条约下环境技术专利的国家比例
         （2004～2006 年）…………………………………… 187

图 4 - 11   太阳热和太阳光电技术发明国家（地区）所占份额
         （1978～2007 年）…………………………………… 188

图 4 - 12   部分国家环境相关技术专利申请的数量（1990～
         2009 年）……………………………………………… 189

图 4 - 13   欧盟、美国与中国部分环境管理专利申请数量比较 …… 189

图 4 - 14   欧盟、美国与中国部分可再生能源技术专利申请数量
         比较 ………………………………………………… 190

图 4 - 15   欧盟、美国与中国部分能源效率技术专利申请数量
         比较 ………………………………………………… 190

图 4 - 16   低碳产业的分类 ……………………………………… 198

图 4 - 17   2011/2012 年度全球低碳环保产品和服务的销售额 … 200

图 4 - 18   对欧盟生态产业总额的各种评估数据比较 ……… 200

图 4 - 19   全球部分生态产业中欧盟的市场份额比例 ……… 201

图 4 - 20 低碳环保产品和服务的规模和年均增长率 (2007 ~ 2011 年) ……………………………………………… 202

图 4 - 21 欧盟、日本和美国生态产业出口水平 (1999 ~ 2006 年) ……………………………………………… 204

图 4 - 22 欧盟、日本和美国生态产业出口增长率 (1999 ~ 2006 年) ……………………………………………… 205

图 4 - 23 欧盟部分产业就业人数比较 (2005 年) ………… 207

图 4 - 24 欧盟一次能源消费量变化 (2005 ~ 2015 年) …… 211

图 4 - 25 欧盟 28 国能源净进口数量变化——所有燃料 ——— 212

图 5 - 1 2007 年欧盟民意调查公众对气候变化问题的态度 ……… 223

图 5 - 2 欧洲公民认为当今世界面临的最严重的问题民意调查 …… 224

图 5 - 3 环境政策革新的全球扩散: 5 个政策革新的例子 ……… 225

图 5 - 4 欧盟实际 GDP、温室气体排放和温室气体排放强度变化 (1990 ~ 2014 年) ……………………………………… 228

图 5 - 5 欧盟 15 国部分成员国全球竞争力指数排名 (2001 ~ 2015 年) (Ⅰ) ……………………………………… 231

图 5 - 6 欧盟 15 国部分成员国全球竞争力指数排名 (2001 ~ 2015 年) (Ⅱ) ……………………………………… 231

图 5 - 7 OECD 国家温室气体排放趋势与 GDP 增长趋势 (1990 = 100) ……………………………………………… 233

图 6 - 1 世界主要国家国内生产总值 (GDP) 变化 ……… 277

图 6 - 2 世界主要国家二氧化碳排放 (1992 ~ 2011 年) … 278

图 6 - 3 欧盟应对气候变化的综合安全保障战略 ………… 284

图 7 - 1 欧盟 27 国原油进口来源地及比例 (2007 年) …… 295

图 7 - 2 1999 年欧盟 15 国生态产业总额比重 ……………… 312

图 7 - 3 2004 年欧盟 15 国生态产业比重 (占欧盟 25 国总额比例) ……………………………………………… 312

图 7 - 4 2008 年欧盟生态产业比重 ……………………………… 313

图 7 - 5 1999 年欧盟 15 国生态产业总额占该国 GDP 比重 ……… 313

图 7 - 6 2008 年欧盟 15 国生态产业总额占该国 GDP 比重 ……… 314

图 7 - 7　2004 年欧盟 15 国生态产业进出口总额占比重（占欧盟
　　　　　25 国的比例）…………………………………………… 315

图 7 - 8　1999 年欧盟 15 国生态产业就业人数占欧盟生态产业
　　　　　就业人数的比重 ………………………………………… 316

图 7 - 9　2008 年欧盟 15 国生态产业就业人数占该国总就业
　　　　　人数的比重 …………………………………………… 316

图 8 - 1　最终总体消费燃料量各成分所占份额 ………………… 335

图 8 - 2　环境技术与资源利用效率领导型市场全球份额 ……… 337

图 8 - 3　潜在气候产品提供者全球贸易份额（2002～2012 年）…… 338

图 8 - 4　全球生态足迹不断增长 ………………………………… 340

图 8 - 5　1961 年至 2010 年间高收入、中等收入和低收入国家
　　　　　人均生态足迹 ………………………………………… 340

图 8 - 6　环境退化和自然资源消耗占国民收入的百分比
　　　　　（2008 年）…………………………………………… 351

图 8 - 7　中国人口、生物承载力与生态足迹占世界比重 ……… 352

图 8 - 8　中国人均生态足迹的组分构成（1961～2008 年）………… 353

表目录

表 0 - 1　世界主要发达国家/地区二氧化碳减排情况（相对于
1990 年）……………………………………………………… 4

表 0 - 2　OECD 发展援助委员会（DAC）成员与气候变化
相关的援助 …………………………………………………… 5

表 0 - 3　欧盟、日本、美国在国际气候治理中的表现 ……………… 7

表 0 - 4　环境政策类型 ………………………………………………… 10

表 0 - 5　国家内部政治利益集团分类 ………………………………… 12

表 1 - 1　大气中近 200 年主要温室气体含量的变化 ………………… 46

表 1 - 2　海平面上升的影响 …………………………………………… 50

表 1 - 3　生态现代化理论的发展阶段 ………………………………… 60

表 1 - 4　环境政策模式 ………………………………………………… 61

表 1 - 5　生态现代化的类型 …………………………………………… 64

表 1 - 6　两种生态现代化概念 ………………………………………… 64

表 2 - 1　1995 年柏林会议前的国际气候谈判进程 ………………… 94

表 2 - 2　柏林授权特设工作组（AGBM）谈判进程 ………………… 96

表 2 - 3　国际气候谈判发展历程 I（20 世纪七八十年代 ~
1994 年）…………………………………………………… 104

表 2 - 4　国际气候谈判发展历程 II（1995 ~ 2015 年）…………… 105

表 2 - 5　1997 年和 1998/2002 年欧盟责任共担协议 ……………… 112

表 3 - 1　"生态现代化理论"的政策导向 …………………………… 126

表 3 - 2　欧盟气候变化政策"话语"与"生态现代化理念"
比较 ………………………………………………………… 138

表 3 - 3　欧盟成员国 2005 年可再生能源在最后能源消费中的
份额及 2020 年发展目标 ………………………………… 146

表 3 - 4　欧盟在气候变化问题上采取一些重大决策时的欧盟理事会
轮值主席国和"三驾马车" ……………………………… 153

表 4 - 1　部分目前已经商业化的关键减排技术和做法 …………… 166

表 4 - 2　欧盟第七个研究框架规划与气候变化有关的研究 ………… 178

表 4 - 3　世界领先发明国家气候变化减缓技术专利的排名
　　　　（1988～2007 年） ……………………………………… 188

表 4 - 4　欧盟、美国与中国与环境相关的技术专利申请份额和
　　　　增长率 …………………………………………………… 191

表 4 - 5　经合组织 10 个主要气候变化减缓技术专利发明国家的专利
　　　　出口比例（1990～2005 年） …………………………… 192

表 4 - 6　部分国家的气候变化减缓技术发明出口比例（2000～
　　　　2005 年） ………………………………………………… 192

表 4 - 7　气候变化减缓技术中的主要双边转让关系（1988～
　　　　2007 年） ………………………………………………… 193

表 4 - 8　生态产业分类 …………………………………………… 196

表 4 - 9　低碳环保产品和服务 …………………………………… 197

表 4 - 10　2011/2012 年度全球低碳环保产品和服务的产值前 50 名
　　　　部分国家 ………………………………………………… 202

表 4 - 11　世界主要国家之间生态产业贸易量（2007 年） ………… 204

表 4 - 12　欧盟 27 国生态产业就业人口（2000～2012 年） ……… 205

表 4 - 13　欧盟 27 国生态产业各部门就业人口增长率 …………… 206

表 4 - 14　可再生能源部门世界和部分国家就业人数评估
　　　　（2006 年） ……………………………………………… 207

表 4 - 15　欧盟、美国和日本在低碳型产业国际竞争中的比较
　　　　优势 …………………………………………………… 209

表 5 - 1　"领导"模式分类 ………………………………………… 215

表 5 - 2　环境政策中的先驱国家：政策革新或采用（1970～
　　　　2000 年） ………………………………………………… 226

表 5 - 3　欧盟成员国环境表现指数（EPI）与美、日比较 ………… 229

表 5 - 4　八国集团气候评分卡 …………………………………… 230

表 5 - 5　部分 OECD 国家近年来环境指标与经济脱钩的指标
　　　　脱钩率 …………………………………………………… 233

表 5 - 6　2004 年生态现代化指数的世界前 20 名 ………………… 234

表 5 - 7　2004 年欧盟成员国生态进步指数与美、日比较 …………… 235

表 5 - 8　2004 年欧盟成员国经济生态化指数与美、日比较 ………… 236

表 5 - 9　2004 年欧盟社会生态化指数与美、日比较 ……………… 237

表 7 - 1　欧盟理事会轮值主席国（2004～2008 年）………………… 304

表 7 - 2　欧盟 15 国生态产业实力评估 ………………………………… 317

表 7 - 3　欧盟 15 国气候政策及立场理论预测划分 …………………… 317

表 7 - 4　欧盟 15 国气候政策及立场现实表现分类 …………………… 319

表 8 - 1　中国能源消费总量及构成（2009～2015 年）……………… 352

导　论

第一节　问题的提出及研究意义

一　研究问题的界定——欧盟在国际气候谈判中的立场

全球气候变化（Global Climate Change – GCC）[①] 是当今世界所面临最严峻的全球性挑战之一，现在俨然从一个科学和环境问题已经上升为一个国际社会广泛关注的"高级政治"（high politics）问题。[②] 欧盟[③]是国际气候谈判中最为重要的博弈者之一。1990 年联合国正式启动国际气

[①] 对于气候变化问题，在国际政治议程和学术界有两个经常交互使用的词："气候变化"（climate change）与"全球变暖"（global warming），事实上，当前人们所理解的"气候变化"主要是指"全球变暖"，这两个词虽然有时交互使用，但还是有些差别。"气候变化"是个相对中性的词，它的指涉范围要比"全球变暖"更大。科学意义上的气候变化是指气候平均状态统计学意义上的巨大改变或者持续较长一段时间（典型的为10 年或更长）的气候变动。政府间气候变化专门委员会（IPCC）对气候变化的定义是气候随着时间推移发生的任何变化，无论是由于自然因素还是人类活动。而《联合国气候变化框架公约》（UNFCCC）对"气候变化"的定义是"指除在类似时期内所观测的气候的自然变异之外，由于直接或间接的人类活动改变了地球大气的组成而造成的气候变化"，它主要强调人类活动引发了地球气候系统的变化；而"全球变暖"主要指由于温室气体排放引发温室效应而导致全球气温上升的趋势，它是气候变化的最主要特征。本书除非特别说明，采用 UNFCCC 的定义。

[②] Sebastian Oberthür, "The Role of the EU in Global Environmental and Climate Governance," in Mario Telo ed. , *European Union and Global Governance*, London：Routledge, 2009, p. 194；Claire Roche Kelly, Sebastian Oberthür qnd Marc Pallemaerts, "Introduction," in Sebastian Oberthür qnd Marc Pallemaerts eds. , *The New Climate Policies of the European Union：Internal Legislation and Climate Diplomacy*, Brussels：VUBPRESS, Brussels University Press, 2010, p. 12.

[③] 本书的研究对象是欧盟的国际气候谈判立场，鉴于欧洲联盟（欧盟）是从欧洲一体化进程中逐步发展而来，其前身可以追溯到 20 世纪 50 年代成立的欧洲煤钢共同体、后来的欧洲共同体，直至 1992 年经过《欧洲联盟条约》才正式发展成为欧盟，因此，本书出于行文的方便，在泛指的情况下统称为"欧盟"，在其他行文中，把 1992 年前的欧洲一体化机构称为"欧共体"，之后称为"欧盟"。

候谈判以来，"欧盟是国际气候谈判的最初发起者，一直是全球减排最主要的推动力，并希望担当谈判领导者的角色"。① 而且欧盟事实上也是事实上的京都进程以及后京都时代国际气候谈判领导者，② 在《联合国气候变化框架公约》（以下简称《公约》）及其《京都议定书》的谈判与生效过程中发挥"领导"作用。③ 欧盟自身也多次宣称和强调其在国际气候治理中发挥领导与带头作用。那么，具体而言，欧盟在国际气候治理和国际气候谈判中到底发挥了怎样的作用呢？我们需要具体经验事实的佐证。一般而言，国际气候治理中每个国家的作用是不同的，根据其大小大致可分为四类：领导者，积极参与者，旁观者（搭便车）与拖后腿者。而判断依据和主要指标有以下几点：（1）对全球气候变化的关注程度；（2）对国际气候谈判的参与程度；（3）对国际气候条约的履约程度；（4）国际气候治理过程中的对外援助力度；（5）国际气候谈判中提出的减排目标和措施的激进程度。④ 接下来根据以上五个指标对国际气候治理中欧盟的作用和地位进行一个大致界定。

第一，对气候变化问题的关注程度。欧盟是国际上最早对气候变化问题进行关注的行为体之一。早在 1986 年欧洲议会就通过了一份决议，承认需要在共同体层面采取应对气候变化的措施。⑤ 1988 年欧共体委员

---

① 崔大鹏：《国际气候合作的政治经济学分析》，北京：商务印书馆，2003 年版，第 103 页。

② 薄燕：《"京都进程"的领导者：为什么是欧盟不是美国？》，《国际论坛》2008 年第 5 期，第 1~7 页；Sebastian Oberthür and Claire Roche Kellz, "EU Leadership in International Climate Policy: Achievements and Challenges," *The International Spectator*, Vol. 43, No. 3, 2008, pp. 35–50.

③ Bert Metz, Marcel T. J. Kok, Jelle G. Van Minnen, Andre De Moor and Albert Faber, "How Can the European Union Contribute to a COP–6 Agreement? An Overview for Policy Makers," *International Environmental Agreements: politics, Law and Economics*, Vol. 1, No. 2, 2001, pp. 167–185; Magnus Andersson and Arthur P. J. Mol, "The Netherland in the UNFCCC Process—Leadership between Ambition and Reality," *International Environmental Agreements: politics, Law and Economics*, Vol. 2, No. 1, 2002, pp. 49–68.

④ 参见张海滨《环境与国际关系：全球环境问题的理性思考》，上海：上海人民出版社，2008 年版，第 267~277 页，本书根据其论述稍做了修改。

⑤ Nigel Haigh, "Climate Change Policies and Politics in the European Community," in: Tim O'Riordan and Jill Jäger eds., *Politics of Climate Change*, London: Routledge, 1996, p. 161; Heike Schöder, *Negotiating The Kyoto Protocol: An analysis of negotiation dynamics in international negotiations*, Münster: LIT, 2001, p. 27.

会通过了第一份官方文件呼吁采取应对气候变化的行动。① 在 1990 年 6 月的都柏林欧洲理事会——欧共体首脑会议上，欧共体就呼吁尽早采取措施限制温室气体排放。紧接着 10 月的欧共体能源与环境联合部长理事会通过了一个协定，规定欧共体作为一个整体在 2000 年把温室气体排放稳定在 1990 年的水平。② 此后，从 1990 年国际气候谈判开始直到现在，气候变化问题始终是欧盟议事日程高度关注的一个问题。特别是 2001 年美国退出《京都议定书》之后，欧盟并没有退却，而是积极采取外交行动，促使议定书在 2005 年最后生效。2009 年 12 月哥本哈根气候会议之后欧盟环境部长理事会发表了主席结论，认为"气候变化挑战并没有减弱，而是需要去做更多的工作，要有一个期限清晰、时间紧凑的计划安排。欧盟将继续提供支持并发挥领导作用"。③

第二，对国际气候谈判的参与程度。北京大学学者张海滨提出用如下三个指标来衡量行为体对国际环境谈判的参与程度：（1）加入了多少国际环境条约？（2）在国际环境谈判的议程设定上发挥了多大作用？（3）在国际环境谈判的关键时刻发挥了什么作用？④ 从这三个指标来看，毫无疑问，欧盟堪称国际气候谈判的最积极参与者。如上所述，欧盟是国际气候谈判的发起者，也是世界上较早批准《公约》及其《京都议定书》的行为体。欧盟在国际气候谈判的议程设定上也发挥了主导作用，比如 1990 年提出的温室气体排放稳定目标，1997 年提出的明确减排目标和时间表，以及《京都议定书》达成之后的几次重要缔约方会议的议

① CEC, *The Greenhouse Effect and the Community. Commission Work programme concerning the evaluation of policy options to deal with the greenhouse effect*, COM (88) 656 final, Brussels.

② Heike Schöder, *Negotiating The Kyoto Protocol: An analysis of negotiation dynamics in international negotiations*, Münster: LIT, 2001; Nigel Haigh, "Climate Change Policies and Politics in the European Community," in Tim O'Riordan and Jill Jäger eds., *Politics of Climate Change: a European perspective*, London: Routledge, 1996, pp. 161 - 162.

③ Council of The European Union, Presidency Conclusions on COP15 - Copenhagen Climate Conference, availible at: http://www. consilium. europa. eu/App/NewsRoom/loadDocument. aspx?id = 356&lang = EN&directory = en/envir/&fileName = 112067. pdf, accessed on 22 February 2010.

④ 张海滨：《环境与国际关系：全球环境问题的理性思考》，上海：上海人民出版社，2008 年版，第 268 页。

程设定，欧盟都发挥了主导作用。而且，在美国退出《京都议定书》之后的关键时刻，以及随后几次使京都机制具体化的国际气候谈判关键时刻，欧盟也都发挥了建设性推动作用。再比如从1995年《公约》第1次缔约方会（COP1）到2015年第21次缔约方会议（COP21），其中在欧盟成员国或在欧洲召开的有9次。从这一点也可窥见欧盟对国际气候谈判的参与程度。

第三，对国际气候条约的履约程度。奠定全球气候变化体制的国际条约就是《公约》及其《京都议定书》。也只有《京都议定书》明确规定了发达国家和经济转型国家的减排目标和时间表。从目前有关国家对京都目标的履行程度来看（见表0-1），在《京都议定书》规定的第一承诺期（2008~2012），只有欧盟作为一个整体（the Bubble）超额实现了目标，而且已经提前实现了其在2008年提出的减排20%的目标（到2020年在1990年的基础上减排20%）；而同时期美国、加拿大、日本、澳大利亚等都没有实现其排放目标。

表0-1　世界主要发达国家/地区二氧化碳减排情况（相对于1990年）

国家/地区	排放现状（2014年）	《京都议定书》目标（国家目标）
欧盟	-21%	-8%
法国	-15%	-8%（0%）
德国	-24%	-8%（-21%）
英国	-28%	-12.5%（-20%）
意大利	-20%	1%（-10%）
荷兰	0%	-6%
加拿大	26%	-6%
日本	9%	-6%
澳大利亚	48%	8%
美国	7%	-7%

注：（1）表中正值代表增排，负值代表减排；（2）欧盟指1997年签订《京都议定书》时的15个成员国；（3）美国没有批准《京都议定书》。

资料来源：PBL Netherlands Environmental Assessment Agency, *Trends in global CO_2 emissions*: 2015 *Report*, The Hague, 2015, p. 31.

第四，国际气候治理中的对外援助力度。金融援助和技术转让始终是国际气候谈判的焦点问题之一。作为对全球气候变化负有主要历史责任的发达国家，其在资金和技术上占据优势，并有义务对发展中国家进行援助。根据经合组织（OECD）与气候变化相关的援助统计资料，欧盟国家和欧盟本身的气候援助是比较积极的，尽管日本处于领先地位（见表 0 - 2）。

表 0 - 2   OECD 发展援助委员会（DAC）成员与气候变化相关的援助

单位：百万美元

	1998 年	1999 年	2000 年	2005 年	2006 年	2007 年
欧盟	—	—	—	172. 2	535. 3	320. 3
德国	490. 7	846. 9	224. 4	981. 0	1216. 5	—
法国	64. 1	9. 5	13. 5	231. 7	365. 9	481. 1
英国	105. 6	204. 5	49. 1	0	64. 9	51. 4
丹麦	18. 2	0. 6	3. 6	246. 3	102. 9	190. 6
荷兰	45. 8	37. 9	61. 0	198. 7	252. 6	—
日本	1372. 9	1782. 5	1750. 2	2041. 8	1379. 7	1331. 9
美国	171. 0	223. 6	167. 8	36. 3	31. 4	55. 6

注："—"表示没有数据，灰色覆盖的数字表示数据仅获得一部分。

资料来源：作者根据经合组织（OECD）网站关于环境援助的统计资料整理。1998～2000 年数据参见 http：//www. oecd. org/dataoecd/2/20/1944468. pdf，accessed on 21 February 2010；2005～2007 年数据参见 http：//www. oecd. org/dataoecd/46/13/42819225. pdf，accessed on 21 February 2010。本书根据需要选择了部分国家。

第五，国际气候谈判中提出的减排目标和措施的激进程度。欧盟很早就明确提出直接减排的目标，是京都模式的坚定支持者。这在某种程度上与世界温室气体排放"第一大户"美国的态度和立场形成鲜明对比。早在 1990 年欧共体就提出到 2000 年把温室气体排放稳定在 1990 年的水平上的目标，[①] 1997 年 3 月，欧盟提出到 2010 年所有工业化国家在

---

① Council of the European Union（Energy and Environment），Press Release. 1436th Council Meeting：Energy/Environment. 29 October 1990. 9482/90. Luxembourg：Council of the European Communities，1990.

1990 年的基础上减排 15% 的目标,[①] 这一目标比美国主张"至多持平"的态度要积极得多。在利用市场机制降低减排成本方面,欧盟主张依靠国内减排行动,对"海外减排"的比例加以限制,这与美国主张最大限度地利用市场机制以缓解国内减排压力的立场也有很大不同。欧盟 15 国在《京都议定书》中承诺,2008 ~ 2012 年将排放量从 1990 年的水平削减 8%,在《京都议定书》所有附件 B 国家中是最高的。欧盟委员会在 2007 年发布的一份文件中明确提出,必须保持全球气候变暖不超过工业化前水平的 2℃。为此,欧盟提出全球温室气体排放量必须从 2020 年后逐渐降低,到 2050 年与 1990 年的水平相比降低 50%,其中,发达国家降低 60% ~ 80%。[②] 欧盟单方面做出坚定的承诺,到 2020 年欧盟温室气体排放量与 1990 年水平相比降低至少 20%,如果其他发达国家也承诺做出相当比重的削减,那么到 2020 年欧盟将使温室气体排放量比 1990 年降低 30%[③]。从减排目标的激进程度来看,可能只有小岛国联盟提出的目标要比欧盟激进 (到 2050 年在 1990 年的基础上减排 85%)。

综合以上五项指标,本书对欧盟、日本和美国在国际气候治理中的表现和发挥的作用作了一个大致的判断 (如表 0 - 3),相比较而言,特别是与美国相比较,欧盟称得上是国际气候治理的主要推动者和领导者,其参与国际气候治理和国际气候谈判的态度和立场一直是比较积极的。众所周知,欧盟仅仅是一个由主权国家组成的地区一体化组织 (当然它又是一个非常特殊的组织),长期以来,在国际事务中因其内部羁绊而无法有效发挥作用已经有人质疑欧盟的国际行为能力。尽管《欧洲联盟条约》(也叫《马斯特里赫特条约》) 和《里斯本条约》扩大了欧盟在全球环境问题上的权限,但是在涉及税收与能源政策方面成员国仍然具有最后决定权。面对许多重大国际谈判,欧盟必须首先协调内部成员国的

---

① Michael Grubb et al. , *The Kyoto Protocol-A Guide and Assessment*, London: Royal Institute of International Affairs, 1999, p. 58. 转引自薄燕《"京都进程"的领导者:为什么是欧盟不是美国?》,《国际论坛》2008 年第 5 期, 第 2 页。

② Commission of European Communities, *Limiting Global Climate Change to 2 degrees Celsius: The way ahead for 2020 and beyond*, COM (2007) 2 final, Brussels, 10. 1. 2007.

③ Commission of European Communities, *Limiting Global Climate Change to 2 degrees Celsius: The way ahead for 2020 and beyond*, COM (2007) 2 final, Brussels, 10. 1. 2007.

立场，在国际气候谈判中需要快速反应和行动时"欧盟经常表现出缺乏灵活性和迅速反应的能力"，[①] 欧盟本身的这种复杂性事实上已经成为其在国际气候谈判中发挥领导作用的障碍，也造成了欧盟国际承诺与其内部政策落实之间的信用差距。但是，纵使这些重大的限制与束缚，而对于气候变化问题，欧盟却能够始终积极活跃于国际舞台，持续地发挥"领导"作用，并且不断推动国际气候谈判向前发展，提出更高的温室气体减排目标。特别是 2001 年美国退出《京都议定书》之后，面对世界上唯一超级大国和最大温室气体排放者的放弃甚至抵制，欧盟不但没有放弃反而积极奔走斡旋，使议定书历经八年艰苦谈判，最终于 2005 年得以生效。在后京都时代（2005～2009 年）的国际气候谈判和后哥本哈根时代（2010～2015 年）的国际气候谈判中，欧盟都积极提出相对激进的气候治理目标，推动全球气候治理进程，声称发挥"领导"作用。尽管欧盟在 2009 年哥本哈根气候峰会的最后关头几乎被"边缘化"，但在 2011 年德班气候会议之后直到 2015 年巴黎气候大会，欧盟事实上发挥了关键的作用。那么，如何理解欧盟在国际气候谈判中采取的这种似乎"反常"的政策立场呢？是什么因素支撑其持续发挥"领导"作用？为什么欧盟决定积极推动《京都议定书》生效，甚至是在美国的放弃和抵制之下？其背后的深层次动因有哪些？决定欧盟国际气候谈判立场的因素有哪些？这是一些值得深刻思考的问题。总而言之，本书提出的核心研究问题是：哪些因素决定了欧盟的国际气候谈判立场？其采取积极立场并发挥领导作用的根本动因是什么？

表 0 - 3　欧盟、日本、美国在国际气候治理中的表现

	关注程度	参与程度	履约程度	援助力度	目标措施激进程度	总体
欧盟	++	++	++	+	+	++
日本	+	+	0	++	0	0
美国	0	0	-	0	-	-

说明：各项指标划分为四个等级，++ 为最好，+ 为较好，0 表示一般，- 表示差。

①　Nuno S. Lacasta, Suraje Dessai, Eva Kracht and Katharine Vincent, "Articulating a Consensus: the EU's Position on Climate Change," in Paul G. Harris ed., *Europe and Global Climate Change: Politics, Foreign Policy and Regional Cooperation*, Cheltenham: Edward Elgar Publishing Limited, 2007, p. 216.

二　研究的目的和意义

近年来，国际社会对全球气候变化及其后果的密切关注使"气候政治"成为国际政治的热点甚至焦点。自从 2005 年，"气候政治"就成为八国集团峰会、二十国集团会议、联合国大会、亚太经合组织领导人非正式会议，甚至联合国安理会（2007 年 4 月 17 日联合国安理会举行专题会议，就能源、安全和气候变化之间的关系问题进行了公开辩论，这在安理会历史上还是第一次）等一系列高层次国际会议热切关注的优先议题。国际社会对 2009 年底哥本哈根气候会议（联合国气候变化框架公约第 15 次缔约方会议 – COP15）的热切关注及对其结果难以掩饰的失望与期待，都充分反映了气候变化问题的重要性。气候变化已从环境问题演变成一个涉及全球环境、国际政治、世界经济、国际贸易问题的复杂议题，而且这一特征极有可能在经济全球化和环境问题全球化的双重背景下继续得以强化。[①]　也就是说，气候变化问题已经超越了一个单纯的环境问题，成为国际关系研究领域关注的一个热点问题。因此，研究国际气候谈判以及国际气候谈判进程中重要推动力量的欧盟，不但可以使我们从理论上进一步理解国际气候谈判的进程和某些规律性的发展趋势，而且可以使我们从实践视角理解国际气候谈判过程中欧盟政策立场选择的深刻动因以及战略选择。具体而言，具有如下重要意义。

（1）有助于全面理解国际气候谈判以及国际气候治理机制发展、演变的进程及特点。欧盟在国际气候问题上一直发挥着重要影响，从国际气候谈判的发起、政府间气候变化专门委员会（Intergovernmental Panel on Climate Change – IPCC）的评估报告到国际气候谈判的进程与内容设定，可以说在国际社会没有其他国家和组织能与之相比。鉴于欧盟对国际气候谈判的关键性影响，把握欧盟的政策立场及决定其立场的影响因素，理解欧盟对国际气候谈判及国际气候治理机制的影响过程，也就能够更加深刻地理解国际气候谈判的整个进程及其未来走向。

---

①　中国环境与发展国际合作委员会、中共中央党校国际战略研究所编《中国环境与发展：世纪挑战与战略抉择》，北京：中国环境科学出版社，2007 年版，第 111 页。

（2）有助于我们深刻理解和把握欧盟参与国际气候谈判的根本动因，进一步理解影响和决定欧盟国际气候谈判立场的主要因素，进而对欧盟的气候外交有一个更深刻的认知。正如上文所述，早在 20 世纪 80 年代末 90 年代初欧盟就开始关注全球气候变化，20 多年来气候变化问题始终占据欧盟议事日程的重要位置，而且在国际气候治理中持续发挥"领导"作用，这对于一个由主权国家所组成的"地区经济一体化组织"来说实属不易。因此，研究和把握欧盟积极立场背后的深刻动因，便于我们透过错综复杂的欧盟内部因素和复杂多变的国际因素对欧盟的国际气候谈判政策和立场有一个比较全面和相对准确的认知，从而理解欧盟积极参与国际环境治理（特别是国际气候治理）的动力之所在，以便进一步把握欧盟环境外交（气候外交）的动向。

第二节　研究现状综述

随着全球气候变化问题受到国际社会的高度关注，对全球气候变化的研究已经成为目前国内外学术界研究的一个热点问题，并已经取得了一些重要成果。总体而言，对欧盟国际气候谈判立场的研究属于外交政策研究范畴，从更广义上讲属于国际关系或国际政治研究范畴。本书重点关注三类研究成果：一是对欧盟（包括其成员国）国际气候谈判立场的研究；二是对欧盟以外其他国家或地区国际气候谈判立场的研究；三是从宏观的理论层面，或者从较为抽象的形而上的层面分析影响国家或地区国际气候谈判立场的理论研究。本书借鉴了这三类研究中对一国或地区国际气候谈判立场研究的一般性理论和经验分析，然后建立自己的理论分析框架，来剖析欧盟的国际气候谈判立场。

一　国外研究现状

（一）影响一国或地区或国家集团（比如欧盟）国际气候谈判立场的一般性理论研究

1. 环境外交政策分析方法（environmental foreign policy – EFP）

2002 年著名学者保罗·哈里斯（Paul G. Harris）与约翰·巴克杜尔（John Barkdull）在《全球环境政治学》（*Global Environmental Politics*）发

表的一篇文章《环境变化与外交政策：理论概述》（*Environmental Change and Foreign Policy: A Survey of Theory*）中从外交政策的分析视角全面总结了学术界关于环境外交政策的研究成果和现状，进行了理论概括。[①] 该文把环境外交政策分析分为三类（或三个层次）：体系理论，强调国际体系的影响，包括国际体系之内的权力分配；社会理论，聚焦国家（集团）内部政治和文化；国家为中心的理论，强调国家的政治制度结构和以国家名义制定和实施外交政策的个人对外交政策的影响。然后该文又把这些分析层次与三个变量进行结合：权力、利益与观念，分析每一层次上三个变量的影响与作用，由此组成了一个理论矩阵（见表0-4）。在逐一分析每一变量与每一层次相结合的研究方法之后，在结论部分作者指出，鉴于真实世界如此复杂，虽然每一种理论方法都有助于增进我们对环境外交政策的更深入理解，但没有一种能够提供一幅完整的理论"图景"，也就是说单一层次与单一变量事实上是无法对环境外交政策进行更加全面的解释和理解，必须进行多个层次和多个变量的结合才可能更加接近对真实世界的解释。因此，该文的价值不仅仅在于对环境外交政策分析模式进行了系统的总结和概述，更为重要的是为研究环境外交政策（包括国际气候谈判）提供了重要的方向性借鉴意义。由此，哈里斯倡导一种综合的环境外交政策分析方法，他强调理解一国或地区环境外交政策，仅仅分析国家内部的或国际层面的政治行为体、制度和过程本身是不够的，单纯考察国家的或国际层面上的单一层次变量很少能够解释国家的环境外交政策，所以需要理解国家层次与国际层次变量之间的互动和相互影响，分析它们之间的交叉面或接触面，把环境外交政策看成内部国家变量与外部国际变量交互作用的一种结果。

表0-4　环境政策类型

	体系因素（国际体系）	社会因素（国内政治）	国家因素（政府）
权力	霸权模式；新现实主义	精英理论；阶级分析法	行政—立法机构关系

[①] John Barkdull and Paul G. Harris, "Environmental Change and Foreign Policy: A Survey of Theory," *Global Environmental Politics*, Vol. 2, No. 2, 2002, pp. 63 – 91.

	体系因素（国际体系）	社会因素（国内政治）	国家因素（政府）
利益	国家利益模式	利益集团政治；多元主义模式	官僚政治模式
认知/观念	国际机制的社会学模式	媒体研究；社会运动；公共观念	外交政策行政部门；（政治）心理学

资料来源：John Barkdull and Paul G. Harris, "Environmental Change and Foreign Policy: A Survey of Theory," *Global Environmental Politics*, Vol. 2, No. 2, 2002, p. 69; 也可参见 Paul Harris ed., *Europe and Global Climate Change: Politics, Foreign Policy and Regional Cooperation*, Cornwall: Edward Elgar Publishing Limited, 2007, p. 19.

2. 以利益为基础的分析方法（interest-based explanation）

利益是影响一国（集团）对外政策的最根本因素之一，基于利益的分析方法可以说是欧美学者研究环境外交政策的一种最基本方法。具体而言，这种分析方法主要有两种类型。（1）是 1994 年美国学者戴尔特莱夫·斯普林茨（Detlef Sprinz）和塔帕尼·瓦托伦塔（Tapani Vaahtoranta）提出的国际环境政策分析模式[①]。他们认为国家的生态脆弱性和减缓成本是决定国家在国际环境谈判中政策立场选择的两个关键变量。据此，他们把国家在国际环境谈判中的立场分为四类：推动者、拖后腿者、旁观者和中间者（见图 0 - 1）。作者预测生态脆弱性较高及减缓成本较低的国家将是国际环境政策的"推动者"（pushers），两者都高的将是"中间摇摆者"（intermediates），两者都低的将是"旁观者"（bystanders），生态脆弱性低而减缓成本高的将是"拖后腿者"（draggers）。进行了两个案例——臭氧层损耗和酸雨问题——的国际谈判分析之后，作者认为他们的理论方法很好地解释了在《蒙特利尔议定书》与《赫尔辛基议定书》谈判期间国家采取的立场。[②] 1995 年依安·罗兰兹（Ian H. Rowlands）运用类似的分析方法研究了 24 个 OECD 国家的气候变化政策，作者分析了这些国家面对气候变化采取行动（也就是减缓成本）与不采取行动（也就是生态脆弱性）的成本，以及在国际气候合作中可能会带来的并发性（secondary）收益（比如相关的国际投资、国际贸易收益等），

[①] Detlef Sprinz and Tapani Vaahtoranta, "The Interest-Based Explanation of International Environmental Policy," *International Organization*, Vol. 48, No. 1, 1994, pp. 77 - 105.

[②] Detlef Sprinz and Tapani Vaahtoranta, "The Interest-Based Explanation of International Environmental Policy," *International Organization*, Vol. 48, No. 1, 1994, p. 104.

作者得出结论，虽然严格来讲对一个国家生态脆弱性和减缓成本的评估仍存在诸多挑战性和不确定性，而且不同的国家对同一问题的认知与获得的信息也可能存在很大差异，但以利益为基础的解释方法对我们理解国家环境外交政策仍然很有帮助。① （2）一些研究者根据环境问题的严重性，对国家经济利益的影响，以及国家为应对环境变化而进行的经济结构调整所带来的经济利益，来研究国家在环境问题上的政策立场。据此，研究者把国家内部的行为体大致分为三类：污染者、受害者与第三方。污染者主要包括从传统污染企业获利的行为体；受害者是指由污染引发的利益损失者；第三方包括减缓污染的技术发展受益者，污染产品的替代品受益者，可再生能源发展的受益者等② （见表0-5）。根据这种分类，研究者认为一个国家（集团）在国际环境治理中的立场就取决于这三方之间的利益博弈，污染者利益占据主导地位的国家将是国际环境治理的拖后腿者，其他以此类推。

生态脆弱性

	低	高
减缓成本 低	旁观者	推动者
高	拖后腿者	中间摇摆者

图0-1　对国际环境管理（谈判）不同态度的国家分类

资料来源：Detlef Sprinz and Tapani vaahtoranta, "The Interest-Based Explanation of International Environmental Policy," *International Organization*, Vol. 48, No. 1, 1994, p. 81.

表0-5　国家内部政治利益集团分类

利益类型	重要因素	内部政治行为体	对国家立场的预期影响
污染者	污染工业或污染工业消费者活动	• 主要污染工业（例如碳密集工业） • 选民（作为消费者）	拖后腿者

---

① Ian H. Rowlands, "Explaining National Climate Change Policies," *Global Environmental Change*, Vol. 5, No. 3, 1995, pp. 235 - 249.

② Volker von Prittwitz, Umweltaußenpolitik: Grenzüberschreitende Luftverschmutzung in Europa [Foreign Environmental Policy: Transboundary Air Pollution in Europe], Frankfurt a. M.: Campus, 1984; Volker von Prittwitz, Das Katastrophenparadox: Elemente einer Theorie der Umweltpolotik [The Catrastrophe Paradox: Elements of a Theory of Environmental Policy], Oplanden: Leske + Budrich, 1990.

续表

利益类型	重要因素	内部政治行为体	对国家立场的预期影响
受害者	环境影响（实际的或预期的）	• 作为选民的一般公众（环境影响的受损者，例如太平洋低地岛国居民） • 环境 NGOs 与受污染影响部门的专业 NGOs • 绿党（或"绿化的"传统政党）	推动者（领导者）
第三方	促进产品替代和/或污染活动减少的受益者	• 监测环境污染 • 减缓技术 • 替代技术（例如可再生能源的提供者）	通常倾向于推动者

资料来源：Detlef F. Sprinz and Martin Weiß, "Domestic Politics and Global Climate Policy," in Urs Luterbacher and Detlef F. Sprinz eds. , *International Relations and Global Climate Change*, Cambridge：The MIT Press, 2001, p. 71.

3. 国内政治模式（The Domestic Politics Model – DP）

这种分析方法实质上与巴克杜尔和哈里斯强调的"社会理论"相类似。假设国家内部存在不同的利益集团，不同利益集团发挥各自的影响力表达不同意见，最终通过政治博弈形成国家的对外政策。在这种分析视角下，政府一般被认为是一个中立的裁判员，或仅仅是为利益集团的博弈提供了一个讨价还价和进行妥协的舞台；国家没有最终的决定权，不能完全自由地决定国家政策立场。戴尔特莱夫·斯普林茨和马丁·维斯在一篇文章中强调，虽然有可能参加国际谈判的代表在谈判之前忽视国内选民，但一个民主国家的政府最终必须依赖立法机构中的多数代表或公众的公决批准国际协定。此外，国际协定最终还要在国内贯彻实施，国家内部的各种利益集团通过各种方式决定国家的国际谈判立场。[1] 他们结合以利益为基础的分析方法，重点分析了国家内部因素对国家参与国际气候谈判的立场的影响，提出了七个理论假设：（1）生态越脆弱的国家越有可能在国际谈判中要求强烈的减排行动；（2）减缓成本越高的国家越少可能要求强烈的减排行动；（3）第三方利益越强大的国家（特别是如果它们有助于减排）越有可能追求强烈的减排行动；（4）环境 NGOs 相对于代表污染者利益的 NGOs 的力量越强大，国家越有可能要求

---

① Detlef F. Sprinz and Martin Weiß, "Domestic Politics and Global Climate Policy," in Urs Luterbacher and Detlef F. Sprinz eds. , *International Relations and Global Climate Change*, Cambridge：The MIT Press, 2001, p. 67.

强烈的减排行动；（5）强拖后腿国家与弱拖后腿国家相比将能够达成与它们自身偏好更接近的国际条约；（6）政府只有对国际环境协定进行积极动员宣传才能成功使它获得批准；（7）对于讨价还价与批准过程的内部限制越强，行为体越会接近批准机构。然后他们分析研究了美国、欧盟、德国与印度的国际气候谈判立场，除了个别情况以外这些国家（集团）的案例分析基本成功地验证了以上这些假设，说明国家内部政治分析方法对国际气候谈判立场有着较强的解释力。

4．"双层次博弈模式"

1988 年美国学者罗伯特·普特南（Robert D. Putnam）提出把国际谈判与国内政治结合起来，既考察国家内部利益集团之间的博弈也考察国际谈判中国际行为体之间的利益博弈的"双层次博弈模式"。[①] 该模式强调政治决策者们处于国际谈判和国内政治力量的压力之间，只有将国际层面和国内层面结合起来分析，考察国际政治与国内政治的互动关系，才能更好地理解国家在国际谈判中的行为。普特南强调："在国家层面，内部集团通过向政府施压使其采纳他们喜好的政策而追求利益，而政治家通过在这些利益集团之间构建联盟而追求权力。在国际层面，政府寻求使它们自己满足内部压力的能力最大化，同时最小化外交发展中的不利结果。只要他们的国家保持独立、拥有主权，国家的核心决策者就不能够忽视这两个层面上的任何一个。"[②] 横向来看，政府领导在两个层次同时行动，在国家内部层次上，政府领导者面对各种利益集团，它们或结成联盟或互相为了集团利益而进行博弈，它们博弈的结果在国内层次上形成一个内部协定；同时，在国际层次上，政府领导者面对国际上参与国际谈判的各个博弈者，代表本国利益与其他博弈者展开博弈，最终达成妥协或继续博弈下去。从纵向来看，国际谈判分为两个阶段，一个是国际协定的达成阶段，被称为第一个层次；另一个是国际协定在国内的批准阶段，被称为第二层次。这种分析模式有一个核心概念，就是

---

① Robert D. Putnam, "Diplomacy and Domestic Politics: The Logic of Two - Level Games," *International Organization*, Vol. 42, No. 3, 1988, pp. 427 - 460.

② Robert D. Putnam, "Diplomacy and Domestic Politics: The Logic of Two - Level Games," *International Organization*, Vol. 42, No. 3, 1988, p. 434.

"获胜集合"（win set）：所有在第一层次上达成的有可能在第二层次上成为得到国家内部大多数选民赞成的国际协议集合，也就是第一层次达成的国际妥协结果与第二层次上国家内部利益集团博弈结果的重合与交集。因此，"获胜集合"越大，达成国际协议的可能性也就越大。1997 年海伦·米尔纳（Helen V. Milner）出版的专著《利益、制度与信息：国内政治与国际关系》专门有一章论述了"双层次博弈模式"，[①] 因其重点强调国内政治对国际关系的重大影响，所以她在该书中重点论述了国内政治结构、利益集团对国家外交政策的影响。她在"双层次博弈模式"中主要分析了四个博弈者：其他国家、国内行政机构、立法机构和国内利益集团。她假定每个博弈者都是效用最大化追求者，每个博弈者都试图追求一种与其利益偏好最接近的政策结果。她论述了在一种不完全信息状态下（各个博弈者掌握的信息不对称），一种多头政治体制下的国内博弈集团的偏好结构和信息分配对国际谈判和合作的影响。

5. 国内社会因素综合影响分析模式

美国学者丹纳·R. 菲舍尔（Dana R. Fisher）在《国家治理和全球气候变化机制》（*National Governance and the Global Climate Change Regime*）[②] 一书中提出，影响一个国家对国际环境政策不同回应的主要因素取决于国内四个不同社会部门之间的相互关系和相互影响，如图 0 - 2 所

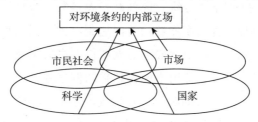

图 0 - 2　全球环境体系中的国内因素

资料来源：Dana R. Fisher, *National Governance and the Global Climate Change Regime*, Lanham：Rowman & Littlefield Publishers, Inc. 2004, p. 16.

---

① Helen V. Milner, *Interests, Institutions and Information：Domestic Politics and International Relations*, Princeton：Princeton University Press, 1997, Chapter Three.

② Dana R. Fisher, *National Governance and the Global Climate Change Regime*, Lanham：Rowman & Littlefield Publishers, Inc. 2004.

示，这些社会部门主要是市民社会（civil society）、市场（market）、国家（state）和科学（science）。这些部门之间的力量对比以及它们之间的互动关系，最终决定了一个国家对国际环境事物的政策立场。也就是说，一个国家在全球环境治理中的不同政策立场是由科学、政府、公司与公民各自主导的社会力量之间持续的互动所决定。同时，这些因素与国际环境体系之间的互动与相互作用也影响了国家的内部立场。

6. 观念分析模式

气候变化问题本身就是一个科学认知不断加深的过程，知识的积累和对气候变化问题的认知加深，无疑对国家参与国际气候治理和国际气候谈判具有重要的影响。而且气候变化问题本身也涉及一些国际道德、国际伦理方面的问题，比如公平与正义，减缓气候变化的负担分配，发达国家与发展中国家的责任与义务等，所有这些都会对国家参与国际气候谈判产生重要影响。观念分析模式没有一个统一的分析框架或分析路径，主要强调观念因素（比如国际规范、国际制度和认同）对国家气候政策及其对国际气候谈判立场的影响。因此，从较为宽泛一点的角度来讲它属于社会建构主义的分析范畴。比如有研究者在研究美国的气候政策时发现，美国基本上控制了《气候变化框架公约》的谈判结果，但在《京都议定书》谈判时却没有做到。该研究者从建构主义视角出发，认为气候变化领域的国际规范影响了国际社会对气候变化问题的认知。在20世纪90年代初进行《公约》谈判时，大多数国家怀疑应对气候变化行动的价值，这样一种态度能够让美国达到目的。而之后新的科学发现与信息的增加，以及气候变化规范的发展使大多数国家开始相信应对气候变化的行动至关重要，美国不能再把它的偏好强加于新的气候变化规范之中。[1] 值得一提的是 2008 年《环境政治学》（*Environmental Politics*）杂志专门推出一期特刊讨论全球气候变化与正义、民主等问题。[2] 虽然它主要是探讨了全球气候变化涉及的一些伦理问题，比如将来一代的利

---

[1]　Michele M. Betsill, "The United States and the Evolution of International Climate Change Norms," in Paul G. Harris ed., *Climate Change and American Foreign Policy*, New York: St. Martin's Press, 2000, pp. 205 – 224.

[2]　See *Environmental Politics*, Vol. 17, No. 4, 2008.

益，代际公平，全球与国际民主等问题，并没有专门论述这些问题对国家参与国际气候治理的影响，但对这些问题的讨论无疑促进了我们理解观念因素与全球气候变化问题之间的关系。2008 年出版的《政治理论与全球气候变化》一书专门讨论了全球气候变化与正义、伦理之间的关系，气候变化引发的人与自然的关系的变化，以及全球气候变化对社会关系的影响。[①]

（二）对欧盟以外主要国家和地区的气候政策及国际气候谈判立场的研究

1. 对美国气候政策及国际气候谈判立场的研究

美国是全球最大的温室气体排放者，其在国际气候政治中的影响巨大。因此，学术界对美国的气候政策关注较多。保罗·哈里斯编写的《气候变化与美国外交政策》[②] 一书对美国应对气候变化及参与国际气候谈判而引发的美国外交政策的变化做了全面分析。该书主要分析了各种影响美国气候外交的因素，比如科学认知、美国内部的争论、国会的影响、工业游说集团等。该书强调，美国气候政策的形成是一个非常复杂的过程，各种各样的因素，比如国家利益的考虑、美国多元主义的内部政治、气候变化的科学与国际规范对外交决策者的影响，都对美国气候政治及其国际气候谈判立场的形成产生了重要影响。哈里斯在导言中强调，大致可以从三个相对宏观的视角解释美国的气候政策与立场，那就是权力的影响和现实主义的视角，国内政治和美国政治的多元主义本质，观念与国际规范的影响。但事实远比这些要复杂。由劳伦·卡斯（Loren R. Cass）所著的《美国和欧洲气候政策的失败：国际规范、国内政治和无法实现的承诺》[③] 以德国、英国和美国的气候政策为例，分析了影响国家气候政策的主要因素。作者强调除了物质利益和国家在国际权力结

---

① Steve Vanderheiden ed. , *Political Theory and Global Climate Change*, Cambridge：The MIT Press, 2008.

② Paul G. Harris ed. , *Climate Change and American Foreign Policy*, New York：St. Martin's Press, 2000.

③ Loren R. Cass, *The Failures of American and European Climate Policy：International Norms, Domestic Politics and Unachievable Commitments*, New York：State University of New York Press, 2006.

构中的相对位置之外，规范性争论（normative debates）也是解释国家应对气候变化政策的一个不可忽视的因素。通过对德、英、美等国气候政策的分析，作者指出国际规范、国内规范、行为体的物质利益、大国相对权力位置之间的综合作用更能全面理解这些大国的气候政策，只有将观念（规范）因素同物质因素结合起来才能够更好地理解一国应对气候变化的内外政策立场。

2. 对俄罗斯气候政策及国际气候谈判立场的研究

2000 年出版的《京都机制和俄罗斯气候政治》[①] 一书系统分析了影响俄罗斯在国际气候谈判中所持态度和政策的国内政治、经济因素。2006 年出版的《俄罗斯和〈京都议定书〉：机遇与挑战》[②] 一书较为详细地分析了俄罗斯批准《议定书》的过程以及所面临的机遇和挑战，对于俄罗斯在国际气候谈判中所持的犹豫不决的立场以及最终批准《京都议定书》的原因，该书作者主要从俄罗斯本身的地理状况、经济状况（比如严重依赖能源出口）、地缘政治以及俄罗斯与美国、欧盟的关系进行了论述，比如能源部门在俄罗斯经济中占据核心地位，化石燃料的使用占有俄罗斯温室气体排放的 89% 和 CO_2 排放的 97%，能源工业占俄罗斯 GDP 的四分之一以上。但是，由于 20 世纪 90 年代经济的衰退，俄罗斯也是承担减排任务国家中最大的可能出现温室气体排放份额剩余的国家，批准《京都议定书》参与排放交易可能会给俄罗斯带来巨大的经济收益。所有这些因素使得俄罗斯面对国际气候谈判表现出一种矛盾和犹疑的立场和态度。

3. 对日本气候政策及国际气候谈判立场的研究

2006 年出版的《日本和英国的全球变暖政策：制度和问题特性间的互动》[③] 一书运用比较政治学研究方法，以日本和英国应对全球变暖的政策为例，试图分析日本和英国气候变化政策的相似性与不同的影响因

---

① Arild Moe and Kristian Tangen, *The Kyoto Mechanisms and Russian Climate Politics*, London: Royal Institute of International Affairs, 2000.

② Anna Korppoo Jacqueline Karas and Michael Grubb, *Russia And the Kyoto Protocol: Opportunities And Challenges*, London: The Royal Institute of International Affairs, 2006.

③ Shizuka Oshitani, *Global Warming Policy in Japan and Britain: Interactions between Institutions and Issue Characteristics*, Manchester: Manchester University Press, 2006.

素。作者通过比较分析认为日本和英国在环境保护领域都具有较强的环境保护意识和良好的国际环保声誉，在全球变暖问题上也有着相似的行为，但两国有着不同的气候政策。作者运用两种分析方法：制度主义分析法和"以问题为基础"的分析法。日本有着"组合主义——共识决策"的民主制度类型，而英国有着"多元主义——多数决定"的民主制度类型。这两种不同制度下的不同决策类型导致两国在应对全球变暖问题时产生了不同的政策结果。作者在以"制度"和"问题特性"为两个主要分析变量的同时，还考察了国际力量的影响和个体政策的催化作用，但作者强调把这两个变量值当作对国家内部政策的外生刺激因素。通过对日本和英国气候变化政策的全面比较，作者最后认为：制度主义方法在解释日本和英国全球变暖政策时是很有价值的，但是"问题特性"分析法能够更清楚地理解两国的政策以及它们给予决策者发展全球变暖政策根本的限制和制约，气候变化问题本身的特性对两国造成的不同影响制约了决策者的政策选择。2009 年发表于《政策研究评论》的一篇论文建立了一个国际环境行动分析模式，然后以日本为案例进行了论述。[①]作者在论文中建立了一个"扩大了的成本——效益分析模式"，既包括物质利益的估算也包括国内和国际声誉与身份认同等理念因素。作者强调单纯从物质利益视角进行的成本——效益分析模式无法解释日本的"绿色转型"，正是日本领导层出于重新建构日本的国际和国内形象和展示日本是一个负责任的全球行为体的理念动机，使得日本在 20 世纪 90 年代初从一个被讥讽的环境问题厌恶者转变为一个负责任的全球环境博弈者，并在国际环境机制的发展和实施方面发挥了关键作用，特别是 1997 年组织召开在气候变化机制形成中具有重要影响的京都会议。

4. 对中国国际气候谈判立场的研究

国外学者对中国气候变化政策的研究相对较少，目前所见较早的有 2002 年发表于《世界经济与政治》的挪威学者唐更克（Kristian Tangen）、

---

① Joshua Su-Ya Wu, "Toward a Model of International Environmental Action: A Case Study of Japan's Environmental Conversion and Participation in the Climate Change Environmental Regime," *Review of Policy Research*, Vol. 26, No. 3, 2009.

何秀珍（Gørild Heggelund）和本约朗（Jørund Buen）所著的《中国参与全球气候变化国际协议的立场与挑战》,① 作者论述了中国参与国际气候谈判的立场及其原因，较为成功地从经济利益视角分析了中国参与国际气候治理的政策立场与动因。2007 年冬发表于《华盛顿季刊》（Washington Quarterly）的《中国在国际气候谈判中的优先战略》一文,② 通过考察中国的经济发展、能源消费和气候政策的历史演变，作者分析了中国的国际气候谈判立场，强调国际援助和技术转让将在中国的气候谈判政策中占据重要位置。

（三）关于欧盟（包括其成员国）气候政策及国际气候谈判立场的研究

鉴于欧盟在国际气候谈判及国际气候治理中的重要影响和"领导"作用，对欧盟气候变化政策及其国际气候谈判立场的研究已引起欧美学术界的广泛关注，但这些研究要么是只针对欧盟某一具体成员国的气候政策及国际气候谈判立场，要么只关注欧盟在国际气候谈判中对某一具体问题的立场，要么是对欧盟实施的具体气候政策的分析和评估。也有研究者强调从国际关系的大视野关注欧盟的气候谈判立场，强调国际层面与欧盟内部因素的相互作用和影响，从这一视角出发来分析欧盟某一成员国的气候政策与立场，或者针对欧盟对某一具体问题立场的形成进行分析（比如欧盟对土地利用及森林所导致的"碳汇"问题的立场,③欧盟对国际气候谈判中关于负担分配问题的立场④），而很少有立足于国

---

① 〔挪威〕唐更克、何秀珍和本约朗：《中国参与全球气候变化国际协议的立场与挑战》，《世界经济与政治》2002 年第 8 期，第 34 ~ 40 页。

② Joanna I. Lewis, "China's Strategic Priorities in International Climate Change Negotiations," *The Washington Quarterly*, vol. 31, No. 1, 2007/2008, pp. 155 – 174.

③ Martina Jung, Axel Michaelowa, Ingrid Nestle, Sandra Greiner and Michael Dutschke, "Common Policy on Climate Change: Land Use, Domestic Stakeholders and EU Foreign Policy," in Paul Harris ed., *Europe and Global Climate Change: Politics, Foreign Policy and Regional Cooperation*, Cheltenham: Edward Elgar Publishing Limited, 2007, pp. 233 – 254.

④ Paul G. Harris, "Sharing the Burdens of Global Climate Change: International Equity and Justice in European Policy," in Paul Harris ed., *Europe and Global Climate Change: Politics, Foreign Policy and Regional Cooperation*, Cheltenham: Edward Elgar Publishing Limited, 2007, pp. 349 – 390.

际关系全局，对欧盟国际气候谈判立场进行全面系统地研究和剖析。①
另外，对欧盟在国际环境问题，特别是全球气候变化问题上发挥"领
导"作用的现象，也引起了欧美学者的广泛关注，进行了非常深入的探

---

① 比如 Tim O'Riordan and Jill Jäger eds. , *Politics of Climate Change*: *A European Perspective*,
London and New York: Routledge, 1996. 该书从气候变化科学与气候变化政治相互影响
的视角考察了气候变化问题中科学、政治和社会的相互作用，主要考察了欧盟（欧共
体）及其几个主要成员国的气候政策，分析了国际气候制度的演变及其在国际气候治
理中的作用。但该书主要是系统考察气候变化的科学研究与气候政治的演变，考察了
《联合国气候变化框架公约》的作用和意义，并没有一个系统的理论分析，也没有对欧
盟（欧共体）积极参与国际气候谈判的立场进行解释；Ute Collier and Ragnar E.
Löfstedt eds. , *Cases in Climate Change Policy*: *Political Reality in the European Union*, Lon-
don: Earthscan, 1997. 该书作为一本欧盟及其成员国气候政策的案例研究，主要介绍了
气候变化问题的影响，并从经济部门（能源和交通）视角分析了气候政策的影响，然
后集中分析了欧盟以及德国、英国、意大利、法国、西班牙和瑞典的气候政策；美国
皮尤研究中心 John Gummer, Robert Moreland, *The European Union and Global Climate
Change—A Review of Five Programmes*, Pew Centre on Global Climate Change, 2000. 评价了
德国、英国、荷兰、奥地利和西班牙五国实施《京都议定书》目标的措施及其成效；
Marjan Peeters and Kurt Deketelaere eds. , *EU Climate Change Policy*: *the Challenge of New
Regulatory Initiatives*, Cornwall: Edward Elgar Publishing Limited, 2006. 该书主要考察了欧
盟为实现京都目标以及准备更大程度的减排温室气体而实施的政策措施。该书聚焦欧
盟内部的法律机制，以及欧盟的温室气体排放交易体系、欧盟能源税、能源效率和可
再生能源政策。通过理论和实践两方的分析，作者认为欧盟当前实施的气候治理措施
（排放交易和能源税）并不能很好地达到欧盟的减排目标；Paul Harris ed. , *Europe and
Global Climate Change*: *Politics, Foreign Policy and Regional Cooperation*, Cheltenham:
Edward Elgar Publishing Limited, 2007. 该书主要是运用环境外交政策分析方法分析了德
国、英国、荷兰、波兰、瑞典、西班牙和挪威的气候政策及其国际立场，还有从欧盟
层面针对某些气候变化所涉及的具体问题进行分析；Sebastian Oberthür and Marc Pal-
lemaerts eds. , *The New Climate Policies of the European Union*: *Internal Legislation and Cli-
mate Diplomacy*, Brussels: VUBPRESS, Brussels University Press, 2010. 该书主要是详细考
察欧盟内部的气候治理政策，比如排放交易体系，可再生能源政策，碳捕获和封存
（CCS），对发展中国家的援助，欧盟气候外交表现，对欧盟气候政策有重要影响的两
个国家——俄罗斯和美国在国际气候治理中的作用；Andrew Jordan, Dave Huitema, Har-
ro van Asselt, Tim Rayner and Frans Berkhout eds. , *Climate Change Policy in the European U-
nion*: *Confronting the Dilemmas of Mitigation and Adaptation?* Cambridge: Cambridge Universi-
ty Press, 2010. 这也是目前关于欧盟气候政策的一本较为全面的著作，该书运用了一种
综合分析视角分析了欧盟气候治理中（减缓与适应）所面临的"政策选择"与"治理
困境"：问题界定困境，行动层次与范围困境，时间与顺序困境，模式与手段困境，成
本与收益困境，实施与执行困境。然后分别考察了欧盟气候政策发展演变历程中面临的
这些困境，在一些具体政策制定与实施中面临的困境（负担共享协定，可再生能源发展，
排放交易体系，适应政策等）。该书并没有专门对影响欧盟国际气候谈判立场的因素进行
分析，但对于理解欧盟气候治理以及欧盟气候政策的发展演变具有重要的价值。

讨和剖析。比如，2011 年 10 月由罗特兰奇公司推出的一本书，① 一些作者从以行为体为中心的视角论述了欧盟作为国际气候政治领域"领导者"这一重要现象，从以下四个关键主题出发：领导、生态现代化、政策手段和多层治理，详细论述了欧盟机构（欧盟委员会、欧盟理事会和欧洲议会）、部分有重要影响的成员国、工商业利益集团与环境非政府组织（ENGOs）对欧盟气候政策的影响。也有些学者通过对领导类型以及领导方式的分析界定，分析了欧盟内部气候政策的发展以及在国际气候谈判中发挥领导作用的经验与教训，以及欧盟如何在国际气候谈判和国际气候治理中更好地发挥领导作用，以便能够达成一个更加有效的国际气候治理机制，从而有效应对全球气候变化的巨大挑战。② 也有学者从欧盟自身的特殊性出发对欧盟在国际气候治理中发挥领导作用的原因进行了深刻剖析；③ 还有学者对欧盟在国际环境治理（特别是气候治理）中发挥领导作用的成就与挑战进行了深入分析。④ 但从目前的研究现状来看，西方学术界还没有专门对欧盟国际气候谈判立场进行综合研究的

① Rüdiger K. W. Wurzel and James Connelly eds. , *The European Union as a Leader in International Climate Change Politics*, London：Routledge, 2011.

② Joyeeta Gupta and Michael Grubb eds. , *Climate Change and European Leadership：A Sustainable Role for Europe?* Dordrecht：Kluwer Academic Publishers, 2000；Wyn Grant, Duncan Matthews and Peter Newell, *The Effectiveness of European Union Environmental Policy*, London：MacMillan Press, 2000；Albert Weal, Geoffrey Pridham, Michelle Cini, Dimitrios Konstadakopulos, Martin Porter and Brendan Flynn eds. , *Environmental Governance in Europe*, Oxford：Oxford University Press, 2000；John McCormick, *Environmental Policy in the European Union*, New York：Palgrave, 2001；Joyeeta Gupta and Lasse Ringuis, "The EU's Climate Leadership：Reconciling Ambition and Reality," *International Environmental Agreements：Politics, Law and Economics*, Vol. 1, No. 2, 2001；Andrew Jordan, *Environmental Policy in the European Union：Actors, Institutions and Process*, 2nd Edition, London：Earthscan, 2005.

③ Miranda A. Schreurs and Yves Tiberghien, "Multi-Level Reinforcement：Explaining European Union Leadership in Climate Change Mitigation," *Global Environmental Politics*, Vol. 7, No. 4, 2007, pp. 19 – 46.

④ John Vogler, "The European Contribution to Global Environmental Governance," *International Affairs*, Vol. 81, No. 4, 2005, pp. 835 – 850；Sebastian Oberthür, "The European Union in International Climate Policy：The Prospect for Leadership," *Intereconomics*, March/April 2007, pp. 77 – 83；Sebastian Oberthür and Claire Roche Kelly, "EU Leadership in International Climate Policy：Achievements and Challenges," *The International Spectator*, Vol. 43, No. 3, 2008, pp. 35 – 50；Sebastian Oberthür, "The Role of the EU in Global Environmental and Climate Governance," in Mario Telo ed. , *European Union and Global Governance*, London：Routledge, 2009, pp. 192 – 208.

专著。从以上有关欧盟及欧洲国家气候政策及其立场的研究来看，概括起来，欧美学者的研究基本循着以下思路进行。

1. 综合的环境外交政策分析视角

总体来看，环境外交政策分析更多地只是一个分析框架和思路，研究者从三个层次（体系、社会和国家）和三个变量（权力、利益和观念）选择其中的一个或多个层次、一个或多个变量分析具体国家的气候政策或与气候变化相关的具体某一问题。这种分析方法主要是把层次分析法与具体影响国家政策的因素（权力、利益与观念）进行结合。在哈里斯主编的《欧洲与全球气候变化》一书中，每一章的作者都运用不同的分析变量从不同的分析层次将欧洲部分国家和欧盟的气候变化政策进行分析，并通过这些分析研究揭示了观念、利益和权力在欧洲不同的国家和欧盟层面上不同程度地发挥了影响。所以，对欧洲或欧盟气候变化政策的研究应该把不同的层次和变量结合起来，进行多层次综合分析。哈里斯在该书的结论部分强调，外交政策是国内政策和国际政策的交叉点和二者交互作用的结果，不同的环境外交政策理论和方法不应该被视为相互竞争的方法而必须选择其一，且最好把它们视为相互补充的分析工具。环境外交政策是国内（包括社会层次和国家层次）与国际（包括体系层次）分析层次之中和之间的一个中间分析层次。这种分析方法对于理解欧洲或欧盟的气候变化政策及其立场来说似乎更加重要，因为欧盟是一个特殊的组织，它通常是一个国内政治与国际政治交叉和相互作用的场所；因为它们之间密切的联系，欧盟成员国比起那些"正常"国家来说拥有更少的自治权，它们与其他国家和国际体系的国际互动受到欧盟的重大影响，对于全球气候变化问题尤其如此。①

2. 从欧盟及其成员国内部的政治制度进行分析，也可以说是制度主义分析视角

这种分析视角可以大致分为三类。第一，注重欧盟（欧洲）的政治制度和政治文化。有学者认为，环境保护和减缓气候变化的利益一般来

---

① Paul G. Harris, "Explaining European Responses to Global Climate Change: Power, Interests and Ideas in Domestics and International Politics," in Paul Harris ed. , *Europe and Global Climate Change: Politics, Foreign Policy and Regional Cooperation*, Cheltenham: Edward Elgar Publishing Limited, 2007, pp. 393 – 406.

说是分散的，缺乏像大的工业游说集团那样有组织的游说集团，不同的政治制度给这样分散化的利益表达和影响的发挥提供了不同的条件。而对于欧盟来说，议会民主制在绝大多数欧盟成员国中盛行，这就为分散化的绿色利益的集中和渗透提供了有利条件，加之绿党在许多欧盟成员国的选举体系中已经成熟，采取积极的气候政策得到欧盟精英和广大公众的支持。因此，对于欧盟的政治领导来讲，忽视公众对环境和气候变化的关切将会付出沉重代价。① 也有学者认为，欧盟及其大部分成员国的政治制度为代表绿色利益的小政党参政提供了条件，比例代表制也为绿色政党在议会获得相应席位或参加联合政府创造了便利。比起美国那样的总统制国家，欧洲的环境利益更容易进入政治议程。"在美国，获得10%的选票只能是一个被嘲笑的落选者；而在欧洲，10%的选票意味着获得了改变世界的授权。"而且，在欧洲的政治文化中，并不把气候变化视为一个技术或经济问题，而是一个涉及道德、政治、经济和文化的问题。因而，气候变化问题在欧盟得到强烈关注。② 第二，注重欧盟"多层治理"的制度特点，进行综合分析。研究者认为，欧盟之所以能够在国际气候谈判中持续发挥领导作用，是因为在一种非集中化治理（decentralized governance）的背景下，欧盟不同的政治机构之间一种充满竞争力的"多层强化"的动态发展的结果。欧盟在国际气候谈判中发挥领导作用依赖先驱国家集团的行动和承诺，欧盟的各种政治机构——欧盟理事会、欧洲议会，特别是欧盟委员会，积极发挥领导作用，相互加强了这种作用的发挥。并且，在一种半联邦的制度之中，这种逐渐上升的不断得到强化的领导作用的良性循环得到了强烈的公众支持并受到规范性承诺的激发，并依赖于这种公众支持和规范性承诺。具体而言，欧盟的开放性和具有竞争力的制度结构为其发挥领导作用创造了机会。在国际气候谈判中，多个行为体（成员国，理事会轮值主席，委员会）相互强化，不断推动欧盟的气候政策向前发展。而且，欧盟更是一个规范力

---

① Sebastian Oberthür, "The European Union in International Climate Policy: The Prospect for Leadership," *Intereconomics*, March/April, 2007, pp. 77 – 83.

② William Antholis, "The Good, the Bad, and the Ugly: EU – US Cooperation on Climate Change," paper presented to the International Conference on "The Great Transformation: Climate Change as Cultural Change," Essen, Germany, June 10, 2009.

量的推动者和维护者，它是一个预防性原则的坚定支持者，接受和听从政府间气候变化专门委员会（IPCC）的劝告并积极采取行动，也支持《公约》的理念，认为工业化国家由于其历史责任有首先采取行动的责任和义务，并把应对气候变化的行动视为一个必须超越狭窄经济利益的道德和伦理问题。[1]第三，历史制度主义的"路径依赖"。有研究者在分析美国退出《议定书》之后为什么欧盟等国家继续积极维持"京都机制"并推动《京都议定书》生效时认为，20世纪90年代以来，为应对气候变化欧盟已经采取了许多措施，设置了许多机构，投入了诸多精力。这些因气候政治而建立的制度以及由此产生的既得利益"官僚"集团的利益诉求，以及许多不可逆转的投资和新的市场机会，使欧盟的气候政策具有了某种持续的"制度动力"和"路径依赖"，加上欧盟主导气候政治的"领导雄心"（leadership ambition）促使欧盟即便在美国退出《议定书》之后依然采取积极的政治立场。[2]也有学者认为，已经建立和实施的政策措施，以及过去成功的经验为这种政策的持续发展提供了一种制度驱动力量，这使得欧盟的气候政策不断向前推进。[3]

3. 建构主义的观念视角

一些研究者把欧盟界定为一种"规范力量"（normative power）[4]或"绿色规范力量"（green normative power）[5]。所以，有研究者从"规范""认同"等观念性视角出发，认为作为一种国际"规范力量"（Normative

---

[1]　Miranda A. Schreurs and Yves Tiberghien, "Multi – Level Reinforcement: Explaining European Union Leadership in Climate Change Mitigation," *Global Environmental Politics*, Vol. 7, No. 4, 2007, pp. 19 – 46.

[2]　Jon Hovi, Tora Skodvin and Steinar Andresen, "The Persistence of the Kyoto Protocol: Why Other Annex I Countries Move on Without the United States," *Global Environmental Politics*, Vol. 3, No. 4, 2003, pp. 1 – 23.

[3]　Sebastian Oberthür, "The European Union in International Climate Policy: The Prospect for Leadership," *Intereconomics*, March/April, 2007, p. 81.

[4]　Ian Manners, "Normative Power Europe: A Contradiction in Terms?" *Journal of Common Market Studies*, Vol. 40, No. 2, 2002, pp. 235 – 58; Ian Manners, "The European Union as a Normative Power: A Response to Thomas Diez," *Millennium: Journal of International Studies*, Vol. 35, No. 1, 2006, pp. 167 – 180.

[5]　Robert Falkner, "The European Union as a 'Green Normative Power'? EU Leadership in International Biotechnology Regulation," *Center for European Studies Working Paper Series #140, Harvard University*, 2006.

Power）和"向善的力量"（force for the good）之"话语建构"，气候变化问题为欧盟同时进行其内部和外部的认同以及合法性"战略建构"提供了一种绝佳途径。环境治理要求特定的规范和原则，气候变化的科学不确定性以及成本——效益分析方法的困难程度更加强化了规范在气候变化问题上的作用。欧盟在气候变化问题上发挥领导作用被视为是对一种普世利益和价值的追求，这种"伦理外交"也是欧盟建构"软权力"的表现。作为一种"话语建构"，欧盟在气候变化问题上发挥领导作用是欧盟展示其"规范力量"的重要表现，而这种领导作用的显示，一方面可以进一步加强其外部认同和合法性的建构，另一方面，由于积极的气候立场受到广大公众的接受和广泛支持，这种领导作用的显示也加强了欧盟内部认同和合法性的建构，有力地推动了欧盟一体化进程，加强了欧盟的"共同体化"。内部和外部的认同与合法性是一个硬币的两面，二者之间的相互影响是欧盟在气候变化问题上发展和保持领导作用的一个重要原因。[1] 雷恩·杰戈尔德（Lyn Jaggard）2005 年所著的《德国气候变化政策：国际关系最好的实践?》[2] 和 2007 年的《欧洲气候变化政治：德国和国际环境关系》[3] 也强调观念因素对德国乃至欧盟气候政策的影响，他主要运用哈贝马斯的"交往理论""话语伦理"以及德国本身的政治体制（比如选举中的比例代表制和联盟政府）来考察德国应对气候变化时的决策方式以及这种方式对于气候变化政策的影响，进而考察了德国这种决策方式在整个欧洲的影响。作者指出哈贝马斯的"话语伦理学"强调决策过程中影响到的相关各方的共同协商和参与，兼顾各方的利益，最后达成一致，做出某种理性选择。而德国的环境政策正是一个这种多方参与、共同协商的包容性政治过程。这种方式也影响了德国在国际事务中的参与方式，而德国又利用其在欧盟的重要地位和影响力影响了欧盟在环境事务中的决策方式。

---

[1]　Vanden Brande, "EU Normative Power on Climate Change: A Legitimacy Building Strategy?" see http://www.uaces.org/pdf/papers/0801/2008_VandenBrande.pdf, accessed on 12 March 2010.

[2]　Lyn Jaggard, *Germany Climate Change Policy: Best Practice for International Relations?* Berlin: WZB, 2005.

[3]　Lyn Jaggard, *Climate Change Politics in Europe: Germany and the International Relations of the Environment*, London: Tauris Academic Studies Press, 2007.

4. 欧盟的内部需求和外交战略相结合的视角

从该视角分析，认为欧盟担当国际气候事务的"领导"主要是出于以下三个战略动机：（1）进一步推动欧洲一体化。环境保护（特别是气候变化）已经成为欧洲一体化的一个重要的驱动力。由于2006年欧盟宪法条约遭遇失败，欧洲的一体化进程遭到挫折，欧盟试图寻找一种机会加强其合法性并能够重新激发欧洲的一体化进程。而环境保护和应对气候变化问题持续得到欧洲民众的广泛支持。另外，随着联合国政府间气候变化专门委员会（IPCC）连续几个评估报告的发布，更加凸显了气候变化问题的重要性和急迫性，而欧洲民意测验显示出对在欧盟层面采取积极行动的强烈支持。这就为欧盟通过把气候变化问题置于欧洲一体化进程的中心，从而强化其合法性提供了一个非常好的机会；（2）能源安全的战略考量。持续攀升的石油价格和较高的能源对外依赖程度充分显现出欧盟能源供应方面的安全问题，如果没有一定的目标作为反制措施，据评估，欧盟能源依赖进口的比例将从2005年的大约50%增加到2030年的70%左右。而在石油和天然气价格持续提升的同时，世界能源的主要供应基地（包括中东和俄罗斯）的政治复杂性也在增强，进一步激发了欧盟对自身能源安全的战略性考量，而应对气候变化与能源问题恰好有着非常密切的联系。能效的提高，可再生能源的发展在解决气候变化问题的同时对于能源安全问题也有着极其重要的战略意义；（3）对多边主义与国际法的追求。长期以来，欧盟追求强化其"全球行为体"作用的战略性目标，也是把多边主义和国际法作为全球治理核心支柱的最强烈的支持者之一。在这种情况下，气候变化问题是一个特别适合欧盟追求国际领导作用的领域。气候变化和《京都议定书》都需要非常高的国际性协作，在这个领域发挥领导作用可以充分展示并能够进一步强化欧盟的"软权力"资源。[1]

---

[1]　Sebastian Oberthür and Claire Roche Kelly, "EU Leadership in International Climate Policy: Achievements and Challenges," *The International Spectator*, Vol. 43, No. 3, 2008, pp. 35 – 50; Sebastian Oberthür, "The Role of the EU in Global Environmental and Climate Governance," in Mario Telo ed., *European Union and Global Governance*, London: Routledge, 2009, pp. 192 – 208; Claire Roche Kelly, Sebastian Oberthür and Marc Pallemaerts, "Introduction," in Sebastian Oberthür and Marc Pallemaerts eds., *The New Climate Policies of the European Union: Internal Legislation and Climate Diplomacy*, Brussels: VUBPRESS, Brussels University Press, 2010, pp. 11 – 25.

5. 从欧盟在国际气候治理结构中所居的特殊位置来看

欧盟居于美国和南方集团（七十七国集团加中国）之间，一方面是美国对京都模式的抵制，另一方面是发展中国家基于自身利益的考虑而不愿意承担温室气体减排义务。在气候治理中，欧盟不但必须调和它自身在气候问题上的利益与大量非欧洲国家和地区的利益与立场，而且还需要打造一个国家联盟，以便建立一个更具有可信性、稳定性、灵活性和包容性的国际气候治理框架。居于这种中间位置——在它传统的大西洋盟友（美国）与发展中世界新兴崛起的大国之间，欧盟需要做出战略抉择。欧盟应该采取不同于二者的战略选择，充当南北之间的"桥梁"，把支持多边主义框架作为唯一的、核心的气候政策背景，接受平等的人均排放权利，以及作为长期的国际气候治理的基石，并采取积极的气候政策。①

二 国内研究现状

相比较而言，国内对欧盟国际气候谈判立场的研究成果还很少，有些研究也是处于经验介绍阶段（比如对欧盟应对气候变化的政策措施进行引介，以便我国能从中吸取经验和教训），② 或者对欧盟的气候外交经验进行分析，而没有从理论上对此问题进行深入剖析，总体而言仍处于起步阶段。不过，就全球气候变化这一问题的研究，近几年我国学术界已取得了一些积极成果。

（1）对欧盟气候治理的实践经验和治理模式进行研究。欧盟作为积极应对气候变化的超国家组织，其应对理念、政策和经验教训值得其他国家学习和借鉴。2011 年王伟男在其博士论文的基础上出版了《应对气候变化：欧盟的经验》一书，③ 将欧盟应对气候变化问题的内部政策的形成机制和主要政策进行了系统介绍，归纳和总结了欧盟应对气候变化的政策经验及其对中国的借鉴意义。2013 年傅聪在其博士论文的基础上

---

① Frank Biermann, "Between the USA and the South: strategic choices for European climate policy," *Climate Policy*, Vol. 5, No. 3, 2005, pp. 273 – 290.

② 比如庄贵阳：《欧盟温室气体排放交易机制及其对中国的启示》，《欧洲研究》2006 年第 3 期，第 68 ~ 87 页；王伟男：《欧盟应对气候变化的基本经验及其对中国的借鉴意义》，上海社会科学院博士论文，2009 年 4 月。

③ 王伟男：《应对气候变化：欧盟的经验》，北京：中国环境科学出版社，2011 年版。

出版了《欧盟气候变化治理模式研究：实践、转型与影响》一书，① 对
欧盟气候变化治理的实践及其治理模式进行了系统研究，并以向低碳经
济转型为标准评估了欧盟气候变化治理的绩效，同时，还分析和探讨了
欧盟气候外交实践及其对全球气候治理的影响。2015 年高小升出版了
《欧盟气候政策研究》，② 对欧盟的气候治理政策及参与国际气候谈判的
政策立场进行了较为系统的分析。上述三本著作是目前为止国内对欧盟
气候变化治理经验和模式进行系统研究的最新成果。此外薄燕、陈志敏
在《国际问题研究》2011 年第 1 期发表的《全球气候变化治理中欧盟领
导能力的弱化》③ 对哥本哈根气候大会欧盟的表现及其领导能力弱化的
影响因素进行了剖析。谢来辉在《为什么欧盟积极领导应对气候变
化？》④，对欧盟在国际气候政治中发挥领导作用进行了分析。刘衡在
《论欧盟关于后 2020 全球气候协议的基本设计》⑤ 分析了欧盟对后 2020
全球气候协议的基本主张和设计，并介绍了欧盟的主张与关键发展中国
家的分歧及影响。

　　（2）应用某一理论对国际气候合作或某一国家的气候政策与立场进
行的研究。复旦大学的薄燕于 2007 年出版的《国际谈判与国内政治：美
国与〈京都议定书〉谈判的实例》一书，⑥ 运用罗伯特·普特南
（Robert D. Putnam）的双层博弈模式，以美国在《京都议定书》中的谈
判行为为研究案例，详细分析了美国谈判立场前后变化的原因，检验了
双层博弈模式的有效性和解释力，同时也提出了一些有待发展的问题。
该书一个最为成功的地方在于分析框架与实际案例的有机结合，作者全
面分析了"双层次博弈模式"的分析框架，然后运用这种分析框架成功

---

①　傅聪：《欧盟气候变化治理模式研究：实践、转型与影响》，北京：中国人民大学出版
社，2013 年版。

②　高小升：《欧盟气候政策研究》，北京：社会科学文献出版社，2015 年版。

③　薄燕、陈志敏：《全球气候变化治理中欧盟领导能力的弱化》，《国际问题研究》2011
年第 1 期，第 37～44 页。

④　谢来辉：《为什么欧盟积极领导应对气候变化？》，《世界经济与政治》2012 年第 8 期，
第 72～91 页。

⑤　刘衡：《论欧盟关于后 2020 全球气候协议的基本设计》，《欧洲研究》2013 年第 4 期，
第 108～123 页。

⑥　薄燕：《国际谈判与国内政治：美国与〈京都议定书〉谈判的实例》，上海：上海三联
书店，2007 年版。

地解释了美国对待《京都议定书》前后完全不同的立场。但是，正像有的学者指出，双层次博弈模式只是一种分析问题的思路和框架，它并没有一个核心的理论观点，也就是说，这种分析模式仅可以为我们理解美国与《京都议定书》谈判的整个过程，并没有为我们提供解释美国政策变化的深层次动机。实际上双层次博弈分析模式有一个非常重要的潜在理论假定，就是国内利益集团与国家的理性选择，或者也可以说国家内部的博弈与国家外部的博弈都是基于利益集团与国家的利益最大化追求。另外还可能涉及权力政治，也就是说在博弈过程中权力较大、占据主导地位的国内利益集团与国际谈判者可能最终会使博弈的结果有利于他们的利益偏好。因而，双层次博弈作为一种分析模式来分析类似美国这种国家的政策立场是较为成功的，但其不足之处在于没有一个核心的理念支撑。2012 年薄燕在《全球气候变化治理中的中美欧三边关系》一书[①]中运用三边关系理论，对全球气候治理中的中美欧三边互动关系及其对全球气候治理的影响进行了深入分析，从国际气候政治的全局视角分析和探讨了中国、美国和欧盟在整个全球气候治理中形成的三边格局的特征及其动态演变。另外，2003 年崔大鹏所著的《国际气候合作的政治经济学分析》[②] 和 2008 年陈刚所著的《〈京都议定书〉与国际气候合作》[③]都是国内较为系统研究国际气候谈判的著作，但他们主要侧重于分析国际气候合作而不是国家（集团）国际气候谈判立场。前者综合运用国际关系理论、博弈论和环境经济学有关理论，从政治经济学的角度运用博弈论对国际气候合作进程进行了细致的分析。而后者主要借鉴了奥尔森"集体行动理论"，分析了促进国际气候合作的主要因素。

（3）对中国应对气候变化的战略及国际气候谈判立场的研究。北京大学的张海滨于 2006 年《世界经济与政治》第 10 期发表的《中国在国际气候变化谈判中的立场：连续性与变化及其原因探析》[④] 是分析中国国际气候谈判立场的一篇较为深刻的论文，作者系统分析了中国参与国

①　薄燕：《全球气候变化治理中的中美欧三边关系》，上海：上海人民出版社，2012 年版。

②　崔大鹏：《国际气候合作的政治经济学分析》，北京：商务印书馆，2003 年版。

③　陈刚：《〈京都议定书〉与国际气候合作》，北京：新华出版社，2008 年版。

④　张海滨：《中国在国际气候变化谈判中的立场：连续性与变化及其原因探析》，《世界经济与政治》2006 年第 10 期，第 36 ~ 43 页。

际气候谈判过程的立场，通过对中国 1990 年以来 16 年立场变迁的历史考察，比较清晰地勾勒了中国立场的变与不变，然后作者运用生态脆弱性、减缓成本和公平原则三个变量解释了中国立场的深刻动因。2007 年中国社会科学院的陈迎在《世界经济与政治》所发表的论文《国际气候制度的演进及对中国谈判立场的分析》① 也是深刻分析中国国际气候谈判立场的一篇论文。作者对 1990 年以来国际气候谈判进程作了阶段性分析，然后总结了影响国家谈判立场的三种分析模式：单一理性人模式、国内政治模式、社会学习与理念模式来具体解释中国的谈判立场。胡鞍钢、管清友在《中国应对全球气候变化》② 一书中从气候变化的科学和全球气候治理面临的难题出发，研究应对气候变化的全球治理模式和减排方案，并分析了气候变化给中国带来的威胁与挑战，然后提出了中国的减排路线图与低碳经济之路。陈鹤的《气候危机与中国应对——全球暖化背景下的中国气候软战略》③，详细介绍了全球气候危机的严重影响以及中国的立法、环境管理体制、中国的传统文化与教育引导等方面应对危机的软战略。

（4）对国际气候制度的综合性研究。2005 年，庄贵阳和陈迎博士合著的《国际气候制度与中国》④ 一书，可能是国内迄今研究国际气候变化问题最为全面的专著之一。两位作者从国际经济与政治的综合视角对国际气候制度形成与演进历程、后京都国际制度构架、影响国家国际气候谈判立场的因素等重要问题进行了深入分析和研究，还探讨了中国对气候变化问题的认识和在国际气候谈判中的作用，中国在全球气候治理中面临的挑战、机遇、责任与战略选择。

（5）从国际法视角出发专门对《公约》或《公约》的核心原则——共同但有区别的责任原则——进行的研究。杨兴的《〈气候变化框架公约〉研究——国际法与比较法的视角》⑤ 对《公约》及《京都议定书》

---

① 陈迎：《国际制度的演进及对中国谈判立场的分析》，《世界经济与政治》2007 年第 2 期，第 52～59 页。

② 胡鞍钢、管清友：《中国应对全球气候变化》，北京：清华大学出版社，2009 年版。

③ 陈鹤：《气候危机与中国应对——全球暖化背景下的中国气候软战略》，北京：人民出版社，2010 年版。

④ 庄贵阳、陈迎：《国际气候制度与中国》，北京：世界知识出版社，2005 年版。

⑤ 杨兴：《〈气候变化框架公约〉研究——国际法与比较法的视角》，北京：中国法制出版社，2007 年版。

的谈判、发展历程及其确立的基本原则及国际法影响进行了详细的分析和探讨，还分析了欧盟和中国的气候政策及立法。郭锦鹏的《应对全球气候变化共同但有区别的责任原则》① 一书详细探讨了全球气候治理国际制度体系的核心原则"共同但有区别的责任原则"的历史渊源、内涵、正义性、该原则面临的问题与发展趋势等问题，最后还分析了该原则的中国视角，探讨了中国与该原则的关系及中国应对国际气候谈判的策略。

（6）从全球气候变化对人类社会发展路径带来重大影响的高度，系统分析全球气候治理。2015 年邹骥、傅莎、陈济等出版《论全球气候治理——构建人类发展路径创新的国际体制》一书，② 系统论述了全球气候变化对人类社会发展道路带来的深刻影响、国际社会应对气候变化的历程及在全球气候变化的重大影响下创新人类发展路径的国际体制、世界主要国家或集团的气候治理政策以及中国在全球气候治理中的定位与我国参与全球气候治理的责任、权利和国家目标。

除此之外，还有一些学者从比较宏观的视角对国际气候谈判及全球气候治理的一般性问题进行了探讨。③

---

① 郭锦鹏：《应对全球气候变化共同但有区别的责任原则》，北京：首都经济贸易大学出版社，2014 年版。

② 邹骥、傅莎、陈济等：《论全球气候治理——构建人类发展路径创新的国际体制》，北京：中国计划出版社，2015 年版。

③ 王毅：《全球气候谈判纷争的原因分析及其展望》，《环境保护》2001 年第 1 期，第 44 ~ 47 页；潘家华：《国家利益的科学论争与国际政治妥协——联合国政府间气候变化专门委员会〈关于减缓气候变化社会经济分析评估报告〉述评》，《世界经济与政治》2002 年第 2 期，第 55 ~ 59 页；陈迎：《中国在气候公约演化进程中的作用与战略选择》，《世界经济与政治》2002 年第 5 期，第 15 ~ 20 页；潘家华：《减缓气候变化的经济与政治影响及其地区差异》，《世界经济与政治》2003 年第 6 期，第 66 ~ 71 页；邵锋：《国际气候谈判中的国家利益与中国的方略》，《国际问题研究》2005 年第 4 期，第 45 ~ 48 页；庄贵阳：《后京都时代国际气候治理与中国的战略选择》，《世界经济与政治》2008 年第 8 期，第 6 ~ 15 页；潘家华、王谋：《国际气候谈判新格局与中国的定位问题探讨》，《中国人口·资源与环境》2014 年第 4 期，第 1 ~ 5 页；冯存万、朱慧：《欧盟气候外交的战略困境与政策转型》，《欧洲研究》2015 年第 4 期，第 99 ~ 113 页；贺之杲、巩潇泫：《规范性外交与欧盟气候外交政策》，《教学与研究》2015 年第 6 期，第 86 ~ 94 页；赵斌：《全球气候治理的"第三条路"？——以新兴大国群体为考察对象》，《教学与研究》2016 年第 4 期，第 73 ~ 82 页；康晓：《多元共生：中美气候合作的全球治理观创新》，《世界经济与政治》2016 年第 7 期，第 34 ~ 57 页。

三 对现有研究的评述

综合以上分析，我们看到，学术界在分析影响一个国家或欧盟国际气候谈判立场动因的理论思路基本上可以划分为以下六类：一是环境外交政策分析法；二是经济利益决定论（这可能也是学术传统思维最典型的一种分析框架）；三是国内（集团内部）政治分析法（菲舍尔的国内社会四因素分析法实质上也可归为国内政治分析法）；四是双层次博弈分析法；五是制度主义（制度主义的路径依赖）分析法；六是观念建构视角（建构主义分析方法）。或者有的分析者综合了以上几种分析视角。以上分析表明，这些分析方法和视角之间并不是排他性的，有许多分析方法事实上存在一定的交叉性，比如以利益为基础的模式与国内政治模式存在明显的兼容性，双层次博弈模式也会涉及国内政治分析，而环境外交政策分析方法与双层次博弈模式存在某种类似之处。严格来讲，鉴于分析对象本身的复杂性，这些分析方法中的每一种实质上都从不同的视角对本书所要研究的问题做了部分回答。但是，这些分析方法也都或多或少存在某些缺陷与不足。

第一，忽略了环境政治理念对欧盟气候政策立场的影响。决定一个国家（集团）在特定问题上的外交政策从根本上讲是由这个国家（集团）在这个问题上的利益决定的。但这种利益本身并不是既定的，而且也可能是多样的。尤其是面对一个复杂的国际环境问题，当存在较强"不确定性"以及某种政策选择会导致多重影响的时候，某种特定的环境政治理念会对决策者的最终政策立场选择产生决定性的影响。正如马克斯·韦伯（Max Weber）曾经强调的，"并不是观念，而是物质的和概念上的利益直接支配着人们的行为。然而常常是由观念所形成的'世界镜像'（world images）像扳道工一样决定受利益动力驱动的行动运行的轨道"。① 而某种环境政治理念作为一种观念因素，实质上充当着国家环境政策立场的"扳道工"角色。上述分析方法和视角实质上都基本上是

---

① Max Weber, "The Social Psychology of the World Religions," in *From Max Weber: Essay in Sociology*, ed. H. H. Gerth and C. Wright Mills, New York: Oxford University Press, 1958, p. 280. 转引自朱迪斯·戈尔茨坦、罗伯特·O. 基欧汉编《观念与外交政策——信念、制度与政治变迁》，刘东国等译，北京：北京大学出版社，2005 年版，第 12 页。

从"理性主义"出发而忽略了环境政治理念（观念因素）对欧盟国际气候谈判立场的重大影响。虽然上述环境外交政策分析方法与观念建构视角也都强调观念对国家（集团）外交政策的影响，但都是强调气候变化问题之外的某种观念影响，比如强调欧盟在气候变化问题上作为一种"规范力量"的建构，强调欧盟通过气候变化问题赢得国际行为体身份或合法性的观念影响。

第二，大多数研究者强调欧盟在国际气候治理中发挥"领导作用"的强烈意愿和行动，认为正是这种"领导"雄心促使欧盟在国际气候谈判中采取积极立场，推动国际气候机制的建立和完善。诚然，在一个无政府状态的国际社会，对于全球性环境问题治理的集体行动而言，对"领导"的需求也是客观存在的，而且由于美国事实上"领导"意愿的缺乏，给了欧盟发挥"领导作用"重要机会，这是欧盟发挥"领导作用"的客观必然性。但是这些研究并没有深入分析欧盟发挥"领导作用"背后的深刻动因，也就是说，许多研究就"领导"问题而论述"领导"，而没有剖析欧盟发挥"领导作用"背后的深层次利益动机。

第三，单就利益决定论而言，上述分析表明，目前学术界主要是分析国家的生态脆弱性和减缓成本，认为国家都是从这两方面的利益估算出发来决定它们在国际环境谈判中的政策立场的。这种分析方法确实有着较强的解释力，但是存在两方面的问题：一是研究者都把生态脆弱性和减缓成本当作了某种既定存在的因素，从一种相对静态的视角来看待这一问题，而忽视了事实上国家对这种利益认知和评估过程中观念因素的影响以及它们的动态变化。诚然，对于特定的国家或地区，在特定时间的生态脆弱性和减缓成本理论上而言是固定的，但是，这种估算往往是在特定观念影响下的一种结果，尤其是对减缓成本的评估更是如此，比如在多大程度上把环境资源界定为经济活动的外部性特征，将对经济活动成本与收益的评估产生很大影响，而对这种外部性的界定很大程度上取决于某种环境政治理念或经济理念。而且随着时间的推移，某种环境技术的突破或许会在很大程度上降低减缓成本，成本与收益处于不断的变化之中。二是这种研究方法忽略了应对环境问题过程中环境技术革新及其产业化所带来的积极经济后果对国家环境政策立场的重大影响。在上述研究现状的分析中所提到的"以利益为基础的分析方法"尽管也或多或少强调应对环境问题过程中的"并发性收益"或"第三方收益"，但并没有深入研究，也没有把这一因素作为影响国家立场的一个主要变量。事实上，随着环境问题影响的日益加强，应对环境问题过程中的环境技术革新及其产业化对一个国家经济社会产生的影响越来越大，而这一因素已经成为欧盟制定气候政策立场一个越来越重要的变量。

总而言之，目前学术界对影响一个国家（集团）气候政策及其国际气候谈判立场的研究已经取得了非常重要的积极成果。但这些研究视角与分析方法仍然还有诸多有待改进和完善的地方。接下来，本书将在现有研究的基础上，建立一个新的研究议程。

第三节　研究视角与基本概念界定

一　新的研究视角

本书将从生态现代化理论视角出发，仍然坚持以利益为基础的研究路径。归根结底，特定的利益动机决定了行为体特定的对外行为。利益考量是影响一个国家环境政策立场的根本因素，对于全球气候变化问题尤其如此。这不仅在于气候变化本身对社会经济发展的重要影响，更为重要的是应对气候变化的行动直接涉及几乎所有经济社会部门。气候变化问题从来就与国家的经济发展问题有着异常紧密的关系。但是，本书强调利益背后的观念因素对欧盟认知和界定其在国际气候治理中特定利益具有的重要影响。具体而言，本书将重点分析20世纪80年代初期在西欧兴起的生态现代化理念对欧盟气候政策及国际气候谈判立场的影响。

其次，本书将分析欧盟在应对气候变化过程中的环境技术革新及其产业化所带来的收益——本书把它界定为"生态现代化收益"——对欧盟气候政策及其国际气候谈判立场的重要影响。从根本上讲，气候变化问题本身直接影响到一个国家的经济利益主要包括三个方面：（1）气候变化给国家社会经济带来的危害和损失（生态脆弱性）；（2）应对气候变化行动的成本与调整受影响经济部门的代价（减缓成本）；（3）应对气候变化的技术革新以及一些可替代产品所带来的收益（比如替代化石燃料的可再生能源及其技术的发展）。这三个变量都是影响一个国家气候变化政策立场的根本因素。如何衡量和界定这三方面因素对国家利益的影响，将直接决定一国在气候变化问题上的政策立场。上文已经指出，目前学术界更多关注前两个因素对国家环境政策立场的影响，而很少有研究者关注应对气候变化问题的技术革新或替代产品的出现带来的收益，及潜在收益对于一个国家环境政策立场的重大影响。事实上，如果从"生态现代化理论"观点出发，由于技术进步或可替代产品的出现还有其成功市场化所形成的"领导型市场"（Lead Market）及相关技术与产品的应用与扩散，会带来环境与经济双赢或共赢的结果。应对和解决气候变化问题的技术革新及其市场化最终会带来巨大的经济收益。更为重要的是，鉴于气候变化问题的全球性特征，一个国家（集团）积极应对气候变化问题的技术革新及其市场化所形成的"领导型市场"，也就具有了国际性或全球性市场潜力。这种技术革新及其市场化形成的生态产业在随后向外扩散的过程中必将给这个国家（集团）带来巨大经济收益。因此，这种技术革新及其扩散所带来的收益无疑对一个国家（集团）的环境政策和立场将产生至关重要的影响，从长远利益的考量来看这也许是一个最为重要的影响变量。

第三，本书将分析欧盟自身气候治理的成效，也就是欧盟经济社会的生态化转型程度（欧盟的"生态现代化成效"）对欧盟国际气候谈判立场的重要影响。欧盟自身的生态现代化成效会带来两方面重要影响：一方面，长期以来欧盟一直强调自身的示范效应，试图通过自身的实际行动证明气候治理的可行性，通过榜样与示范发挥领导作用（Leadership by example）。欧盟气候治理成效为这种"领导作用"的发挥奠定了坚实的基础。另一方面，欧盟自身气候治理的成功也为其内部积极的气候政策提供了合法性注脚。欧盟在国际气候谈判中的积极立场与其内部生态现代化成效形成了一种积极的正相关关系。

综上所述，本书打算从生态现代化理论视角出发，从生态现代化理念、生态现代化收益与生态现代化成效三个变量入手来分析影响欧盟国际气候谈判立场的主要因素。本书认为，20世纪80年代，当全球气候变化问题在国际社会和欧盟逐渐兴起的时候，正是生态现代化理念逐渐成为欧盟环境治理主流政策理念的时候。这种环境政治理念对于欧盟应对气候变化，认知和界定它在国际气候治理中的利益产生了重大影响。

正是在这种利益认知的背景下，欧盟根据生态现代化理念的政策导向采取了一系列积极的气候政策。在这些政策推动下，一方面，环境技术革新及其市场化形成了大量的生态产业，也使欧盟在提高能源效率和发展可再生能源方面取得了重要成果。这给欧盟带来了巨大的生态现代化收益，这成为推动欧盟在国际气候谈判中采取积极立场的内在驱动力量。另一方面，欧盟经济社会的生态化转型也取得积极进展，欧盟生态现代化成效的提高又为欧盟对外采取积极的国际气候谈判立场奠定了坚实的基础。总之，本书认为欧盟国际气候谈判立场受到生态现代化理念、生态现代化收益与生态现代化成效的综合影响。这里，需要强调指出的是，本书试图通过上述三个变量来分析欧盟的国际气候谈判立场，但并不否认其他因素对欧盟国际气候谈判立场的影响。本书承认欧盟国际气候谈判立场的形成受到多种因素的影响，是一个复杂的动态演变过程。本书的研究意在强调欧盟国际气候谈判立场的形成有着深刻的内在观念性根源以及在这种观念影响下的利益根源，并试图通过"生态现代化理论"来解读和厘清它们之间的关系，从而揭示欧盟采取积极国际气候谈判立场背后利益驱动力量的重要影响及其路径。

　　本书的基本研究思路主要是探寻影响和决定欧盟国际气候谈判立场的内部因素和根源。也就是说，如果我们把欧盟看成一个分析单元的话，这种研究路径主要是从单元层次出发来剖析塑造欧盟国际气候谈判立场的重要因素，而不去关注欧盟所置身的国际体系层次以及欧盟与其他参与国际气候谈判的行为体的互动层次上的影响因素。这样的研究当然具有某种局限性，但正如上文所强调的，本研究的主要目的在于揭示欧盟在应对气候变化问题过程中是否受到了在欧洲生态政治理念当中居于主流地位的生态现代化理念的影响。如果是，这种理念指导下的气候战略应该是一种什么样的独特战略，这种理念通过何种路径影响了欧盟的气候战略，进而，在欧盟应对气候变化的战略行动中，基于生态现代化理念的深刻影响，其最重要的战略关注点是什么，其气候战略在欧盟整体经济社会发展战略中的地位和影响是什么，我们应该如何看待和评价欧盟的气候战略。总而言之，本书认为，围绕本书提出的核心问题——欧盟在国际气候谈判中为什么采取比较积极的领导政策，其深层次动因有哪些——生态现代化理论为我们认知和理解上述问题，对我们把握欧盟气候战略的成因、动机和战略目标提供了一个非常有价值的分析视角。从生态现代化理论视角出发，本研究意在揭示欧盟采取相对比较积极超前的气候政策立场的内部根源和动因，从欧盟自身所具有的独特环境治理理念、价值观念、利益诉求以及环境治理方式等方面来理解欧盟在国际气候治理中的行为表现及其战略考量。

二 研究对象与基本概念界定

本书的研究对象是欧盟的国际气候谈判立场。首先，关于欧盟。欧盟是"欧洲联盟"（European Union - EU）的简称。它是从 20 世纪 50 年代的欧洲煤钢共同体逐渐发展而成的，其中 1958 年的《罗马条约》、1987 年的《单一欧洲法令》和 1992 年的《欧洲联盟条约》（又称《马斯特里赫特条约》，简称《马约》）以及对上述条约的修订奠定了欧洲联盟的法律基础。欧盟是一个由主权国家在一定的条约基础上建立起来的国际组织，当然，它又是一个特殊的国际组织。① 根据《马约》及其后来的修订，欧盟是由三个支柱所组成，第一支柱是欧洲共同体（EC），第二支柱是共同外交与安全政策，第三支柱是司法与内部事务。环境问题属于第一支柱范围内的事务。欧盟成立之后，在 2009 年《里斯本条约》生效之前，在国际上拥有国际法法律人格的仍然是欧共体，也就是说实际上代表欧盟及其成员国与第三方进行国际谈判和缔结国际条约或协定的仍然是欧共体。2009 年《里斯本条约》生效，对欧盟的机构和对外行动进行了改革，欧盟开始具有了国际法律人格。但是，研究者一般交互使用欧共体与欧盟这两个词，而不作特别的区别。因而，在本书之中，除非特别说明，一般使用欧盟一词，既指欧盟也指其成立之前的欧洲共同体。其次，关于"欧盟国际气候谈判立场"。立场一般是指特定行为体对某问题的看法及主张，而"欧盟国际气候谈判立场"是指欧盟作为一个行为体参与国际社会为寻求解决全球气候变化问题而进行的国际谈判时所持的看法和主张，通常指代表欧盟的机构在正式国际谈判之前、之中或之后以欧盟名义所发表的对全球气候变化及解决办法的主张、意见及建议，体现在欧盟理事会、委员会、欧洲议会或欧盟的其他机构

---

① 张茂明：《欧洲联盟国际行为能力研究》，北京：当代世界出版社，2003 年版。

在国际气候谈判过程中所发布的有关政策文件，或欧盟有关领导者就气候变化问题所发表的一些言论以及代表欧盟参与国际气候谈判的有关代表发表的言论之中。本书重点考察欧盟巴黎气候会议之前气候政策立场的演变与发展。鉴于从 20 世纪 80 年代中后期欧盟参与国际气候谈判到 2007～2008 年"后京都"国际气候谈判立场的形成，再到巴黎气候会议谈判立场的形成，其间欧盟成员国本身从 12 国发展到 15 国，到 25 国，又到今天的 28 国。这段时间国际气候治理进程中最为突出的实际上主要包括《公约》及其《京都议定书》的谈判、"后京都时代"的国际气候谈判以及 2011 年德班气候会议奠定的关于《巴黎协定》的国际气候谈判，京都时代的国际气候谈判，欧盟成员国是 15 国，"后京都时代"国际气候谈判前欧盟已扩大到 27 国，到 2015 年巴黎气候会议前，欧盟成员国已至 28 国。① 因此，本书在分析各个时期欧盟国际气候谈判立场时，不再对成员国加以特别说明，主要分析各个时期欧盟层面的气候政策立场。

"生态现代化理念"② 在本书中是指关于环境问题及其解决途径的一套信念，目前学术界仍然没有一个统一的权威界定，本书根据该理论的主要创立者德国学者马丁·耶内克（Martin Jänicke）与约瑟夫·胡伯（Joseph Huber）的有关论述，把它界定为一种以市场导向为基础的系统性的环境技术革新与扩散，通过协调经济发展和环境改善以最终实现环境（生态）与经济双赢社会结果的环境政策理念。"生态现代化收益"是指环境治理过程中获得的经济收益，具体是指应对环境问题过程中的

①　从 20 世纪 50 年代初欧洲煤钢共同体成立到 2013 年欧盟历经 7 次扩大，成员国从最初的 6 个发展到 28 个。欧盟 15 国（EU－15）包括法国、德国、意大利、荷兰、比利时、卢森堡、英国、爱尔兰、丹麦、希腊、西班牙、葡萄牙、奥地利、瑞典和芬兰。关于欧盟的发展概况可参见刘雪莲主编《欧洲一体化与全球政治》，长春：吉林大学出版社，2008 年版。

②　这里需要强调指出，本书在行文过程中有两个密切相关且容易混淆的概念："生态现代化理论"与"生态现代化理念"。一般研究者把关于环境问题及其解决办法的思想潮流和观念称为"生态政治理论"。一般而言，"理论"是一种系统化的"理念"，而"理念"也可以是某种"理论"所反映出来的特定"信念"或"思想观念"。因而，本书的"生态现代化理论"更多是从学术视角来讲比较宽泛的一种说法，是指运用"生态现代化"信念或思想观念来解释本书的研究问题时的一种泛称，而"生态现代化理念"是指"生态现代化理论"所反映出来的特定环境政治"信念"或"思想观念"，它与某种特定的环境政策行为相对。二者既有区别又密切联系，"生态现代化理论"是用"生态现代化理念"对特定环境政策的解释。

技术革新及相关产业的形成，或者一些环境友好型可替代产品的出现所带来的经济收益。这些技术革新及其产业化不但会解决相应的环境问题，而且还会给技术革新国家带来可观的经济收益，特别是当应对某种全球性环境问题的技术革新面对国际性或全球性市场潜力的情况下。另外，能源效率的提高与可再生能源的发展还可以提高能源安全，节省开支，最终也给国家带来经济收益。"生态现代化成效"是指经济社会的生态化转型程度，也就是经济社会依据生态化原则而发生的结构性变迁的发展程度，可以通过国家（集团）经济生态化与社会生态化的发展程度进行衡量。

第四节　研究方法及全书结构

一　研究方法

总体而言，本书主要运用实证分析和比较研究方法，在对生态现代化理论全面概述的基础上提出了本书的核心假设，然后通过对欧盟具体气候政策和气候战略的分析进行实证检验。实证主义方法遵循科学研究的基本要求，首先通过对大量事实经验的分析，提出所要回答的核心问题，然后在理论概述和归纳的基础上提出研究性假设，再通过对具体事实的分析和解读，或者对经验事实的量化分析，对研究性假设进行检验，最终在此基础上对研究性假设进行总结和反馈。科学研究的目的在于认识和把握事物发展的规律，可以帮助我们了解相关因素之间的互动关系，以便对事物的发展趋势有更深刻的把握和判断。[1] 当然，鉴于社会事实的复杂性和易变性，我们不能对社会事实进行实验设计和完全的变量控制，对社会现象的任何科学研究只能是一种相对意义上的，对客观事物提供某种或然性解释。[2] 因此，社会研究的宗旨主要在于通过理论推导和经验观察，寻找事物之间的某些相关关系，分析变量之间的逻辑关系，以便能对客观事物有一个相对准确的认知和理解，而不是提供一种绝对

---

① 阎学通：《国际关系研究中使用科学方法的意义》，《世界经济与政治》2004 年第 1 期，第 16 ~ 17 页。

② 参见秦亚青《霸权体系与国际冲突：美国在国际武装冲突中的支持行为（1945 - 1988）》，上海：上海人民出版社，2008 年版，引言部分。

准确无误的解释和放之四海而皆准的公理，而这也是本书的研究目的所在。本书还运用比较研究方法，把欧盟的气候政策立场以及欧盟在气候治理中的经济收益等方面与美国、日本等发达国家进行比较分析，试图通过此举来对本书研究的问题有相对更加准确的理解。除此之外，本书还具体运用到以下研究方法。1. 定性分析和定量分析相结合。本书运用定性分析界定欧盟的生态现代化理念、生态现代化收益与生态现代化程度与其国际气候谈判立场的关系，然后运用量化分析手段分析欧盟的生态现代化收益与生态现代化发展程度对其国际气候谈判立场的影响。2. 话语分析方法。本书运用话语分析方法解读欧盟委员会、欧盟理事会与欧洲议会等关于气候变化政策的立场文件以及欧盟部分领导人关于气候变化的言论，从中归纳和总结生态现代化理念与其国际气候谈判立场之间的相关关系。3. 案例分析方法。本书首先从理论上阐明欧盟实施的生态现代化战略与其国际气候谈判立场的相关关系，然后分析欧盟"后京都时代"国际气候谈判立场的形成与变化，来实际考察影响欧盟国际气候谈判立场的主要因素，以此来验证和分析本书的理论假设。

二　本书的篇章结构

本书分为七大部分。第一部分是导论。提出了所要研究的问题，分析了国内外研究现状，然后在现有研究的基础上提出了自己的研究视角，界定了研究对象并提出本书的主要研究方法。第二部分为本书的理论阐释部分，主要是在阐述全球气候变化问题的科学性与严重影响的基础上，简要阐释了应对和解决环境问题的主要思潮和理论，进而阐述生态现代化理论的核心观点和理论框架，在理论阐释的基础上提出了本书的理论分析框架、主要变量与研究假设。第三部分是背景介绍。从历史演变的视角对国际气候谈判的发展历程以及欧盟国际气候谈判立场变迁进行梳理，以便为分析和探讨影响欧盟国际气候谈判立场提供一个深刻的历史背景。第四部分是本书的主体，分为三章。第三章"生态现代化理念与欧盟的国际气候谈判立场"。首先从理论上剖析了生态现代化理念的政策导向，然后通过对欧盟气候政策文件与欧盟相关领导人言论的话语分析以及对欧盟气候政策措施的分析，从理论上阐释了生态现代化理念对欧盟气候政策及其国际气候谈判立场的影响及其路径。第四章"生态现代化收益与欧盟的国际气候谈判立场"。首先从一般意义上概述了应对气候变化过程中的生态现代化收益对一个国家（集团）气候政策立场的重要影响，然后着重从理论和事实两方面论述了利益考量在欧盟整个气候战略中的重要影响以及应对气候变化在欧盟里斯本战略与可持续发展战略中的地位，在此基础上阐述了生态现代化收益对欧盟气候政策立场选择的重要影响及其路径，最后通过气候变化减缓技术、生态产业以及能源效率提高与可再生能源发展三个指标对欧盟在应对气候变化过程中的生态现代化收益与美国和日本的收益进行了量化比较分析，以此对欧盟在气候治理行动中的生态现代化收益有了一个定量判断，然后据此来证实生态现代化收益与欧盟应对气候变化的积极政策立场之间的相关关系。第五章"生态现代化成效与欧盟的国际气候谈判立场"。首先从理论上分析了欧盟气候治理内部行动与国际行动之间的相互影响关系，然后分析了欧盟内部生态现代化成效（气候治理成效）对欧盟国际气候谈判立场的重要影响，最后通过对欧盟气候治理的环境成效与经济成效以及欧盟本身的生态现代化指数与美国和日本的量化比较，来证实生态现代化成效与欧盟积极气候政策立场之间的相关性。第五部分专门探讨欧盟生态现代化视野下的气候外交，从全球气候外交和欧盟气候外交的历史发展演变，分析欧盟积极推动气候外交的动因，意在揭示欧盟推动器国际气候谈判立场的外在向度及其深刻根源。第六部分案例分析。本书选取两个典型案例进行分析，第一主要分析后京都国际气候谈判立场的形成，也就是 2007～2008 年欧盟 "20/20/20" 战略的形成，具体剖析欧盟国际气候谈判立场形成的背景，过程以及影响因素，由此来看本书提出的三个分析变量是否影响了欧盟后京都国际气候谈判立场的形成；第二是分析欧盟各成员国生态产业的发展状况对其气候政策立场的影响，以此来证明生态现代化战略对欧盟内部成员国的气候政策立场也具有重大影响。第七部分是研究问题的延伸和结论。从人类文明发展的大视野出发，对欧盟的气候治理战略进行全面系统的评价，分析其在当前全球气候治理中的重大引领性价值及对未来人类社会发展方向的启示性意义，同时也分析其存在的缺陷及改进的方向，并提出对我国气候治理的启示。最后是本书研究视角的立意与初衷及本书的研究结论，还提出一些值得进一步探讨的问题。

第一章 气候变化与生态现代化理论：
理论框架与变量关系

气候变化已经成为 21 世纪人类面临的最严峻挑战之一。随着科学研究的进展和科学证据的增加，全球气候变化已经得到越来越多的科学家、政治家的承认，并开始采取积极的应对措施和行动。本章首先阐释全球气候变化给人类社会带来的巨大挑战，然后阐述应对气候变化的一些环境政治思潮和理念，在此基础上阐释"生态现代化"为什么是一种相对较为理想的应对战略并概述其核心主张和理论框架。最后，在前面理论分析的基础上提出本书的理论分析框架以及影响欧盟国际气候谈判立场的主要变量及其相互关系，并在此基础上提出本书的研究性假设。

第一节 全球气候变化：人类面临的挑战

一 全球气候变化：科学与事实

从科学上看，气候变化指气候平均状态和离差（距平）两者中的一个或两者一起出现了统计意义上的显著变化。[①] 目前关于全球气候变化的科学评估最权威的信息来自联合国政府间气候变化专门委员会（IPCC）的评估报告。从 1990 年起，IPCC 已经发布了五次评估报告。2007 年 IPCC 发布的第四次评估报告已经指出，1995～2006 年 12 年中有 11 年位列 1850 年以来最暖的 12 个年份之中，全球温度普遍升高。海平面的逐渐上升与变暖的趋势相一致。1961 年以来，全球平均海平面上升的平均速率为每年 1.8 毫米，而从 1993 年以来平均速率为 3.1 毫米。从 1978 年以来的卫星资料显示，北极年平均海冰面积已经以每十年 2.7% 的速率退缩，夏季的海冰退缩率较大，为每十年 7.4%。南北半球的山

---

① 国家气候变化对策协调小组办公室，中国 21 世纪议程管理中心：《全球气候变化——人类面临的挑战》，北京：商务印书馆，2004 年版，第 17 页。

地冰川和积雪平均面积已呈现退缩趋势。在 20 世纪下半叶，北半球平均温度很可能高于过去 500 年中任何一个 50 年期，并可能至少是过去 1300 年中平均温度最高的 50 年。[①] 该评估报告强调："自 20 世纪中叶以来，大部分已观测到的全球平均气温的升高很可能是由于观测到的人为温室气体浓度增加所导致。""自 1750 年以来，由于人类活动，全球大气 CO_2、甲烷（CH_4）和氧化亚氮（N_2O）浓度已明显增加，目前已经远远超出了根据冰芯记录测定的工业化前几千年中的浓度值。"[②] CO_2、甲烷（CH_4）和氧化亚氮（N_2O）就是所谓的"温室气体"，在《京都议定书》中还包括另外三种工业氟化气体：氢氟碳化物（HFCs）、全氟化碳（PFCs）和六氟化硫（SF_6）。由于这些气体在地球大气浓度的增加产生了一种"温室效应"，直接导致了全球温度的升高，也就出现了"全球变暖"。在 IPCC 2014 年发布的第五次评估报告的综合报告中最新指出，人类对气候系统的影响是明确的，而且这种影响还在不断增强，在世界各个大洲都已观测到这种影响。如果任其发展，气候变化将会增大对人类和生态系统造成严重、普遍和不可逆转影响的可能性。评估报告强调，受经济和人口增长所驱动，自从工业革命以来人为温室气体排放的增长达到了前所未有的程度，至少在过去 80 万年的时间，人为温室气体的浓度达到了前所未有的程度，它们的影响连同其他人为驱动因子极有可能（extremely likely）是 20 世纪中期以来观察到的全球变暖的主导原因。[③]而大气中温室气体浓度增加的最主要原因在于化石燃料的燃烧，自工业化时代以来，化石燃料使用的不断增长已引起全球温室气体排放增加，其中在 1950 年至 2010 年显著增加（见图 1-1、图 1-2、图 1-3）。美国科学家查尔斯·戴维·科林（Charles David Keeling）从 20 世纪 50 年代末开始测量大气中 CO_2 的浓度，最终的观察和测量结果显示了 CO_2 浓度的持续升高，他所绘制的测量结果曲线图就是著名的"科林曲线"（见图 1-4）。1958 年 3 月科林在夏威夷莫纳罗亚观测站（Mauna Loa, Hawaii）测量的大气中 CO_2 浓度为 314.42ppm，而到 2010 年 6 月已经达

---

① IPCC：《气候变化 2007：综合报告——决策者摘要》，第 2 页。

② IPCC：《气候变化 2007：综合报告——决策者摘要》，第 5 页。

③ IPCC, *Climate Change 2014 Synthesis Report: Summary for Policymakers*, http://www.ipcc.ch/index.htm.

到 389.58ppm，增长了近 24%。① "科林曲线"清楚地表明 CO_2 浓度从 1957 年以来是直线上升的。从更长的时间尺度来考虑可以更清楚地看到近 200 年 CO_2 迅速增加的情况。根据各种不同的测量和代用资料（主要是冰芯分析），人们建立了近 1000 年和过去 40 多万年 CO_2 浓度的变化，从中可以看出从 10 世纪到 18 世纪中期大气中 CO_2 浓度水平大致稳定地维持在 280ppm，而从 1750 年开始（大致与工业革命开始的年代相应）CO_2 浓度上升，近 100 年呈现加速上升的趋势。这显然与工业革命以后 CO_2 排放的大量增加密切相关（表 1-1）。

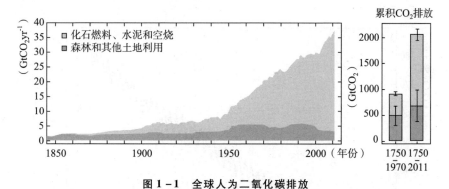

图 1-1　全球人为二氧化碳排放

资料来源：IPCC，*Climate Change* 2014：*Synthesis Report - Summary for Policymakers*，p. 3.

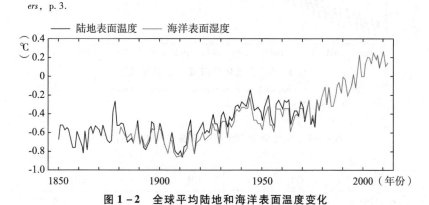

图 1-2　全球平均陆地和海洋表面温度变化

资料来源：IPCC，*Climate Change* 2014：*Synthesis Report - Summary for Policymakers*，p. 3.

---

① 有关数据参见：http://scrippsco2. ucsd. edu/data/atmospheric_ co2. html，accessed on 8 July 2010。

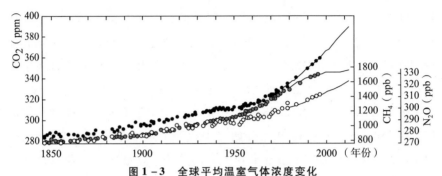

图 1 - 3　全球平均温室气体浓度变化

资料来源：IPCC，*Climate Change* 2014：*Synthesis Report – Summary for Policymakers*，p. 3.

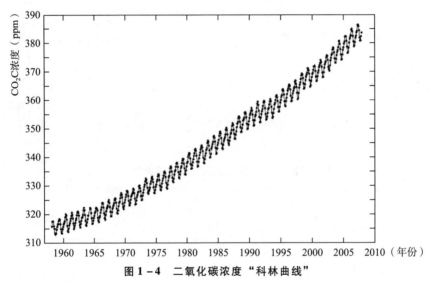

图 1 - 4　二氧化碳浓度"科林曲线"

资料来源：http://scrippsco2. ucsd. edu/program_ history/keeling_ curve_ lessons. html，登录时期：2010. 7. 8

表 1 - 1　大气中近 200 年主要温室气体含量的变化

单位：μg/L = 微克/升

年份	CO_2（ppmv）	CH_4（μg/L）	N_2O（μg/L）
1000 ~ 1750 年	280	700	270
2000 年	368	1750	316
增幅（%）	31 ± 4	150 ± 25	160

资料来源：Houghton. J. T，Y. Ding，D. J. Griggs，M. Noguer，P. J. van der Linden.，X. Dai，K. Maskell，and C. A. Johnson，Climate Change 2001：The Scientific Basis，Cambridge：Cambridge University Press，2001。转引自国家气候变化对策协调小组办公室，中国 21 世纪议程管理中心《全球气候变化——人类面临的挑战》，北京：商务印书馆，2004 年版，第 21 页。

可观测的事实充分证明了近百年来全球变暖的趋势。自 1860 年有气象仪器观测记录以来，全球平均温度升高了 $0.6℃ \pm 0.2℃$，近百年来最暖的年份出现在 1983 年以后，90 年代是 20 世纪最暖的 10 年。[①] 在人类历史上，过去一万年中也曾有过气候变暖的时期，一次是从 8000 年前到 3500 年前的全新世大暖期，那时的温度比现在高 $2℃ \sim 3℃$。人类的文明就诞生在这个时期，那时生产力低下，大规模的社会经济活动有限，气候变暖不可能是由人类活动引起的。第二个暖期发生在 $10 \sim 14$ 世纪的中世纪温暖期，其温度比后来的冷期高 $0.2℃ \sim 0.8℃$。这个时期的变暖也不可能是由人类活动造成的。而近期从 19 世纪中叶开始的温度上升很可能主要是由人类活动造成的。由两个观测事实可以支持这次增暖不同于前两次，即这次增暖除了自然的气候变化率作用外，人类活动引起的温室气体的增加起到了重要作用。第一个事实就是前述 18 世纪中期以来 CO_2 浓度的持续升高，已经突破了 42 万年以来的 CO_2 纪录，有科学家认为甚至是近 2000 万年来最高的。温室气体与全球平均温度基本上是同步变化的（如图 $1-5$），这种同步变化不是偶然的，通过气候变化的检测和归因，有越来越多的证据表明两者之间存在一定的因果关系，因此有理由认为人类活动是引起近百年来气候变暖的一个主要因子。第二个证据是过去 100 多年的气候模拟结果。在气候模式中如果只考虑自然的因子（太阳活动和火山爆发等），模拟的 $1860 \sim 2000$ 年的温度变化在大部分时间内基本上是一致的。但在最近 50 年，差别很大，自然因子引起的气候变化使温度下降，而实况是明显上升，这说明自然因子不能完全解释近 100 多年来的气温变化，尤其是最近 50 年的变化。如果只考虑人类活动的影响，则近 50 年的温度变化模拟十分接近，但前期有一定差别。两种因子都包括在内的模拟与实况相比较，比任何单一因子的模拟更相似。由此可以得出结论，$1860 \sim 2000$ 年的气候变化是自然的气候波动和人类活动共同作用的结果，而近 50 年的气候变化主要是人类活动引起的。[②]

[①] 国家气候变化对策协调小组办公室，中国 21 世纪议程管理中心：《全球气候变化——人类面临的挑战》，北京：商务印书馆，2004 年版，第 38 页。

[②] 以上论述和科学数据全部引自国家气候变化对策协调小组办公室，中国 21 世纪议程管理中心《全球气候变化——人类面临的挑战》，北京：商务印书馆，2004 年版，第 $49 \sim 50$ 页。

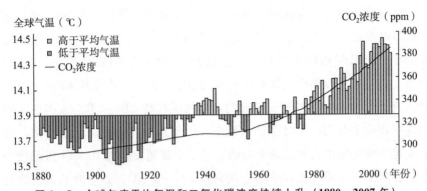

图 1 - 5　全球年度平均气温和二氧化碳浓度持续上升（1880 ~ 2007 年）

资料来源：World Bank，World Development Report 2010：Development and Climate Change, p. 73.

二　全球气候变化：影响与后果

全球气候变化给人类发展带来了巨大的挑战，不但对自然生态环境造成了严重影响，而且也对人类社会经济活动产生了严重影响。具体而言，这些影响包括生态影响、经济影响、社会影响以及对国家安全的影响。[①]

1. 全球气候变化对生态环境的影响

如图 1 - 6 所示，全球气候变化最直接的影响是对地球生态系统的影响，其中最显著的是对地区降水、植被分布和动植物的影响。根据 IPCC 第四次评估报告表明"近期区域温度的变化已经对自然系统和生态系统产生了可辨别的影响"。"具有高可信度的是，与积雪、冰和冻土（包括多年冻土层）相关的自然系统受到了影响。"[②] 联合国开发计划署（UNDP）发布的《人类发展报告 2007/2008——应对气候变化：分化世界中的人类团结》也强调，气候变化的核心问题是地球吸收二氧化碳和其他温室气体的能力正在受到严重影响，人类生活已经超出了环境的恢复能力。[③] 温度上升导致极地冰雪融化，而极地冰川和积雪的融化又会导致海平面上升。海平面上升以及降水植被的变化直接导致某些地区水资源和农

[①]　对全球气候变化影响的分类本书参考了胡鞍钢和管清友的论述。参见胡鞍钢、管清友《中国应对全球气候变化》，北京：清华大学出版社，2009 年版，第 6 ~ 11 页。

[②]　IPCC：《气候变化 2007：综合报告》，第 31 页。

[③]　联合国开发计划署：《人类发展报告 2007/2008——应对气候变化：分化世界中的人类团结》，第 22 页。

业生产发生变化。根据 IPCC 报告，未来 10 年内拉美、亚洲和非洲至少有 2.07 亿人将缺少饮用水。到 21 世纪中期，在亚洲，还会有另外 1.3 亿人受到饥饿的威胁。格陵兰岛和南极西部地区的冰盖融化（许多国家可能将因此被海水淹没）和墨西哥湾暖流改道（可能带来剧烈的气候变化）将带来巨大的生态灾难。

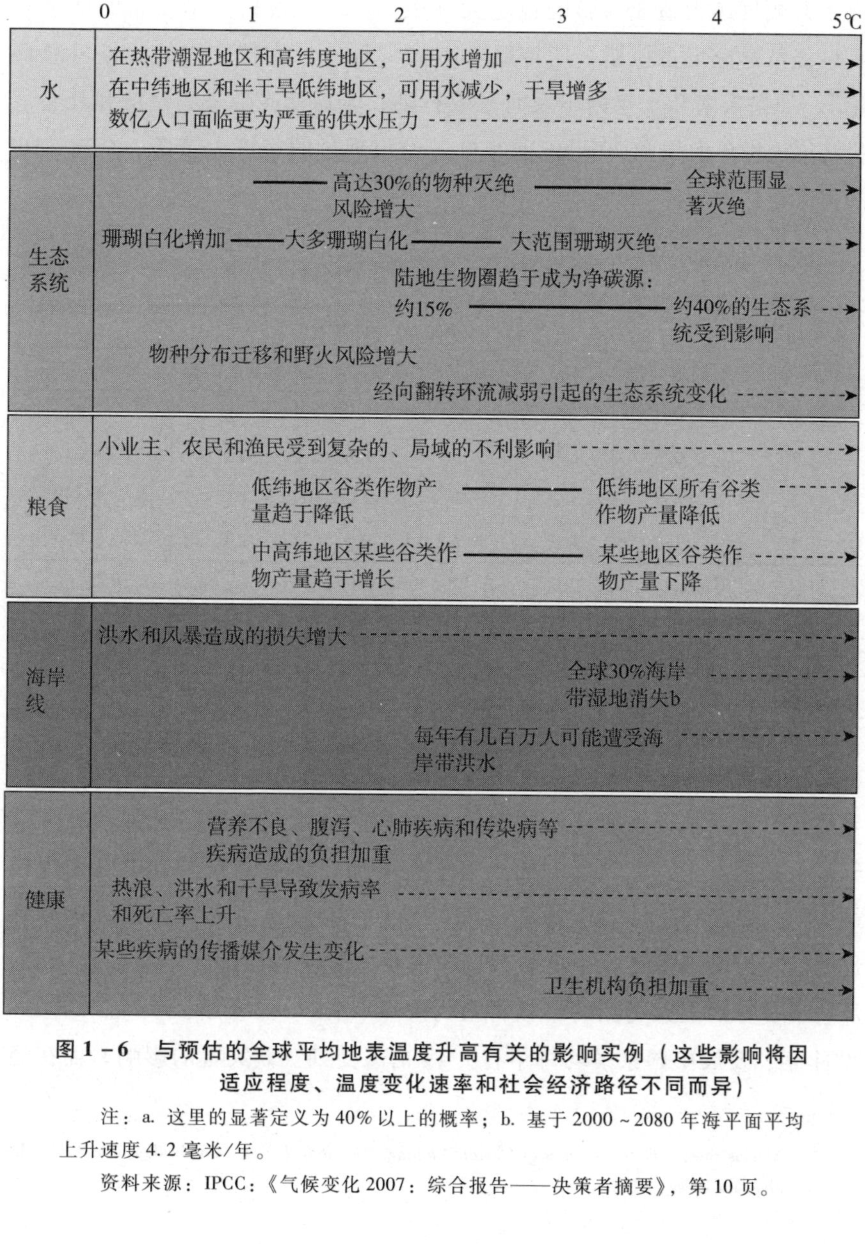

	0　　　　　1　　　　　2　　　　　3　　　　　4　　　　　5℃
水	在热带潮湿地区和高纬度地区，可用水增加 ------→ 在中纬地区和半干旱低纬地区，可用水减少，干旱增多 ------ 数亿人口面临更为严重的供水压力 ------
生态系统	高达30%的物种灭绝　　　　　全球范围显 风险增大　　　　　　　　著灭绝 ------→ 珊瑚白化增加 ---- 大多珊瑚白化 ---- 大范围珊瑚灭绝 ------ 陆地生物圈趋于成为净碳源： 约15%　　　　　约40%的生态系 --- 　　　　　　　统受到影响 物种分布迁移和野火风险增大 经向翻转环流减弱引起的生态系统变化
粮食	小业主、农民和渔民受到复杂的、局域的不利影响 ------ 低纬地区谷类作物产　　　低纬地区所有谷类 ------→ 量趋于降低　　　　　作物产量降低 中高纬地区某些谷类作　　某些地区谷类作 物产量趋于增长　　　　物产量下降
海岸线	洪水和风暴造成的损失增大 ------ 全球30%海岸 带湿地消失b ------→ 每年有几百万人可能遭受海 ------ 岸带洪水
健康	营养不良、腹泻、心肺疾病和传染病等 ------→ 疾病造成的负担加重 热浪、洪水和干旱导致发病率 ------ 和死亡率上升 某些疾病的传播媒介发生变化 卫生机构负担加重 ------

图 1-6　与预估的全球平均地表温度升高有关的影响实例（这些影响将因适应程度、温度变化速率和社会经济路径不同而异）

注：a. 这里的显著定义为 40% 以上的概率；b. 基于 2000～2080 年海平面平均上升速度 4.2 毫米/年。

资料来源：IPCC：《气候变化 2007：综合报告——决策者摘要》，第 10 页。

2. 全球气候变化对经济发展的影响

全球气候变化导致的生态灾难直接影响到某些地区和国家的经济发展。据科学预测，海平面上升对全球经济社会发展产生巨大的影响，海平面上升 1 米（概率为 70% ~ 80%）会影响陆地面积的 0.3%，GDP 的 1.3%，城镇区面积的 1.0%，农业区面积的 0.4%，湿地面积的 1.9%，而上升幅度越大造成的影响也越大（表 1 - 2）。根据英国发布的前世界首席经济学家尼古拉斯·斯特恩（Nicolas Stern）主持完成的"斯特恩评论"，如果未来几十年内不及时采取行动，全球变暖带来的经济和社会危机将堪比世界大战和 20 世纪前半叶曾经出现过的经济大萧条，全球 GDP 的损失将达到 5% ~ 20%。[①]

表 1 - 2　海平面上升的影响

海平面上升程度（米）	影响（占全球总量的%）					
	陆地面积	人口	GDP	城镇区面积	农业区面积	湿地区面积
1	0.3	1.3	1.3	1.0	0.4	1.9
2	0.5	2.0	2.1	1.6	0.7	3.0
3	0.7	3.0	3.2	2.5	1.1	4.3
4	1.0	4.2	4.7	3.5	1.6	6.0

资料来源：Dasgupta et al., "The Impact of Sea Level Rise on Developing Countries: A Comparative Analysis," Policy Research Working Paper 4136, World Bank, Washington, DC., 2007. 转引自联合国开发计划署《人类发展报告 2007/2008——应对气候变化：分化世界中的人类团结》，第 99 页。

3. 全球气候变化的社会影响

全球气候变化将造成大量生态难民，并使登革热、霍乱等疾病蔓延，导致部分人面临死亡威胁。同时，与气候变化相关的自然灾害和极端天气日益频繁发生，受到影响的人口逐年增加，将造成人类有史以来规模最大的人口迁移，涉及全球 2 亿人口。但在应对这些灾害方面，世界各地的能力极端不平等，中低收入国家的生态脆弱性远远高于高收入国家，那些最贫穷的国家受到的影响将最为严重（图 1 - 7、图 1 - 8）。2000 ~ 2004 年，发展中国家平均每年有 1/19 的人受到气候灾害的影响，而在经

[①] Nicolas Stern, *The Economics of Climate Change: The Stern Review*, Cambridge: Cambridge University Press, 2006.

合组织国家，这一数值是 1/1500，相比之下，发展中国家人民面临的风险是发达国家的 79 倍。[①]

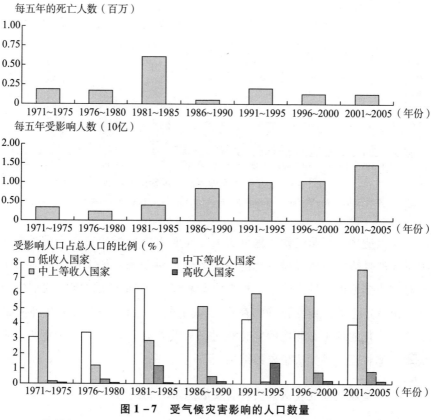

图 1－7　受气候灾害影响的人口数量

资料来源：World Bank，World Development Report 2010：Development and Climate Change，p. 98.

4. 全球气候变化对国家和国际安全的影响

气候变化引发的水资源短缺，生态难民，人口迁移以及领土和边界变化等问题都会对国家和国际安全构成重大挑战。根据欧盟的一份报告，气候变化将使现有趋势、紧张态势以及不稳定性更加恶化。具体而言，气候变化对安全的威胁主要有以下七种：资源引发的冲突；沿海城市及基础设施面临威胁；领土损失和边界争端；环境引发的移民；社会逐渐

---

① 联合国开发计划署：《人类发展报告 2007/2008——应对气候变化：分化世界中的人类团结》，第 74 页。

衰落、激进行为日益盛行；能源供应紧张；国际监管压力加大。[①] 据联合国统计，其 2007 年进行的全部紧急人道主义救援中，除了一项，其他都与气候变化有关。

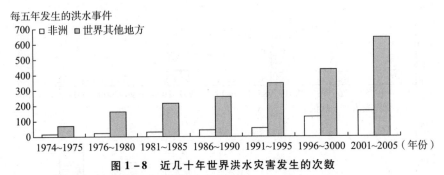

图 1-8　近几十年世界洪水灾害发生的次数

资料来源：World Bank，World Development Report 2010：Development and Climate Change，p. 99.

综上所述，全球气候变化事实上已经对人类社会的发展构成了严峻而重大的挑战。虽然气候变化的确切影响很难预测，科学预测的能力仍然存在诸多不确定性，但是，根据大量科学研究和事实观测，我们完全有理由认定全球气候变化确实存在巨大的风险，而且很可能是灾难性的风险，一旦地球生态环境的变化越过某种临界点，造成不可逆转的人类灾难，那将是一种无法想象的结果。[②]

三　全球气候变化对人类社会发展道路的制约与挑战

"在当代世界中，无论是在发达国家还是发展中国家，生态环境问题与社会可持续发展问题已被公认为是人类 21 世纪面临的最富有挑战性的难题之一。传统工业化与城市化生产生活方式的反生态本质或不可持续性特征已暴露无遗，而同样清楚的是，在从根本上改变智力支撑着现时代的物质主义生存方式的现代化思维模式之前，人类很难找到一条通向

---

① 高级代表和欧盟委员会提交给欧洲理事会的报告：Climate change and international security，参见 www. consilium. europa. eu/ueDocs/cms ＿ Data/docs/pressData/en/reports/99387. pdf，accessed on 14 May 2010。

② 关于全球气候变化的科学研究和预测，目前科学界和学术界已经做了大量深入研究，鉴于本书的研究目的和主题，本书对此只做一个大致的描述，详细的资料除 IPCC 已经发布的五次评估报告，还可参见联合国开发计划署（UNDP）、世界银行以及其他一些权威机构的研究报告。

明天的现实道路。"① 自 20 世纪六七十年代以来，从 1972 年斯德哥尔摩联合国人类环境会议到 1992 年里约环境与发展大会再到 2002 年约翰内斯堡"地球峰会"，生态环境逐渐成为现实政治关注的热点和焦点问题，这种对人类自身生存状态及其未来发展道路的反思与讨论对国家内部政治和国际政治产生了两方面的深远影响：第一，对环境问题的高度关注改变了国家内部传统政治议题，使"环境友好"和"生态化"成为社会经济发展的首要原则，成为人类社会的发展方向；第二，由于环境问题本身的复杂性和跨国性，其逐渐成为国际事务的重要议题，成为涉及人类发展、和平与安全的"高级政治"（high politics），该问题的国际化和普遍化使其不再单纯是一个环境与科学议题，而成为一个涉及国际伦理与道义、国际制度与规范、国际合作与纷争的国际政治问题。尤其是全球气候变化问题，一方面因其本身的巨大风险性和某种程度上的不确定性，导致对其超乎寻常的争论与关注；另一方面因其几乎无所不包的全面影响，应对气候变化问题的国内国际行动对人类社会的发展正在并将继续产生难以估量的影响。可以毫不夸张地说，以全球变暖为主要特征的全球气候变化问题已经使人类社会的发展处在了一个紧要关头。如上所述，随着科学研究的进展和科学证据的增加，全球气候变化的确定性正在越来越明显，在这种情况下，人类社会的发展何去何从，成为摆在每一个决策者面前的重大问题。

实质上，气候变化问题的产生、应对乃至解决从根本上讲都触及人类社会发展道路和发展方式问题，而气候变化问题的最终解决实质上也可以归结为这样一个问题：低碳经济（低排放经济）是否可能、何以可能的问题。所以，气候变化问题给人类社会发展带来的巨大挑战也就是在这种意义上而言的：现有的社会制度和科学技术能否找到、容纳并最终实现一种脱离高排放化石燃料所支撑的那种经济社会发展模式的现实途径和道路，从而把人类社会带向一个依靠低碳能源和低排放资源为基础的生态环境友好的"低碳经济社会"？目前来看，这显然并非易事。事实上，在应对气候变化问题的环境政策和技术取得全面突破之前，传

① 郇庆治：环境政治学译丛总序，参见〔澳〕约翰德赖泽克《地球政治学：环境话语》，蔺雪春、郭晨星译，济南：山东大学出版社，2008 年版，总序第 1 页。

统化石燃料（煤炭、石油和天然气）依然是支撑社会经济增长和解决现实社会庞大的人口消费的最主要能源，也就是支撑社会经济"发展"的最主要动力源泉和基础。所以，未来在走向低碳经济的过程中，有效应对气候变化问题不但涉及如何有效实现传统发展模式的低碳化，而且还涉及如何为未来的可持续发展找到新的动力源泉和基础。基于此，概括而言，气候变化问题从以下几个方面制约了人类社会的发展道路并带来了巨大的挑战。

第一，气候变化问题给人类带来或将会带来巨大的灾难性后果，尽管仍然存在某种不确定性，但是在人类现有的科学认知发展水平的基础上，依靠现有科学手段所能揭示并预测到的某种不可逆转的灾难性后果到来之前，人类社会必须采取一切必要的手段和措施防止这种后果的出现。也就是说，目前现实社会造成气候变化最根本原因之所在——温室气体的排放必须从根本上得到缓解并最终控制在一定水平，那么，温室气体排放最主要的源泉——支撑社会经济增长的化石燃料的燃烧，必须从根本上得到遏止并减少。因此，传统的经济社会发展模式已经从根本上难以为继。

第二，支持当前经济社会发展的化石能源都是不可再生能源，有些资源已经面临枯竭，因此，从根本上讲，依赖这种能源和资源来支撑社会经济增长和发展的模式本身就是不可持续的。正如1972年罗马俱乐部发表的《增长的极限》所揭示的，这种发展模式或早或晚会遭遇"增长的极限"。所以，必须从根本上改变这种传统的经济社会发展方式，"低碳经济"成为人类社会发展的必然选择。

第三，温室气体排放涉及几乎所有的社会经济部门，所以减排行动可以毫不夸张地说就是现有经济社会发展方式的一次"革命"。从技术的革新，可再生能源的发展，传统产业的转型，一直到人们生活方式和消费观念的转变，气候变化问题已经制约了人类自身发展手段和方式的选择，生态标准和环境价值越来越成为人类经济社会发展的主要衡量指标，"生态理性"或将逐渐取代"经济理性"成为制约和指导经济社会发展的首要原则。[①]

---

① Arthur P. J. Mol, "Ecological Modernization and the Global Economy," *Global Environmental Politics*, Vol. 2, No. 2, 2002, pp. 92 – 115.

第二节　生态现代化理论的核心主张与理论框架

面对气候变化的挑战，应该采取什么样的手段、运用何种方式、在哪一层次上采取行动，无论在理论上还是在实践上都是一个充满争论的问题，也是决策者在采取行动时面临的最主要"治理困境"。[①] 而对这些问题的回答与决策者在这些问题上的利益认知和利益界定有着直接的关系。而面对复杂多变的气候变化问题，尤其是在仍然存在某种程度"科学不确定性"的情况下，决策者的利益认知和利益界定受到气候变化科学研究以及相关生态（环境）政治理念的重大影响。从社会建构主义的视角来看，特定行为体在某种特定问题上的利益并不是既定存在的，而是一种社会建构的结果。在很大程度上，某种特定的生态政治理念以及这种理念影响下的特定环境政策往往直接决定了决策者在某种环境问题上的政策立场。因而，要理解欧盟在气候变化问题上政策立场，首先要理解欧盟受到什么样生态政治理念的影响，这种生态政治理念的核心内容是什么。这是本节所要解决的主要问题。

一　环境问题与生态政治理论的发展

环境问题由来已久。许多研究表明，人类历史上一些灿烂文明的衰落与其赖以生存的生态环境遭到破坏有着直接关系。英国学者克莱夫·庞廷（Clive Ponting）考察了世界历史上许多古代文明的衰亡，如罗马帝国的崩溃、巴比伦文明和玛雅文明的衰落，都与其生态环境遭到破坏有关。[②] 但是，18 世纪中期工业革命之前漫长的古代文明时期，由于生产力的低下，人类对环境的影响和破坏相对有限。从 18 世纪中期工业革命以来，人类对环境的影响日渐加强，环境问题也随之日趋严重，呈现出

[①] Andrew Jordan, Dave Huitema, Tim Rayner and Harro van Asselt, "Governing the European Union: Policy Choices and Governance Dilemmas," in Andrew Jordan, Dave Huitema, Harro van Asselt, Tim Rayner and Frans Berkhout eds. , *Climate Change Policy in the European Union: Confronting the Dilemmas of Mitigation and Adaptation?* Cambridge: Cambridge University Press, 2010, pp. 29 – 51.

[②] 〔英〕克莱夫·庞廷：《绿色世界史：环境与伟大文明的衰落》，王毅等译，北京：中国政法大学出版社，2015 年版。

某种范围渐趋扩展、影响日益加深、问题逐渐增多的发展趋势。[1] 环境问题的加剧也促使某些环境保护活动在 19 世纪中后期开始兴起。然而，那时的环境保护活动大多只是对某些自然资源和自然景观进行保护的个例，现代意义上的环境政治运动直到 20 世纪 60 年代末 70 年代初才真正开始。[2] 一方面，环境状况持续恶化，反映出社会经济发展的某些反生态本质和政府环境治理的"低效"甚至"无效"，表现出社会经济发展的两个"失灵"：市场失灵和政府管治失灵，[3] 生态环境的恶化已经深刻影响了社会经济的发展和人自身的生存状态，亟须加以解决；另一方面，随着西方社会的"后物质主义价值转向"，[4] 人们的环境意识和参与意识日益提高，以大规模街头抗议为标志的现代环境运动在欧美国家正式兴起。从那以后，人们对环境问题的关注持续升温，环境议题逐渐进入传统政治领域并对国内政治和国际政治的发展产生了重大影响。伴随着环境状况的持续恶化和公众环境政治参与的持续高涨，一方面需要政府做出积极回应，制定更加有效的政策以解决面临的严峻挑战；另一方面也激发了生态（环境）政治理论的发展，研究人员开始从理论上对这些问题做出回应。一般地说，生态（环境）政治就是关于人类如何组织它与维持其生存的自然环境的关系，包括人类如何处理与地球及其生命形式的关系和以生态环境为中介的人们之间的关系。[5] 由于环境政治问题本身极端复杂性，研究者对于环境问题产生的原因、影响及应对方式一直

---

① 有学者把近代工业革命以来环境问题的演变划分为四个阶段：公害发生期（18 世纪末 ~ 20 世纪初），公害发展期（20 世纪 20 ~ 40 年代），公害泛滥期（20 世纪 50 ~ 60 年代）和环境全球化时期（20 世纪 70 年代以后）。参见张海滨《环境与国际关系：全球环境问题的理性思考》，上海：上海人民出版社，2008 年版，导论。

② 郇庆治：《环境政治国际比较》，济南：山东大学出版社，2007 年版，第 35 页；Wolfgang Rüdig, "Peace and Ecology Movements in Western Europe," *West European Politics*, Vol. 11, No. 1, 1988, p. 27; Christopher Rootes, "Conclusion: Environmental Protest Transformed?" in Christopher Rootes ed., *Environmental Protest in Western Europe*, Oxford: Oxford University Press, 2003, p. 234。

③ 关于环境问题根源于这两种失灵的论述可参见方世南、张伟平《生态环境问题的制度根源及其出路》，《自然辩证法研究》2004 年第 5 期，第 1 ~ 4 页。

④ Ronald Inglehart, *Cultural Shift in Advanced Industrial Society*, Princeton: Princeton University Press, 1990.

⑤ John Dryzek and David Schlosberg eds., *Debating the Earth: The Environmental Politics Reader*, Oxford: Oxford University Press, 1998, p. 1.

都是一个充满激烈争论的问题。① 基于不同立场和研究视角的理论研究也就形成了不同的理论思潮和流派。从 20 世纪六七十年代至今，伴随着环境问题本身的发展以及理论研究的深入，诞生于西方发达国家的生态政治理论大致经历了三个主要的发展阶段。②

一是 20 世纪 60 年代末到 80 年代初的"生存主义理论"阶段。从 1962 年美国学者蕾切尔·卡逊（Rachel Carson）《寂静的春天》和 1972 年罗马俱乐部《增长的极限》以及一些类似著作的出版，人们开始认识到环境问题；并对经济增长以及工业化后果的灾难性预言进行了广泛关注，构成了这一时期生态政治理论强烈的"悲观主义"色彩。环境问题被视为现代生产和生活方式的伴生物，已经对人类文明的根基造成了严重的损害，如果不进行根本性变革，现代类型的发展与增长将导致整个生态系统崩溃的毁灭性后果，人类的生存直接面临严重威胁。爱德华·戈德史密斯（Edward Goldsmith）主编的《为了生存的蓝图》集中代表了这一时期生态政治理论的基本思想："如果目前的趋势得以持续，这一星球上社会的解体和生命支持系统的不可逆转的破坏很可能在世纪末，但肯定会在我们子孙的有生之年发生，这将是不可避免的。"③

二是 20 世纪 80 年代中后期兴起的"可持续发展理论"阶段。1987 年世界环境与发展委员会发表《我们共同的未来》报告（也称作"布伦特兰报告"）提出了"可持续发展"概念，"既满足当代人的需要，又不对后代人满足其需要的能力构成危害的发展"。④ 1992 年在里约召开的联合国环境与发展大会上，可持续发展作为一种新型发展观受到广泛承认和接受，标志着人类发展模式和发展理念的转变，开始超越"生存主义"的悲观色彩而寻求一种协调不同发展水平国家和代际的需求平衡，

---

① 〔美〕丹尼尔·A. 科尔曼：《生态政治——建设一个绿色社会》，梅俊杰译，上海：上海世纪出版集团，2006 年版；张海滨：《环境与国际关系：全球环境问题的理性思考》，上海：上海人民出版社，2008 年版，导论。

② 关于"生态政治理论"的发展演变本书主要参考了郇庆治教授的研究视角和阶段划分。参见郇庆治《环境政治国际比较》，济南：山东大学出版社，2007 年版，第 1～2 页。

③ Edward Goldsmith et al., *A Blueprint for Survival*, Ecologist 2/1（1972），preface. 转引自郇庆治《环境政治国际比较》，济南：山东大学出版社，2007 年版，第 36 页。

④ World Commission on Environment and Development, *Our Common Future*, New York：Oxford University Press, 1987, p. 43.

从而实现经济社会的永续发展。

三是 20 世纪 90 年代中后期以来逐渐盛行的 "生态现代化理论" 或生态现实主义阶段。"生态现代化理论" 的核心理念在于其试图协调经济发展与环境保护两者之间的关系，用生态方法解决经济挑战，用经济理念应对生态问题，达到经济与环境的双赢。以 2002 年约翰内斯堡可持续发展首脑会议（地球峰会）为标志，对生态问题与社会经济发展之间关系的认知开始走向一种相对的 "乐观主义"，科技革新与工业社会的 "绿化" 成为解决环境问题的主导性理念。[①]

当然，需要强调的是，生态政治理论并不是严格按照上述时间划分，经历了一种线性发展，三种理论流派也并非互相排斥的理论范式。比如，有的研究者就把 "布伦特兰报告" 视为一个关键性的生态现代化文本。[②]但相对而言，在每一个发展阶段都有一种主流理论占据主导地位。

二　生态现代化理论的形成与发展

生态政治理论实际上产生于关于经济社会发展与环境保护复杂关系的激烈论争之中。在 "生存主义" 的理论文献中，把生态环境的恶化归咎于资本主义社会生产和生活方式，经济增长与环境保护是一种近乎 "零和博弈" 的关系，二者存在内在的矛盾与不相容性。而对于 "可持续发展" 理论，二者的关系被一种模糊性的宽泛的 "可持续" 概念所掩盖和回避。这种似乎更多是指向未来的 "可持续性" 理念为人类社会的发展提供了一种 "理想愿景"，但并没有提出更多可供操作的政策理念。在某种意义上讲，生态现代化理论是对 "可持续发展理论" 的深化和具体化。正如有的研究者指出："可持续发展概念更多建立在一种观念而不是某种基于科学的理念之上。因为这个原因，也因为许多可能的解释都可以置于这种概念之上，所以可持续发展概念仅仅在非常有限的程度上适用于我们的目的。因此，我们引入了一个与可持续发展（主要是一种

[①] United Nations, *Report of the World Summit on Sustainable Development*, A/CONF. 199/20, available at http://daccess-dds-ny. un. org/doc/UNDOC/GEN/N02/636/93/PDF/N0263693. pdf?OpenElement, accessed on 30 July 2010.

[②] 参见 Maarten A. Hajer, *The Politics of Environmental Discourse: Ecological Modernization and the Policy Process*, Oxford: Oxford University Press, 1995, p. 26.

政治概念）相一致的更加可分析的社会学概念：生态现代化。"①

　　生态现代化理论20世纪80年代初首先兴起于德国。一般认为，这种环境政策理念是由德国学者马丁·耶内克和约瑟夫·胡伯较早提出的。最初，这一概念被一个称为"柏林学派"的学术团体中接受和使用。后来，逐渐从柏林走向整个德国，从学术圈研讨变成执政党的基本政策。1998年，在由社会民主党（SPD）和绿党组成的德国红绿执政联盟政府中，"生态现代化"成为其联盟协定的主题。20世纪90年代，在环境科学的争论中，这一概念已经在国际上广泛使用。② 生态现代化理论没有统一的理论框架，不同的学者在不同的视角和背景下都使用这一内涵广泛的理论。正如阿尔伯特·威尔（Albert Weale）指出，对于生态现代化这一概念，目前尚无像凯恩斯主义之源——《就业、利息、货币通论》那样公认的权威论述，它是关于环境、经济、社会和公共政策之间的一种关系的理念，这一思想是多种学术观点的综合。③ 荷兰学者摩尔认为，生态现代化理论从20世纪80年代产生至今已经历了三个发展阶段，每一个阶段都有不同的关注重点（表1－3）。在这种大致的划分之后，摩尔强调，虽然生态现代化理论没有统一的表述，但有着三个宽泛的共同视角：（1）超越那种"世界末日"式的视角，把环境问题看作社会、技术和经济改革面临的挑战，而不是工业化不可避免的后果；（2）强调核心现代社会制度在多层面（地方、国家和全球）的转型——并非完全超越——包括科学与技术，生产与消费，政治与治理，以及"市场"；（3）

---

①　G. Spaargaren and Arthur P. J. Mol, "Sociology, Environment and Modernity: Ecological Modernisation as a Theory of Social Change," *Society and Natural Resources*, Vol. 5, No. 4, 1992, p. 333.

②　郇庆治、〔德〕马丁·耶内克：《生态现代化理论：回顾与展望》，《马克思主义与现实》2010年第1期，第175页。关于"生态现代化"的起源和发展还可参见 Martin Jänicke, *Ecological Modernization: Innovation and Diffusion of Policy and Technology*, Forschungsstelle für Umweltpolitik (FFU) Report 2000－08, Berlin: Free University of Berlin, 2000; Martin Jänicke, "Ecological Modernisation: New Perspectives," *Journal of Cleaner Production*, Vol. 16, No. 5, 2008, pp. 557－565; Arthur P. J. Mol and Martin Jänicke, "The Origins and Theoretical Foundations of Ecological Modernisation Theory," in Arthur P. J. Mol, David A. Sonnenfeld and Gert Spaargaren eds., *Ecological Modernisation Reader: Environmental Reform in Theory and Practice*, London: Routledge, 2010, pp. 17－18。

③　Albert Weale, *The New Politics of Pollution*, Manchester: Manchester University Press, 1992, p. 75.

在学术领域的定位是与反生产力/反工业化理论、后现代主义/强社会建构主义以及许多新马克思主义的分析方法相区别。[①]

表1-3　生态现代化理论的发展阶段

发展阶段	时段	理论重点
第一阶段	20世纪80年代初~80年代后期	特别强调技术革新在环境改革中的作用，尤其是在工业生产领域；对官僚化国家持批评态度；对市场行为体和市场动力在环境改革中的作用持肯定态度；采用系统理论和进化论视角，较少涉及人类机构和社会斗争；分析层面主要是民族国家
第二阶段	20世纪80年代后期~90年代中期	较少强调技术革新作为生态现代化的关键动力；对国家和市场在生态转型中各自的作用持一种更加平衡的观点；更多关注生态现代化的制度和文化动力；研究重点是OECD国家
第三阶段	20世纪90年代中后期以来	研究理论和地理范围得以扩展，包括消费的生态转型，非欧洲国家的生态现代化，生态现代化的全球进程

资料来源：Arthur P. J. Mol and David A. Sonnenfeld, "Ecological Modernisation Around the World: An Introduction," *Environmental Politics*, Vol. 9, No. 1, 2000, pp. 3 - 16. 笔者根据其论述整理。

　　摩尔的这种阶段划分以及关于生态现代化理论共同视角的论述对于理解生态现代化理论本身有着重要意义。但是，这种粗线条的阶段划分肯定不是对生态现代化理论发展的一种线性描述，特别是对每一发展阶段理论重点的强调似乎都有些粗略，似乎更多是从理论应用范围的扩展这一视角而言的。而对于生态现代化理论日益宽泛的发展趋势，这一理念的主要创立者之一马丁·耶内克始终强调从经济技术视角界定和理解生态现代化，把生态现代化界定为一种系统的市场化环境技术以及相关环境政策的革新与扩散。[②] 接下来，本书将对此进行详细论述。鉴于本

---

① Arthur P. J. Mol and David A. Sonnenfeld, "Ecological Modernisation Around the World: An Introduction," *Environmental Politics*, Vol. 9, No. 1, 2000, pp. 3 - 16.

② Martin Jänicke, *Ecological Modernization: Innovation and Diffusion of Policy and Technology*, Forschungsstelle für Umweltpolitik (FFU) Report 2000 - 08, Berlin: Free University of Berlin, 2000; Martin Jänicke and Klaus Jacob, *Ecological Modernisation and the Creation of Lead Markets*, Forschungsstelle für Umweltpolitik (FFU) Report 2002 - 03, Berlin: Free University of Berlin, 2002; Martin Jänicke, "Ecological Modernisation: New Perspectives," *Journal of Cleaner Production*, Vol. 16, No. 5, 2008, pp. 557 - 565.

书主要关注"生态现代化"作为一种环境政策理念对欧盟气候政策及其国际气候谈判立场的影响，对于生态现代化理论的整个发展阶段以及各个阶段的理论关注重点，本书将不作详细论述。

三　生态现代化理论的主要内容

（一）"生态现代化"的原初含义

我们可以通过这一理念的主要创立者马丁·耶内克在最初提出这一理论时的思维框架来理解这一理论的原初含义。耶内克曾指出，一般来说，应对环境污染和生态破坏有 4 种可能的思路：修复补偿、末端治理、生态现代化和结构性改革（见表 1 - 4）。前两者是一种被动回应方法，最大问题是成本太高，无论是生态环境破坏后的修复还是环境污染物产生后的处置，都需要耗费大量的物质财富和经济成本，这已经为 20 世纪50 ~ 60 年代的欧洲环境污染与治理实践所证实。最后一种虽然是预防性的，但它的最大问题是现实可能性太小，公众对于结构性改变所带来的不确定性（比如对物质生活水平的影响）有一种强烈的抵触，很难给予足够的政治支持。相比之下，生态现代化理念有着自己的优越性：可以通过政策推动的技术革新和现有的成熟市场机制，实现减少原材料投入和能源消耗，从而达到改善环境的目的。也就是说，一种前瞻性的环境友好政策可以通过市场机制和技术革新促进工业生产率的提高和经济结构的升级，并取得经济发展和环境改善的双赢结果。因此可以说，技术革新、市场机制、环境政策和预防性原则是生态现代化的 4 个核心性要素，而环境政策的制定与执行能力是其中的关键。[①]

表 1 - 4　环境政策模式

补救战略		预防战略	
修补：减少/补偿损害	末端治理：清扫技术	生态现代化：清洁（更清洁）技术/经济效率	结构性改革："脏工业"的减少/积极行动

---

① 以上论述全部引用于耶内克教授与郇庆治教授关于"生态现代化理论"的讨论。参见郇庆治、〔德〕马丁·耶内克《生态现代化理论：回顾与展望》，《马克思主义与现实》2010 年第 1 期，第 175 ~ 179 页。

续表

	补救战略		预防战略	
例证	噪音损害赔付	被动的噪音保护	较低噪音的汽车	另一种交通模式，更少的交通
	抵制损害森林的事后措施	燃煤电厂的脱硫	效率更高的电力生产和消费；CHP：更清洁的天然能源	更少的电力密集型生产和消费模式
	采取措施抵制工业废物引发的损害	废物焚化	循环利用	废物密集型生产部门的减少

资料来源：Martin Jänicke and Klaus Jacob, *Ecological Modernisation and the Creation of Lead Markets*, FFU Report 2002 - 03, p. 1.

（二）狭义和广义视角下的 "生态现代化"

从这一理论的起源来看，其主要创立者，无论是马丁·耶内克还是约瑟夫·胡伯，实质上都强调环境技术革新对于解决环境问题的极端重要性，一种超越纯粹 "末端治理" 的预防性技术革新对于从源头上消除环境伤害和污染有着极端重要的意义。如果说这两位学者有所区别的话，耶内克在强调预防性环境技术革新的同时，更加强调环境政策与国家能力建设的重要性，这就是耶内克在强调 "生态现代化" 的同时也强调 "政治现代化" 的重要意义；[①] 相对而言，胡伯更加强调技术性环境革新（Technological Environmental Innovations – TEIs）在生产和产品本身的生命循环过程中的极端重要性。[②] 后来，一方面一些学者（主要是来自荷兰的摩尔等学者）对这一理论进行了更加系统的阐释，使这一理论包含了更加宽泛的内容；另一方面，从这一理论诞生之日起就不断经受批评和质疑，在与其他学术理论论战的过程中，[③] 这一理念日渐完善和成熟，

---

① Martin Jänicke and Helmut Weidner, *National Environmental Policy: A Comparative Study of Capacity – Building*, Berlin: Springer, 1997; Martin Jänicke, "On Ecological and Political Modernization," in Arthur P. J. Mol, David A. Sonnenfeld and Gert Spaargaren eds., *Ecological Modernisation Reader: Environmental Reform in Theory and Practice*, London: Routledge, 2010, pp. 28 – 41.

② Joseph Huber, *Die verlorene Unschuld der Ökologie. Neue Technologie und superindustrielle Entwicklung*, Frankfurt: Fisher, 1982; Joseph Huber, "Technological Environmental Innovations (TEIs) in a Chain – Analytical and Life – Cycle – Analytical Perspective," *Journal of Cleaner Production*, Vol. 16, 2008, pp. 1980 – 1986.

③ 关于 "生态现代化理论" 与其他理论的争论可参见 Arthur P. J. Mol and Gert Spaargaren, "Ecological Modernization Theory in Debate: A Review," *Environmental Politics*, Vol. 9, No. 1, 2000, pp. 17 – 49。

一些学者开始从更加宽泛的角度去应用这一理念。因此，事实上，随着生态现代化理论本身的发展，出现了狭义和广义意义上的区别。荷兰学者马腾·哈杰尔（Marten Hajer）区分了"技术－组合主义生态现代化"（techo-corporatist）与"反思性生态现代化"（reflexive）。"技术－组合主义生态现代化"是一种纯粹的技术管理意义上的生态现代化；而"反思性生态现代化"是一种社会选择的民主化过程，包括社会学习、政治文化和社会制度的转变。[1] 彼得·克里斯托弗（Peter Christoff）区分了两种含义的生态现代化：强生态现代化与弱生态现代化（表1-5）[2]。还有学者区分了"经济－技术生态现代化"（economic-technical）与"制度－文化生态现代化"（institutional-cultural）（见表1-6）。"经济－技术"意义上的生态现代化主要强调技术革新对于改善环境和促进经济发展的重要价值，使经济社会朝向更高效率、更加环境友好方向转型；"制度－文化"意义上的生态现代化强调包括社会文化和制度在内的整个社会发展进程的转型。[3]

因此，我们可以从狭义和广义两种视角去理解生态现代化理论。狭义生态现代化实质上就是从经济技术视角理解的经济社会的"绿化"过程，强调一种超越末端治理的预防性环境技术和政策革新与扩散可以解决生产过程中出现的环境问题，达到环境和经济的双赢。这一视角在突出强调经济技术重要性的同时，也强调相应的社会结构变化的必要性，以解决生态现代化过程中因结构调整而引发的"现代化失利者"的抵制和经济发展的抵消作用。而广义上的生态现代化包括社会制度、社会结构和文化的生态化变革。耶内克一直强调经济技术视角下的生态现代化与全方位社会变革视角下的生态现代化之间的区别，把后者界定为"生态重构"（ecological restructuring）。他主张生态现代化概念要"保持它最初的经济－技术版本"，从一种狭义的经济技术视角来理解生态现代化，

---

① Maarten Hajer, *The Politics of Environmental Discourse - Ecological Modernization and the Policy Process*, Oxford: Oxford University Press, 1995.

② Peter Christoff, "Ecological Modernisation, Ecological Modernities," *Environmental Politics*, Vol. 5, No. 3, 1996, pp. 476 - 500.

③ Arthur P. J. Mol and David A. Sonnenfeld eds. , *Ecological Modernisation Around the World: Perspective and Critical Debates*, London and Portland: Frank Cass, 2000.

给生态现代化概念一个明确无误的边界。① 本书赞同马丁·耶内克的主张，主要从一种相对狭义的经济技术视角来界定和理解生态现代化。

表1-5   生态现代化的类型

弱生态现代化	强生态现代化
经济主义的	生态主义的
技术的（狭窄的）	制度的/系统的（宽广的）
指令性的	沟通性的
技术统治论的/新组合主义/封闭的	协商的/民主的/开放的
国家的	国际的
单一的（支配性的）	多样化的

资料来源：Peter Christoff, "Ecological Modernisation, Ecological Modernities," *Environmental Politics*, Vol. 5, No. 3, 1996, p. 490.

表1-6   两种生态现代化概念

"技术专家型" ── 作为一种经济-技术转型的生态现代化：
──提升生态效率的渐进和激进的革新，包括促进这种革新的社会技术（及其扩散）
"社会制度型" ── 作为一种社会-制度转型的生态现代化：
──生活类型，消费模式，制度和范式（代际团结，满足）的变化
── "反思性生态现代化"

资料来源：Martin Jänicke, *Ecological Modernization：Innovation and Diffusion of Policy and Technology*, Forschungsstelle für Umweltpolitik（FFU）Report 2000 - 08, Berlin：Free University of Berlin, 2000, p. 3.

（三）狭义生态现代化理论的核心观点

1. 生态现代化的根本性背景与前提

在经济全球化的时代背景下，全球气候变化等环境问题给人类经济社会的发展带来了巨大挑战和制约，从根本上限制了人类发展模式和手

---

① Martin Jänicke, *Ecological Modernisation：Innovation and Diffusion of Policy and Technology*, Forschungsstelle für Umweltpolitik（FFU）Report 2000 - 08, Berlin：Free University of Berlin, 2000；Martin Jänicke, "Industrial transformation between ecological modernisation and structural change." In：K. Jacob, M. Binder, and A. Wieczorek, eds. *Governance for industrial transformation*. Proceedings of the 2003 Berlin Conference on the Human Dime Forschungsstelle für Umweltpolitik nsions of Global Environmental Change. Berlin：Environmental Policy Research Centre, 2004.

段的选择，从而引发了全球经济社会的深刻变革。全球气候变化的灾难性后果使温室气体减排行动成为必须做出的政策选择，从而促使现实社会以及未来人类社会的发展道路开始发生深刻转型，始于18世纪后半期工业革命的传统工业社会在某种程度上开始发生蜕变，学界和一些政治家讨论的"第三次工业革命"[1] 隐然显现，发展低排放经济或低碳经济已经成为国际社会的共识。这是人类社会走向"生态现代化"的一个根本性背景和前提。

2. 生态现代化的内在驱动力量

作为一种以技术为基础的环境政策，生态现代化根植于人类社会走向现代化的持续动力。"现代化——在其经济意义上——的核心是一个程序和产品持续改进的过程。"[2] 在这个过程中，特别是在一种现代市场经济体系中，虽然技术进步是一个以市场为基础的过程，但是通过国家政策的有效干预（比如某种旨在促进环境友好技术发展的政策）去影响并引导这种现代化的方向是可能的。生态现代化的一个核心任务就是改变技术进步的方向并把持续革新的强烈驱动力变成一种服务于环境的力量。实质上，生态现代化就是要协调国家和市场的力量，在一个环境改革的框架下重新界定二者的关系。[3] 所以，一方面要积极引导市场的力量，改变20世纪七八十年代以来把市场及其主要经济行为体视为导致生态环境问题根源的观念，使市场经济主要行为体及市场制度本身成为一种促进环境改善的力量；另一方面，改变国家环境管治的模式和方法，把过去那种官僚制的、等级式的、被动回应性的、控制和命令式的管治模式变为一种更加灵活的、分散化的、预防性的管治，运用各种方式和手段

---

① José Manuel Barroso, "Europe's Energy Policy and the Third Industrial Revolution," SPEECH/07/580, http://europa. eu/rapid/pressReleasesAction. do? reference = SPEECH/07/580&format = HTML, accessed on 22 May 2010; Martin Jänicke and Klaus Jacob, *A Third Industrial Revolution? Solutions to the crisis of resource - intensive growth*, Forschungsstelle für Umweltpolitik （FFU） Report 2009 - 02, Berlin: Free University of Berlin, 2009.

② Martin Jänicke and Klaus Jacob, *Ecological Modernisation and the Creation of Lead Markets*, Forschungsstelle für Umweltpolitik （FFU） Report 2002 - 03, p. 2.

③ Arthur P. J. Mol and Martin Jänicke, "The Origins and Theoretical Foundations of Ecological Modernisation Theory," in Arthur P. J. Mol, David A. Sonnenfeld and Gert Spaargaren eds. , *Ecological Modernisation Reader: Environmental Reform in Theory and Practice*, London: Routledge, 2010, pp. 18 - 20.

引导社会走向可持续发展的方向。所以，作为对"国家失败"① 问题的一个积极回答，"政治现代化"也是生态现代化一个关键的补充性概念。由此而论，现代社会在应对生态环境问题严峻挑战的过程中，存在以下三个内在的驱动力量，促使经济社会的发展方式实现"绿色转型"，生态现代化逐渐成为一种无法逆转的全球发展趋势。第一，市场经济条件下，经济行为体追逐经济利益的动机和持续存在的市场竞争，产生了一种技术和管理不断革新的驱动力量。一方面，生态环境问题的严峻挑战已经限制了经济发展手段的选择，自由市场经济条件下的经济行为体已经很难"自由地"选择和无所顾忌地行动；另一方面，绝大部分环境问题都具有国际性甚至全球性的特点，解决环境问题的技术和政策也就具有了国际性或全球性扩散的可能和潜力，这种国际或全球环境需求的市场潜力为环境技术和政策革新者带来了巨大的先行优势。第二，先驱国家实施的"明智的"（smart）环境管治。可以说，生态现代化的核心之处在于两点：一是超越末端治理的环境技术革新，防患于未然，从源头上有效控制环境伤害的发生；二是国家采取灵活有效的环境政策约束和引导市场行为，把生态原则贯彻和融入其他政策之中，最终实现经济社会的"绿化"。对于这两点而言，每一点都与国家的政治干预密切相关。"这就是为什么本质而言'生态现代化'是一个政治概念。"② 在一个经济全球化的时代，通过国家有效的环境管治，在某些领域取得技术革新的国家往往会在这种革新技术对外扩散而扩展到其他市场之后获得巨大经济利益。在巨大经济利益的驱动下，这些先驱国家实施的旨在促进环境技术和环境政策革新的"明智的"环境管治对于生态现代化的全球战略具有极端重要的意义，成为生态现代化在世界范围内扩散的一个重要驱动力。第三，随着环境问题的日益严峻和人们环境意识的逐渐提高，污染企业面临着越来越大的环境压力与经济挑战，增加了这些企业的经济不安全性与风险。这种商业风险的日益增长使得生态现代化成为这些

---

①   Martin Jänicke, *State Failure: the Impotence of Politics in Industrial Society*, Cambridge: Polity Press, 1990.

②   Martin Jänicke, "Ecological Modernisation: New Perspectives," *Journal of Cleaner Production*, Vol. 16, No. 5, 2008, p. 558.

企业更加安全的战略选择。[1] 一方面，环境压力日益增大，能源和资源价格的波动，企业的生产和产品面临越来越大的风险；另一方面，越来越多的行为体参与到了环境治理之中，形成了一个多层次、多行为体参与的多重治理网络（见图1-9），"多重治理为给那些顽强抵抗的污染企业施加压力提供了大量的机会"。[2] 在这种情况下，污染企业同时面临来自其行业内部和外部多重治理体系的双重压力，选择生态革新成为应对严峻挑战的有效战略。

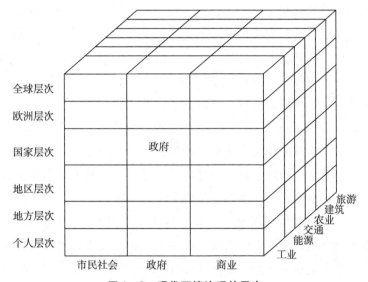

图 1-9　现代环境治理的层次

资料来源：Martin Jänicke, "Ecological Modernisation: New Perspectives," *Journal of Cleaner Production*, Vol. 16, No. 5, 2008, p. 561.

3. 生态现代化理论的核心观点

上文已经强调指出，生态现代化理论目前没有统一的定义和系统的理论表述。不同的学者往往从不同的研究视角和研究目的出发来阐述生态现代化理论的主要观点。在有关学者论述的基础上本书把生态现代化理论的核心观点归纳和总结为以下十点。

（1）对生态环境问题根源和性质的界定。"生态现代化指的是沿着

---

① Martin Jänicke, "Ecological Modernisation: New Perspectives," *Journal of Cleaner Production*, Vol. 16, No. 5, 2008, pp. 557 - 565.

② Martin Jänicke, "Ecological Modernisation: New Perspectives," *Journal of Cleaner Production*, Vol. 16, No. 5, 2008, p. 561.

更加有利于环境的路线重构资本主义政治经济。"① 生态现代化理论认为环境问题是一个现代工业社会的结构性设计缺陷，而不是整个资本主义社会的制度性后果。比如，胡伯在分析现代社会时区分了三个不同的领域：工业系统（或技术领域）、社会领域与自然（生物领域）。现代社会最主要的问题在于生物领域与社会领域都遭受了工业技术领域的"殖民"。这些问题是工业系统本身的结构性设计缺陷，通过技术领域的生态重构能够得到克服。② 环境退化是一个结构性难题，它只能通过经济组织方式的调整和优化得到解决，而不是建构一个完全不同的政治经济体制。也就是说，生态现代化理论承认环境问题的结构性特征，但是现存的政治、经济和社会制度仍然能够通过把环境关切"内在化"于整个经济社会的发展过程而得以解决。③ 同时，生态现代化理论认为环境退化是经济活动效率低下的表现，经济活动过程中出现的污染物排放（比如废料和废气）需要进一步技术革新的解决。事实上，工业革命以来的整个现代化过程导致的环境退化恰恰说明这样的现代化过程的不完整性或缺陷，生态现代化的核心就在于通过预防性理念与技术革新提高经济效益，使整个社会经济的现代化过程包含环境向度。

（2）经济和环境在国家"明智的"环境管制下可以协调发展，实现经济发展与环境改善的双赢结果。对环境保护与经济发展二者之间关系的讨论与界定是环境社会学与环境政治学的一个核心问题。从 20 世纪六七十年代开始的"生存主义"生态政治理论话语中，环境保护与经济发展是一种相互对立的"零和关系"。面对环境问题，形成了两个相互竞争的政治联盟：一方面是积极保护环境的力量，另一方面是担心环境保护限制经济发展，伤害经济竞争力的力量。环境问题成为这两种政治力量冲突的根源。这种理念长期以来对生态政治理论产生了深刻的影响。而"生态现代化理论"的一个核心任务就是"重新概念化"（reconceptualise）

---

① 〔澳〕约翰·德赖泽克：《地球政治学：环境话语》，蔺雪春、郭晨星译，济南：山东大学出版社，2008 年版，第 193 页。

② Joseph Huber, *Die Rengenbogengesellschaft. Ökologie und Sozialpolitik* (*The Rainbow Society. Ecology and Social Policy*). Frankfurt am Main：Fisher, 1985.

③ Maarten Hajer, *The Politics of Environmental Discourse – Ecological Modernization and the Policy Process*, Oxford：Oxford University Press, 1995, p. 25.

二者之间的关系，寻求一条不同的回应环境问题的思路和方法。[①] 生态现代化理念的一个核心观点是严格的环境政策与较高的环境标准非但不是经济的负担，从长远来看，反而是经济持续发展的前提条件。

（3）环境先驱政策与经济竞争力之间的关系。严格的环境管治最终会提高经济竞争力——环境管治的庞特假定（Porter Hypotheses）。哈佛大学学者米切尔·庞特（Michael E. Porter）对环境保护与国家的经济竞争力之间的关系进行了深入研究之后，提出了严格的环境政策与环境标准会提高国家经济竞争力的"庞特假定"。[②] 这个论断可以从两个方面理解：第一，如果一种严格的环境政策随后能够国际性扩散，那么首先采取这种环境政策的国家或地区就会获得竞争优势。因为严格的环境政策会促使企业（不一定是污染企业）进行技术革新，而随后采取这种环境政策的国家就会引进这种技术，技术革新者就会获得竞争优势（通过后来者的学习支付或技术革新专利与知识产权保护）。第二，严格的环境政策会导致污染企业本身进行技术革新，这种技术革新能够补偿甚至会超额补偿他们改造技术的成本（"免费午餐"甚至"付费午餐"假定）。[③]

（4）国家与市场的之间的关系。市场失灵与政府环境管治失灵一直是生态环境问题持续恶化的制度性原因。长期以来，古典经济理论竭力强调市场"看不见的手"的自动调节力量而反对国家的干预，但是市场力量在面对环境问题时往往表现出某种程度的"失灵"：经济行为体的自私理性行为往往使环境资源呈现某种外部性特征，环境一方面成为无休止物质输入的免费供应之源，另一方面也成为无限的废物处理场。所以，必要的国家管治对于环境问题的解决是不可或缺的。但此外，传统的国家管治往往更多采取末端治理方法，加之命令与控制式的管治也往往导致了政府与市场行为体的对立关系，而使环境管治更多呈现出低效

① Albert Weale, "Ecological Modernisation and the Integration of European Environmental Policy," in J. D. Liefferink, P. D. Lowe and Arthur P. J. Mol eds. , *European Integration and Environmental Policy*, London: Belhaven Press, 1993, pp. 196 – 216.

② Michael E. Porter and Claas van der Linde, "Green and Competitive: Ending the Stalemate," *Harvard Business Review*, Vol. 73, 1995.

③ Martin Jänicke and Klaus Jacob, *Ecological Modernisation and the Creation of Lead Markets*, Forschungsstelle für Umweltpolitik (FFU) Report 2002 – 03, pp. 6 – 7.

甚至无效。生态现代化的一个重要任务就是重构市场与国家之间的关系，一方面，需要国家灵活的管治来引导市场力量和经济行为体的经济活动，使之朝着更加有利于环境的方向发展；另一方面，国家管治也需要市场机制和市场力量，利用经济或以市场为基础的管理手段（比如税收、生态标签和排放交易体系等）来实现环境目标。国家成为市场的推动者和保护者，超越了末端治理和传统的控制命令方式。环境保护目标成为协调国家与市场二者关系的桥梁与最终归宿。国家与市场关系的协调使"生态现代化"与新自由主义经济哲学达到兼容。[①]

（5）生态理性（ecological rationality）具有越来越强的独立性。摩尔曾经多次指出，从最根本或抽象的层面来讲，生态现代化理论指的是一种日益增强的"生态理性"的独立性和自主性，尤其是相对于经济理性而言的时候。[②]"生态理性"指的是生态利益、生态理念与生态关切在社会实践和制度发展过程中日益增强的重要性，从而导致人们环境意识的日益增强，一种环境诱导的与生态激发的社会转型和环境改革进入现代社会的核心实践和核心制度。本质而言，生态现代化归根结底是要运用生态原则使现代化进程走向一种合生态化的方向，"绿化"整个经济社会，使环境关切和生态考量"一体化"到整个经济社会进程之中。正是从这种意义上讲，"生态理性"开始挑战并逐渐弱化"经济理性"主导并决定经济社会进程的"霸主地位"，生态原则成为生态现代化的第一原则或首要原则。也就是说，随着"生态理性"日益增强的独立性和自主性，生产和消费过程的分析和判断、设计和组织越来越既要从经济视角更要从生态视角出发，生态利益越来越成为经济活动关注和考量的重要方面。这种理念实际上就是要把环境目标"一体化"到整个经济社会的其他政策领域，强调有效的生态环境保护只有通过一个更加广泛的政策目标调整才能达到，环境目标只有得到经济、能源、交通和贸易等多

① Debra Johnson, "Ecological Modernization, Globalization and Europeanization: A Mutually Reinforcing Nexus?" in John Barry, Brian Baxter and Richard Dunphy eds., *Europe, Globalization and Sustainable Development*, London: Routledge, 2004, pp. 152 – 167.

② Arthur P. J. Mol, "Ecological Modernization and the Environmental Transition of Europe: Between National Variations and Common Denominators," *Journal of Environmental Policy & Planning*, Vol. 1, No. 2, 1999, pp. 167 – 181; Arthur P. J. Mol, "Ecological Modernization and the Global Economy," *Global Environmental Politics*, Vol. 2, No. 2, 2002, pp. 92 – 115.

个政策领域的目标协调才能真正实现。[①]

（6）科学技术革新在解决环境问题中的核心作用。本质而言，生态现代化就是一个技术不断革新与扩散的过程。技术革新在生态现代化过程中发挥着核心作用。也正因如此，生态现代化理论经常被批评为"技术中心主义"或"技术决定论"。[②] 但是，生态现代化理论在强调技术革新及其扩散是实现生态现代化最为关键的要素的同时，也同样注重支撑这种技术革新的环境政策和政府管治的核心推动作用；而且生态现代化主要强调超越末端治理的预防性技术革新，从生产和产品设计的源头就包含环境关切，利用技术进步减少原材料的输入并减少废物和废气的排放。这实质上已经超越了"技术中心主义"的束缚而更加强调生态现代化是一个系统的社会经济生态化转型的综合工程。同时，生态现代化更加强调技术革新及成功市场化的经济意蕴，这种技术革新及成功市场化运用不但具有重要的环境效益，更为重要的是有着巨大的经济效益。这实质上也正是生态现代化理论的全部要旨之所在。正如胡伯对生态现代化所做的形象比喻"肮脏丑陋的工业毛毛虫转型为生态蝴蝶"，[③] 生态现代化实质上是工业社会的生态大转型，而技术和技术革新是这个过程最主要的发动机。

（7）民族国家在环境治理与促进技术革新过程中的关键作用。环境技术革新和扩散事实上在相当大程度上是环境政策推动的结果。在这个过程中，国家的环境政策及其执行是一个非常关键的因素。耶内克认为，"在环境革新的政治竞争中，（明智的）管治发挥了至关重要的作用，这种明智的管治可以被认为是'生态现代化'的一个关键驱动力量。"[④] 环境技术革新有着不同于其他创新工程的特殊性：首先，由于市场存在失

① Andrew Gouldson and Joseph Murphy, "Ecological Modernization and the European Union," *Geoforum*, Vol. 27, No. 1, 1996, pp. 11 – 21.

② 例如 J. A. Hanigan 曾指出生态现代化理论"被一种镇定自若的技术乐观主义所束缚"，see J. A. Hanigan, *Environmental Sociology: A Social Constructivist Perspective*, London and New York: Routledge, 1995, p. 184.

③ Joseph Huber, *Die Rengenbogengesellschaft. Ökologie und Sozialpolitik (The Rainbow Society. Ecology and Social Policy)*. Frankfurt am Main: Fisher, 1985, p. 20.

④ Martin Jänicke, "Ecological Modernisation: New Perspectives," *Journal of Cleaner Production*, Vol. 16, No. 5, 2008, p. 559.

灵的可能性，环境技术革新特别需要政治上的支持，政治战略应该提升潜在革新者的生态动机，提供技术革新的基础设施，减少他们的投资风险，在技术革新及其市场化的初创阶段给予特别的支持；其次，生态现代化作为一个经济社会的结构性转型，必定会造就一部分生态现代化的失利者，比如传统污染产业的衰落或转型造成的结构性失业或既得利益集团的损失，这就特别需要政府的政治支持和战略上的通盘考虑；再次，由于环境革新的外部性问题，对于环境技术革新的"搭便车"行为存在某种内在的激励。一方面等待别人技术突破之后的扩散效应，在技术应用方面寻求捷径；另一方面，由于环境效益的公共产品属性，也无法避免他人的"免费搭车"行为。因此，环境技术革新更加需要国家政策的支持和激励。同时，对于环境技术和政策的扩散，在一个由主权国家组成的国际社会之中，更主要也是国家政策推动的结果。国家之间双边或多边的合作，国际组织或国际制度的推动，通常是环境技术和环境政策向外扩散的主要方式。因此，生态现代化也需要"政治现代化"的支持，在某种程度上，"政治现代化"是生态现代化一个不可或缺的前提条件。

（8）环境"先驱国家"的重要作用。全球化背景下，环境技术和环境政策领域"先驱国家"的开创性革新行为是生态现代化的最重要驱动力。生态现代化概念的"核心在于，它是一种强烈依赖市场经济条件下的革新及其扩散逻辑的环境政策方法。这样一种以革新为导向的环境政策就其本质而言是一种国家的先驱政策"。① 在全球化背景下，环境"先驱国家"从两个方面影响和促进了生态现代化的发展。一方面，全球化的发展使世界市场紧密相连，国家之间的相互依存增强，在某些环境技术和环境政策领域的革新给其他国家带来压力的同时，也可以获得技术和政策扩散之后的巨大利益；另一方面，鉴于环境挑战的日益加深和复杂，增加了决策者决策的不确定性和风险，"先驱国家"的技术和政策给其他国家展示了某种可行性，为其他国家提供了政策学习和吸取经验教训的机会。

（9）环境技术和环境政策扩散的重要作用。全球化时代环境技术革

---

① Martin Jänicke, *The Role of Nation State in Environmental Policy: The Challenge of Globalisation*, Forschungsstelle für Umweltpolitik (FFU) Report 2002 – 07, Berlin: Free University of Berlin, 2002, p. 1.

新以及支撑这种技术革新的环境政策国际化甚至全球化扩散是实现生态现代化全球战略的重要途径。环境技术和政策的扩散已经成为生态现代化的一种重要途径和标志。由于某些环境问题本身的跨国性、国际性甚或全球性，解决这些环境问题的革新性技术和相应政策具有了极其重要的示范性意义，其他国家的需求和创新国家的利益驱动使这些技术和政策的扩散具有了强大的动力。环境技术和政策的扩散既可以通过一个国家向另一个国家直接学习或借鉴的方式实现，也可以通过国际制度、国际组织或某种专家网络的方式实现。同时，环境技术与环境政策的革新与扩散，二者之间相互作用，相互促进（见图1－10）。国际环境治理中的"先驱国家"是国际环境政策发展的最重要的支持者和拥护者，也是

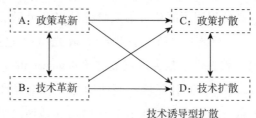

政策诱导型扩散

技术驱动 A ⇨ B ⇨ C ⇨ D
例如：美国的汽车排放标准（1970年）
政治自主 A ⇨ B ⇨ D ⇨ C
例如：镉替代
政治主导 A ⇨ C ⇨ B ⇨ D
仍然没有例子？

技术诱导型扩散

技术自主 B ⇨ A ⇨ C ⇨ D
例如：风能
技术主导 B ⇨ A ⇨ D ⇨ C
例如：CHP技术
自动扩散 B ⇨ D
例如：能源效率的渐进提高

技术驱动（A ⇨ B ⇨ C ⇨ D）：一个国家的环境政策推动技术革新，如果政策革新得到扩散，那么，技术革新也扩散（例如：汽车的催化式排气净化器技术）
技术自主（B ⇨ A ⇨ C ⇨ D）：一种新的但已经存在的环境技术诱发了一种政治革新，这种政治革新的扩散转而鼓励了这种技术的扩散（例如：风电厂）
政治自主（A ⇨ B ⇨ D ⇨ C）：国家的环境政策导致技术革新，这种技术的扩散转而鼓励政策革新的扩散（例如：镉替代）
技术主导（B ⇨ A ⇨ D ⇨ C）：环境技术革新成功扩散，结果既得到了国家的政治支持也得到了国际上的政治支持（例如：工业中的联合供电供热）
政治主导（A ⇨ C ⇨ B ⇨ D）：在相应的技术获得之前，环境政策成功扩散（在生态现代化过程中，这种情形很少）
自动的技术发展（B ⇨ D）：环境技术成功扩散，没有政治影响；超越企业能源效率的渐进提高，这种情况似乎相当少

图1－10　环境革新的扩散模式

资料来源：Martin Jänicke and Klaus Jacob, *Ecological Modernisation and the Creation of Lead Markets*, Forschungsstelle für Umweltpolitik（FFU）Report 2002－03, p. 10.

全球生态现代化的支撑者。通过这些国家的环境技术和政策的革新与扩散，生态现代化逐渐深化（地理范围的扩大，经济社会生态化转型程度的提高）。

（10）"领导型市场"（Lead Market）的突出作用。环境领域的"领导型市场"是促进生态现代化发展的核心要素。"领导型市场"是环境技术和环境政策在世界范围扩散的地理起点。所谓"领导型市场"，就是在某一环境领域取得技术革新的国家或地方市场，这些革新设计虽然是为了满足当地的需要和适应当地的状况，但随后也能够被成功地引入其他地理市场，这些革新不需要经过许多修正即可在这些地理市场实现商业化。"领导型市场"一般具有以下特征：高的人均收入，要求甚高的消费者，较高的得到国际认可的质量标准以及灵活的并有利于创新的技术生产条件。"领导型市场"是世界市场的核心。这些"领导型市场"的成功为其他国家提供了某种示范效应（demonstrating effect）和最好的实践（best practice）。而且环境问题的国际性或全球性也使得这些领导型市场具有扩散它们技术和政策到其他国家和地区的强烈动力，而其他国家和地区也有引入这种技术和政策的强烈需求。在全球化的背景下，"领导型市场"不断创造越来越严格的环境标准，这给整个国际市场发出了具有双重意义的潜在信号：第一，一个促进环境友好技术发展的市场形成之后，随后要向更大规模的市场扩展；第二，拥有严格环境管治政策的先驱市场也向其他国家或地区的供应方发出信号，促使它们也采取更加严格的环境政策。①

4. 生态现代化面临的主要挑战

技术革新与"领导型市场"的形成及其国际扩散需要特定的条件。②

---

①　Martin Jänicke and Klaus Jacob, *Ecological Modernisation and the Creation of Lead Markets*, Forschungsstelle für Umweltpolitik（FFU）Report 2002－03；Martin Jänicke and Klaus Jacob, "Lead Markets for Environmental Innovations: A New Role for the Nation State," Global Environmental Politics, Vol. 4, No. 1, 2004, pp. 29－46；Klaus Jacob et al. , *Lead Markets for Environmental Innovations*, Heidelberg: Physica－Verlag, 2005.

②　Marian Beise, *Lead Markets. Country－Specific Success Factors of the Global Diffusion of Innovations*, Heidelberg, 2001；Marian Beise and Klaus Rennings, *Lead Markets for Environmental Innovations: A Framework for Innovations and Environmental Economics*, ZEW Discussion Paper 03－01, Mannheim, 2003.

其中，严格的环境政策和较高的环境标准以及国家实行的"明智的"环境管治可以说是最为关键的因素。但是，在经济全球化的背景下，当一个国家或地区实行比其他国家或地区更严格的环境政策和更高环境标准的时候也面临风险和挑战，或者说采取积极环境政策和严格环境管治的国家也面临着以下三种担心：第一，严格的环境管治给企业强加了额外的成本负担，最终损害了国家的经济竞争力；第二，全球化背景下"污染天堂"以及"竞次"（race to the bottom）现象的存在；第三，全球化的发展和深化导致民族国家管治能力的弱化。因此，生态现代化理论必须从理论和实践上对这些问题做出回答。

前两个问题实质上是一个问题的两个方面，也就是环境管治与经济增长之间的关系。如上所述，长期以来，人们认为严格环境管治给企业强加了额外的成本负担，从而造成竞争劣势，这是对环境政治影响最为深远的一个问题。而对经济竞争力的担心与所谓"污染天堂"和"竞次现象"的存在有着直接的关系。所谓"污染天堂"，是指在全球化的背景下，当一些地区实行比其他地区更为宽松的环境管治或更低环境标准的时候，会导致生产成本的低廉从而更加吸引投资，最终会比实行严格环境标准的地区获得更大的经济优势，或者说，严格的环境政策和较高的环境标准会使一些污染企业转移到政策不严、标准不高的地区从而不但损害了实行严格环境政策国家的经济发展，而且环境问题的地区间转移也更加不利于环境问题的解决。这些实施更低环境标准和更宽松环境管治的国家或地区就构成了一些污染工业（"脏工业"）趋之若鹜的"污染天堂"。而"竞次现象"就是环境标准越低越具有经济竞争优势，为了成为最有吸引力的投资场所，政府往往实施最低的标准，也就是导致放松管制（deregulation）的"特拉华效应"（Delaware effect）。① 但是，事实上，这种看法实质上忽略了许多因素，比如劳动生产力的差异，技术革新和扩散对于经济竞争力的巨大影响。这种假定是建立在环境保护与经济发展相对立和矛盾的视角下，建立在环境成本的外部性经济假定之上，它不仅高估了环境成本的重要性以及它与管治成本的区别，而且

---

① 在美国，管制规章由各个州独自制定，但每个州都要相互承认对方的规章。在相互竞争的情况下，特拉华州通过降低对雇员、股东和客户的保障水平而赢得了竞争胜利，从而形成了企业竞相"放松管制"。

也低估了技术革新所带来的经济效益。因此，这种观点事实上是用一种相对静态的视角来解读环境保护与经济发展之间的关系，而缺乏对技术革新及其扩散效应的动态考察。根据一些学者的研究，"脏工业"并没有出现向发展中国家转移的现象。① 一些学者指出，经济一体化与严格的环境管治并不是相互对立的。高的环境标准往往会迫使外国生产者去适应这些标准，从而使外国生产者也提高它们自己的标准。此外，由于存在规模经济效应，生产者事实上在世界各地采用同样的标准；而且，企业为了赢得创新形象，往往采用较高的标准。加之人们环境意识的普遍提高以及能源与资源价格的提升等因素的影响，"竞次现象"并没有真正出现。② 事实上，正如许多研究者指出，随着全球化的深入发展，全球市场已经形成，产品可接受的标准将由那些执行最严格污染控制标准的国家决定，一个国家的经济竞争力将依赖于生产高价值、高质量产品的能力。③ 严格的环境政策和较高的环境标准反而会使这些国家赢得先行者优势，增强竞争力。

关于全球化背景下国家管治能力受到削弱，事实上是存在的，这也正是全球化所产生的一个重大结果，全球化以及全球性环境问题的出现削弱了国家主权，使国家对经济活动的控制相对弱化。但是，全球化和全球性环境问题的涌现同时也给国家的管治带来了新的课题和任务，促使国家的管治能力有了新的扩展和深化。大量研究发现，随着全球化的发展，民族国家的某些管治能力事实上是加强了，对于大量的环境问题，国家的管治变得越来越不可或缺。此外，由于环境技术革新本身的突出特点，它们特别需要国家的政治支持，在影响环境技术革新的各种因素

① Martin Jänicke, Manfred Binder, and Harald Mönch, "Dirty Industries: Patterns of Change in Industrial Countries," *Environmental and Resource Economics*, Vol. 9, No. 4, pp. 467-491.

② David Vogel, *Environmental Policy and Industrial Innovation: Strategies in Europe, the USA and Japan*, London: Earthscan, 1995; David Vogel, "Trading up and Governing across: Transnational Governance and Environmental Protection," *Journal of European Public Policy*, 1997, pp. 556-571; David Vogel, "Is There a Race to the Bottom? The Impact of Globalization on National Regulatory Policies," In: The Tocqueville Review/La Revue Tocqueville, Vol. XXXII, No. 1, 2001.

③ Albert Weale, "Ecological Modernisation and the Integration of European Environmental Policy," in J. D. Liefferink, P. D. Lowe and Arthur P. J. Mol eds., *European Integration and Environmental Policy*, London: Belhaven Press, 1993, p. 208.

中，在激发环境技术革新的过程中，国家的政治支持（政策引导和扶持）具有特别突出的作用。[①] 因此，在环境保护领域，国家的治理能力是在逐渐加强而不是弱化。也就是说，国家对经济活动的控制得到了加强。这一方面为经济技术革新提供了政治支持和保障，另一方面也能够制约企业经济活动的环境负效应，从而引导社会经济走向生态现代化道路。

第三节 分析框架、基本变量与研究假设

以上我们集中探讨了生态现代化理论的形成发展及其核心理念。作为一种具有强烈"现实主义"色彩的环境政策理念，生态现代化理论具有强烈的环境政策导向，指向了某种特定的环境政策。而且，该理论20世纪80年代初从西欧兴起之后逐渐成为欧洲环境政策的主流话语。就此而言，这样一种环境政策理论对于欧盟应对气候变化的战略选择和政策制定必定产生了深刻的影响。本节在上文分析的基础上，遵循以利益为基础的分析方法，来阐述影响欧盟国际气候谈判立场的主要变量关系及其因果机制，提出本书的理论分析框架。

一 生态现代化的双重向度与全球化背景下的国际竞争

1. 生态现代化的双重向度

综合以上论述，我们发现生态现代化本身具有双重向度：内在向度和外在向度。本质而言，生态现代化是一个国家经济社会的生态化转型过程，依靠一种内在的技术革新方法，在国家"明智"环境管治的引导下，实现环境与经济的双赢，甚至经济、环境与社会的多赢局面。所以，它是一个源于内生力量的经济技术进步过程，它为环境问题的解决提供了一条经济技术途径。这是生态现代化本身所具有的内在向度。但是，这种经济技术途径在其指向一个国家或地区内在环境问题的同时，其视角也始终紧紧地盯着一个规模更大的国际甚或全球市场，其背后一直存在一种强大的向外扩散的利益驱动力量。因为，无论是从理论还是实践

---

① Martin Jänicke, *Ecological Modernisation: Innovation and Diffusion of Policy and Technology*, Forschungsstelle für Umweltpolitik (FFU) Report 2000 – 08; Martin Jänicke, "Ecological Modernisation: New Perspectives," *Journal of Cleaner Production*, Vol. 16, No. 5, 2008, pp. 557 – 565.

方面来看，环境问题有着非常强烈的国际共性，也就是说，环境问题所带来的挑战与压力并不仅仅是个别地区的某种独特问题，几乎任何环境问题都带有"普遍性"。正如耶内克所强调的："环境革新是对具有全球性影响（或将来会有全球性影响）的环境问题的回应，因此，由于全球性环境需求的存在，它们具有全球性市场潜力。"[①] 因此，基于环境技术革新向外扩散的强烈预期，技术革新以及这种技术革新的最终市场化应用会为首先发展这种技术的国家或地区带来巨大的经济收益。因而，任何在环境问题领域取得突破的技术革新及其市场化都具有某种强烈的扩散动力，而且也存在一种强烈的扩散需求。这就是生态现代化的外在向度。在这种双重向度的基本架构下，如图1-11所示，生态现代化存在三组密切相关的"关系组合"："先驱国家"与"跟随国家"，"最好的实践与示范"与"学习与引进"，"领导型市场"与"外围市场"。基于这三组关系，形成了一个如图1-12所示的生态现代化结构模型。因此，在生态现代化从一个国家或地区逐渐向外扩展的过程中，事实上隐含着一个"先行者"与"跟进者"所组成的二元结构。在这种二元结构中，尽管处于其中的国家由于环境政策的调整或环境技术上的突破可能会改

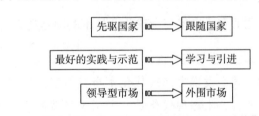

图1-11　生态现代化隐含的"二元结构"

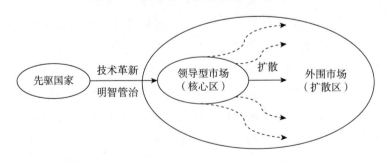

图1-12　生态现代化双重向度结构模型

---

① Martin Jänicke, "Ecological Modernisation: New Perspectives," *Journal of Cleaner Production*, Vol. 16, No. 5, 2008, p. 558.

变在结构中的地位，结构的稳定性会被不断打破，但总体而言，由于技术与经济之间的密切关系，技术上的先行者以及率先把这种技术成功实现市场化的"领导型市场"将在很大程度上保持其持续的优势地位，这种二元结构将有可能保持稳定。因此，处于激烈国际竞争中的国家应对环境问题的政策和战略选择在一个低碳经济时代将具有更加突出的意义。

2. 生态现代化双重向度的相互关系

在生态现代化过程中，一个国家内部环境治理的成效（生态现代化的内在向度）为其他国家解决同类问题提供了一种示范，这种示范效应为环境技术和环境政策的向外扩散（生态现代化的外在向度）奠定了基础。与此同时，环境技术与政策扩散到国外，不但对引入这种技术和政策的国家解决环境问题具有重大意义，而且这些国家通过支付学习或者引进技术专利等费用，也为"先驱国家"带来了巨大的经济利益。因此，一旦一个生态"领导型市场"得以成功创建，将从内在与外在双重向度为生态现代化的扩展与深化提供了积极动力。从外在向度来看，它为某种环境问题的解决提供了市场化解决方法，这种方法的对外扩散又为"领导型市场"带来了经济收益，而这些经济收益又为重新资助技术革新提供了必要的经济保障，这基本上是一个良性循环的发展进程。而且，生态"领导型市场"的成功，不但展示了经济与技术上的可行性，也展示了政治上的可行性，从而促使其他国家和企业采用它们的技术和标准。这为生态现代化的全球扩展不但提供了一条有效的依赖路径，而且也提供了持续发展的驱动力量。从内在向度来看，严格的环境政策和较高的环境标准可以确保本国工业的先行者优势，同时，积极的环境政策措施也吸引了对环境技术革新及其市场化感兴趣的外国投资者，而且，积极的环境政策所带来的环境社会效益与经济收益也为本国的决策者赢得了政治上的合法性，有时也为他们在全球舞台上发挥更重要的作用奠定了基础，从而最终为本国的生态现代化战略提供了合法的注脚并使之更加巩固与深化。[①]

---

① Martin Jänicke and Klaus Jacob, *Ecological Modernisation and the Creation of Lead Markets*, Forschungsstelle für Umweltpolitik (FFU) Report 2002 – 03, Berlin: Free University of Berlin, 2002, p. 14.

3. 生态现代化的双重向度与国际竞争

生态现代化理念的核心在于，它是一种强烈依赖技术革新以及这种技术革新的成功市场化并在市场经济中进行扩散的环境政策理念。这样一种以技术革新为导向的环境政策就其本质而言是一种国家的先驱政策（pioneer policy）。环境政策以及环境技术革新的先驱者在一种存在全球市场潜力的背景下，从长远的战略视角来看，也就具有了特别突出的优势地位。在一个全球化时代，鉴于环境问题的普遍存在和严峻挑战，应对环境问题已经成为摆在每一个国家和政府面前的紧迫问题。而应对环境问题的战略决策始终与国家经济社会的发展有着密切的关系。一方面，环境政策本身会对经济社会的发展模式产生重大影响，另一方面，应对环境问题的技术及其相关产业本身就具有巨大的经济价值。在这种背景下，处于全球竞争中的环境"先驱国家"的环境技术革新就具有特别重大的经济潜力。因此，某种环境问题具有的普遍性越大，其市场潜力也就越大，而"领导型市场"最终获得的经济利益也就越大。从一个全球性国际竞争的视角来看，在一个低碳经济时代，环境技术及其相关的环境产业将成为未来经济的关键，生态效率将成为所有工业产品与服务的一个主要特征。未来的国际竞争将不仅仅在于产品的价格、质量与设计，环境标准与生态效率也将成为一个更加重要的因素。在这种情况下，在环境技术方面处于领先地位的"先驱国家"将在未来的国际竞争中具有非常突出的优势。而全球气候变化问题是当今世界面临的最具有普遍性的全球性问题。借此，在应对气候变化问题上走在世界前列的国家（集团）不但可以掌握国际气候治理的主导权，而且，更为重要的是占据未来新能源和低碳经济的主导权，从而，在未来的国际竞争中处于优势地位。正如有的研究者指出，"未来国际体系重大结构性变化的前提和条件仍然是能源权力结构的变化，即出现了新能源和低碳经济的主导国。未来国际体系的大国要争夺国际体系的优势就必须具有发展低碳经济方面的优势，从表面上看气候变化谈判是如何实现对气候危机的全球治理；更深层次的问题涉及各国竞争能源创新和经济发展空间，进而影响长期的国际体系权势转移"。①

---

① 于宏源：《波兹南气候谈判和全球气候治理的发展》，杨洁勉主编《世界气候外交和中国的应对》，北京：时事出版社，2009 年版，第 129 页。

有学者指出："气候变化由温室气体排放所导致，而温室气体的排放是因为化石能源的消费，化石能源消费又是经济增长的动力和一定物质生活水平的保障。这样，气候变化与经济增长和生活水平直接相关联，从而涉及国家利益：经济发展的空间和温室气体减排的费用分担。"① 事实上，气候变化问题不仅仅因为经济发展空间和减排成本而涉及国家利益，更为重要的是应对气候变化的现实行动及其对未来国家经济社会发展方式和道路的本质影响而触及国家利益，长远来看，后一种影响更具有战略意义。这种背景决定了一场短期利益与长远利益、个体国家利益与全球利益的激烈斗争和博弈，而这一切也正是贯穿整个气候谈判的以南北划线的发达国家与发展中国家之间的激烈利益博弈：争夺在这段转型期的发展空间与对未来的谋划。而这种博弈实质上也反映了一种潜在的传统发展模式（依赖大规模化石能源）与新型发展模式（清洁的主要依赖可再生能源）在这种短时间无法完成的转型期的深刻角力。本书认为，这种角力的结果可能最终取决于技术和政策的重要突破以及全球经济的某种结构性转变，但这种转变将会是一种大势所趋。因此，只要科学认知和全球舆论继续肯定全球气候变化是我们人类当前面临的最大挑战之一，只要"低碳经济"不再只是书本上的愿景而成为未来发展的真实选择，那么，应对全球气候变化的战略行动必将关系到国家（集团）在未来国际体系中的实力和地位。因此，应对气候变化问题的行动（温室气体减排或限制温室气体排放）从根本上触及了一个国家（集团）经济社会发展模式和方向的转型问题。而这种模式和方向无疑直接关乎国家（集团）的现实利益以及持续发展的潜力。从这种意义上讲，一种既能有效应对气候变化问题，也能给国家（集团）带来经济利益并促进其实现"低碳化"转型的战略，无疑也就成为一种较为理想的气候战略选择，也就是说，一种有效的气候战略需要找到应对气候变化与促进经济发展二者的契合点，实现二者的互利耦合。上文对生态现代化理论的分析表明，生态现代化战略不但可以较为成功地应对生态环境问题，而且更为重要的是可以把生态环境挑战转化为一种促使经济社会走向低碳经

---

① 潘家华：《国家利益的科学论争与国际政治妥协——联合国政府间气候变化专门委员会〈关于减缓气候变化社会经济分析评估报告〉述评》，《世界经济与政治》2002 年第 2 期，第 55 页。

济的重大战略机遇，赢得竞争优势和未来低碳经济的主导地位。因此，生态现代化战略事实上正好迎合了环境保护与经济发展双赢、通过严格环境政策提升经济竞争力的战略理念。

二 影响欧盟国际气候谈判立场的主要变量及其相互关系

以上分析表明，鉴于全球气候变化问题本身所具有的全方位影响以及应对气候变化问题政策措施与手段选择对于国家利益现实及潜在的重大影响，使得应对气候变化问题已经不仅仅是一个生态环境问题，而更是一个涉及国家利益及其在未来国际竞争中实力与地位的经济社会发展战略性问题。正是基于这种考虑，本书在分析欧盟国际气候谈判立场的时候，仍然遵循以利益为基础的分析方法，从利益的视角来挖掘和剖析影响欧盟气候政策立场的重要因素。遵循这种研究思路，在具体分析欧盟国际气候谈判立场影响因素之前，本书基于观念、收益、内部治理成效三个变量，建构了一个影响国家（集团）气候立场的一般性分析框架，如图 1 – 13，观念是指影响国家（集团）气候立场的生态政治理念；而收益是指在这种理念影响下所采取的政策行动的经济收益（包括预期收益与实际收益）；成效是指观念影响下的气候治理行动的效果。本书认为，当一个国家（集团）所具有的生态政治理念越趋向于促使国家（集团）采取积极的气候政策立场，而在这种理念影响下采取的气候治理行动获得的收益越高，其内部气候治理成效越高的时候，国家（集团）越倾向于采取积极的气候立场；反之亦然。也就是说，当观念（生态政治

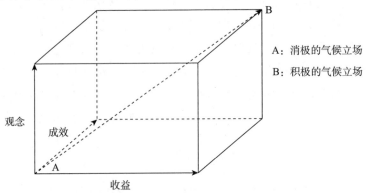

A：消极的气候立场

B：积极的气候立场

观念

成效

收益

图 1 – 13　影响国家（集团）气候政策立场的内部因素

理念）、收益与成效越来越增强的时候，一个国家（集团）的国际气候谈判立场也就越来越积极，沿着从 A 到 B 的方向演变（A→B）。而且，观念、收益、成效三者之间是一种相互影响的关系。

接下来，本书从生态现代化理论视野出发，来具体分析影响欧盟国际气候谈判立场的主要因素。首先关注影响欧盟国际气候谈判立场的观念性因素。通过上文对生态现代化理论的剖析，我们知道，总体而言，生态现代化理论所反映出来的政策理念和政策导向促使一个国家（集团）趋向于采取积极环境政策（下文还将详细论述）。那么，由此而言，面对气候变化问题的严峻挑战及巨大影响，欧盟在应对气候变化问题的政策选择和战略制定过程中是否受到了生态现代化理论所揭示的环境政策理念的影响，这种理念又是通过何种路径最终影响了欧盟的气候战略？这是本书关注的第一个重要因素。其次，生态现代化理论的一个核心理念在于强调积极的环境政策能够最终给采取这种政策的国家（集团）带来丰厚的经济收益。那么，对于欧盟而言，本书重点考察欧盟在应对气候变化过程中的是否存在这种重大利益考量，也就是通过生态现代化战略来促使欧盟的气候变化减缓技术革新以及这种技术的产业化来形成气候变化领域的"领导型市场"，进而占据这个领域国际市场的主导地位，以此来提升欧盟的竞争力，给欧盟带来巨大的经济利益。如果这种利益考量确实在很大程度上影响了欧盟的气候战略，那么，欧盟所采取的气候治理行动最终的收益如何？这种生态现代化收益对欧盟的气候战略又产生了什么样的影响，又是通过何种路径影响了欧盟的国际气候谈判立场？再次，根据生态现代化的双重向度，欧盟自身必须在经济社会的生态化转型过程中走在世界前列，形成"领导型市场"，才能占据国际市场的主导地位，并成为其他国家和地区学习的榜样和示范。因此，欧盟内部的生态现代化成效也就成为本书特别关注和考察的一个重要变量，也就是，欧盟采取气候治理行动的实际效果如何，这种成效对欧盟的国际气候谈判立场产生了哪些影响。

综上所述，根据生态现代化理论，本书选取生态现代化理念、生态现代化收益和生态现代化成效三个因素作为影响欧盟国际气候谈判立场的主要分析变量。如图 1 - 14 所示，生态现代化理念作为欧盟的主流环境政策理念，为欧盟认知和界定它在国际气候治理领域的利益提供了积极的观念性因素，对欧盟在国际气候治理中采取比较积极的政策立场起到了很大的推动作用；生态现代化理念预期采取积极的气候政策可以为欧盟带来经济收益，可以存在以下两种情况：第一，在这种理念的影响下，欧盟采取了应对气候变化的积极行动，而这种行动确实给欧盟带来了较大收益，那么，这种经济收益就会进一步强化生态现代化理念对欧盟气候政策立场的正面影响；第二，如果欧盟采取积极的气候政策并没有给欧盟带来预期的收益，反而造成欧盟经济的劣势，那么，这种行动的结果就会弱化生态现代化理念的正面影响。从这一点来讲，生态现代化收益越高说明积极的气候政策立场与生态现代化理念以及欧盟本身利益诉求的契合度也就越高，而这种契合度越高就越会促进欧盟采取进一步积极的气候政策立场；反之亦然。与此同时，欧盟气候治理行动实际上对其内部生态现代化转型也具有两种可能的影响：第一，积极的气候政策提高了欧盟自身的生态现代化成效，那么，这种成效为欧盟在国际气候谈判中采取积极的政策立场奠定了基础，而这种成效反过来也进一步强化了生态现代化理念的影响力。第二，如果欧盟的气候治理行动并没有达到理想的预期效果，那么，就会损害其国际信誉，也就会弱化生态现代化理念的影响力，因而，生态现代化成效越高说明积极的气候政策立场与生态现代化理念以及欧盟国际信誉的契合度也就越高，而这种契合度越高也就越会促进欧盟采取积极的气候政策立场，这三者之间是一种相互影响和相互促进的关系。也就是说，当生态现代化理念对欧盟

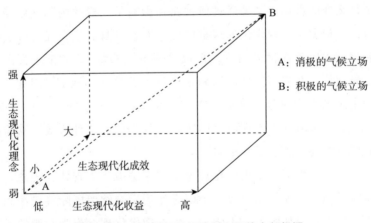

图 1-14　欧盟国际气候谈判立场的内部根源

的影响越来越强，生态现代化收益越来越高，生态现代化成效越来越大，那么，欧盟的气候政策和国际气候谈判立场也就会越来越趋于积极，沿着从 A 到 B 的方向演变（A→B）。

综合以上分析，本书提出如下研究性假设：

假设一：生态现代化理念影响了欧盟在全球气候变化问题上的利益认知和利益界定，是欧盟采取积极国际气候谈判立场背后的观念驱动因素，该理念对欧盟气候政策影响越大，欧盟越趋于采取积极的气候政策立场；

假设二：在生态现代化理念的影响下，欧盟的气候治理行动获得的收益越高，越会强化生态现代化理念对欧盟气候政策立场的影响，二者出现良性相互强化关系，将会促使欧盟采取更加积极的气候政策立场；

假设三：在生态现代化理念的影响下，当欧盟的气候治理行动并没有获得预期收益，反而造成欧盟竞争力下降，这时就会弱化生态现代化理念的影响，二者出现反向制衡关系，那么，欧盟的气候政策立场将趋于消极；

假设四：在生态现代化理念影响下，欧盟内部的生态现代化成效越高，越会提高欧盟的国际信誉和在国际气候治理中发挥领导作用的合法性，也就越会强化生态现代化理念对欧盟气候政策立场的影响，二者出现良性相互强化关系，将会促使欧盟采取更加积极的气候政策立场；

假设五：在生态现代化理念的影响下，当欧盟内部的气候治理并没有达到预期的效果时，就会损害欧盟的国际信誉，从而弱化生态现代化理念的影响力，那么，欧盟的气候政策立场将趋于消极。

第二章　国际气候谈判与欧盟的
政策立场：历史与事实

从 20 世纪 80 年代晚期 90 年代初期开始，全球气候变化问题逐渐成为国际社会和欧盟关注的一个焦点问题。纵观这 30 多年的发展演进历程，国际气候机制的形成发展与欧盟气候政策立场的演变是一个同时发生和相互促进、相互影响的演进过程，它是随着国际科学界对气候变化问题的讨论和认知以及国际政治界对此问题的关注和应对而发展演变的。① 本章从历史视角考察国际气候谈判与欧盟的气候政策立场相互作用的演进历程，以期对国际气候谈判与欧盟气候政策立场的发展演变有一个宏观的历史认知；然后在此基础上，重点考察欧盟具体国际气候谈判立场的发展与演变。

第一节　国际气候谈判的发展与演进

从环境政治发展演进的历史视角来看，全球气候变化问题是随着国际社会对平流层"臭氧空洞"问题的解决而进入国际政治视野的。② 1987 年《蒙特利尔议定书》的达成和《我们共同的未来》（也称作"布伦特兰报告"）的发表，都为国际科学界和国际社会进一步关注全球性环境问题的热情和兴趣增添了动力。从 20 世纪 80 年代晚期开始直到现在，全球气候变化问题始终居于全球环境政治的核心。有研究者把某种政策（或机制）的形成演变看作一个"政策圈"（policy cycle），包括议程形成，政策阐述，政策采用/选择，政策实施，政策评估与调整以及再

---

① 关于气候变化的科学认知与气候政治之间的关系可参见 Jill JäGer and Tim O'Riordan, "The History of Climate Change Science and Politics," in Tim O'Riordan and Jill JäGer eds., *Politics of Climate Change: A European Perspective*, London: Routledge, 1996, pp. 1 – 31。

② Miranda A. Schreurs, *Environmental Politics in Japan, Germany and the United States*, Cambridge: Cambridge University Press, 2002, p. 146.

次阐释。[1] 近期，美国学者丹尼尔·博丹斯基（Daniel Bodansky）等人从国际法（全球气候治理的法律制度）视角出发，提出了分析全球气候治理体制演进的六个阶段：一是奠基阶段，在这一阶段，有关全球气候变化的科学共识发展起来；二是议程设定阶段（1985～1988年），气候变化从科学问题转化为政策问题；三是预谈判阶段（1988～1990年），各国政府已经高度参与到这个进程中来；四是宪制性阶段（constitutional period）（1991～1995年），在该阶段公约得以达成并生效；五是管制性阶段（regulatory period）（1995～2007年），集中在《京都议定书》的谈判、达成和实施；六是第二个宪制性阶段（2008年至今），集中在未来气候变化机制的谈判和建设。[2] 本书借鉴上述几种理论把国际气候谈判演进的历史分为六个阶段：20世纪六七十年代到1990年是全球气候变化问题科学共识的形成时期，也是国际气候体制形成的准备阶段；1991～1994是国际气候体制议程形成阶段；1995～2001年是国际气候体制具体化与发展阶段；2002～2005年是国际气候体制深化阶段；2005～2009年是国际气候体制的调整与深化，同时也是政策评估、调整并为"后京都时代"国际气候体制的实施进行准备和谈判的阶段；2010～2015年是国际气候体制的进一步深化和确立新的国际气候治理体制的阶段。[3]

---

[1] Michael Howlett and M. Ramesh, *Studying Public Policy*: *Policy Cycles and Policy Subsystems*, 2nd Edition, Oxford: Oxford University Press, 2003.

[2] Daniel Bodansky and Lavanya Rajamani, "The Evolution and Governance Architecture of the Climate Change Regime", in Detlef Sprinz and Urs Luterbacher eds. , *International Relations and Global Climate Change*: *New Perspectives*, MIT Press, 2nd Edtion, 2016.

[3] 参见 Sebastian Oberthür and Marc Pallemaerts 关于国际气候机制与欧盟气候政策演进历程的划分，Sebastian Oberthür and Marc Pallemaerts, "The EU's Internal and External Climate Change Policies: and Historical Overview," in Sebastian Oberthür and Marc Pallemaerts eds. , *The New Climate Policies of the European Union*: *Internal Legislation and Climate Diplomacy*, Brussels: VUBPRESS, Brussels University Press, 2010, pp. 27 - 63；也有的研究者根据国际气候机制形成发展的演进历程，甚至把国际气候机制的形成背景追溯到20世纪50年代晚期，把这段历史划分为议程形成阶段（20世纪50年代晚期到1991年）、国际谈判阶段（1991年到1997年12月《京都议定书》的达成）和国际机制的实施阶段（1997年之后），参见 Steinar Andrensen and Shardul Agrawala, "Leaders, Pushers and Laggards in the Making of the Climate Regime," *Global Environmental Change*, Vol. 12, No. 1, 2002, pp. 41 - 51；还有研究者把国际气候机制的演进划分为五个阶段：（1）奠基阶段（20世纪80年代之前），国际科学界对全球气候变化问题的科学研究阶段；（转下页注）

一　全球气候变化问题科学共识的形成（20 世纪六七十年代～1990年）

　　早在 19 世纪中期有些科学家就注意到了大气中温室气体浓度的上升会导致一种温室效应，但那时仅限于个别科学家的研究议程。[①] 20 世纪 60 年代对于气候变化的科学认知有了深入发展，比如 20 世纪 60 年代早期所谓的"科林曲线"（Keeling Curve）表明大气中 CO_2 浓度呈现日益增加趋势，是关于气候变化问题争论的一个无可辩驳的事实，从而也导致了 20 世纪 60 年代晚期 70 年代初期对气候变化问题科学关注的进一步增加。到 20 世纪 70 年代，关于人类活动可能导致全球气候变化的担忧越来越引起一些国家和国际组织的重视。1972 年斯德哥尔摩联合国人类环境大会的召开以及联合国环境规划署（UNEP）的创建，进一步增进了人们的环境意识，也为全球性环境问题的解决提供了某种制度背景。1979 年在瑞士日内瓦召开的第一届世界气候大会，尽管仍然仅限于科学界的参与，但进一步促进了国际社会对气候变化问题的关注。1985 年在奥地利菲拉赫（Villach）举行的气候变化论坛（菲拉赫会议），对二氧

（接上页注③）（2）议程形成阶段（1985～1988 年），全球气候变化问题从科学问题转为政治和政策问题；（3）国际气候谈判的准备阶段（1988～1990 年），国家行为体（政府）对全球气候变化问题进程的影响越来越大；（4）正式的政府间谈判阶段（1991～1992），导致《公约》的达成；（5）公约的具体化阶段（1992～1997 年），主要是关于《议定书》的谈判与达成，参见 Daniel Bodansky, "The History of the Global Climate Change Regime," in Urs Luterbacher and Detlef F. Sprinz eds., *International Relations and Global Climate Change*, Cambridge：The MIT Press, 2001, pp. 23 - 40；也有学者把全球气候治理追溯到 1979 第一届世界气候会议，然后把气候治理的三十年历程分为科学的制度化（政府间气候变化专门委员会创建）、气候体制建立（公约缔结并生效）、气候体制加强（《京都议定书》签署并生效）、走向深度减排（后 2012 体制兴起），参见 Heike Schroeder, "The History of International Climate Change Politics：Three Decades of Progress, Process and Procrastination", in Maxwell T. Boykoff ed., *The Politics of Climate Change：A Survey*, First Edition, London and New York：Routledge, 2010, pp. 26 - 38。

① 关于气候变化早期的科学认知可参见 Irving M. Mintzer and J. Amber Leonard eds., *Negotiating Climate Change：the Inside Story of the Rio Convention*, Cambridge：Cambridge University Press, 1994；Heike Schöder, *Negotiating The Kyoto Protocol：An analysis of negotiation dynamics in international negotiations*, Münster：LIT, 2001。

化碳及其他温室气体的潜在影响进行了初步评估，气候变化问题开始进入了国际政治议程。[①] 1988 年的多伦多会议是全球气候变化问题发展史上的一个分水岭，许多研究者指出，多伦多会议是全球气候变化问题正式进入国际政治（国家政策层面）议程的标志。[②] 多伦多会议之前气候变化问题实际上由非政府行为体（比如科学家，环境 NGO）主导，从多伦多会议开始国家（政府）开始主导全球气候变化问题，气候变化问题作为一个国际问题正式进入了国际政治的议事日程。也正是这次会议呼吁有关各方"采取具体行动以减少由大气污染所导致的即将来临的危机"，[③] 并提出了"多伦多目标"，即到 2005 年在 1988 年水平的基础上 CO_2 排放减少 20%，最终达到 50% 的减排目标。在国际气候政治史上这是第一次提出量化减排的政策目标。此后一些国家（比如奥地利）把此目标作为国家的减排目标。1988 年 11 月在世界气象组织（WMO）和联合国环境规划署（UNEP）的联合支持下联合国政府间气候变化专门委员会（IPCC）正式成立，1990 年 IPCC 发布了第一个气候变化评估报告，明确指出人类活动正在增加大气中温室气体的浓度。从 1988 年到 1990 年，在气候变化问题逐渐从科学界转入国际政治（政策）议程，在国际气候谈判进行准备的过程中，以下几个重要事件加速了这种转变。[④]

- 1988 年关于气候变化的联合国大会决议（联合国大会 43/53 号决

① John W. Zillman, *A History of Climate Activities*，参见世界气象组织网站：http://www. wmo. int/pages/publications/bulletin_ en/58_3_ zillman_ en. html#top, accessed on 5 February 2010。

② Steinar Andrensen and Shardul Agrawala, "Leaders, Pushers and Laggards in the Making of the Climate Regime," *Global Environmental Change*, Vol. 12, No. 1, 2002, pp. 41 – 51; Daniel Bodansky, "The History of the Global Climate Change Regime," in Urs Luterbacher and Detlef F. Sprinz eds. , *International Relations and Global Climate Change*, Cambridge：The MIT Press, 2001, p. 27.

③ John W. Zillman, *A History of Climate Activities*，参见世界气象组织网站：http://www. wmo. int/pages/publications/bulletin_ en/58_3_ zillman_ en. html#top, accessed on 5 February 2010。

④ Daniel Bodansky, "The History of the Global Climate Change Regime," in Urs Luterbacher and Detlef F. Sprinz eds. , International Relations and Global Climate Change, Cambridge：The MIT Press, 2001, p. 28; Sebastian Oberthür and Marc Pallemaerts, "The EU's Internal and External Climate Change Policies; and Historical Overview," in Sebastian Oberthür and Marc Pallemaerts eds. , *The New Climate Policies of the European Union: Internal Legislation and Climate Diplomacy*, Brussels：VUBPRESS, Brussels University Press, 2010, pp. 28 – 29.

议），认为气候问题是"人类共同的关切"。

- 1989 年 3 月 20 多个来自发达国家（北方）与发展中国家（南方）的国家和政府首脑参加的大气保护海牙峰会，呼吁为应对全球变暖和保护地球大气发展一种"新的制度权威"。

- 1989 年 11 月由荷兰政府组织的诺德维克（Noordwijk）部长级会议是专门就气候变化问题而召开的第一次高层次政府间会议，有 66 个国家的正式代表参加。

- 1990 年 11 月第二届世界气候大会，讨论了 IPCC 的第一个评估报告，并为发起联合国关于气候变化框架公约的政府间谈判进行准备。

在气候变化问题由科学界逐渐转入国际政治议程的过程中，一些对后来整个国际气候谈判产生深远影响的因素，比如欧美在应对气候变化问题上政策与理念的分歧，发达国家（北方）与发展中国家（南方）之间的利益冲突，已经初步显现。（1）西方国家的分歧。直到 20 世纪 90 年代，甚至在国际气候谈判的初期，对气候变化问题热切关注的国家主要是西方工业化国家，这些国家主导了气候变化的科学研究，拥有环境意识较高的公众和积极的环境管理部门，但是从 1989 年诺德维克会议开始，西方国家之间的分歧已经显露。一方面，绝大多数欧洲国家（主要是欧盟及其成员国），以及加拿大、澳大利亚和新西兰（所谓"CANZ"集团），支持采用解决酸雨和臭氧损耗问题时所采用的方式，也就是建立对国家温室气体排放水平的量化限制（"目标和时间表"），首先是把 CO_2 排放稳定在当前水平。另一方面，美国（在诺德维克会议上得到日本和苏联的支持）质疑这种目标和时间表方式，认为这种方式过于严格，没有顾及不同国家的不同状况，在很大程度上是没有实质意义的。美国主张问题的解决应该建立在更多科学研究的基础上，应该发展国家自身的而不应该是国际的战略目标和计划。（2）南北分歧。从 1990 年第二届世界气候大会开始，随着发展中国家参与的增多，南北分歧渐趋显现。发展中国家认为气候变化问题不应该仅仅被视为一个环境问题，而且是一个发展问题。它们寻求把国际气候谈判从一个主要局限于 IPCC 范围的相对狭窄的技术问题，转为由联合国大会主导的问题，因为它们在技术上和 IPCC 范围内很难拥有与发达工业化国家平等的谈判条件。它们也要求发达国家给予金融援助和技术转让，并强调气候变化问题的历史责任，要求更多的经济发展空间和权利。然而，发展中国家之间也存在分歧。小岛屿发展中国家由于害怕海平面上升的灾难性后果而强烈支持建立发达国家的减排目标和时间表，并在第二届世界气候大会上它们结成了小岛国家联盟（AOSIS），在随后推动 CO_2 减排的国际气候谈判中发挥了主要的推动作用。而在另一端，石油生产国却质疑气候变化的科学性，主张采取"缓慢行动"的方式。处于中间的国家，比如巴西、印度、中国等正处于工业化时期的国家，坚持应对气候变化的行动不能侵犯它们的主权，特别是它们发展经济的权利。[①] 正是这些利益冲突与立场纷争影响了整个国际气候谈判，致使这场"拯救地球"的集体行动充满了挑战与变数。

二　国际气候体制的议程形成：《公约》的国际谈判及其生效（1991～1994 年）

1990 年 12 月第 45 届联合国大会通过 45/212 号决议，正式建立了关于《公约》的政府间谈判委员会（Intergovernmental Negotiating Committee for Framework Convention on Climate Change – INC），拉开了国际气候谈判的帷幕。从 1991 年 2 月到 1992 年 5 月，政府间谈判委员会举行了五轮谈判六次会议（最后一轮谈判举行了两次会议），最终在 1992 年 5 月达成协议，[②] 1994 年 3 月 21 日《公约》正式生效。从整个《公约》的谈判历程来看，正式的谈判时间仅仅一年多，相比较而言是比较短暂的。理解政府间委员会的谈判进程，有两个因素非常重要。第一，1992 年 6 月联合国环境与发展大会（UNCED）的最后期限给参与谈判的各国政府造成了很大的压力，鉴于公众对于联合国环境与发展大会的热切关注，绝大多数谈判代表希望能达成公约，以便在里约会议期间进行签署。第二，由于必须通过共识进行决策，给了单个国家（比如美国）影响最终结果

---

① Daniel Bodansky, "The History of the Global Climate Change Regime," in Urs Luterbacher and Detlef F. Sprinz eds., *International Relations and Global Climate Change*, Cambridge: The MIT Press, 2001, pp. 28 – 31.

② 关于 INC 的谈判历程可参见 Daniel Bodansky, "Prologue of the Climate Change Convention," in Irving M. Mintzer and J. Amber Leonard eds., *Negotiating Climate Change: the Inside Story of the Rio Convention*, Cambridge: Cambridge University Press, 1994, pp. 60 – 70.

的重要机会，使每个国家都拥有了最终的否决权。[1] 关于达成一个什么样的法律公约的问题，当时有两种选择：一种模式是建立一个综合的国际"大气法"，类似于 1982 年《联合国海洋法公约》，这种模式承认大气问题之间的相互依赖性，需要运用综合手段进行解决。另一种就是类似于《维也纳臭氧层保护公约》，只针对气候变化具体问题。尽管最初加拿大支持前者，但后一种模式很快占据了主导，因为绝大多数国家倾向于选择解决臭氧损耗问题时的那种逐步前进的"阶梯式方法"，这种方法非常成功地解决了臭氧问题。所以，政府间委员会谈判的最初目的就是先达成一个"框架协定"，以期对气候变化问题的解决机制规定一个大致的法律框架，而具体详细的实施细节问题留待以后的谈判进一步解决。《公约》谈判过程中各国争论和关注的主要问题有以下几个。[2]

- 目标和时间表问题　欧盟与小岛国联盟积极倡议建立一个限制发达国家温室气体排放的具体目标和时间表，然而，美国和石油生产国竭力反对这种主张。其他发展中国家一般来说比较支持具体目标和时间表，只要这些目标和时间表只适用于发达国家。

- 金融援助和技术转让问题　除了目标和时间表问题，金融援助机制是整个谈判中争论最激烈的问题。发展中国家竭力倡议建立一个新的援助基金，而发达国家希望利用全球环境基金（Global Environmental Facility - GEF）——这个基金是 1991 年世界银行、联合国环境规划署和联合国发展规划署（UNDP）联合建立的一个项目。发展中国家在印度的领导下还寻求在公约中包括另外一个承诺，即发达国家提供新的另外金融资源以帮助发展中国家实施公约，也就是要求援助资金超过现有的援助。

- 制度和实施机制问题　一般来说，经合组织国家（包括美国）倾向于支持建立一个严格的实施机制，包括定期的缔约方会议，科学咨询机构，实施问题委员会，详细的报告制度，《蒙特利尔议定书》那样的

---

① Daniel Bodansky, "The History of the Global Climate Change Regime," in Urs Luterbacher and Detlef F. Sprinz eds., *International Relations and Global Climate Change*, Cambridge: The MIT Press, 2001, p. 32.

② Daniel Bodansky, "The History of the Global Climate Change Regime," in Urs Luterbacher and Detlef F. Sprinz eds., *International Relations and Global Climate Change*, Cambridge: The MIT Press, 2001, pp. 33 – 34.

不遵约程序模式；而发展中国家倾向于框架公约方式，担心过于严格的制度和实施机制可能会侵犯它们的主权。

《公约》的达成反映了各种力量对上述问题的重大妥协。从《公约》的实质内容来看，更多地反映了发达国家特别是美国的偏好。比如，关于《公约》的目标，正是在美国的竭力反对下，最终达成了没有具体目标和时间表、相当模糊的目标："根据本公约的各项有关规定，将大气中温室气体的浓度稳定在防止气候系统受到危险的人为干扰的水平上。这一水平应当在足以使生态系统能够自然地适应气候变化、确保粮食生产免受威胁并使经济发展能够可持续地进行的时间范围内实现。"但同时在《公约》第四条"承诺"的第二款也提出了发达国家和经济转型国家至2000年把二氧化碳和《蒙特利尔议定书》未予管制的其他温室气体人为排放回复到1990年的水平。关于金融援助问题，《公约》规定附件二①所列发达国家缔约方和其他发达缔约方应向发展中国家提供新的和额外的资金援助，但仍然利用全球环境基金（GEF）作为金融援助和技术转让的实施机构。②从国际气候谈判发展的历程来看，《公约》尽管没有具体量化的国家温室气体减排目标，只是对国际气候机制的发展制定了一个非常宏观的法律框架，但这是国际气候谈判历史上第一个重要的国际法文件，它为此后国际气候机制的发展奠定了法律基础和发展方向，设定了国际气候机制的议程。

三　国际气候体制的具体化与确立：从"柏林授权"到《京都议定书》到《马拉喀什协定》（1995～2001年）

1. 从里约到柏林

1992年里约会议上德国承诺主办《公约》生效后的第一次公约缔约

---

① 《公约》根据"共同但有区别的责任"原则，分别规定了发达国家和发展中国家不同的责任和义务。在《公约》的两个附件中分别列出了率先采取行动的发达国家和经济转型国家的名单以及提供金融援助和技术转让的国家，也就是所谓附件一国家和附件二国家。

② 鉴于本书的主要目的在于考察国际气候谈判的发展历程，关于《公约》具体内容的分析不在本书的范围之内。关于公约内容的分析可参见 Elizabeth J. Rowbotham, "Legal Obligations and Uncertainties in the Climate Change Convention," in Tim O'Riordan and Jill JäGer eds., *Politics of Climate Change: A European Perspective*, London: Routledge, 1996, pp. 32 – 50; Sebastian Oberthür and Hermann E. Ott, *The Kyoto Protocol: International Climate Policy for the 21st Century*, Berlin: Springer, 1999。

方会议（COP1）。1995 年 3 月，在《公约》正式生效一年之后 COP1 在德国柏林召开。为了进一步推进谈判进程，里约会议结束之后政府间谈判委员会（INC）继续工作直到 COP1 开始。从 1992 年 12 月到 1995 年 2 月，INC 又举行了六次会议（见表 2 - 1）为 COP1 做准备。在各种力量的利益博弈之下，通向柏林的谈判进展相当缓慢。在达成具有明确减排目标和时间表的议定书或其他约束性法律机制无望的情况下，在小岛国联盟和欧盟的推动下，COP1 最后通过了"柏林授权"（Berlin Mandate）。"柏林授权"认为《公约》第四条第二款（a）和（b）所提出的承诺对于解决气候变化问题并不充分，要求在 1997 年第三次缔约方会议上为附件一国家（发达国家和经济转型国家）规定具有法律约束力的减排目标和完成时限的温室气体减排责任。柏林会议还决定建立柏林授权特设工作组（Ad Hoc Group on the Berlin Mandate - AGBM），继续使用全球环境基金（GEF）作为《公约》的金融援助机制，在德国波恩设立《公约》的永久秘书处。"柏林授权"坚持了《公约》"共同但有区别的责任"原则，并没有给发展中国家提出新的义务，为给发达国家和经济转型国家承担具有明确减排目标和时间表的义务，也为《京都议定书》的达成奠定了法律基础。

表 2 - 1　1995 年柏林会议前的国际气候谈判进程

会议	时间和地点	讨论的主要问题
INC6	1992 年 12 月 7 ~ 10 日，日内瓦	程序问题
INC7	1993 年 3 月 15 ~ 20 日，纽约	程序问题
INC8	1993 年 8 月 16 ~ 27 日，日内瓦	金融援助机制和联合履约
INC9	1994 年 2 月 7 ~ 18 日，日内瓦	评估《公约》承诺的充足性，联合履约，金融援助机制
INC10	1994 年 8 月 22 ~ 9 月 2 日，日内瓦	评估《公约》承诺的充足性，评估国家的汇报，联合履约，金融援助机制
INC11	1995 年 2 月 6 ~ 17 日，纽约	评估《公约》承诺的充足性

资料来源：Sebastian Oberthür and Hermann E. Ott, *The Kyoto Protocol: International Climate Policy for the 21st Century*, Berlin: Springer, 1999, p. 44.

2. 从柏林到京都

从柏林到京都的谈判进程中，谈判者在柏林授权特设工作组的框架下举行了八次会议（见表 2 – 2），以 1996 年的 COP2 为界，可大致分为两个阶段。前两次会议几乎没有任何进展。1995 年 12 月 IPCC 发布了第二个评估报告，强调尽管仍然有许多的不确定性，但"各种证据的对比表明了人类对全球气候有明显的影响"。[①] 评估报告推动了国际气候谈判的进程。尤其是美国政府接受并公开支持 IPCC 的发现，事实上这些发现很多都来自美国的科学研究。1996 年柏林授权工作组第三次会议上，美国政府宣布现在已到了"谈判"的时候——而"谈判"一词因美国一年前在"柏林授权"中反对而以"进程"代之。[②] 这表明美国的立场正在发生变化。在接下来的《公约》第二次缔约方大会（COP2）和柏林授权特设工作组第四次会议上，尽管石油输出国组织（OPEC）和俄罗斯仍然反对以 IPCC 报告为国际协定的基础，但大多数国家支持。最后缔约方会议寻求以部长宣言的形式引导京都进程，而美国也支持这种努力。COP2 以及《日内瓦部长宣言》是走向京都进程的一个转折点。首先，在这次会议上美国的立场有了重大转变，它第一次支持具有法律约束性的国际协定以实现"柏林授权"。[③] 美国立场的转变决定性地改变了国际气候谈判中推动力量与拖后腿力量之间的权力分配，使谈判开始朝着进步的方向发展。其次，实质而言，它重申了柏林会议的结论，因此抵制了某些国家倒退的企图。特别是它重申需要一种法律约束性的"量化排放限制和减排目标"，赞同 IPCC 的第二次评估报告，该报告指出温室气体浓度的持续上升将会导致对气候系统危险的人为干扰，所以《日内瓦部长宣言》指示谈判代表加快谈判进程。最后，更重要的是，它标志着有关国家第一次愿意在缺乏共识的情况下采取行动。先前，对共识的期望给了沙特阿拉伯和其他 OPEC 国家一种对于谈判实质上的否决权。欧盟、美国和绝大多数发展中国家在缺乏共识的情况下采取行动的意愿，给柏林授权特设工作组的谈判代表发出一个强烈的信号，那就是，如果

---

① IPCC：《气候变化 1995：IPCC 第二次评估》，第 22 页。

② Sebastian Oberthür and Hermann E. Ott, *The Kyoto Protocol: International Climate Policy for the 21ˢᵗ Century*, Berlin: Springer, 1999, p. 51.

③ IISD："Report of the Third Conference of the Parties to the United Nations Framework Convention on Climate Change: 1 – 11 Decenber 1997," *Earth Negotiations Bulletin*, Vol. 12, No. 76, 13 November 1997.

一少部分国家继续阻碍谈判进程，在必要的情况下，它们准备绕过这少部分国家单独采取行动。[①]

表 2-2　柏林授权特设工作组（AGBM）谈判进程

会议	时间和地点	特征/主要的发展
AGBM 1	1995 年 8 月 15～21 日，日内瓦	分析和评估
AGBM 2	1995 年 10 月 30 日～11 月 3 日，日内瓦	分析和评估欧盟的议定书结构
AGBM 3	1996 年 3 月 5～8 日，日内瓦	分析和评估，争论气候变化科学性/IPCC
AGBM 4 and COP2	1996 年 7 月 8～19 日，日内瓦	争论气候变化科学性，美国支持约束性目标，《日内瓦部长宣言》
AGBM 5	1996 年 12 月 9～13 日，日内瓦	汇集所有建议，以便为谈判提供统一基础
AGBM 6	1997 年 3 月 3～7 日，波恩	欧盟的目标建议，美国的议定书框架草案，采纳谈判文本
AGBM 7	1997 年 7 月 31 日～8 月 7 日，波恩	合并谈判文本
AGBM 8	1997 年 10 月 22～31 日，波恩（和 1997 年 11 月 30 日，京都）	在日本、77 国集团和美国的建议下，修改谈判文本

资料来源：Sebastian Oberthür and Hermann E. Ott, *The Kyoto Protocol：International Climate Policy for the 21ˢᵗ Century*, Berlin：Springer, 1999, p. 50.

　　COP2 做出一个重要决定，就是接受日本在 1997 年 12 月初主办 COP3 的建议。在接下来的四轮柏林授权特设工作组的会议中，重点围绕议定书（或其他的法律机制）的内容进行艰苦谈判。在 1997 年 3 月的欧盟环境部长理事会上，欧盟提出一个重要的建议，那就是到 2010 年工业化国家 CO_2、CH_4 和 N_2O 三种温室气体在 1990 年的基础上减排 15%。而 JUSSCANNZ（在国际气候谈判中日本、美国、瑞士、加拿大、澳大利亚、挪威和新西兰等国家形成的谈判集团），特别是美国，主要关注怎样给缔约方实现将来的义务提供最大的灵活性。1997 年 6 月欧盟环境部长理事会又提出一个中期温室气体减排建议，到 2005 年在 1990 年的基础上减排 7.5%。日本，作为 COP3 的主办国，力图促成会议成功，在 AG-

---

[①] Daniel Bodansky, "The History of the Global Climate Change Regime," in Urs Luterbacher and Detlef F. Sprinz eds., *International Relations and Global Climate Change*, Cambridge：The MIT Press, 2001, pp. 35 - 36.

BM8 之前，建议一个各国不同的有区别的减排义务，到 2005 年 CO_2、CH_4 和 N_2O 三种温室气体至多减排 5%。在 AGBM8 刚开始，77 国集团加中国提出了另一个建议，就是呼吁工业化国家 CO_2、CH_4 和 N_2O 三种温室气体分别到 2005 年减排 7.5%，到 2010 年减排 15%，到 2020 年减排 35%。1997 年 10 月美国建议 CO_2、CH_4、N_2O、HFCs、PFCs 和 SF_6 在 2008 ~ 2012 年回到 1990 年水平，然后进行削减，另外还要求议定书应该包括联合履约（Joint Implementation，JI）和排放交易，并声称如果没有关键发展中国家有意义的参与减排行动美国将不承担约束性义务。虽然 AGBM8 并没有缩小各方的分歧，但还是达成了许多共识。[①]

3. 京都谈判与《京都议定书》的达成

1997 年 12 月《公约》第三次缔约方大会在日本京都拉开帷幕。参加这次会议的有来自 158 个缔约方国家和 6 个观察员国家的 2200 名代表，接近 4000 名来自 NGO 和国际组织的观察员和 3700 名媒体代表。京都峰会成为国际环境外交史上最突出和最显著的事件之一。尽管京都之前的谈判已就议定书（或其他法律机制）文本的许多内容达成了共识，比如文本的序言、争端的解决、条约的修正、投票权等等，但当谈判代表齐聚京都的时候仍然有许多问题悬而未决。是否达成一个议定书或"另一个法律机制"（比如，对《公约》的修正）以及它可能被称作什么，都是不清楚的。[②] 为了解决这些问题，京都进程分成三个部分，第一部分是在缔约方大会正式开始前的 AGBM8 又继续进行了为期一天的会议。第二、第三部分是 COP3 的两个阶段，第一阶段（会议的第一周）缔约方设法达成尽可能多的共同立场基础，以便在接下来的三天部长会议（会议第二阶段，会议的第二周）解决最后的问题。经过 11 天近乎"耗尽全部精力"[③] 的艰苦谈判，1997 年 12 月 11 日下午 3 时，COP3 在比原定会期推迟了一天的情况下终于达成了最后协议，确定协议文本的

① IISD, "Report of the Third Conference of the Parties to the United Nations Framework Convention on Climate Change: 1 – 11 December 1997," *Earth Negotiations Bulletin*, Vol. 12, No. 76, 13 November 1997.

② Sebastian Oberthür and Hermann E. Ott, *The Kyoto Protocol: International Climate Policy for the 21st Century*, Berlin: Springer, 1999, pp. 79 – 80.

③ Sebastian Oberthür and Hermann E. Ott, *The Kyoto Protocol: International Climate Policy for the 21st Century*, Berlin: Springer, 1999, p. 88.

名称为《联合国气候变化框架公约京都议定书》（简称《京都议定书》），议定书规定工业化国家和经济转型国家在 2008～2012 年承诺期一揽子 6 种温室气体在 1990 年基础上减排 5.2%，将各个国家承担的义务进行区别，其中欧盟 15 国作为一个整体（the Bubble）减排 8%，美国减排 7%，日本、加拿大减排 6%，俄罗斯、乌克兰和新西兰保持稳定，而澳大利亚则增排 8%，冰岛增排 10%，并创建了实现目标的三个灵活机制：国际排放交易，清洁发展机制（CDM）和联合履约（JI）。议定书也包括怎样从森林管理和其他碳沉降活动中进行减排，还规定了信息汇报和排放数据审查等。但关于排放交易、联合履约以及清洁发展机制等具体实施细节问题仍然没有解决，《京都议定书》本身就是一个"未完成的事务"。① 尽管如此，《京都议定书》在国际气候政治史上第一次给发达国家和经济转型国家规定了量化减排任务和时间表，对于国际社会进一步采取积极措施应对全球气候变化问题有着极其重要的意义。

4. 从京都到马拉喀什

1998 年 11 月在布宜诺斯艾利斯举行了 COP4，通过了"布宜诺斯艾利斯行动计划"，要求在 2000 年海牙第 6 次缔约方大会上就《京都议定书》的具体实施规则达成协议，同时要就推进实施发达国家向发展中国家提供经济技术援助的有关承诺达成协议，从而为 2002 年议定书的生效准备好条件。1999 年 10 月在波恩举行了 COP5，会议就到 COP6 完成《京都议定书》实施关键细节问题建立了一个时间表，并授权会议主席采取所有必要步骤在 2000 年就所有问题强化谈判，以此加速谈判进程。2000 年 11 月在海牙举行 COP6，由于在一些关键问题上，特别是关于碳汇问题，各方之间的严重分歧而致使谈判破裂。② 同时由于美国新当选总统乔治·W. 布什公开反对《京都议定书》而使国际社会对美国是否最终批准《京都议定书》产生了严重怀疑。2001 年 3 月布什总统以《京都议定书》严重影响美国经济以及缺乏关键发展中国家的参与为由，宣布退出《京都议定书》，并宣布《京都议定书》已经"死亡"。美国的退

---

① Hermann E. Ott, "The Kyoto Protocol: Unfinished Business," *Environment*, Vol. 40, No. 6, 1998, pp. 16 – 20, 41 – 45.

② Michael Grubb and Farhana Yamin, "Climatic Collapse at The Hague: what happened, why and where do we go from here?" *International Affairs*, Vol. 77, No. 2, 2001, pp. 261 – 276.

出使议定书的生效更加艰难。根据《京都议定书》的法律要求条件，《京都议定书》生效必须要有 55 个以上《公约》的缔约方批准《京都议定书》，而且批准《京都议定书》的发达国家缔约方（附件一缔约方）以 1990 年为基数的二氧化碳排放量要不少于当年附件一缔约方总排放量的 55%，而美国单独就占附件一缔约方总排放量的 36.1%。在美国宣布退出《京都议定书》的情况下，2001 年 7 月 COP6 的续会在波恩举行，在欧盟及发展中国家的推动下会议终于达成了政治协议，从而"挽救"了《京都议定书》。2001 年 11 月在摩纳哥的马拉喀什举行 COP7，会议达成《马拉喀什协定》，建立了一套复杂的实施《京都议定书》的混合措施，为使《京都议定书》生效各方做出了重大妥协，同时规定增加对穷国的金融援助，并建立了三个新的援助基金：欠发达国家基金、特别气候变化基金和适应基金。从"布宜诺斯艾利斯行动计划"到《马拉喀什协定》，在艰难的谈判道路上国际社会为应对气候变化挑战而逐步前进，特别是在美国退出《京都议定书》的情况下，欧盟等国并没有放弃，而是在更加困难的形势下寻求各方的共同点，以便最终使《京都议定书》能够生效。

四 国际气候体制的深化与《京都议定书》艰难的生效历程（2002～2004 年）

2002 年 10 月，COP8 在印度新德里举行。会议通过的《德里宣言》强调抑制气候变化必须在可持续发展的框架内进行，"宣言"重申了《京都议定书》的要求，敦促工业化国家在 2012 年年底以前把温室气体的排放量在 1990 年的基础上减少 5.2%。2003 年 12 月，COP9 在意大利米兰举行。在二氧化碳第一排放大户美国两年前退出《京都议定书》的情况下，二氧化碳排放大户俄罗斯不顾许多与会代表的劝说，仍然拒绝批准议定书，致使该议定书不能生效。然而，为了抑制气候变化，减少由此带来的经济损失，会议通过了约 20 条具有法律约束力的环保决议。2004 年 12 月，COP10 在阿根廷布宜诺斯艾利斯举行。来自 150 多个国家和地区的政府、政府间组织、NGO 的与会代表围绕《联合国气候变化框架公约》生效 10 周年来取得的成就和未来面临的挑战、气候变化带来的影响、温室气体减排政策以及在公约框架下的技术转让、资金机制、能力建设等重要问题进行了讨论。2004 年 11 月俄罗斯最终批准了《京都议定书》，从而使《京都议定书》在 2005 年 2 月 16 日正式生效，经过近 8 年艰苦卓绝的国际谈判使发达国家和经济转型国家温室气体减排目标仅为 5.2% 的一份议定书生效，其实际环境效应已大打折扣，这种状况充分凸显了国际社会应对全球性问题采取集体行动时的极端困境。

五　国际气候体制的调整与深化阶段："后京都时代"的国际气候谈判（2005～2009 年）

2005 年 11 月，COP11 在加拿大蒙特尔市举行。来自全世界 189 个国家的近万名代表参加了此次会议，并最终达成了 40 多项重要决定。其中包括启动《京都议定书》第二承诺期温室气体减排谈判，以进一步推动和强化各国的共同行动，切实遏制全球气候变暖的势头。本次大会取得的重要成果被称为"控制气候变化的蒙特利尔路线图"。确定了国际气候谈判的一条双轨并行的路线：一方面是在《京都议定书》框架下，157 个缔约方将启动《京都议定书》2012 年后发达国家温室气体减排责任的谈判进程；另一方面是在《公约》的基础上，189 个缔约方同时就探讨控制全球变暖的长期战略展开对话，计划将举行一系列范围广泛的专题讨论会，以确定应对气候变化所必须采取的行动。2006 年 11 月，COP12 在肯尼亚首都内罗毕举行。这次大会取得了两项重要成果：一是达成包括"内罗毕工作计划"在内的几十项决定，以帮助发展中国家提高应对气候变化的能力；二是在管理"适应基金"的问题上取得一致，基金将用于支持发展中国家具体的适应气候变化活动。

2007 年 12 月，COP13 在印度尼西亚的巴厘岛举行，大会通过了"巴厘路线图"，启动了加强《公约》和《京都议定书》全面实施的谈判进程，致力于在 2009 年年底前完成《京都议定书》第一承诺期（2008～2012 年）到期之后，"后京都时代"新安排的谈判并签署有关协议。"巴厘路线图"要求发达国家缔约方，依据其不同的国情，承担可测量的、可报告的和可核证的与其国情相符的温室气体减排承诺或行动，包括量化的温室气体减排和限排目标，同时要确保发达国家间减排努力的可比性；发展中国家也做出了重大妥协，同意在可持续发展框架下，在得到技术、资金和能力建设的支持下，采取适当的国内减缓行动，上述支持和减缓行动均应是可测量的、可报告的和可核证的。发展中国家的这项承诺，应与得到技术、资金和能力建设支持挂钩。根据这一规定，发达国家要先履行向发展中国家提供"可测量、可报告和可核证的"技术、资金和能力建设支持，而且提供的这些支持需要达到使发展中国家能够采取"可测量、可报告和可核证的"适宜国内减缓行动的程度。同时，加强技术开发和转让方面的行动，支持缓解和适应行动；为减排温室气体、适应气候变化及技术转让提供资金和融资。要求发达国家提供充足的、可预测的、可持续的新的和额外的资金资源，帮助发展中国家参与应对气候变化的行动。①

2008 年 12 月，COP14 在波兰的波兹南举行，此次会议是朝向哥本哈根气候变化大会（COP15）的一个过渡性会议，是落实巴厘行动计划谈判进程的一个中间站，所以并没有多少实质性成果。2009 年 12 月，COP15 在哥本哈根举行。会议之前国际舆论寄予强烈期望，甚至称此次会议为"拯救地球的最后希望"。但是在实质性问题上，比如发达国家在 2012 年之后的减排目标，发展中国家的参与，发达国家提供资金技术援助和转让等，发达国家和发展中国家之间激烈的利益冲突而使会议仅仅达成了一份没有任何法律约束力的《哥本哈根协议》（Copenhagen Accord，也译作《哥本哈根协定》）。② 呼吁把全球温升幅度控制在 2℃ 以下，本着共同但有区别的责任原则和各自能力，发达国家和发展中国家分别采取积极行动最终实现《公约》的目标，同时加强对发展中国家的资金援助和技术转让。

六　国际气候体制进一步深化与确立新的治理体制阶段：哥本哈根气候会议后的国际气候谈判（2010～2015 年）

哥本哈根气候会议遭遇的挫折使国际气候谈判趋于务实和理性，在 2010 年墨西哥坎昆气候会议上，一个主要的任务就是把《哥本哈根协议》的有关规定进行落实，取得了一些具有实质意义的进展，达成了《坎昆协议》。2011 年，经过坎昆会议缓冲和调整之后的国际气候谈判终于在南非德班气候会议取得重大突破，就《京都议定书》第二承诺期等重大问题上达成妥协，并建立"德班加强行动平台"（Durban Platform for

---

① UNFCCC，第 1/CP.13，巴厘岛行动计划。
② 参见 FCCC/CP/2009/11/Add.1，第 2/CP.15 号决定，哥本哈根协议，30 March 2010（中文版），第 4～9 页。

Enhanced Action），制定了在 2015 年达成一个要求所有缔约方参与的具有法律约束力的气候协定的路线图，拟订《公约》之下对所有缔约方适用的议定书、另一法律文书或某种有法律约束力的议定结果，决定不迟于 2015 年完成工作，以便在缔约方会议第 21 届会议上通过以上所指议定书、另一法律文书或某种有法律约束力的议定结果，并使之从 2020 年开始生效和付诸执行。① 全球气候治理从此走向了后德班时代。2012 年《公约》缔约方第 18 次会议（COP18）暨《京都议定书》缔约方第 8 次会议（CMP8）在卡塔尔首都多哈召开，这是国际气候谈判启动以来，第一次在中东国家召开联合国气候会议。会议对《京都议定书》第二承诺期的实施（以《京都议定书》修正案的形式）做出了明确的规定，这是自 2007 年巴厘岛气候会议以来关于 2012 年后京都国际气候治理安排取得的重大突破和进展，尽管美国、加拿大、日本、俄罗斯等明确表示不参加《京都议定书》第二承诺期，但这标志着 2005 年发起的《京都议定书》特设工作组（AWG - KP）的谈判结束了。缔约方也同意结束《公约》下长期合作行动特设工作组（AWG - LCA）和巴厘行动计划下的谈判，并通过了有关长期气候资金、《公约》下长期合作行动工作组成果、德班平台以及损失损害补偿机制等方面的多项决议。② 为加速德班平台下的谈判，2012 年多哈会议同意在 2014 年利马会议之前审议 2015 年谈判案文草案的要点，以期在 2015 年 5 月之前提供谈判案文。③ 2013 年既是巴厘授权谈判成果的第一个执行年，也是德班增强行动平台谈判的第一年，具有继往开来的作用。2013 年联合国气候会议在华沙召开，经过激烈的谈判后达成了一揽子协议，其中包括"进一步推动德班平台"协议。在协议下，各缔约方决定启动或者强化国内拟采取的行动，为实现 2015 年达成全球性协议的目标而努力；同意在 2015 年于巴黎召开的第 21 次缔约方会议前（不迟于 2015 年第一季度）提交清晰和透明的计划。④ 同时，还达成"与气候变化影响相关的华沙损失与危害国际

---

① 参见 COP17：第 1/CP. 17 号决定，设立德班加强行动平台问题特设工作组。

② IISD，"Summary of Doha climate change conference：26 November - 8 December 2012," *Earth Negotiations Bulletin*，Vol. 12，No. 567，2012.

③ UNFCCC，第 2/CP. 18 号决定，推进德班平台。

④ 薄燕：《从华沙气候大会看国际气候变化谈判中的合作与分歧》，《当代世界》2013 年第 12 期，第 44 ~ 47 页。

机制"以及绿色气候基金等成果。华沙气候会议在后德班国际气候谈判进程具有承上启下的重要作用，延续自哥本哈根气候峰会以来要求缔约方自主提交减排行动的承诺，华沙会议上正式决定要求所有缔约方启动或加强拟做出的"国家自主决定贡献"（intended nationally determined contributions - INDCs），在 2015 年缔约方会议之前进行通报。[①] 从整个全球气候治理进程来看，华沙会议提出的国家自主决定贡献仍然是延续了《哥本哈根协议》和《坎昆协议》所要求的由缔约方本国决定的缓解承诺或行动，其实质仍然是发达国家和发展中国家（新兴经济体）双方博弈的结果。发达国家借此可以要求发展中国家做出减排承诺，进一步模糊或淡化"共同但有区别的责任"原则，而发展中国家以此可以进一步要求发达国家给予金融资助和技术转让，并在自主决定的贡献中继续"区别于"发达国家的减排承诺（既有形式也有实质），从而缓解自身的减排责任压力。"贡献"（contributions）一词的使用对于未来达成的气候协议的内容增添了更多的模糊性，这种"贡献"只包括国家的减缓承诺或行动，还是也包括适应、资金、技术转让和能力建设，大会的决议并没有明确。2014年利马气候会议仍然没有清晰回答这个问题，会议通过的决议进一步要求所有缔约方以有利于拟做出的本国自定的贡献的明晰度、透明度及易于理解的方式，在第 21 次缔约方届会议之前尽早通报拟做出的本国自定的贡献。虽然要求缔约方在其自主决定的贡献中考虑列入适应方面的内容并对这种自主决定贡献包括的信息作了适当规定，[②] 但实质上仍然是让缔约方自己决定。鉴于全球气候治理的紧迫性以及 2020 年后一项新的全球气候治理协议对于整个全球气候治理进程的重大意义，2015 年底召开的巴黎气候大会受到国际社会的高度关注，可以说在走向 2015 年巴黎气候大会的进程中，上至联合国秘书长、下至普通民众都无不关注这次大会。最终，经过 13 天的艰苦鏖战，在会议超时 31 小时的情况下圆满结束，达成了具有里程碑意义的《巴黎协定》，"德班加强行动平台特设工作组"的谈判任务顺利完成，"巴黎气候协定迈出历史性一步"[③]，世界各国

---

① UNFCCC，第 1/CP.19 号决定，进一步推进德班平台。
② UNFCCC，第 1/CP.20 号决定，利马气候行动呼吁。
③ 《巴黎气候协定迈出历史性一步》，《参考消息》2015 年 12 月 14 日头版。

都给予高度评价①。《巴黎协定》是一个全面、均衡的气候协定，除涉及程序、行政、生效等一般性条款外，该协定第一次把气温控制目标、国家自主贡献、减缓、适应、森林碳汇、联合履约、气候变化影响损失和损害、资金、技术开发与转让、能力建设、气候教育宣传与公众参与、透明度、全球总结、遵约机制等全球气候治理所囊括的几乎所有问题都做出了明确的法律规定。相比较而言，《京都议定书》的核心条款只是附件一缔约方第一承诺期的减排目标及履约灵活机制。《巴黎协定》明确提出长期气温目标，即"把全球平均气温升幅控制在工业化前水平以上低于 2℃ 之内，并努力将气温升幅限制在工业化前水平以上 1.5℃ 之内"，并第一次提出为实现该目标，"尽快达到温室气体排放的全球峰值"，并"在本世纪下半叶实现温室气体源的人为排放与汇的清除之间的平衡"。② 基于以上分析，整个国际气候谈判的发展历程可大致归纳为表 2-3 和表 2-4。

表 2-3　国际气候谈判发展历程 I（20 世纪七八十年代～1994 年）

会议	时间和地点	组织者	主要成果
第一届世界气候会议	1979，日内瓦	WMO	第一届世界气候会议宣言
菲拉赫会议	1985，菲拉赫	WMO&UNEP	• 重大气候变化具有高度的可能性 • 国际社会应该考虑建立一个全球气候公约
多伦多会议	1988，多伦多	加拿大	• 2005 年全球 CO_2 排放应削减 20% • 应发展一个综合大气法框架公约
联合国大会	1988，纽约	UN	气候变化是人类共同的关切
海牙峰会	1989，海牙	荷兰	将创建一个新的制度性权威机构应对全球变暖，采取非一直同意方式决策
诺德维克会议	1989，诺德维克	荷兰	• 工业化国家应该尽可能稳定温室气体排放 • 许多国家支持到 2000 年稳定排放的目标

① "Historic climate deal in Paris: EU leads global efforts", http://eu - un. europa. eu/articles/en/article_17225_en. htm; The White House, "Statement by the President on the Paris Climate Agreement", https://www. whitehouse. gov/the - press - office/2015/12/12/statement - president - paris - climate - agreement; 裴广江等:《气候变化巴黎大会通过〈巴黎协定〉全球气候治理迈出历史性步伐》,《人民日报》2015 年 12 月 14 日 03 版。

② UNFCCC, Adoption of the Paris Agreement. Proposal by the President. http://unfccc. int/documentation/documents/advanced_search/items/6911. php?priref = 600008831

续表

会议	时间和地点	组织者	主要成果
IPCC 第一个评估报告	1990	WMO&UNEP	在正常排放情景下，全球实际气温可能每十年上升 0.3℃
第二届世界气候会议	1990，日内瓦	WMO&UNEP	• 各国需要稳定温室气体排放 • 发达国家应建立排放目标和/或国家规划或战略
联合国大会	1990，纽约	UN	建立《气候变化框架公约》政府间谈判委员会
联合国环境与发展大会	1992，里约	UNCED	FCCC 开放签署

表 2 – 4　国际气候谈判发展历程 II（1995～2015 年）

缔约方会议	时间和地点	主要成果
COP1	1995，柏林	"柏林授权"
COP2	1996，日内瓦	《日内瓦部长宣言》
COP3	1997，京都	《京都议定书》
COP4	1998，布宜诺斯艾利斯	"布宜诺斯艾利斯行动计划"
COP5	1999，波恩	"波恩协定"
COP6	2000，海牙；2001，波恩	无果；"波恩政治协定"
COP7	2001，马拉喀什	《马拉喀什协定》
COP8	2002，新德里	《德里宣言》
COP9	2003，米兰	20 条具有法律约束力的环保决议
COP10	2004，布宜诺斯艾利斯	《公约》生效 10 周年分析
COP11/MOP1	2005，蒙特利尔	"控制气候变化的蒙特利尔路线图"
COP12/MOP2	2006，内罗毕	"内罗毕工作计划"
COP13/MOP3	2007，巴厘岛	"巴厘岛路线图"
COP14/MOP4	2008，波兹南	评估 2008 年成果，为哥本哈根会议制订计划
COP15/MOP5	2009，哥本哈根	《哥本哈根协议》
COP16/MOP6	2010，坎昆	《坎昆协议》
COP17/MOP7	2011，德班	"德班增强行动平台"
COP18/MOP8	2012，多哈	"多哈气候通道"
COP19/MOP9	2013，华沙	"华沙结果"
COP20/MOP10	2014，利马	"利马气候行动呼吁"
COP21/MOP11	2015，巴黎	《巴黎协定》

第二节　欧盟国际气候谈判立场：变与不变之间

作为国际气候谈判的主要推动者及"领导者"，欧盟一直采取比较积极的气候政策。1999 年 5 月欧盟委员在其发布的"准备实施《京都议定书》"的文件中强调："为了继续显示领导作用，应该开始考虑共同体和成员国为尽快实施《京都议定书》而需要做什么。只有这样，欧盟才能强化它在国际谈判中的信用，并给其他缔约方一个强烈的信号：他们也要这样做。"[①] 在应对全球气候变化的行动中，欧盟通过"示范效应"和"榜样作用"，对外采取积极谈判立场并发挥"领导作用"。正如本章开头所强调的，欧盟国际气候谈判立场的形成、发展和演变是欧盟与国际气候机制相互影响、相互作用的结果。结合本章第一节对整个国际气候谈判演进历程的叙述，从历史视角出发，本节重点概述欧盟在国际气候谈判中政策立场的演进历程。

一　欧盟对全球气候变化问题的科学认知与政治行动意愿的形成（20 世纪 80 年代中后期~1990 年）

欧盟是世界上最早关注全球气候变化问题的国际行为体之一。早在20 世纪 70 年代后期欧共体委员会环境总司就开始了关于气候变化问题的科学研究，但那时欧盟对气候变化问题的回应也多为对国际科学界的被动反应。比如 1987 年制定的欧共体第四个环境行动计划（Fourth Environment Action Programme）并没有提到气候变化问题。到 20 世纪 80 年代中后期，两个相互强化的驱动力量改变了欧盟的态度：一是一系列国际会议的召开（见本章第一节）和 1988 年 IPCC 的建立，国际层面上对气候变化问题的持续关注促进了欧盟做出积极回应；二是欧盟一些机构对气候变化问题的积极探索和一些成员国的积极推动，改变了欧共体以及公众对气候变化问题的认知。1986 年欧洲议会通过一份决议，强调共同体需要应对气候变化的政策措施，这是欧共体机构第一次对气候变化问

---

① CEC, *Preparing for Implementation of the Kyoto Protocol*, COM（1999）230 final, Brussels, 19. 05. 1999, p. 1.

题做出正式回应。① 1988 年欧共体委员会发布了关于气候变化的第一个官方文件："温室效应与共同体：关于解决'温室效应'政策选择评价的委员会工作规划"，② 详细说明了温室气体与温室效应问题以及欧盟将要采取的行动。1988 年 12 月罗兹（Rhodes）欧洲理事会（欧共体首脑会议）发布了一个环境宣言，给欧共体内部气候政策发展高度的政治支持，并强调欧盟要在国际气候治理行动中采取一种"领导者"立场。③ 正是这些因素的促进，1989 年荷兰积极组织了诺德维克会议，瑞典、德国和英国也都积极提出本国的温室气体减排目标和时间表。到 1990 年秋，大多数欧共体成员国都提出了本国的减排计划和/或目标。④ 从这个时候起，欧盟就一直试图在国际气候谈判中发挥主导作用，并主张按照解决臭氧问题的模式来解决气候变化问题。正如本章第一节所论述的，这一主张与以美国为首的集团发生了严重分歧。正是本着这种理念，欧盟一直主张建立一个具体的减排目标和时间表。1990 年 6 月——IPCC 发布第一个评估报告几个月前——都柏林欧洲理事会（欧共体首脑会议）呼吁尽早规定限制温室气体排放的目标和采取战略行动，⑤ 这是气候变化问题第一次进入欧洲理事会的议事日程。紧接着在第二届世界气候大会召开前夕，1990 年 10 月欧共体能源与环境联合部长理事会通过决议，强调欧共体作为一个整体将在 2000 年把温室气体排放稳定在 1990 年的水平：

---

① Nigel Haigh, "Climate Change Policies and Politics in the European Community," in Tim O'Riordan and Jill JäGer eds. , *Politics of Climate Change*, London：Routledge, 1996, p. 161.

② CEC, *The Greenhouse Effect and the Community. Commission Work Programme Concerning the Evaluation of Policy Options to Deal with the Greenhouse Effect*, COM（88）656 final, Brussels, 16 November 1988；Heike Schöder, *Negotiating The Kyoto Protocol：An analysis of negotiation dynamics in international negotiations*, Münster：LIT, 2001.

③ Andrew Jordan, Dave Huitema and Harro van Asselt, "Cliamte Change Policy in the European Union：an Introduction," in Andrew Jordan, Dave Huitema, Harro van Asselt, Tim Rayner and Frans Berkhout eds. , *Climate Change Policy in the European Union：Confronting the Dilemmas of Mitigation and Adaptation*? Cambridge：Cambridge University Press, 2010, p. 9.

④ Oriol Costa, "Is Climate Change Changing the EU? The Second Image Reversed in Climate Politics," *Cambridge Review of International Affairs*, Vol. 21, No. 4, 2008, pp. 527 – 544.

⑤ Presidency Conclusions of European Council, 25 and 26 June 1990, Dublin；也可参见 Heike Schöder, *Negotiating The Kyoto Protocol：An analysis of negotiation dynamics in international negotiations*, Münster：LIT, 2001.

　　欧洲共同体成员国与其他工业化国家应该采取紧急行动以稳定或削减它们的 CO_2 和其他温室气体排放。CO_2 排放应该稳定在 1990 年水平，这样的目标一般到 2000 年应该达到。虽然理事会也指出，一些成员国根据其自身计划并不承诺这样的目标，但是，在这样的背景下，能源需求相对低的国家（随着发展可以预期其增长）可能需要能容纳这样发展的目标和战略，同时提高它们经济活动能源效率。欧洲共同体及其成员国希望其他主要国家承担上述承诺，并承认某些成员国可以根据不同的日期确定其稳定或削减排放的目标。欧盟及其成员国愿意采取行动达到以下目标：欧洲共同体作为一个整体到 2000 年达到总的 CO_2 排放稳定在 1990 年水平。[①]

　　欧共体的这个决议是欧共体要在气候变化问题这一环境领域发挥领导作用的一个有意识的宣示。虽然这次会议并没有提出非常具体的实现这些目标的政策措施，但是，欧共体的这种积极态度对其他国家，特别是对美国产生了压力，并对接下来《公约》的谈判产生了积极影响。

二　欧盟《公约》谈判立场的确立与发挥领导作用的第一次努力（1991~1994 年）

　　在 20 世纪 90 年代初关于《公约》的谈判中欧盟率先提出自己的行动目标，试图影响谈判进程及结果，这是欧盟在国际气候谈判中发挥领导作用的第一次努力和尝试——尽管是一次不太成功的努力。[②] 在 1990 年能源与环境联合部长理事会决议的基础上，欧共体试图竭力推动在《公约》中建立一个具有明确温室气体减排目标和时间表的国际气候机制。但是此举受到美国的抵制和反对。1991 年 10 月欧共体委员会发布了

---

①　引自 Nigel Haigh, "Climate Change Policies and Politics in the European Community," in Tim O'Riordan and Jill JäGer eds. , *Politics of Climate Change*, London：Routledge, 1996, pp. 161 - 162。

②　Andrew Jordan and Tim Rayner, "The Evolution of Cliamte Policy in the European Union: an Historical Overview," in Andrew Jordan, Dave Huitema, Harro van Asselt, Tim Rayner and Frans Berkhout eds. , *Climate Change Policy in the European Union: Confronting the Dilemmas of Mitigation and Adaptation?* Cambridge：Cambridge University Press, 2010, pp. 52 - 80.

一份题为"限制 CO_2 排放和提高能源效率的共同体战略"的文件,[①] 详细阐述了欧共体应对气候变化、到 2000 年稳定温室气体在 1990 年水平的政策选择。《公约》尽管最终并没有完全实现欧盟的目标,但是公约基本采用了欧盟所提出的"稳定排放"的目标,使公约具有了更加重要的意义。[②]

1992 年达成的《公约》第 22 条专门规定"地区经济一体化组织"可以作为缔约方参与,为此,欧盟与其 12 个成员国都签署了《公约》,欧盟及其成员国都成为《公约》的缔约方。公约要求欧盟及其成员国决定它们实现公约义务的各自责任。鉴于欧盟及其成员国之间权限划分的模糊性,欧盟及其成员国之间的权限划分仍然处于演化之中,1993 年当欧盟及其成员国分别批准《公约》的时候,使用比较模糊的语言宣布"欧盟作为一个整体,将通过共同体及其成员国每一方各自权限之内的行动,实现公约第 4 条第 2 款所规定的限制人为 CO_2 排放的承诺"。[③] 为了实施《公约》的有关承诺,欧盟开始具体化它的气候政策。20 世纪 90 年代初期,欧盟的气候政策主要包括三个方面: (1) 二氧化碳/能源税;[④] (2) 温室气体排放监督机制;[⑤] (3) 能源政策,包括提高能源效率的框架指令(SAVE)和发展可再生能源的决定(ALTENER)。[⑥] 1992 年里约会议召开前夕欧盟委员会向理事会提交了引入二氧化碳/能源税指令的建议,目的在于加强欧盟在国际气候谈判中的信用。但是,由于建

① CEC, *A Community Strategy to Limit Carbon Dioxide Emission and to Improve Energy Efficiency*, SEC (91) 1744 final, Brussels, 14 October 1991.

② Heike Schöder, *Negotiating The Kyoto Protocol: An analysis of negotiation dynamics in international negotiations*, Münster: LIT, 2001, p. 29.

③ Decision 94/69/EC of the Council of the European Union of 15 December 1993 Concerning the Conclusion of the United Nations Framework Convention on Climate Change. *Official Journal of the European Union*, 7 February, L 33/11.

④ CEC, *Proposal for a Council Directive Introducing a Tax on Carbon Dioxide Emissions and Energy*. COM (92) 226 final, Brussels, 30 June 1992.

⑤ CEC, *Proposal for a Council Decision for a Monitoring Mechanism of Community CO2 and Other Greenhouse Gas Emission*, Brussels, COM (92) 181 final, Brussels, 1 June 1992.

⑥ CEC, *Proposal for a Council Directive to Limit Carbon Dioxide Emission by Improving Energy Efficiency* (*SAVE programme*), Brussels, COM (92) 182 final, Brussels, 26 June 1992; CEC, *Specific action for greater penetration for renewable energy sources ALTENER*, COM (92) 180 final, Brussels, 29 June 1992.

议涉及成员国的财政，最终由于部分成员国的反对而付之东流。而在能源政策方面，由于欧盟本身权限的限制，一直没有形成欧盟层面的共同能源政策，欧盟更多只是从宏观上进行调控，最终的决定权仍然在于成员国。欧盟内部气候政策的这些挫折直接影响到了欧盟在国际气候谈判中的国际信誉。正如有学者指出，欧盟政策与目标之间的差距导致对欧盟实现其减排目标实际能力的怀疑，[①] 而这种怀疑从国际气候谈判的一开始就成为阻碍和限制欧盟发挥领导作用的一个重要因素。事实上，20世纪90年代的前半期，由于内部协调困难以及成员国之间的利益冲突，欧盟并没有形成一个协调统一的内部气候政策，这就形成了外部承诺与内部实施之间的"信用差距"，这种状况严重制约了欧盟领导作用的发挥。

三　欧盟"京都谈判"立场的形成演变与发挥领导作用的第二次努力（1995～2001年）

1995年在德国柏林召开的《公约》缔约方第一次会议（COP1）在某种程度上重新激发了欧盟及其部分绿色成员国（德国、荷兰与丹麦等）在国际气候治理中发挥"领导作用"的雄心与意愿。正是在欧盟团结一部分发展中国家的努力下，会议通过的"柏林授权"基本接受了国际气候谈判以来欧盟一直主张的但受到美国抵制的减排"目标和时间表"。尽管仍然由于美国的反对在措辞上改为"在一个具体时间框架内的量化限制和削减目标"，并呼吁在1997年COP3上最终达成一个规定这样目标的"议定书或另一种法律机制"。柏林会议之后，为了更好地协调成员国的政策立场，欧盟设立了一个气候变化特设工作组，由一个专家组专门研究欧盟"共同且协调的政策措施"，[②] 这一措施提高了欧盟内部的政策协调，缩短了欧盟的"信用差距"。柏林授权之后欧盟面临的一个首要任务就是达成共同的减排目标，欧盟委员会建议在2000～

---

①　Lasse Ringius, *The European Community and Climate Protection: What's behind the "Empty Rhetoric"?* Center for International Climate and Environmental Research – Oslo (CICERO), Report 1999 – 8, Oslo: CICERO, 1999.

②　Sebastian Oberthür and Hermann E. Ott, *The Kyoto Protocol: International Climate Policy for the 21ˢᵗ Century*, Berlin: Springer, 1999, pp. 65 – 66.

2010 年温室气体减排 10% 的目标，英国提出到 2010 年减排 5% ~ 10%，德国提出到 2005 年 CO_2 减排 10%，到 2010 年减排 15% ~ 20% 的目标建议。在 1995 年 12 月欧盟环境部长理事会上，成员国接受了每一个国家可以采用不同的目标，根据各自的发展水平和其他内部状况而有所不同。这样，欧盟内部必须达成一个"责任共担"协定，但是成员国之间对于负担的分配和具体操作缺乏共识，关于"责任共担"协定的内部谈判成为欧盟在京都会议之前一个极其重要的问题。1996 年 6 月（就在 1996 年 7 月日内瓦召开的 COP2 前夕），欧盟环境部长理事会达成共识，寻求 2000 年之后进行重大减排，并第一次提出全球平均气温不应该超过前工业化水平的 2℃，强调这个目标应该成为全球限制和削减排放的指导原则，[①] 但是关于减排负担的分配问题仍然没有解决。1997 年上半年荷兰担任欧盟理事会的轮值主席国，在荷兰的努力之下，1997 年 3 月，经过紧张的内部讨论，欧盟最后达成一个"责任共担"协定（见表 2 - 5）。[②] 在这个"责任共担"协定的基础上，欧盟提出共同的减排立场，那就是到 2010 年工业化国家三种温室气体（CO_2，CH_4，N_2O）的排放要减少 15%。1997 年 6 月，欧盟环境部长理事会又提出一个中期目标作为补充，那就是到 2005 年减排 7.5%。这是京都谈判中工业化国家所提出的最激烈的减排目标。[③] 1998 年 6 月根据《京都议定书》规定的目标，欧盟环境部长理事会对"责任共担"协定进行了重新修正（见表 2 - 5）。2002 年 4 月欧盟环境部长理事会通过正式的"责任共担决定"（Council Decision

① Council of the European Union (Environment), Conclusions of the 1939th Environment Council, Meeting 25 ~ 26 June, 1996, Brussels: Council of Ministers.

② 关于欧盟"责任共担"协定的谈判及达成可参见：Constanze Haug and Andrew Jordan, "Burden Sharing: Distributing Burdens or Sharing Efforts?" in Andrew Jordan, Dave Huitema, Harro van Asselt, Tim Rayner and Frans Berkhout eds. , Climate Change Policy in the European Union: Confronting the Dilemmas of Mitigation and Adaptation? Cambridge: Cambridge University Press, 2010, pp. 83 - 102; Lasse Ringius, "Differentiation, leaders, and fairness," International Negotiation, Vol. 4, No. 2, 1999, pp. 133 - 166; Loren R. Cass, The Failures of American and European Climate Policy: International Norms, Domestic Politics, and Unachievable Commitments, New York: State University of New York Press, 2006, pp. 143 - 145。

③ Lasse Ringius, "Differentiation, Leaders, and Fairness: Negotiating Climate Commitments in the European Community," International Negotiation, Vol. 4, No. 2, 1999, pp. 133 - 166; Sebastian Oberthür and Hermann E. Ott, The Kyoto Protocol: International Climate Policy for the 21st Century, Berlin: Springer, 1999, pp. 54 - 58.

2002/358/EC)① 并提交《公约》秘书处，欧盟的气候变化"责任共担"协定正式成为欧盟的法律。

表 2 - 5　1997 年和 1998/2002 年欧盟责任共担协议

成员国	1997 年 3 月：到 2010 年的减排目标	1998 年 6 月：2008 ~ 2012 年的减排目标
奥地利	- 25.0%	- 13.0%
比利时	- 10.0%	- 7.5%
丹麦	- 25.0%	- 21.0%
芬兰	0.0%	0.0%
法国	0.0%	0.0%
德国	- 25.0%	- 21.0%
希腊	+ 30.0%	+ 25.0%
爱尔兰	+ 15.0%	+ 13.0%
意大利	- 7.0%	- 6.5%
卢森堡	- 30.0%	- 28.0%
荷兰	- 10.0%	- 6.0%
葡萄牙	+ 40.0%	+ 27.0%
西班牙	+ 17.0%	+ 15.0%
瑞典	+ 5.0%	+ 4.0%
英国	- 10.0%	- 12.5%
欧盟	- 9.2%	- 8.0%

资料来源：Sebastian Oberthür and Marc Pallemaerts eds. , *The New Climate Policies of the European Union*：*Internal Legislation and Climate Diplomacy*, Brussels：VUBPRESS, Brussels University Press, 2010, p. 34.

1997 年 10 月 1 日，京都会议召开前夕，欧盟委员会发布了关于京都谈判的政策立场文件，② 全面阐述了欧盟对于京都谈判（COP3）的立场，并阐述了欧盟实施其目标的政策手段和建议。这些措施与欧盟理事

① Decision 2002/358/EC of the Council of the European Union of 25 April 2002 Concerning the Approval, on Behalf of the European Community, of the Kyoto Protocol to the United Nations Framework Convention on Climate Change and the Joint Fulfilment of Commitments Thereunder. *Official Journal of the European Union*, 15 May, L 130/1.

② CEC, *Climate Change - The EU Approach for Kyoto*, COM（1997）481 final, Brussels, 01. 10. 1997.

会的战略目标相互补充，有力地推动了欧盟气候政策的进步。"责任共担"协定的达成、积极减排目标的提出以及具体政策措施的出台，所有这一切都增强了欧盟在国际气候谈判中"国际信用"，并为欧盟发挥"领导作用"奠定了基础。

整个"京都谈判"过程中涉及的主要问题可以概括为以下几点。(1) 是否要在将达成的"议定书或其他法律机制"中包含明确的量化减排目标和时间表，如果承诺要进行量化减排，到底应该减排多少；(2) 所有附件一缔约方要有同等水平的减排还是要根据各国情况而有所不同；(3) 是否要包含一套所有国家都必须遵循的共同的减排政策与措施(Policies and Measures – P&Ms)；(4) 减排温室气体是否是一揽子包含多种其他还是每种气体单独计算，如果同意一揽子气体，应该包括哪几种；(5) 关于土地利用变化及森林活动 (Land – use Change and Forestry) 所导致的碳沉降 (碳汇) 问题；(6) 关于实现减排目标的灵活机制 (联合履约，排放交易与清洁发展机制) 的运用问题；(7) 发展中国家 (非附件一国家) 是否要承担一定的减排义务。对于以上问题，欧盟的立场可以概括如下：一直以来，欧盟就主张发达国家要带头进行量化减排，在减排的水平上，欧盟主张尽可能多地减排，欧盟可以作为一个整体 (the Bubble) 承担减排义务，而在欧盟内部可以重新分配其减排任务 ("责任共担")，而要求其他发达国家必须承担同等的减排义务；欧盟主张要在将达成的议定书中包含一套所有附件一国家都必须遵守的共同政策和措施，1996 年在 COP2 会议上，欧盟提出一个详细的共同政策与措施的建议，它呼吁在议定书中包含共同政策与措施的三个附件——第一个包括所有附件一国家都必须实施的政策，第二个包含一些可供选择的政策，如果这些政策被广泛实施将实现成本效率最优化，第三个包括一些鼓励国家实施的政策；[1] 在哪些温室气体需要减排以及采取何种方式的问题上，欧盟主张一揽子三种温室气体 (CO_2，CH_4，N_2O) 的方法进行减排；关于土地利用变化与森林活动所导致的碳汇是否应该包括在国家减排的任务之中这个问题，欧盟一开始持反对态度，认为至少不应该被包

---

[1] Loren R. Cass, *The Failures of American and European Climate Policy：International Norms, Domestic Politics, and Unachievable Commitments*, New York：State University of New York Press, 2006, p. 153.

括在《京都议定书》的第一承诺期。但是后来逐渐开始接受一定的土地利用变化与森林活动所导致的碳汇，这部分是由于谈判策略的考虑，部分也是由于法国和芬兰对欧盟共同立场的反对。对于灵活机制问题，欧盟一直主张应该主要依靠内部措施实现目标，要限制灵活机制的利用，排放交易要有一个最高上限（2000 年 COP6 会议上欧盟提出减排目标的50% 必须通过内部行动实现），只能作为内部行动的一个补充，并反对联合履约机制运用于与碳汇有关的项目。京都谈判过程中"最激烈的谈判方面是关于发展中国家新的承诺问题。"① 这个问题在"柏林授权"中表面上得到了解决，但是因为美国的一再要求，要发展中国家承担新的减排义务的问题成为京都谈判中争论最激烈的一个问题，欧盟支持"共同但有区别的责任"原则，不要求发展中国家承担新的减排义务。但是，欧盟也主张从长期来看对发展中国家排放的限制具有"环境必要性"，应该作为对《京都议定书》第一次审查时的一个内容。②

　　1998 年 6 月欧盟委员会发布"气候变化——走向欧盟的后京都战略"的文件，③ 1999 年 5 月欧盟委员会发布"准备实施《京都议定书》"政策文件，详细阐述了欧盟实施《京都议定书》的具体政策措施和手段。④ 2000 年在海牙召开的 COP6 会议上，美国提出可以没有限额地使用土地管理及森林活动所导致的"碳汇"作为温室气体减排份额，"碳汇"还可以包括在清洁发展机制（CDM）项目之中，欧盟对此强烈反对，谈判最终失败。⑤ 2001 年 3 月美国宣布退出《京都议定书》，致使欧盟面临一种十分艰难的抉择：或者在没有美国参与甚至反对的情况下继续坚持

①　Sebastian Oberthür and Hermann E. Ott, *The Kyoto Protocol: International Climate Policy for the 21st Century*, Berlin: Springer, 1999, p. 51.

②　《京都议定书》第九条规定对《京都议定书》的第一次审查应该在《京都议定书》缔约方第二次会议上进行。参见 Farhana Yamin, "The Role of the EU in Climate Negotiations," in Joyeeta Gupta and Michael Grubb eds., *Climate Change and European Leadership: A Sustainable Role for Europe?* Dordrecht: Kluwer Academic Publishers, 2000, pp. 62 – 63。

③　CEC, *Climate Change – Towards an EU Post – Kyoto Strategy*, COM (1998) 353 final, Brussels, 03. 06. 1998.

④　CEC, *Preparing for Implementation of the Kyoto Protocol*, COM (1999) 230 final, Brussels, 19. 05. 1999.

⑤　Michael Grubb and Farhana Yamin, "Climatic Collapse at The Hague: what happened, why and where do we go from here?" *International Affairs*, Vol. 77, No. 2, 2001, pp. 261 – 276.

推进《京都议定书》生效的进程，或者追随美国抛弃《京都议定书》而再开辟一条新的路径。欧盟最终选择了前者。2001 年 6 月哥德堡欧洲理事会（欧盟首脑会议）主席结论声明："欧盟将努力工作，以确保尽可能广泛的工业化国家参与到保证《京都议定书》到 2002 年生效的努力之中。"① 同时，欧盟及部分成员国借助各种机会劝说美国回归到京都进程之中，并积极开展各种外交工作，争取日本和俄罗斯对《京都议定书》的支持。② 2001 年 7 月 COP6 续会在波恩召开，在美国退出的情况下，欧盟为了挽救《京都议定书》对日本做出了较大的让步，比如不再坚持对通过灵活机制实现的减排份额设置上限（no cap），允许国家在内部和发展中国家通过"碳汇"活动来实现其减排目标。③ 2001 年底 COP7 在马拉喀什召开，通过了《马拉喀什协定》，最终解决了包括灵活机制和"碳汇"在内的《京都议定书》实施细节问题，为《京都议定书》的生效铺平了道路。2002 年 5 月欧盟正式批准了《京都议定书》。④

四　"拯救"《京都议定书》与欧盟发挥领导作用的第三次努力（2002～2005 年）

批准《京都议定书》之后，欧盟面临一个最重要的任务就是促进其早日生效，如果可能把美国重新拉回到京都进程的轨道上。围绕这个目标，欧盟对内和对外做了大量工作。在欧盟内部，从 2000 欧盟就开始了"双

① European Council, Presidency Conclusions, Göteborg European Council – 15 and 16 June, 2001（SN 200/01）, Göteburg.

② Miranda A. Schreurs, "The Climate Change Divide: the European Union, the United States, and the Future of the Kyoto Protocol," in Norman J. Vig and Michael G. Faure eds. , *Green Giants? Environmental Policies of the United States and the European Union*, Cambridge: The MIT Press, 2004, pp. 207 – 230; Miranda A. Schreurs, *Environmental Politics in Japan, Germany and the United States*, Cambridge: Cambridge University Press, 2002.

③ Miranda A. Schreurs, "The Climate Change Divide: the European Union, the United States, and the Future of the Kyoto Protocol," in Norman J. Vig and Michael G. Faure eds. , *Green Giants? Environmental Policies of the United States and the European Union*, Cambridge: The MIT Press, 2004, pp. 218 – 219.

④ Decision 2002/358/EC of the Council of the European Union of 25 April 2002 Concerning the Approval, on Behalf of the European Community, of the Kyoto Protocol to the United Nations Framework Convention on Climate Change and the Joint Fulfilment of Commitments Thereunder. *Official Journal of the European Union*, 15 May, L 130/1.

轨"（twin-track approach）战略以加强其气候政策的成效，便于强化其国际信用：一是发起了"欧盟气候变化规划"（ECCP），二是准备实施欧盟范围的"排放交易体系"（ETS）。① 在对外方面，欧盟积极开展外交攻势做日本和俄罗斯的工作，2002 年 6 月日本终于批准了《京都议定书》，但是俄罗斯出于种种原因迟迟没有批准《京都议定书》。欧盟通过支持俄罗斯加入 WTO，最终使得俄罗斯在 2004 年 10 月批准了《京都议定书》，② 2005 年 2 月 16 日，《京都议定书》经过近 8 年的曲折谈判终于得以生效。

《京都议定书》生效之后，欧盟主要在两个大的方面继续推进国际气候治理，强化其在国际气候治理方面的"领导作用"：一方面，在欧盟内部加强气候政策的实施，设法实现其京都承诺，缩小其"信用差距"，通过榜样和示范发挥"领导作用"（leadership by example）；另一方面，积极加强国际合作，为 2012 年《京都议定书》第一承诺期结束之后的"后京都"战略做准备。2001 年欧盟委员会向欧盟理事会和欧洲议会提出了建立排放交易指令的建议，③ 2003 年欧盟通过了"排放交易指令"（2003/87/EC），规定从 2005 年 1 月开始正式实施一个欧盟范围的"排放交易体系"。2005 年 2 月欧盟委员会发布了题为《赢得应对全球气候变化的战斗》的文件，提出了欧盟 2012 年之后的战略蓝图。④ 2005 年 3 月，欧盟环境部长理事会呼吁发达国家到 2020 年减排 15% ~30% 以及到 2050 年减排 60% ~80%（以《京都议定书》所规定的基准年为基础）。然而，在随后的欧盟理事会（欧盟首脑会议）上，欧盟只同意了 2020 年的减排目标，⑤

---

① CEC, *on EU Policies and Measures to Reduce Greenhouse Gas Emissions: Towards a European Climate Change Programme (ECCP)*, COM (2000) 88 final, Brussels, 8. 3. 2000.

② Wybe TH. Douma, "The European Union, Russia and the Kyoto Protocol," in Marjan Peeters and Kurt Deketelaere eds. , *EU Climate Change Policy: the Challenge of New Regulatory Initiatives*, Cheltenham: Edward Elgar Publishing Limited, 2006, pp. 51 – 66.

③ CEC, Proposal for a Directive of the European Parliament and of the Council establishing a scheme for greenhouse gas emission allowance trading within the Community and amending Council Directive 96/61/EC, COM (2001) 581 final, Brussels, 23. 10. 2001.

④ CEC, *Winning the Battle Against Global Climate Change*, COM (2005) 35 final, Brussels, 9. 2. 2005.

⑤ Marc Pallememaerts and Rhiannon Williams, "Climate Change: the International and European Policy Framework," in Marjan Peeters and Kurt Deketelaere eds. , *EU Climate Change Policy: the Challenge of New Regulatory Initiatives*, Cheltenham: Edward Elgar Publishing Limited, 2006, pp. 47 – 48.

但是，支持全球气温升高不超过工业化前水平 2℃ 的目标。

五　欧盟"后京都"国际气候谈判立场的形成与发挥领导作用的第四次努力（2006～2009 年）

《京都议定书》生效之后，后京都时代的国际气候治理行动将何去何从成为国际社会热切关注的一个问题，后京都时代的国际气候谈判进入了国际气候政治的议事日程。在这种情况下，作为国际气候谈判的主要推动力量和国际气候政治的领导者，欧盟必须率先行动，提出自己明确的后京都国际气候谈判立场和主张。2007 年是欧盟气候治理进程中的重大转折点和里程碑。经过 20 年的磨合与协调，欧盟成员国之间的协调变得相对容易，气候变化问题的紧迫性和欧盟在实施里斯本战略过程中遇到的重大挑战也促使欧盟必须采取决定性的政策行动，以通过有效应对气候变化而实现里斯本战略中提出的促进经济增长、增加社会就业和改善环境的多重经济社会发展目标。在这种背景下，2007 年 1 月欧盟委员会在其发布的《欧洲的能源政策》（COM（2007）1)[1] 和《限制全球气候变化到 2 摄氏度——2020 年之前的道路及其超越》（COM（2007）2)[2] 文件中，明确提出了欧盟"后京都"国际气候谈判的立场：发达国家到 2020 年温室气体减排 30%（与 1990 年相比），欧盟独立承诺到 2020 年减排 20%，到 2050 年全球温室气体减排要达到 50%（在 1990 年的基础上），发达国家减排 60%～80%，同时，发展中国家到 2020 年排放总量要开始减少，到 2050 年许多发展中国家也需要进行重大减排。2007 年 3 月欧洲理事会（欧盟首脑会议）赞同欧盟委员会的建议，强调达到限制全球平均气温升高不超过工业化前水平 2℃ 的战略目标的"极端重要性"，运用气候和能源政策一体化的方法达到这样的目标，重申欧盟将在国际气候保护中发挥领导作用。[3] 2008 年 1 月，欧盟委员会发布

---

[1] CEC, *An Energy Policy for Europe*, COM（2007）1 final, Brussels, 10. 1. 2007.

[2] CEC, *Limiting Global Climate Change to 2 Degrees Celsius—The Way Ahead for 2020 and Beyond*, COM（2007）2 final, 10. 1. 2007.

[3] European Council, *Presidency Conclusions*, Brussels European Council, 8～9 March 2007, 7224/1/07 REV 1. Brussels: European Council.

《2020 年的 20/20——欧洲的气候变化机会》（COM（2008）30），① 并提出了欧盟的"气候行动和可再生能源一揽子计划"（Climate Action and Renewable Energy Package）建议草案，② 为实现欧盟所提出的减排目标提出了具体的实施政策和措施，强调要促使欧洲经济向低碳经济转型，欧盟要成为低碳经济的"先行者"。"欧洲等待得越久，适应的成本就越高；欧洲前行得越早，利用它的技能和技术通过发展先行者优势而去促进（技术）革新和（经济）增长的机会也就越大。"③ 这个计划包括四个主要的政策措施：一是修改了的排放交易体系指令，二是"努力共享决定"，三是提升可再生能源的约束性国家目标指令，四是关于"碳捕获和封存"的指令。依据联合决策程序，2008 年 12 月欧盟理事会和欧洲议会分别通过了这个新的气候和能源一揽子计划，2009 年 4 月正式成为欧盟的法律。欧盟的气候行动目标是到 2020 年与 1990 年相比减排 20%，可再生能源在能源消费中占 20%，能源效率提高 20%，也就是"20 - 20 - 20"战略。欧盟的气候和能源一揽子计划的通过和实施标志着欧盟的气候政策进入了一个新的发展阶段，也为欧盟在"后京都时代"的国际气候治理中继续发挥"领导作用"奠定了坚实的基础。2009 年 1 月，欧盟委员会为准备哥本哈根气候大会，正式提出了欧盟的哥本哈根气候综合协议的磋商文件，详细阐述了欧盟对哥本哈根气候会议构建后京都国际气候机制的立场和政策。④ 2009 年 3 月欧盟环境部长理事会发布文件进一步阐述了欧盟对于后京都国际气候协议的立场。⑤ 接着，在 2009 年 9 月欧盟委员会又发布《国际气候融资：欧盟的哥本哈根协议蓝图》

---

① CEC, 20 20 *by* 2020—*Europe's Climate Change Opportunity*, COM（2008）30 final, Brussels, 23. 1. 2008.

② CEC, Climate Action and Renewable Energy Package, 2008. Availible at http：//ec. europa. eu/environment/climat/climate_ action. htm, accessed on 13 May 2010.

③ CEC, 20 20 *by* 2020—*Europe's Climate Change Opportunity*, COM（2008）30 final, Brussels, 23. 1. 2008, p. 3.

④ CEC, *Towards a Comprehensive Climate Change Agreement in Copenhagen*, COM（2009）39 final, Brussels, 28. 1. 2009.

⑤ Council of the European Union, *Contribution of the Council（Environment）to the Spring European Council（19 and 20 March 2009）：Further Development of the EU Position on a Comprehensive Post - 2012 Climate Agreement - Council Conclusions*, Brussels, 3 March, 2009.

的磋商文件，[①] 进一步详尽阐明了欧盟后京都国际气候谈判的政策立场。根据全球平均气温上升不超过工业革命前 2℃的目标，欧盟建议发达国家应该继续率先减排，作为一个整体到 2020 年将温室气体排放量在 1990 年的基础上减少 25%～40%，进而实现全球总的排放量在 2020 年达到峰值，到 2050 年发达国家集体与 1990 年相比减排 80%～95%。欧盟坚持发达国家减排承诺相互之间具有一定可比性，并且坚持各国的承诺要具有强制性和法律约束力，执行过程做到可衡量、可报告和可核实（MRV）。同时，考虑到发展中国家随着其人口和发展程度的日益增长，实现 2℃的目标也需要发展中采取国家适当减排行动（NAMAs），作为一个整体到 2020 年将其温室气体排放量的增长与一切照旧（Business as U-sual）情形相比减少 15%～30%。欧盟呼吁发展中国家，特别是经济较发达的发展中国家要制定雄心勃勃的低碳发展战略和规划或者进行有意义的减排行动。欧盟也强调来自森林砍伐和退化所产生的温室气体排放占全球二氧化碳排放的 20%，因此要通过各种方式支持发展中国家减少来自森林砍伐和退化所产生的温室气体排放，到 2020 年使总的热带森林砍伐面积比当前减少 50%，最晚到 2030 年完全停止全球森林覆盖的减少。同时，来自国际航空和海洋交通部门的温室气体排放规模巨大并日益增加，哥本哈根协议应该包括这些部门的减排目标，所有缔约方应该通过国际民航组织（ICAO）和国际海事组织（IMO）协调工作，能够达成一个国际协议使其不会导致竞争扭曲或碳泄漏。为了达到上述目标，欧盟呼吁加强与发展中国家的联盟和伙伴关系，尤其是与非洲、拉丁美洲国家、欠发达国家和小岛国发展中国家的关系。但是，在 2009 年的哥本哈根气候会议上，面对已经发生变化的国际气候政治格局，欧盟内部的政策立场协调暴露出了问题，欧盟试图同时把美国和中国、印度都纳入具有法律约束力的减排框架之中，事实证明欧盟的战略并没有奏效。在哥本哈根气候大会的最关键时刻却由于种种原因而被"边缘化"（mar-ginalized），当美国总统奥巴马和中国、印度、巴西等发展中国家领导人

---

① CEC, *Stepping up International Climate Finance: A European Blueprint for the Copenhagen Deal*, COM（2009）475/3, Brussels, 10 September, 2009.

协商"哥本哈根协议"的时候欧盟并未参与其中。[①]

六　欧盟后哥本哈根国际气候谈判立场的形成及发挥领导作用的第五次努力（2010～2015 年）

2009 年的哥本哈根气候会议使欧盟遭遇重大挫折，最后时刻的被"边缘化"极大地刺激了一贯以"领导者"自居的欧盟。面对国际气候政治格局的变化以及欧盟自身深陷欧债危机，欧盟的气候外交无疑也受到某种程度的影响，但对于欧盟而言，全球气候治理依然是其在国际舞台上展示其"规范性力量"的最佳议题之一。因此，欧盟从 2010 年的坎昆气候会议开始积极调整自己的谈判策略，依然采取积极的政策立场，力促国际气候谈判达成具有法律约束力的具有明确减排目标的新的国际气候协议。对于后哥本哈根国际气候谈判立场，欧盟继续重申到 2020 年在 1990 年的基础上减排 20%，如果其他国家能够达成一项全面的国际协议，欧盟的减排目标可以提高到 30%。2011 年欧盟委员会发布了一个题为《为 2050 年走向一个充满竞争力的低碳经济路线图》的文件中，强调为了走向低碳经济的未来而努力，与国际社会一道积极寻求解决气候变化的有效政策措施。[②] 与此同时，在 2011 年南非德班气候会议上，欧盟联合小岛国联盟和欠发达国家，一起促使会议达成一项涵盖所有国家的新的国际气候协议，在 2015 年完成谈判，从 2020 年开始实施。欧盟主张新的国际气候协议将包含所有国家，使京都时代既有约束性减排也有非约束性减排的碎片化制度变成一个单一的综合制度。为了推动国际气候谈判取得积极进展，欧盟接受了《京都议定书》第二承诺期，在 2012 年的多哈会议上正式达成协议，确定第二承诺期从 2013 年到 2020 年，确保不出现空档期。2014 年 1 月 22 日欧盟委员会在该绿皮书及公众意见的基础上正式向欧盟理事会及欧洲议会等有关部门提出了关于欧盟 2030

---

①　Piotr Maciej Kaczynski, "Single Voice, Single Chair? How to Re – organise the EU in International Negotiations Under the Lisbon Rules", *CEPS Policy Brief*, No. 207, March 2010; Joseph Curtin, *The Copenhagen Coference: How Should the EU Respond?* The Institute of International and European Affairs (IIEA), Dublin, January, 2010.

②　European Commission, *A Roadmap for Moving to A Competitive Low Carbon Economy in* 2050, COM (2011) 112 final, Brussels, 8. 3. 2011.

年气候与能源政策框架的磋商文件。[①] 这是继 2008 年欧盟提出并实施 2020 年气候与能源一揽子政策措施之后的又一重大气候战略行动。该政策行动的一个重要宗旨就是继续促进欧盟的低碳转型，以应对气候变化为最终目标，打造一个充满竞争力、安全、可持续的能源体系，提高欧盟的能源供应安全，确保欧盟在全球低碳经济中的领导地位。欧盟提出到 2030 年在 1990 年的基础上减排 40% 的目标，制定了气候和能源一揽子政策，力争促使国际气候谈判在 2015 年取得实质性进展，完成德班增强行动平台的谈判。2014 年 10 月 23～24 日，欧洲理事会达成协议，同意欧盟委员会提出的欧盟 2030 年气候与能源政策框架（其中能源效率的指标是提高 27%，在可能的情况下将提高到 30%）。[②] 在欧盟首脑会议顺利通过该一揽子协议的同时，欧洲理事会主席范龙佩和欧盟委员会主席巴罗佐给联合国秘书长潘基文写了一封联合公开信，非常自豪地向联合国通报了欧盟为 2015 年国际气候谈判做出的明确减排承诺，同时呼吁所有国家，包括所有主要经济体尽快做出适当的承诺，为 2015 年达成新的气候协议积极行动。[③] 欧洲理事会同意欧盟委员提出的 2030 年气候与能源目标，进一步彰显了欧盟决心在 2015 年巴黎气候会议上发挥领导作用的雄心与意志，也表明欧盟试图掌握和主导 2015 年国际气候谈判议程和话语权的战略考量。2015 年 2 月欧盟委员会提出了一份题为《巴黎议定书——解决全球气候变化超越 2020 年的蓝图》的磋商文件，提出了其对于巴黎气候大会的政策立场。[④] 在该文件中，欧盟对于 2015 年底召开的巴黎气候大会进行动员，明确提出 2015 年国际气候协议应该是《公约》下的议定书（protocol）形式。主要经济体，特别是欧盟、中国和美国，应该尽早加入该议定书并发挥政治领导作用。该议定书要在占当前全球

---

① European Commission, *A Policy Framework for Climate and Energy in the Period from* 2020 *to* 2030, Brussels, 22.1.2014, COM（2014）15 final.

② European Council, *European Council*（23 *and* 24 *October* 2014）*Conclusions on 2030 Climate and Energy Policy Framework*, Brussels, 23 October 2014.

③ European Council, *Joint letter of President of the European Council Herman Van Rompuy and President of the European Commission José Manuel Barroso to the United Nations Secretary - General Ban Ki - moon on the EU comprehensive Climate and Energy Framework*, Brussels, Press Release, 24 October 2014.

④ European Commission, *The Paris Protocol - A blueprint for tackling global climate change beyond* 2020, COM（2015）81 final, Brussels, 25.2.2015.

排放总量 80% 的国家批准之后生效。在新的议定书下，气候金融、技术开发与转让、能力建设应该促进缔约方的普遍参与，提升实施减排战略的效率和有效性，并能够适应全球气候变化带来的严重影响。2015 年 9 月欧盟环境部长理事会正式提出欧盟理事会对巴黎气候大会的立场，明确提出所有缔约方要在巴黎会议上达成一个适用于所有缔约方、雄心勃勃的、持久的具有法律约束力的协定，以一种平衡的、成本有效的方式解决减缓、适应、资金、技术开发与转让、能力建设、行动与资助的透明度等一系列问题，包括雄心勃勃的国家自主承诺，并要做出一揽子综合的执行决定及协定生效之前的中期安排，还由利马－巴黎行动议程支持加大 2020 年前的行动力度。①

在 2015 年底的巴黎气候大会上，欧盟发挥了非常重要的作用。欧盟委员会主席让－克劳德·容克（Jean－Claude Juncker）和欧盟委员会气候专员米格尔·阿里亚斯·卡尼特（Miguel Arias Cañete）都参加了大会的开幕式并发表了讲话，进一步重申了欧盟关于巴黎气候大会的主张。欧盟积极协助法国推动谈判，最终达成了具有里程碑意义的《巴黎协定》。欧盟强调，欧盟为《巴黎协定》的达成发挥了关键的领导作用，欧盟委员会主席容克为此指出："这个协定也是欧盟的成功。长期以来我们在气候行动中发挥全球领导者作用，现在《巴黎协定》反映了我们世界范围的雄心。我要感谢欧盟首席谈判代表卡尼特委员以及他带领的团队为促使该协定达成而付出的日夜努力工作，并使欧盟在整个谈判进程中保持核心地位。"②

---

① The Council of the European Union, "Preparations for the 21th session of the Conference of the Parties (COP 21) to the United Nations Framework Convention on Climate Change (UNFCCC) and the 11th session of the Meeting of the Parties to the Kyoto Protocol (CMP 11), Paris 2015", *Press Release* 657/15, 18. 09. 2015.

② "Historic Climate Deal in Paris: EU Leads Global Efforts", http://ec. europa. eu/news/2015/12/20151212_en. htm.

第三章 生态现代化理念与欧盟的
国际气候谈判立场

本章将验证本书提出的第一个研究性假设：生态现代化理念影响了欧盟的气候政策及其国际气候谈判立场，在生态现代化理念的强烈影响下，欧盟采取了积极的国际气候谈判立场。为了验证二者的相关性，本章首先从理论上阐述生态现代化理念的政策导向，然后从以下两个层面，分两步进行验证分析：一是在理念层面，从话语分析的视角，分析欧盟相关机构发布的一些与气候变化问题相关的政策文件以及欧盟相关机构有关负责人的话语言论，通过这些文件及言论来揭示欧盟气候政策及其立场所明示或隐含的环境政治理念，从而来看生态现代化理念对欧盟气候政策及其立场的影响，确定二者的相关关系；二是在具体政策层面，通过对欧盟具体气候政策措施的剖析，对照生态现代化理念来看这些政策措施是否符合生态现代化逻辑，从而来证明欧盟的气候政策及其立场是否受到了生态现代化理念的影响。最后，在此基础上分析生态现代化理念影响欧盟国际气候谈判立场的方式和路径。

第一节 生态现代化理念的政策导向

一 生态政治理念的影响

行为体在特定环境问题上的利益认知和利益界定最终决定了行为体的环境政策立场，而这种利益认知和利益界定受到特定生态政治理念的强烈影响。虽然，无论从理论还是实践上来讲，影响特定行为体在特定环境问题上的政策立场有多种多样的因素，特定生态政治理念所蕴含的环境政策导向与行为体在环境问题上的最终政策选择之间并不存在绝对的线性因果关系，但是，鉴于环境问题本身的复杂性以及行为体在最终决策过程中并不存在单一均衡的结果，生态政治理念必然影响行为体最

终的政策立场选择，也就是说，特定生态政治理念与行为体的环境政策
立场之间存在强烈的因果关系。如果我们把生态政治理念看作是一套关
于环境问题及其解决途径的思想体系的话，那么，这种思想体系为特定
行为体界定环境问题的性质和影响，分析和评估应对政策的成本与收益
直接提供了一套有效的行动指南。正如有的研究者认为，特定行为体在
特定环境问题上的利益受到他们用来建构和理解现实的"世界观"或
"框架"的影响。这些"框架"就是一些认知结构，这些认知结构赋予
行为体面临的许多事情以意义，否则这些事情就似乎是一些相互无关的
事情。为了回应环境问题，首先要对这些问题进行解释和理解，但通常
对同样的问题会有超过一种解释，不同的解释导致不同的行动。[①] 生态
政治理念实际上为行为体提供了一套认知体系，这种体系所产生的认知
结果直接导致了行为体的特定行为，也就是特定的政策立场。

二　生态政治理念的影响路径及生态现代化理念的政策导向

那么，具体而言，生态政治理念通过何种途径影响了特定国家（集
团）在环境问题上的政策立场选择？朱迪斯·戈尔茨坦（Judith Gold-
stein）与罗伯特·O. 基欧汉（Robert O. Keohane）在其主编的《观念与
外交政策：信念、制度与政治变迁》一书中曾把观念界定为三类：世界
观、原则性信念与因果性信念。世界观就是人们对宇宙、世界、自身以
及它们之间关系的总体看法和认知，这些观念深深地影响着人们的思维
和话语模式，影响人们的认同，激发深刻的情感以及忠诚；原则性信念
就是区别正确与错误、正义与非正义的具体标准；因果性信念就是关于
原因与结果关系的界定，对这种关系界定的权威性来自某些公认精英的
共识，不论这些精英是村庄的长老还是精英机构中的科学家。因果性信
念为人们怎样去实现它们的目标提供引导。基于这种对观念的界定和分
类，他们提出了特定的观念通过以下三种路径影响国家的外交政策：
（1）观念为行为体提供行动路线图；（2）在不存在单一均衡的情况下对

---

① Markus Jachtenfuchs and Michael Huber, "Institutional Learning in the European Community: the Response to the Greenhouse Effect," in J. D. Liefferink, P. D. Lowe and A. P. J. Mol eds., *European Integration and Environmental Policy*, London: Belhaven Press, 1993, p. 37.

结果产生作用；（3）嵌入政治制度当中的观念在不存在创新时规定政策。[①] 借鉴这种观点，本书认为生态政治理念作为一种特定的观念，实际上包含了上述三种观念类型。生态政治理论首先是一种世界观，从根本上界定了人与自然的关系以及以环境为中介的人与人之间的关系；生态政治理论也是一种原则性信念，为人们的行为提供特定的原则标准；生态政治理论还是一种因果性信念，界定了环境问题的根源以及某些解决问题的政策措施。作为一种特定的观念体系，生态政治理念也从以下三个方面影响了行为体在特定环境问题上的政策立场选择，具体如下。

第一，为行为体在特定的环境问题上提供行动路线图。生态政治理念为行为体界定特定环境问题的根源与性质提供根本指导，进而为行为体在存在不确定性以及信息不完全的情况下提供行动指南。

第二，在不存在单一均衡的情况下为行为体提供政策选择的战略依据。由于环境问题本身具有广泛的经济社会影响，应对环境问题的政策也产生多重经济社会效应，生态政治理念为行为体评估其应对政策和措施的成本与收益，确定其治理模式和手段提供依据，也就是帮助行为体在存在多重选择和多重结果的情况下进行有效决策。

第三，生态政治理念作为一种环境政策理念，嵌入政治制度，既限制了行为体的政策选择，也为行为体的政策选择提供了某种特定的依赖"路径"。

那么，进一步分析，生态现代化理念作为一种特定的生态政治理念，其影响下的国家（集团）将会采取怎样的环境政策立场？也就是说，生态现代化理念所反映出来的环境政策导向是怎样的？基于以上分析，结合生态现代化理念的核心主张，本书认为，生态现代化理念有着非常明确的环境政策导向，如表3-1所示，生态现代化理念通过上述三种影响路径为国家（集团）提供了一套特别的环境政策理念。在这种政策理念影响下的现实环境政策将是一种趋于"积极"的政策。因此，通过以上对生态现代化理念及其政策导向的解读和分析，本书得出的一个基本结论是：如果一个国家（集团）的环境政策受到生态现代化理念的强烈影响，采取的是生态现代化战略，那么，这个国家（集团）内部环境政策

---

① 〔美〕朱迪斯·戈尔茨坦、罗伯特·O. 基欧汉编《观念与外交政策：信念、制度与政治变迁》，刘东国、于军译，北京：北京大学出版社，2005年版，第13页。

以及对外政策立场将趋于积极。

表 3 - 1　"生态现代化理念"的政策导向

影响路径	核心主张			政策导向	总体政策趋向
	世界观	原则性信念	因果性信念		
提供行动路线图	环境问题是现代工业社会的结构性设计缺陷 保护环境与发展经济"双赢"	生态理性越来越具有独立性 国家与市场协调运作	技术革新是解决环境问题的关键	技术革新－依靠市场机制	积极
不存在单一均衡的情况下影响结果	环境先驱政策是提高竞争力的必要条件	"先驱国家"是"生态现代化"最重要的驱动力	"领导型市场"具有巨大的经济潜力	先驱国家－先驱政策－领导型市场	先驱
嵌入制度当中限制或规定政策	必要的国家管治对于环境问题的解决是不可或缺的	民族国家在促进技术和政策革新方面发挥关键作用（政治现代化的重要性）	技术和政策的扩散是"生态现代化"的重要途径	改变国家的管治方式－加强环境技术和政策的扩散	领导

第二节　生态现代化理念与欧盟气候
政策的相关性分析

一　欧盟应对气候变化的生态现代化战略：话语分析

20 世纪七八十年代气候变化问题在国际上兴起的时候，正是欧盟的环境政策理念和管治方式发生深刻转变的时期。传统"末端治理"式补救与矫正战略的低效与高代价已经日益显现，必须寻求更加灵活、更加有效的治理方式。生态现代化理念的兴起正是这种转型的标志也是这种转型的结果。① 正如阿尔伯特·威尔（Albert Weale）曾经指出的，20 世纪 80 年代，"生态现代化理念（ideology of ecological modernisation）在欧洲政策精英中已经广泛流传"。② 有的研究者也指出，20 世纪 80 年代末

---

① Maarten A. Hajer, *The Politics of Environmental Discourse: Ecological Modernization and the Policy Process*, Oxford: Oxford University Press, 1995.

② Albert Weale, "Ecological Modernisation and the Integration of European Environmental Policy," in J. D. Liefferink, P. D. Lowe and Arthur P. J. Mol eds., *European Integration and Environmental Policy*, London: Belhaven Press, 1993, p. 208.

90 年代初，在气候变化问题领域，欧盟经历了两种环境政策框架（frame）的转换：一种是"传统的"环境政策框架，另一种是"可持续"政策框架。① 前一种政策理念认为经济和环境是相互分离的两个领域，诸如气候变化这样的环境问题有它自己的特殊情况，必须通过环境政策手段加以解决，最典型的就是"末端治理"方式；而"可持续"政策理念把经济与环境视为不可分割的，环境问题并不是孤立存在的，对经济活动有着重要影响，发展经济必须把环境成本包括在内，环境问题的解决也要通过经济手段。那么，这种更加强调"可持续性"的政策理念实质上也就是一种生态现代化理念。因此，从 20 世纪 80 年代中后期开始，气候变化问题一进入欧盟议事日程起，"生态现代化理念"就对欧盟对气候变化问题的认知及应对战略的选择产生了重要影响。而从这个时候开始的欧盟气候治理战略实质上就是在生态现代化理念的指导和影响下进行的，也就是一种"生态现代化战略"。那么，事实上，欧盟的气候政策及其国际气候谈判立场是否受到了生态现代化理念的影响，生态现代化理念如何影响了欧盟的气候政策及其国际气候谈判立场呢？

　　澳大利亚学者约翰·德赖泽克（John A. Dryzek）曾经指出："所谓的话语就是一种理解世界的共享方式。……话语建构了意义与关系，从而帮助人们界定常识和合理认识。"② 哈杰尔认为，话语可以被界定为"一套具体的理念、概念与类别，它们在一系列特定的实践中产生、复制和转化，并通过这样的实践赋予物质世界和社会现实以意义"。③ 根据以上论述，本书把欧盟有关机构发布的关于气候变化问题的政策文件以及相关领导人所发表的一些政策言论视为一种"话语"，首先解读这些"话语"所包含的信念和思想，然后与生态现代化理念进行对照，以此确定二者之间的相关性。

---

① Markus Jachtenfuchs and Michael Huber, "Institutional Learning in the European Community: the Response to the Greenhouse Effect," in J. D. Liefferink, P. D. Lowe and A. P. J. Mol eds., *European Integration and Environmental Policy*, London: Belhaven Press, 1993, pp. 36 – 58.

② 〔澳〕约翰·德赖泽克：《地球政治学：环境话语》，蔺雪春、郭晨星译，济南：山东大学出版社，2008 年版，第 9 页。

③ Maarten A. Hajer, *The Politics of Environmental Discourse: Ecological Modernization and the Policy Process*, Oxford: Oxford University Press, 1995, p. 44.

（一）对欧盟气候政策法律基础的分析

1987 年《单一欧洲法令》生效之前，欧共体并没有明确的环境法律基础，欧共体的环境政策主要体现在其自 1973 年以来制定的环境行动规划之中。1987 年《单一欧洲法令》第一次正式将环境保护政策增补到欧共体的有关条约之中，在《建立欧洲经济共同体条约》中增加了所谓的"环境条款"，欧共体环境政策目标第一次被置于欧共体的条约之中。① 1983 年通过的欧共体第三个环境行动规划，明确提出环境政策基于以下观念，即"环境资源是经济与社会进一步发展和生活条件改善的基础，同时也是制约它们的重要因素"。② 1987 年制定的第四个环境行动规划强调，欧共体的环境政策"基于对一种普遍事实的承认，作为经济决策中的一个关键因素，环境保护政策和严格的环境保护标准不再是一种选择性的外部强加物，而是共同体公民期待的生活质量的内在部分"。③ 同时，该规划明确指出，建立严格的环境标准既是对公众压力的反应，也是促使欧盟工业更加富有竞争力的条件。《单一欧洲法令》也明确规定了欧盟环境政策的重要原则和基础，该法第 130R（2）条规定："共同体有关环境保护的行动，以下述原则为基础：应以采取预防性行动为主；环境破坏应该在源头整治；应由污染者付费。环境保护要求应该是共同体其他政策的一个组成部分。"该法同时强调如果不考虑环境关切，经济增长也将是不可持续的，这不仅在于环境是一个潜在的限制因素，而且也在于它是更高效率和更强竞争力经济的一种激励因素，特别是考虑到更广泛的国际市场的时候。1992 年签订的《欧洲联盟条约》进一步明确规定："环境保护要求必须纳入欧共体其他政策的制定和执行之中"，并且强调一种"尊重环境的可持续增长"。1993 年制定的题为"走向可持续性"的欧盟第五个环境行动规划把协调环境和发展作为欧盟在 20 世纪 90 年代面临的最主要的挑战之一，强调实现环境保护和经济增长的协

---

① 蔡守秋：《欧盟环境政策法律研究》，武汉：武汉大学出版社，2002 年版，第 79 页。

② Resolution of the Council of the European Communities and of the representatives of the Governments of the Member States, meeting within the Council, of 7 February 1983 on the continuation and implementation of a European Community policy and action programme on the environment (1982 to 1986), The Official Journal, OJC 046, 17 – 2 – 1983, p. 3.

③ CEC, *Fourth Environmental Action Programme*, 1987 – 1992, COM（86）485 final, 1986, p. 3.

调，在环境治理的方式上更加强调一种自下而上的各行业和各部门之间的参与和合作，强调基于市场的手段，用经济措施解决环境问题，最终实现"可持续"的发展。在第五个环境行动规划之中已经特别强调气候变化等全球性问题作为欧盟优先解决的环境问题。[①] 2001 年制定的题为"环境 2010：我们的未来，我们的选择"的欧盟第六个环境行动规划强调："将来的经济发展和持续的繁荣将给我们星球维持资源需求或吸纳污染的能力带来压力。同时，高的环境标准是环境革新和商业机会的一个发动机。……经济活动（business）必须以一种更加生态有效的方式运作。""保护环境并不必然是对增长或消费本身的限制，高的环境标准也是革新的发动机——创造新的市场和商业机会。……如果我们能够支持和鼓励一个更加绿色市场的发展，那么，工商业和民众将会回应以技术和管理创新，而这会刺激增长、竞争力、利润和工作创造。"第六个环境行动规划把应对气候变化列为欧盟四个重点治理领域的首位，把解决气候变化问题视为实现欧盟经济社会可持续发展的重中之重。[②] 从上述论述中我们可以看出，欧盟环境法规和政策充分体现了"生态现代化理念"。无论是"预防性理念""污染者付费原则"还是"环境保护纳入到其他政策之中"的理念，实质上都试图协调经济发展与环境保护之间的关系，强调环境保护已经成为经济发展和高质量社会生活的一个重要前提而不是一种负担，而严格的环境标准不但是保障环境改善的条件，同时也是促进技术革新和经济发展的一个重要的因素。而所有这些正是"生态现代化理念"的核心内容。

（二）对欧盟具体气候政策文件的分析

从 1986 年欧洲议会发布关于应对"温室效应"问题的决议开始，欧共体相关机构发布了大量关于气候政策的法律法规。图 3 - 1 显示了欧盟委员会从 1988 年发布第一个气候政策文件开始到 2016 年历年政策文件数量（不完全统计）。而欧洲理事会和欧盟环境部长理事会从 20 世纪 90

---

① Resolution of the Council of the European Communities and of the representatives of the Governments of the Member States, meeting within the Council, of 1 February 1993 on a Community programme of policy and action in relation to the environment and sustainable development, The Official Journal, OJ C 138, 17. 5. 1993.

② CEC, "*Environment* 2010: *our future, our choice*" - *The Sixth Environment Action Programme*, COM (2001) 31 final, Brussels, 24. 1. 2001.

年代初期开始（比如 1990 年都柏林欧洲理事会通过的环境宣言中，欧共体各国首脑就呼吁采取积极措施应对全球变暖问题）就一直高度关注气候变化问题，从 1990 年 10 月联合能源与环境部长理事会开始，每年四次（有时还召开特别会议）的环境部长理事会对气候变化问题高度关注（图 3-2）。鉴于政策文件数量众多，为便于分析，本书首先对欧盟环境部长理事会和欧洲理事会涉及气候变化问题的部分文件进行简要分析。然后，选取了较为全面阐述欧盟气候政策及国际气候谈判立场的三份欧盟委员会文件作为文本进行分析：① 1991 年的《限制二氧化碳排放及提高能源效率的共同体战略》，② 1997 年的《气候变化——欧盟的京都方法》，③ 2008 年的《2020 年的 20/20——欧洲的气候变化机会》。④

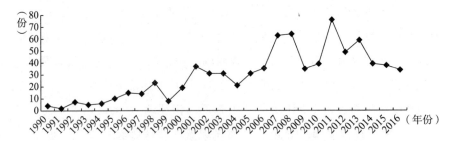

图 3-1　欧盟委员会发布的气候政策文件数量（1988～2016 年）

资料来源：笔者在欧盟法规网站以作者为"European Commission"并在题目中包含"climate change"和"greenhouse gas emission"搜索到的 COM and JOIN documents 文件数量，http://eur - lex. europa. eu/search. html?qid = 1474514582217&DTS_ DOM = ALL&typeOfActStatus = COM_JOIN&type = advanced&lang = en&DB_AUTHO R = commission&textScope1 = ti - te&textScope0 = ti&DB_TYPE_OF_ACT = comJoin&CASE_ LAW_SUMMARY = false&orText1 = greenhouse% 20gas% 20emi ssion&SUBDOM_INIT = ALL_ALL&andText0 = climate% 20change&DTS_SUBDOM = ALL_ALL。

① 欧盟气候政策及其国际气候谈判立场主要由欧盟环境部长理事会进行决定，但政策倡议与制定程序上一般是由欧盟委员会提出政策建议，然后提交理事会和欧洲议会进行"联合决策"，但欧洲议会的影响力不大。所以，影响欧盟气候政策及其立场最主要的机构是欧盟委员会和理事会。欧盟绝大多数气候政策都是由委员会首先提出或应理事会的要求由委员会研究制定。鉴于此，本书重点对欧盟委员会和理事会具有代表性的政策文件进行分析。

② CEC, *A Community Strategy to Limit Carbon Dioxide Emissions and to Improve Energy Efficiency*, SEC (91) 1744 final, Brussels, 14 October 1991.

③ CEC, *Climate Change - The EU Approach for Kyoto*, COM (1997) 481 final, Brussels, 01. 10. 1997.

④ CEC, 20/20 by 2020 - Europe's Climate Change Opportunity, COM (2008) 30 final, Brussels, 23. 1. 2008.

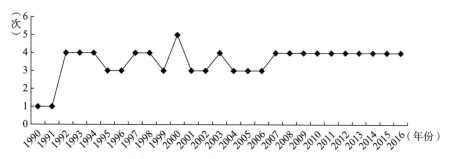

图 3 – 2 欧盟环境部长理事会涉及气候问题次数（1990～2016 年）

资料来源：笔者根据欧盟环境部长理事会文件整理得出。

1. 欧盟环境部长理事会和欧洲理事会政策文件分析[①]

"生态现代"在作为一种积极的环境政策理念对欧盟环境部长理事会（以下简称"理事会"）和欧洲理事会都产生了重要影响。但这种影响有一个渐进的扩展过程。在 20 世纪 90 年代，理事会主要是把气候变化作为环境和经济威胁而非经济机遇。然而，理事会已经认为采取积极应对气候变化的行动为欧盟在国际舞台上发挥领导作用提供了一个重大的政治机会。从 2000 年，理事会开始更多地考虑应对气候变化带来的经济收益，同时继续强调气候变化带来的危险。例如，在 2001 年 6 月，理事会强调指出了"在所有经济部门采取低成本和双赢行动的范围"，2002 年 10 月，理事会相信应对气候变化构成了一个"促使经济现代化的机遇"。2004 年 12 月，理事会强调解决气候变化"为革新带来了机遇和激励"。2007 年 2 月，理事会指出不仅"气候变化的不利影响将会阻碍所有国家的经济和社会发展"，而且"应对气候变化的战略能够加强能源安全、提高欧盟的经济竞争力和可持续发展能力"。2008 年 3 月，理事会强调"加强整个欧洲竞争力、增长和就业的新机遇"。2009 年 3 月，在世界经济和金融危机的背景下，理事会仍然强调"气候变化行动与经济复苏行动之间的协同"。随着生态现代化理念影响的深入，欧洲理事会也是从 2000 年之后开始越来越多地强调有效应对气候变化带来的经

---

① Sebastian Oberthür and Claire Dupont, "The Council, the European Council and International Climate Policy: From Symbolic Leadership to Leadership by Example," in Rüdiger K. W. Wurzel and James Connelly eds., *The European Union as a Leader in International Climate Change Politics*, London: Routledge, 2010, pp. 74 – 91.

济机遇（见图 3 - 3）。比如，2007 年 3 月，欧洲理事会正式提出气候和能源的一体化行动，欧洲理事会强调通过此举"使欧洲转化成为高能源效率和低温室气体排放的经济"，"既可以提高欧盟的竞争力也可以改善欧洲工业的环境影响"。

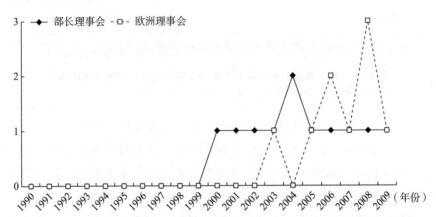

图 3 - 3　部长理事会和欧洲理事会结论中把气候变化视为一个经济机遇的次数
资料来源：Rüdiger K. W. Wurzel and James Connelly eds. , *The European Union as a Leader in International Climate Change Politics*, London：Routledge, 2010, p. 86.

2. 欧盟委员会政策文件分析

20 世纪 80 年代生态现代化理念兴起以来就逐渐在欧洲的政策精英之中流行，这对欧盟委员会的环境政策制定和具体政策措施的实施都产生了重大影响，"生态现代化理念成为这个机构政策话语和信念体系的一个重要方面"。[①] 本书主要从以下三个方面对欧盟委员会气候变化政策"话语"进行分析。

（1）对气候变化问题的认知及界定。在欧盟的气候变化政策"话语"中，气候变化主要指的是全球变暖的趋势，而化石燃料燃烧所产生的二氧化碳等温室气体的过度排放所引致的温室效应是导致全球气温升高的最主要原因。但是，减少或消除二氧化碳排放当前并没有经济和技术上可行的"末端治理"方法，只能"通过提高能源效率以及用其他

---

① Pamela M. Barnes, "The Role of the Commission of the European Union：Creating External Coherence from Internal Diversity," in Rüdiger K. W. Wurzel and James Connelly eds. , *The European Union as a Leader in International Climate Change Politics*, London：Routledge, 2010, p. 51.

较少排放或不排放二氧化碳的能源资源来替代"，达到减少化石燃料的使用。① 任何保护全球气候战略的核心都在于两种趋势的转换：从温室气体全球性增长的长期趋势向下降趋势转变。这种转变只能通过技术革新和政策支持来提高能源效率和发展可再生能源实现。② 这些"话语"表明，欧盟首先把气候变化问题作为一个科学技术问题，也只能通过技术进步和相应的政策推动进行解决。所以，尽管没有明确的表述，但在欧盟气候变化"话语"的潜台词中，认为气候变化问题的产生只是工业社会发展过程中某段时间所存在的结构性缺陷（化石燃料的大量使用），而这种缺陷仍然可以通过工业社会的制度革新（政策支持和推动）和技术革新（提高能源和资源的利用效率以及发展可替代能源）进行解决。而这种思想认知正是"生态现代化理念"的基本前提和出发点。

（2）气候变化问题的解决途径和方式。在欧盟的气候变化政策"话语"中，对气候变化问题的解决主要包含以下四个要素。第一，预防性原则与立即行动的必要性。随着 IPCC 几次评估报告的发布，气候变化的科学证据已经越来越明显，证据显示，全球气候变化将会导致令人无法接受的社会、经济以及生态影响并在即将到来的几十年来发生。"根据斯特恩报告，现在有令人信服的证据显示，不行动的成本将对世界经济造成严重损害：达到全球 GDP 的 5% ~ 20%。"③ 这要求在气候变化问题上必须采取一种预防性原则和防御性方法，即使在气候变化问题上仍然存在科学不确定性也要采取积极的预防措施和行动。第二，技术革新与解决气候变化问题的主要手段和措施。"控制二氧化碳排放的第一步需要包括最低经济成本并且能够同时导致其他政策领域获益的措施。而在这方面，应该给予提高能源效率的成本有效的技术开发和利用的可能性以最大的关注。"④

---

① CEC, *A Community Strategy to Limit Carbon Dioxide Emissions and to Improve Energy Efficiency*, SEC (91) 1744 final, Brussels, 14 October 1991, p. 1; CEC, *Climate Change – The EU Approach for Kyoto*, COM (1997) 481 final, Brussels, 01. 10. 1997, p. 4.

② CEC, *Climate Change – The EU Approach for Kyoto*, COM (1997) 481 final, Brussels, 01. 10. 1997.

③ CEC, *20 20 by 2020 – Europe's Climate Change Opportunity*, COM (2008) 30 final, Brussels, 23. 1. 2008, p. 2.

④ CEC, *A Community Strategy to Limit Carbon Dioxide Emissions and to Improve Energy Efficiency*, SEC (91) 1744 final, Brussels, 14. 10. 1991, p. 3.

"因为二氧化碳排放从根本上是与化石燃料（煤、石油与天然气）的使用相关联，并且由于仍然没有非常经济的消除二氧化碳的可行技术，削减二氧化碳仅有的方式就是通过与直接或间接使用化石燃料相关的经济结构、生产过程、生产设备与行为的调整与改变来实现"，[①] 而这一切最重要的依赖手段就是技术革新与扩散。通过技术革新来提高能源利用效率与发展可再生能源，以此实现经济结构的根本性转变。第三，市场机制与应对气候变化问题的成本收益问题。"所有减少二氧化碳排放的可能性都有成本影响，社会为此准备支付的越多，减排可能性程度也就越高。"[②] 成本有效性是欧盟解决气候变化问题的一个根本性的重要原则。应对气候变化问题的行动"一方面要使经济成本最小化，另一方面要根据环境效应而使它的优势最大化，而且也要使其他政策领域有清晰的收益"。[③] 而且，成本最小化也是欧盟委员会在设计"20/20战略"时的一个关键原则。[④] 因此，欧盟一直强调运用市场机制来达到温室气体减排的目的，其中最重要的措施就是温室气体排放交易体系的创建和实施，而这也是欧盟气候政策中最具有代表性的旗舰政策。第四，综合措施与多方参与。"一种高效且有效的政策需要包含管治的、自愿的和财政方面的一套相互强化的措施。"[⑤] "一个成功的气候战略要求是综合的、成本有效的、技术和政治上可行的并避免实施这些政策时消极的社会或地区负效应。"[⑥] 综合措施或综合方法是欧盟应对气候变化问题的重要思路和理念。气候变化问题不仅仅是环境问题，由于气候变化影响的广泛性，任何气候战略都直接涉及整个社会经济的发展方式与方向。因此，涉及

[①]　CEC, *Climate Change – The EU Approach for Kyoto*, COM（1997）481 final, Brussels, 01. 10. 1997, p. 4.

[②]　CEC, *Climate Change – The EU Approach for Kyoto*, COM（1997）481 final, Brussels, 01. 10. 1997, p. 4.

[③]　CEC, *A Community Strategy to Limit Carbon Dioxide Emissions and to Improve Energy Efficiency*, SEC（91）1744 final, Brussels, 14 October 1991, p. 4.

[④]　CEC, *20 20 by 2020 – Europe's Climate Change Opportunity*, COM（2008）30 final, Brussels, 23. 1. 2008, p. 5.

[⑤]　CEC, *A Community Strategy to Limit Carbon Dioxide Emissions and to Improve Energy Efficiency*, SEC（91）1744 final, Brussels, 14 October 1991, p. 3.

[⑥]　CEC, *Climate Change – The EU Approach for Kyoto*, COM（1997）481 final, Brussels, 01. 10. 1997, p. 8.

多个相关部门、运用多种政策措施的全面综合的战略行动是必要的。在欧盟的气候变化"话语"中，特别强调气候政策的目标"一体化"到所有相关领域，比如 1991 年的"限制二氧化碳排放及提高能源效率的共同体战略"提出三类应对措施，一是研发计划、部门措施以及其他类型的管治和自愿措施；二是财政措施；三是补充性国家措施，其中部门措施涉及电力生产、工业、交通和住房/商业。而 1997 年的"京都方法"更加强调部门之间的协调以及使用多种政策手段，包括经济激励（积极和消极的）、财政手段（税收）、基于市场的措施、自愿协定、技术手段。2000 年欧盟发起的"欧盟气候变化规划"（ECCP）更是强调多部门协调参与、运用多种手段以及所有利益相关方都积极参与的综合气候战略。[①]

（3）气候变化政策的影响与后果。鉴于气候变化几乎"无所不包"的影响，任何气候变化政策措施都会对经济社会的发展带来深刻的影响。应对气候变化，发展低碳（低排放）经济是当前经济社会发展面临的一个巨大挑战，然而任何挑战几乎都预示着一定的机遇。在欧盟的气候变化政策"话语"中，把应对气候变化作为促使欧盟经济转型，从而在未来的低碳经济时代占据优势地位的重要机遇的理念表现得非常明显。2008 年发布的"20/20/20 战略"文件题为"欧洲的气候变化机会"是这种理念的集中体现。"欧洲自身已经显示它准备发挥一种全球领导作用：应对气候变化，直面严峻挑战，发展一种安全、可持续和具有竞争力的能源体系，使欧洲经济成为 21 世纪可持续发展的典范。"[②] 基于对不行动的经济成本将会更高的评估（斯特恩报告）以及能源价格的持续飙升，欧盟的"20/20/20 战略"特别强调借应对气候变化的时机实现欧盟经济的转型，因为这种转变"提供了一个使欧盟经济实现现代化的基石，从而使欧盟经济转向这样一种未来：技术和社会将适应新的需要，革新将创造有助于增长和就业的新机会"。[③] "欧盟的经济必须面对以下挑战，即确保能源供应安全，并能满足低排放经济的需要。但是如果能

① CEC, *on EU policies and measures to reduce greenhouse gas emissions：Towards a European Climate Change Programme（ECCP）*, COM（2000）88 final, Brussels, 8.3.2000.

② CEC, *20 20 by 2020 – Europe's Climate Change Opportunity*, COM（2008）30 final, Brussels, 23.1.2008, p.2.

③ CEC, *20 20 by 2020 – Europe's Climate Change Opportunity*, COM（2008）30 final, Brussels, 23.1.2008, p.2.

够成功应对这种挑战，欧盟也将打开通向新机会之门。在欧洲，气候友好政策将成为促进经济增长和就业的主要驱动因素，欧洲拥有这种真正的潜力。欧洲能够证明，必要的转型过程必定能够与确保欧洲经济成为适应 21 世纪、拥有较强竞争力且保持繁荣经济的过程相同步。"[1] 通过以上"话语"，我们至少可以发现欧盟在应对气候变化问题上体现出以下几点思想和理念：第一，应对气候变化挑战也会促进经济增长和社会就业，也就是说积极的气候政策会实现环境保护与经济发展的"双赢"，甚至环境、经济与社会的"多赢"结果；第二，气候变化领域的"先驱政策"以及发挥"领导作用"将会给欧盟带来先行者优势，并创造更具有竞争力的经济；第三，经济利益的考量（不行动的巨大成本与积极行动的经济收益）与对未来低碳（低排放）经济的强烈预期是积极应对气候变化问题的重要动因。

（三）对欧盟相关领导人言论的话语分析

上文已经指出，在国际气候谈判中欧盟部长理事会占据主导地位，但是，作为欧盟机构当中唯一拥有提案权（政策创议权）以及负责执行和监督欧盟政策法律实施的部门，欧盟委员会在欧盟内部气候政策及其国际气候谈判立场的形成过程中也发挥着极其重要的作用。特别是随着欧盟内部气候政策与国际气候谈判立场的联系越来越紧密以及欧盟气候政策越来越多地向欧盟层面的转移，欧盟委员会在具体的政策制定和国际气候谈判立场的形成方面发挥越来越大的影响力。因此，本书着重通过对欧盟委员会相关领导人相关言论的分析来看"生态现代化理念"对欧盟的影响。2002 年 5 月 31 日欧盟正式向联合国提交了《京都议定书》的批准书，当天欧盟委员会环境委员马尔冈特·华尔斯特罗姆（Margot Wallström）发言指出，"应对气候变化的行动对于实现可持续发展至关重要。我确信，通过技术进步改善环境实际上能够促进我们的经济竞争力和经济增长。这就是可持续发展的意蕴所在：保护我们生态系统的同时确保我们的经济繁荣"。[2] 2005 年 1 月欧盟委员会环境委员斯塔夫罗

---

[1] CEC, 20 20 *by 2020 – Europe's Climate Change Opportunity*, COM (2008) 30 final, Brussels, 23. 1. 2008, p. 3.

[2] European Union Ratifies the Kyoto Protocol, http://www. europa – eu – un. org/articles/en/article_1420_ en. htm, accessed on 21 June 2010.

斯·迪玛斯（Stavros Dimas）在欧盟环境非政府组织和欧洲议会组织的一次会上强调："我强烈相信严格的环境政策有利于欧盟的竞争力。"[①]同年 10 月，他在一次会议上指出，可持续发展与经济竞争力是相互促进的，环境政策对欧盟经济竞争力具有提升而不是限制作用，他特别强调严格的环境管治并不会伤害欧盟的经济竞争力，从长远来看，反而会有助于欧盟的经济。他特别指出严格的环境标准有助于更具创新性和更加清洁的生产，环保产业是新型高速增长的产业部门，严格的环境政策可以促进更多工作机会的创设。并重申，好的环境管治有助于经济增长与就业机会创造。"可持续发展政策实际上是经济保持长期竞争力的重要催化剂。"[②] 2008 年 10 月在欧盟的一个气候变化会议上，他针对金融危机发生之后一些人所强调的欧盟应该把更多精力放在应对金融危机上的言论强调指出，"在应对气候变化问题上如果我们行动迟缓将会更具有破坏性——并将付出更大的成本。……使欧洲转向拥有高能源效率和低排放的经济类型将给欧洲带来无尽的利益。这将会刺激革新，并在通向低碳未来的道路上为我们奠定先驱者的重要地位。……这符合我们的利益：它是双赢的情景，而这将会使欧盟成为一个更加强大的全球博弈者。"[③]以上分析表明，"生态现代化理念"作为一种积极的环境政策理念对欧盟委员会有着非常重要的影响。正是在"生态现代化理念"所竭力倡导的环境保护与经济发展双赢的战略理念引导下，欧盟在国际气候治理领域采取了积极超前的政策，成为气候治理领域的先驱者。

　　生态现代化理论的主要创立者耶内克曾概括指出，技术革新、市场机制、环境政策与预防性原则是生态现代化的 4 个核心要素（见第一章）。通过以上分析，我们可以看出，欧盟的气候变化政策"话语"完全体现出这 4 个核心要素，欧盟特别强调通过积极的政策推动来应对气候变化，并且已经制定和实施了一种非常积极的气候政策，而预防性理念、技术革新与市场机制在欧盟的气候变化政策理念中具有核心地位。

① Stavros Dimas, "Environment Policy to 2010 – A Sustainable Road to Lisbon," Speech at Meeting of G9 group of environmental NGOs, European Parliament (Brussels), January 26, 2005.

② Stavros Dimas, "Sustainable Development and Competitiveness," EPC Meeting, Brussels, 5 October 2005.

③ Stavros Dimas, "Climate Change – International and EU Action," Climate Change Conference, Prague, 31 October, 2008.

通过以上对欧盟委员会发布的气候政策文件文本的分析，我们发现，无论是欧盟对气候变化问题本身的认知和界定，还是欧盟所提出的解决气候变化问题的途径和方式，或者是欧盟对其所实施气候政策的后果与影响的预期，以欧盟委员会为代表的欧盟机构所反映出来的环境政策理念和思想当中，具有非常浓重的"生态现代化"味道。从根本上讲，欧盟所实施的整个应对气候变化的战略实际上深刻体现了生态现代化理论的核心思想和主张。具体而言，我们可以把欧盟气候变化政策"话语"与生态现代化理论的核心主张进行一个简要的比较，如表3-2所示。

表 3-2　欧盟气候变化政策"话语"与"生态现代化理念"比较

生态现代化理念	欧盟气候变化政策"话语"
环境问题是现代工业社会的结构性设计缺陷，只能通过经济组织方式的调整和优化得到解决	气候变化主要是化石燃料燃烧所产生的二氧化碳等温室气体的过度排放所导致，只能通过提高能源效率或发展其他可再生能源资源加以解决
经济和环境在国家"明智"的环境管制下可以协调发展，实现经济发展与环境改善的"双赢"结果	应对气候变化挑战也会促进经济增长和社会就业，积极的气候政策会实现环境保护与经济发展的"双赢"，甚至环境、经济与社会的"多赢"结果
严格的环境管治最终会提高经济竞争力	气候变化领域的"先驱政策"以及发挥"领导作用"将会给欧盟带来先行者优势，并创造更具有竞争力的经济
超越"末端治理"的预防性原则	即便气候变化仍然存在科学不确定性，仍然要立即采取行动
环境关切和生态考量"一体化"到整个经济社会进程之中	气候政策目标落实到所有相关领域与部门之中
"生态现代化"就是一个技术不断革新与扩散的过程，技术革新在"生态现代化"过程中发挥着核心作用	应该给予提高能源效率的成本有效的技术开发和利用的可能性以最大的关注
全球化背景下，环境技术和环境政策领域"先驱国家"的开创性革新行为是生态现代化的最重要驱动力	欧洲自身已经显示它准备发挥一种全球领导作用：应对气候变化，直面挑战，发展一种安全、可持续和具有竞争力的能源体系，使欧洲经济成为21世纪可持续发展的典范
市场机制和市场力量是实现"生态现代化"的关键途径，经济手段和基于市场的措施是"生态现代化"的重要方式	以市场为基础的政策手段和其他措施将以最有效的方式达到欧盟的目标

二 欧盟应对气候变化的生态现代化战略：政策分析

结合本书第二章对欧盟国际气候谈判立场历史演进的概括，接下来主要分析欧盟内部气候政策的发展演变，在此基础上，着重分析和论证欧盟的气候政策在多大程度上是一种生态现代化战略，以此来说明生态现代化理念对欧盟气候政策的影响。

（一）欧盟应对气候变化问题的政策措施及其演变

（1）从 20 世纪 80 年代中后期到 1990 年，是欧共体对全球气候变化问题的科学认知与政治行动意愿的形成阶段。纵观整个欧盟气候政策的发展历程，这个阶段在欧盟气候政策的发展史上处于科学认知与采取行动的准备时期，这个时期应对气候变化问题（当时欧盟的文件一般称为"温室问题"）更多似乎是从能源安全的战略视角来考虑和出发的。但是，基于强烈的环境政治传统以及对环境问题的高度关注，特别是 1986 年通过的《欧洲单一法令》第一次引入"环境条款"，使欧共体在环境保护问题上有了法律基础。欧共体对气候变化问题的反应是比较积极的，比如，虽然在 1988 年 11 月欧共体委员会发布的关于气候变化的第一个官方文件《温室效应与共同体：关于解决"温室效应"政策选择评价的委员会工作规划》中欧共体强调"在这个阶段削减温室气体浓度似乎并不是一个现实的目标，而可能只是一个非常长期的目标"，[1] 但 1990 年 6 月都柏林欧洲理事会上，欧共体各国首脑就呼吁尽早采取措施限制温室气体排放，紧接着在 10 月的欧盟能源与环境联合部长理事会上明确规定欧盟作为一个整体在 2000 年把温室气体排放稳定在 1990 年的水平。[2] 正如有的研究者指出，考虑到温室问题具有高度不确定性和复杂性特征的本质，这个阶段欧共体气候政策的进展相当快速与平稳，在不到两年的时间内从一个相当模糊的"问题诊断"已经发展到提出具体的

---

① CEC, *The Greenhouse Effect and the Community. Commission Work Programme Concerning the Evaluation of Policy Options to Deal with the Greenhouse Effect*, COM（88）656 final, Brussels；Heike Schöder, *Negotiating The Kyoto Protocol：An analysis of negotiation dynamics in international negotiations*, Münster：LIT, 2001.

② Heike Schöder, *Negotiating The Kyoto Protocol：An analysis of negotiation dynamics in international negotiations*, Münster：LIT, 2001.

政策目标。① 尽管这个时期欧共体还没有提出实现目标的非常具体的政策建议，主要是延续过去的能源政策。但是，非常明确的是，欧共体之所以在所有发达国家之中首先提出如此积极的温室气体减排目标，是因为其在环境治理方面的政策、技术优势为其带来了强烈的自信，而所有这些无疑与欧共体 20 世纪 80 年代在环境治理方面的成功转型——从传统的环境治理向"生态现代化"的转型——有着极大的关系，或者说，正是 20 世纪 80 年代以来，欧共体在环境治理方面的成功转型使其增强了在气候变化问题领域发挥领导作用的信心和意志。

（2）1991 年《公约》谈判开始到 1994 年《公约》生效，可以说是欧盟气候政策的具体化阶段。从 1991 年到 1995 年《公约》缔约方第一次会议（COP1）召开前夕，欧盟委员会、欧盟理事会和欧洲议会发布了一系列关于气候变化或间接与气候问题相关的政策文件。仅 1992 年欧盟委员会就发布了 7 项政策建议，包括一个关于促进共同体可再生能源的决定（ALTERNER 规划），② 一个关于 CO_2 和其他温室气体排放监督机制的决定，③ 一个关于通过提高能源效率（在现存 SAVE 之中）的来限制 CO_2 排放的指令，④ 一个关于引进 CO_2 和能源税的指令，⑤ 一项关于委员会建立援助钢铁工业规则决定的修正建议，⑥ 一个限制 CO_2 排放和提高能源效率的共同体战略文件，⑦ 一个关于气候变化框架公约

① Jon Birger Skjærseth, "The Climate Policy of the EC: Too Hot to Handle?" *Journal of Common Market Studies*, Vol. 32, No. 1, 1994, pp. 25–45.
② CEC, *Specific action for greater penetration for renewable energy sources ALTENER*, COM (92) 180 final, Brussles.
③ CEC, *Proposal for a Council Decision for a monitoring mechanism of Community CO_2 and other greenhouse gas emission*, Brussels, COM (92) 181 final, Brussles.
④ CEC, *Proposal for a Council Directive to limit carbon dioxide emission by improving energy efficiency (SAVE programme)*, COM (92) 182 final, Brussles.
⑤ CEC, *Proposal for a Council Directive introducing a tax on carbon dioxide emission and energy*, Brussels, COM (92) 226 final, Brussles.
⑥ CEC, *Commission Communication to the Council Amendment to Commission Decision No. 3855/91/ECSC of 27 November 1991 establishing Community rules for aid to the steel industry*, SEC (92) 992 final, Brussles.
⑦ CEC, *A Community Strategy to Limit Carbon Dioxide Emission and to Improve Energy Efficiency*, Brussels, COM (92) 246 final, Brussles, 1 June 1992.

结论的决定。① 1993 年底欧洲理事会正式批准了《公约》。② 总体而言，这个时期欧盟的气候政策主要包括三个部分：提高能源效率和发展替代/可再生能源，监督机制，二氧化碳/能源税。③ 在能源政策方面主要是发展了"节约"计划（Directive 93/76/EEC, SAVE Programmes）和"替代"计划（Decision 93/500/EEC, ALTENER Programmes）。监督机制是通过一个理事会决定（Decision 93/389/EEC）要求成员国定期向委员会报告温室气体排放情况，委员会定期发布有关报告进行通报。而关于二氧化碳/能源税计划却由于涉及成员国不同的利益，遭到部分成员国的反对而没有成功。纵观这些政策，一个最为重要的特点就是，依靠技术革新促进生产效率（比如提高能源效率）和发展可替代资源（可再生能源）来解决温室气体的过度排放问题。尽管运用经济手段（税收）实现减排的目的没有实现，但这项政策建议却充分反映了欧盟委员会和部分"绿色成员国"运用经济手段解决环境问题的强烈理念。

（3）1995～2001 年从"柏林授权"到《马拉喀什协定》的签署，是欧盟京都目标形成并提出具体落实措施的阶段。上文已经指出，1997 年欧盟提出发达国家到 2010 年在 1990 年的基础上减排 15% 的主张，并提出了实现目标的具体政策措施。1998 年在《气候变化——走向欧盟的后京都战略》文件④以及 1999 年在《准备实施〈京都议定书〉》的政策文件中，欧盟委员会详细阐述了实施《京都议定书》的具体政策措施和手段。⑤ 文件强调实施"一体化"战略，把气候政策目标具体落实到一些关键的部门政策之中，包括能源、交通、工业、住房、农业、土地利用和林业、结构基金与研究和技术发展（RTD），并运用财政、税收等经济手段，与有关的工业生产企业签订环境协定实施自愿减排等一揽子政

---

① CEC, *Proposal for a Council Decision concerning the conclusion of the Framework Convention on Climate Change*, Brussels, COM（92）508 final, Brussels, 14 December 1992.

② Council Decision 94/69/EC of 15 December 1993 concerning the conclusion of the United Nations Framework Convention on Climate Change, OJ L033, 7. 2. 1994.

③ John McCormick, *Environmental Policy in the European Union*, Hampshire：Palgrave, 2001, p. 281.

④ CEC, *Climate Change – Towards an EU Post – Kyoto Strategy*, Brussels, COM（1998）353 final, Brussels.

⑤ CEC, "Preparing for Implementation of the Kyoto Protocol", Brussels, COM（1999）230 final, Brussels.

策措施。2000 年是欧盟气候政策演进历程中的里程碑。这年 3 月欧盟委员会同时提出了两项重要的政策措施：第一个是准备在欧盟范围内实施温室气体排放交易。① 2001 年 10 月欧盟委员会提出了具体的温室气体排放交易实施指令，欧盟开始筹划覆盖整个欧盟的二氧化碳排放交易。② 第二项政策就是建立欧盟的气候变化规划机制（European Climate Change Programme – ECCP）。③ 2000 年 6 月欧盟委员会发起第一个气候变化规划（ECCP I），开始全面统筹欧盟的整个气候变化政策措施。这个规划分为两个阶段：2000 ~ 2001 年为第一阶段，2002 ~ 2004 年为第二阶段。根据《走向欧盟的气候变化规划》文件，欧盟气候变化规划是一个多利益相关方参与的协调磋商机构，主要集中在能源、交通、工业、研究以及灵活机制框架下的一个排放交易体系等相关部门，强调实施一揽子措施去贯彻气候变化规划行动，把环境关切"一体化"到其他部门政策领域。气候变化问题始终是欧盟应对环境问题和可持续发展战略的首要问题。上文已经指出，2001 年制定的欧盟第六个环境行动规划把气候变化问题列为优先应对的四个问题之首。2001 年欧盟哥特堡峰会制定的"可持续发展战略"列出四项优先关注的事项：气候变化、交通、公共健康、自然资源。气候变化仍然位于首位。④ 2005 年 12 月欧盟委员会提出对该行动战略的建议报告，该报告把要求重点关注的问题扩展为六项，气候变化问题仍然位居首位，其余五项分别为：公共健康、社会整合、自然资源、可持续的交通运输、全球贫困。⑤ 2001 年欧盟通过一个促进电力生产部门可再生能源利用的指令（Directive 2001/77/EC），要求成员国采取积极措施提升电力生产部门可再生能源的使用比例。气候变化导致环境被高度关切，已经完全融入了欧盟所有相关政策的制定和实施，成为

---

① CEC, *Green Paper on Greenhouse Gas Emissions Trading within the European Union*, COM (2000) 87 final, Brussels, 8. 3. 2000.

② 关于欧盟的温室气体排放交易体系，可参见庄贵阳《欧盟温室气体排放贸易机制及其对中国的启示》，《欧洲研究》2006 年第 3 期，第 68 ~ 87 页。

③ CEC, on EU Policies and Measures to Reduce Greenhouse Gas Emissions: Towards a European Climate Change Programme (ECCP), COM (2000) 88 final, Brussels.

④ CEC, *A European Union Strategy for Sustainable Development*, Office for Official Publications of the EU, 2002, p. 12.

⑤ CEC, *On the Review of the Sustainable Development Strategy – A Platform for Action*, COM (2005) 658 final, Brussels.

引导欧盟经济社会发展的一条重要原则。

（4）2002～2005年欧盟在国际上努力"拯救"《京都议定书》，而在内部继续采取各项积极政策落实京都目标。上文指出，进入2000年之后，欧盟的整个气候战略双轨并进，一方面实施气候变化规划，运用一体化方法统筹各个相关部门的政策，达到气候政策目标；另一方面积极准备实施欧盟范围的排放交易。2002年5月在美国退出《京都议定书》的情况下欧盟依然坚决批准了《京都议定书》。[①] 2003年10月温室气体排放交易指令正式通过（Directive 2003/87/EC），[②] 决定从2005年1月正式开始实施覆盖整个欧盟的二氧化碳排放交易。欧盟的排放交易体系（ETS）覆盖欧盟25个成员的上万个工商业企业，涉及欧盟总体二氧化碳排放的40%。2004年排放交易体系又与《京都议定书》的灵活机制进行了关联（Directive 2004/101/EC），使排放交易体系涵盖了更加广泛的领域，成为欧盟气候政策的核心。除了准备实施排放交易体系之外，这段时间欧盟的气候政策逐渐扩展到包括科学技术研究与开发、能源、交通、工业、农业、森林、建筑以及居民住宅等相关经济社会部门的一个综合性整体战略，在能源领域、电力生产和供热等部门制定了许多政策措施，包括：关于建筑物的能源表现指令（Directive 2002/91/EC），关于在交通部门提升生物燃料的指令（Directive 2003/30/EC），关于提升联合供热和电力生产的指令（Directive 2004/8/EC）。

（5）2005～2009年是欧盟进一步落实21世纪初实施的一系列气候政策并提出"后京都时代"气候政策目标的阶段。2005年2月16日《议定书》通过近8年的漫长批准期终于生效。2005年2月9日欧盟委员会发布了一份题为《赢得应对全球气候变化的战斗》的文件，强调随着《京都议定书》的生效，应对气候变化的国际努力进入了一个新阶段。[③] 这个文件

---

① Council Decision 2002/358/EC concerning the approval, on behalf of the European Community, of the Kyoto Protocol to the United Nations Framework Convention on Climate Change and the joint fulfilment of commitments there under, 25 April, 2002.

② Directive 2003/87/EC of the European Parliament and of the Council establishing a scheme for greenhouse gas emission allowance trading within the Community and amending Council Directive 96/61/EC, OJ L 275, 25.10.2003.

③ CEC, *Winning the Battle Against Global Climate Change*, COM（2005）35 final, Brussels, 9.2.2005.

分析了全球气候变化的形势与现状，然后重点强调了欧盟的应对策略，提出了优先发展的 15 种具有重大减排潜力的技术。同时，这份文件也开始强调适应气候变化的重要性，强调气候变化不可避免地会带来一些后果，必须做好适应的积极准备。2005 年欧盟在深刻总结第一个气候变化规划的基础上又发起了第二个气候变化规划（ECCP Ⅱ）。2007 年初欧盟委员会发布了《限制全球气候变化到 2℃：通向 2020 年的道路及其超越》，① 提出欧盟全球气候变化政策的目标是限制全球气候温度升高不能超过工业化前水平的 2℃。与此同时，欧盟委员会还在能源领域发布了一系列政策文件，以期进一步提高能源效率，达到温室气体减排目标，② 除此之外还包括建立使用能源产品生态设计要求的框架指令（Directive 2005/32/EC）以及关于能源终端利用效率和能源服务的指令（Directive 2006/32/EC）。为具体落实欧盟所提出的"20/20"目标，2008 年 1 月欧盟委员会发布《2020 年的 20/20——欧洲的气候变化机会》的文件，③ 并提出了一个"气候行动与可再生能源综合计划"，④ 为 2012 年后的欧盟气候政策以及国际气候谈判立场奠定了基础，并提出四项立法建议：（1）扩大和加强欧盟温室气体排放交易体系（EU ETS）；⑤ （2）排放交易之外的温室气体减排目标，包括建筑、交通和废物管理；⑥ （3）碳捕

---

① CEC, *Limiting Global Climate Change to 2 Degree Celsius: The Way Ahead for 2020 and Beyond*, COM (2007) 2 final, Brussels, 10. 1. 2007.

② CEC, *Renewable Energy Road Map – Renewable Energies in the 21ˢᵗ Century: Building a more sustainable future*, COM (2006) 848 final, Brussels, 10. 1. 2007; CEC, *An Energy Policy for Europe*, COM (2007) 1 final, Brussels, 10. 1. 2007.

③ CEC, *20 20 by 2020 – Europe's Climate Change Opportunity*, COM (2008) 30 final, Brussels.

④ http://ec. europa. eu/environment/climat/climate_ action. htm, accessed on 5 March 2010; Pew Center on Global Climate Change, European Commission's Proposed "Climate Action and Renewable Energy Package" January 2008, http://www. pewclimate. org/docUploads/EU_ Proposal_23Jan2008. pdf, accessed on 5 March 2010.

⑤ CEC, *Proposal for a Directive of the European Parliament and of the Council Amending Directive 2003/87/EC so as to Improve and Extend Greenhouse Gas Emission Allowance Trading System of the Community*, COM (2008) 16 final, Brussels, 23. 1. 2008.

⑥ CEC, *Proposal for a Decision of the European Parliament and of the Council on the Effort of Member States to Reduce Their Greenhouse Gas Emission to Meet the Community's Greenhouse Gas Emission Reduction Commitments up to 2020*, COM (2008) 17 final, Brussels, 23. 1. 2008.

获与封存以及环境补贴的新规则；[①]（4）成员国可再生能源强制发展目标。[②] 综合计划于 2008 年 12 月 12 日在欧盟首脑会议上获得通过，12 月 17 日欧盟议会正式批准了这项计划。根据该项计划，欧盟修正了温室气体排放交易体系，提出了第三阶段（2013~2020 年）排放交易体系。根据欧盟提出到 2020 年减排 20% 的目标（与 2005 年相比是减排 14%），欧盟委员会把相关的目标对象分为两类，一部分被新"排放交易体系"覆盖，另一部分就是"非排放交易部门"。欧盟减排任务中的很大部分通过新的"排放交易体系"完成，这个体系所覆盖的部门到 2020 年与 2005 年相比大约减排 21%。没有被"排放交易体系"所覆盖部门的温室气体减排任务在成员国之间进行分配，达成了一个新的"努力共享决定"。这些部门的温室气体排放占欧盟整个排放的 60%，为达到 2020 年减排 20% 的目标，这些部门需要减排大约 10%（以 2005 年为基年），就这 10% 的任务在 27 个成员国之间进行分配（见图 3-4）。而成员国之间

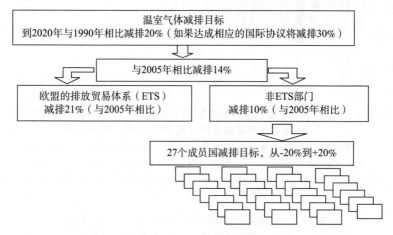

图 3-4 2008 年欧盟"气候行动与可再生能源一揽子计划"的基本结构

资料来源：CEC, Questions and Answers on the Decision on Effort Sharing, MEMO/ 08/797, Brussels：Commission of the European Communities, 2008.

---

① CEC, *Proposal for a Directive of the European Parliament and of the Council on the Geological Storage of Carbon Dioxide and Amending Council Directives* 85/337/EEC, 96/61/EC, *Directives* 2000/60/EC, 2001/80/EC, 2004/35/EC, 2006/12/EC *and Regulation（EC）No.* 1013/ 2006, COM（2008）18 final, Brussels, 23.1.2008.

② CEC, *Proposal for a Directive of the European Parliament and of the Council on the Promotion of the Use of Energy from Renewable Sources*, COM（2008）19 final, Brussels, 23.1.2008.

的目标是根据人均 GDP 进行核算的，从减排 20% 到增排 20% 不等（见图 3 - 5）。可再生能源发展目标也根据各成员国实际情况进行了分配（表 3 - 3）。

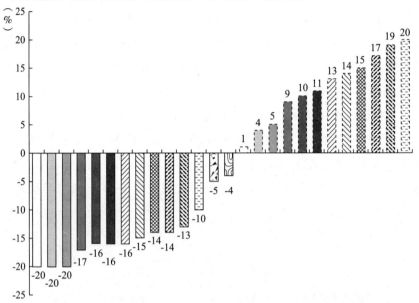

□ 卢森堡 □ 爱尔兰 ▨ 丹麦 ▤ 瑞典 ▧ 荷兰 ■ 奥地利 ▨ 英国 ■ 比利时 ⊠ 法国 ▨ 德国 ▨ 意大利
□ 西班牙 ▨ 塞浦路斯 ▨ 希腊 ▨ 葡萄牙 ▨ 斯洛文尼亚 ⊠ 马耳他 ▨ 捷克 ▨ 匈牙利 ▨ 爱沙尼亚
▨ 斯洛伐克 ◩ 波兰 ▨ 立陶宛 ▨ 拉脱维亚 ▨ 罗马尼亚 □ 保加利亚

图 3 - 5 "努力共享决定"规定的欧盟 27 个成员国"ETS"没有覆盖部门的温室气体减排目标（到 2020 年与 2005 年相比）

资料来源：Decision No. 496/2009/EC of the European Parliament and of the Council on the Effort of Member States to Reduce Their Greenhouse Gas Emissions to Meet the Community's Greenhouse Gas Emission Reduction Commitments up to 2020. *Official Journal of the European Union*, L140/136, 5. 6. 2009.

表 3 - 3 欧盟成员国 2005 年可再生能源在最后能源消费中的份额及 2020 年发展目标

单位：%

国家	2005 年	2020 年	国家	2005 年	2020 年
奥地利	23.3	34	拉脱维亚	34.9	42
比利时	2.2	13	立陶宛	15.0	23
保加利亚	9.4	16	卢森堡	0.9	11
塞浦路斯	2.9	13	马耳他	0.0	10
捷克	6.1	13	荷兰	2.4	14
丹麦	17.0	30	波兰	7.2	15

续表

国家	2005 年	2020 年	国家	2005 年	2020 年
爱沙尼亚	18.0	25	葡萄牙	20.5	31
芬兰	28.5	38	罗马尼亚	17.8	24
法国	10.3	23	斯洛伐克	6.7	14
德国	5.8	18	斯洛文尼亚	16.0	25
希腊	6.9	18	西班牙	8.7	20
匈牙利	4.3	13	瑞典	39.8	49
爱尔兰	3.1	16	英国	1.3	15
意大利	5.2	17			

资料来源：CEC，*Proposal for a Directive of the European Parliament and of the Council on the promotion of the use of energy from renewable sources*，COM（2008）19 final，Brussels，23. 1. 2008.

（二）生态现代化理念与欧盟的气候政策

基于以上分析，可以看出，从 20 世纪 80 年代逐渐发展起来的欧盟气候政策涉及几乎所有经济社会领域，已经成为一个包含经济社会各个领域和部门的整体协调战略。它以技术研发为基础，依赖欧盟和成员国的积极政策推动，以市场机制为主要方式，综合运用管治、自愿协定、财政税收和市场等手段，以减少温室气体排放为目标，关系到经济、社会、环境等各个层面的综合战略。纵观欧盟应对气候变化的整体战略，有几个非常突出的特点：一是强调环境政策目标（温室气体减排）要纳入并全面融入欧盟所有相关政策的制定和实施，"生态原则"成为欧盟制定各项政策时必须考虑的首要原则；二是强调环境技术和管理政策的革新，紧紧依靠技术和管理提高效率，节约能源，大力发展可再生能源；三是在加强宏观管治的基础上，主要依靠市场机制来达到欧盟温室气体减排的目标，其中最为重要的政策措施就是排放交易体系；四是综合运用多种方式实现气候政策目标，包括自上而下的管治，自下而上的自愿减排协定，经济手段与市场机制结合，让所有利益相关方都参与到气候治理之中；五是大力发展生态产业，力争形成环境技术和可再生能源等环境保护领域的"领导型市场"。综合这些政策特点，欧盟在气候治理领域的战略思路清晰可见：依靠环境技术革新及其市场化运用来提高资源利用效率，同时大力发展低排放或无碳排放的可替代能源（可再生能源），以期最终走向一种低碳经济，把环境关切和生态原则全面融入经济社会发展的所有相关领域，实现一种环境友好（气候友好）的发展方式，最终实现经济发展、社会协调和环境友好的多赢局面。结合前文所归纳和总结的"生态现代化理论"的核心主张，我们不难得出结论：那就是，欧盟在气候治理领域所实施的这种战略思路实质就是一种生态现代化战略。也就是说，欧盟的气候政策符合生态现代化理念的核心主张，并反映了生态现代化的发展理念。

第三节　生态现代化理念对欧盟国际气候谈判立场的影响

　　以上从欧盟气候政策话语分析和实际政策分析两个层面证实了欧盟的气候政策确实是受到了生态现代化理念的影响。也就是说，20 世纪 80年代中后期以来欧盟在全球气候变化问题上采取积极措施，并在国际气候谈判和气候治理中发挥领导作用，其背后有着更深层次的观念性驱动因素，它所实施的整个气候治理战略实际上是一种生态现代化战略。那么，20 世纪 80 年代流行于欧盟政策精英之中的生态现代化理念是如何，或者说是从哪几个方面影响了欧盟在全球气候变化问题上的利益认知和政策选择？接下来本节主要探讨这些问题。

一　生态现代化理念为全球气候治理中的欧盟提供了行动路线图

　　戈尔茨坦和基欧汉曾经指出："当我们把政治看作是一个舞台，在这个舞台上行为者在什么是各自的利益以及如何将其最大化问题上面对着持续不断的不确定性时，对于起着路线图作用的观念的需求就变得明显了。观念通过规定因果范式，或提供伦理道德上不得不信的行为动机而起着在不确定条件下指导行为的作用。"[①] 当 20 世纪 80 年代全球气候变化问题从一个科学问题逐渐向一个政治（政策）问题转变的时候，尽管当时的科学研究对于气候变化（全球变暖）已经给出了许多证据，但其

---

① 〔美〕朱迪斯·戈尔茨坦、罗伯特·O. 基欧汉编《观念与外交政策：信念、制度与政治变迁》，刘东国、于军译，北京：北京大学出版社，2005 年版，第 17 页。

仍然是一个面临重大"不确定性"的问题。事实上，直到今天，仍然有一些全球气候变化的怀疑论者。鉴于全球气候变化问题影响到几乎所有的经济社会领域，在此问题上采取的任何行动都存在巨大的经济社会影响，甚至巨大的风险性。因此，全球气候变化问题比其他任何环境问题都复杂而对决策者充满更多的挑战性。然而，越是这样，某种环境政治理念对于决策者的影响也就越大。生态现代化理念作为一种新型环境政策理念，首先构成了一种积极的世界观，并为环境问题的解决提供了一套具有明确因果关系的政策思路和战略选择。这种理念大致从以下几个层面为欧盟决策者对全球气候变化问题的分析和评估，以致界定欧盟在这个关乎整个经济社会发展的重大问题上的利益以及实现其利益的方式，提供了行动路线图。

（1）生态现代化理念为欧盟评估气候变化问题以及界定其在该问题上的利益提供了一条战略性因果路径，并影响了欧盟在气候变化问题上的战略选择。"当行为者相信观念所认定的因果联系，或它们所反映的规范性原则时，观念就成为重要的了。"① 上文已经指出，生态现代化理念深刻地影响了欧盟的决策者。这种理念为欧盟在气候变化问题上的战略选择至少提供了两条因果路径：第一，生态现代化理念把环境问题界定为工业社会的一种结构性缺陷，只能通过预防性理念与技术革新加以解决，实现工业社会的生态化转型。这为环境问题的解决提供了一条在现存社会制度框架内通过经济技术手段加以解决的途径。第二，生态现代化理念认为在环境问题上采取积极的先驱政策将会更加增强经济竞争力，最终促进经济社会的发展。根据生态现代化理念，在环境问题上采取积极超前的政策，成为特定环境问题领域的先驱者，形成某种"领导型市场"会取得先行者优势，最终会使先驱者获得丰厚的经济利益回报。欧盟决策者坚持认为全球变暖正在发生，未来经济社会的发展走一条高资源利用效率和高能源效率、低排放的低碳经济道路已经成为一种必然选择，那么，在通向低碳经济的道路上，行动越早对于欧盟越有利，付出的成本与代价越低，并最终凭借其环境技术和环境政策上的优势地位在

---

① 〔美〕朱迪斯·戈尔茨坦、罗伯特·O. 基欧汉编《观念与外交政策：信念、制度与政治变迁》，刘东国、于军译，北京：北京大学出版社，2005 年版，第 13 页。

未来的国际竞争中占据先机，在经济、政治、道义等多方面取得巨大收益。正如 2007 年德国环境部提交的一篇工作论文所强调指出的，"鉴于自然资源的稀缺性，生态效率将成为所有工业产品和服务的一个主要特征，不仅仅是在具体的生态技术方面。将来的竞争力不仅仅是在（产品的）新奇、价格、质量和设计，也将在于生态效率。……欧洲工业的表现在非常大的程度上将依赖于它把生态效率的引导原则融入所有部门和市场的能力。生态革新将成为增长、竞争力和就业的一个关键驱动因素。"①

　　（2）生态现代化理念为气候变化问题的解决提供了一条环境与经济双赢的战略模式。作为当前人类面临的最严峻的环境挑战之一，气候变化问题影响到经济社会的各个层面和几乎全部领域。因此，与其他环境问题相比，气候变化问题与经济社会的发展有着更加直接的关系。在这种情况下，解决气候变化问题的方式和路径选择将直接关系到现实和未来的经济社会发展道路和模式，因而，气候变化问题的解决更具有战略意义。上文已经指出，20 世纪 80 年代生态现代化理念已经流行于欧盟的政策精英之中。而生态现代化理念一个最重要的核心思想在于其突破了 20 世纪六七十年代一直流行于环境政策当中的环境保护与发展经济相互冲突和矛盾的一种理念，强调积极的环境保护行动不但不损害经济的发展，从长远来看反而是经济得以持续发展的一个基本前提和条件。正如马腾·哈杰尔所指出，生态现代化理念之所以能吸引决策者并成为环境政治的主导性话语，最重要的原因在于其对于一直以来被作为一种零和结果的问题提出了一种正和结果的解决方案。它把环境污染视为一种生产无效或低效问题，强调环境保护并不必然限制资本主义的市场逻辑；生态危机不仅打开了一个新的市场，创造了新的需求，而且，如果能够创造更加有效的方式应对环境问题的话，会刺激生产和交通方式、工业组织、消费品，总之所有那些被熊彼特界定为"构成和保持资本主义发动机运转的根本刺激因素"的革新。在这种意义上，生态现代化话语已把生态危机的意义颠倒过来，那些起初看起来对整个社会体系构成威胁

---

① German Federal Ministry for Environment, Nature Conversation and Nuclear Safety, *Environ-ment - Innovation - Employment*: *Elements of a European Ecological Industrial Policy*, Working Paper to the Informal Meeting of Environment Ministers in Essen, 1st – 3rd June, 2007, p. 5.

的东西现在成为促进它革新的一种媒介。[①] 因此，从生态现代化理念出发，严格的环境管治和更高的环境标准将会促进技术革新，增强经济竞争力，最终有利于整体经济的发展。因而，气候变化问题的解决可以牵一发而动全身，促使整个欧盟经济社会的转型，在未来的国际竞争中占据优势地位。而这一点也是欧盟制定气候政策和在国际气候治理中发挥领导作用特别强调的一个重要动机。

以上分析表明，生态现代化理念为欧盟的决策者提供了一套政策路线。根据生态现代化理念，行为体在特定环境问题上采取积极的"先驱政策"将会促进环境技术革新，提高经济竞争力，并最终带来丰厚的经济收益，实现经济、社会和环境的"多赢"结果。因此，生态现代化理念使欧盟决策者认识到，在全球气候变化问题上采取积极的生态现代化战略符合欧盟的利益诉求，而生态现代化政策也就成为欧盟实现其利益的有效方式和政策选择。

二 生态现代化理念在欧盟气候政策选择不存在单一均衡的情况下充当政策焦点和黏合剂

欧盟气候政策及其国际气候谈判立场是一种多层次、多行为体博弈的结果。有研究者指出，欧盟在气候变化问题上立场的形成是一个三层博弈的结果，如图 3-6 所示。本书主要关注和分析欧盟层面和成员国层面的博弈。戈尔茨坦和基欧汉曾经指出："当政治行为者必须在体现帕累托全局改善（Pareto improvements for all）的多套结局之间做出抉择时，当选择没有'客观'标准作为基础时，观念能够聚焦预期和战略。政治精英们可能根据共同的文化、规范、宗教、民族或因果性的信念来确定行动方向。其他政策可能被忽略。"[②] 基于气候变化问题影响的广泛性，在欧盟气候谈判立场形成的过程中，每一种政策立场的选择可能都会涉及众多的利益相关方，每一个利益相关方都有不同的利益诉求和政策偏好，这导致每一个政策选择都会具有多重结果。在这种情况下，一种气

---

① Maarten Hajer, *The Politics of Environmental Discourse – Ecological Modernization and the Policy Process*, Oxford: Oxford University Press, 1995, pp. 31 - 32.

② 〔美〕朱迪斯·戈尔茨坦、罗伯特·O. 基欧汉编《观念与外交政策：信念、制度与政治变迁》，刘东国、于军译，北京：北京大学出版社，2005 年版，第 18 页。

候政策能为各方普遍接受或者政策的成本有效性（某些部门付出成本的同时也可以使其他部门获利）成为决策者制定政策时的一个关键标准。而生态现代化理念为协调各方利益，达成一个有效的环境治理战略提供了一种理念共识，从而聚焦各种行为体的预期和战略。也就是说，生态现代化理念充当一种焦点，为受气候变化政策影响的各种行为体提供了一种"多赢"结果的战略预期，从而影响并引导了欧盟的政策立场选择。

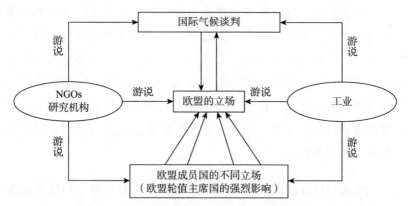

图 3 - 6　欧盟国际气候谈判立场形成的三层博弈

资料来源：Martina Jung, Axel Michaelowa, Ingrid Nestle, Sandra Greiner and Michael Dutschke, "Common Policy on Climate Change: Land Use, Domestic Stakeholders, and EU Foreign Policy," in Paul Harris ed. , *Europe and Global Climate Change: Politics, Foreign Policy and Regional Cooperation*, Cheltenham: Edward Elgar Publishing Limited, 2007, p. 240.

（1）生态现代化战略能够协调各种工商业的利益，聚焦它们的预期。严格的环境政策对部分传统工商业——比如能源和资源密集型工业——来讲是一种限制，必然招致它们的反对。比如，1993 年在布鲁塞尔成立的一个自由市场思想库"新欧洲中心"（Centre for New Europe）曾呼吁欧洲议会一些议员重新考虑 2012 年之后欧盟的气候政策。它们认为《京都议定书》规定的控制温室气体排放将打击欧盟经济增长。一个由埃克森移动公司资助的组织——欧洲明智气候政策联盟（Eiropean Sound Climate Policy Coalition）联合一些有影响的利益集团反对欧盟对《京都议定书》的支持。但是，与此同时，也有许多工商业积极支持欧盟采取积极行动。比如为了可持续的能源未来的商业理事会（Business Council for a Sustainable Energy Future）、欧洲风能协会（European Wind Energy Association）、国际联合供热供电联盟（International Cogeneration

Alliance）都支持欧盟的气候行动，甚至一些化石燃料公司也开始转变生产方式，积极支持欧盟采取预防性行动，比如英国石油公司（BP）1997年公开支持欧盟采取行动；京都谈判期间，奥地利石油公司 OMV 宣布支持欧盟 15% 的温室气体减排目标；2000～2002 年，荷兰皇家壳牌公司引入了一个内部的排放交易体系。[①] 在这种复杂的各行为体利益博弈的情况下，生态现代化理念预期严格的环境政策一方面可以促进技术革新，发展新型能源，另一方面也能节约能源和资源，从而促进整体经济的增长。这样，最终实现经济和环境的协调发展。因此，严格的气候政策实际上导致了短期利益与长期利益、局部利益与整体利益的冲突，而生态现代化理念正是提供了一种协调各行为体利益的黏合剂，从而也就促进了各方的合作，最终支持欧盟内部采取比较积极的气候政策和外部采取比较积极的国际气候谈判立场。

表 3 - 4　欧盟在气候变化问题上采取一些重大决策时的
欧盟理事会轮值主席国和"三驾马车"

时间	气候变化问题上的重大决策	轮值主席国	"三驾马车"
1990.10	欧盟环境与能源联合部长理事会提出到 2000 年温室气体排放稳定在 1990 年水平	意大利	-
1993.12	批准《公约》	比利时	丹麦，比利时和希腊
1997.3	欧盟环境部长理事会达成"责任共担协定"，提出到 2010 年在 1990 年基础上温室气体减排 15%	荷兰	荷兰，爱尔兰和卢森堡
1998.6	在《京都议定书》的基础上修改内部"责任共担协定"	英国	英国，卢森堡和奥地利
2001.6	美国退出《京都议定书》之后决定坚持推进议定书生效（欧盟哥德堡峰会）	瑞典	瑞典，比利时和欧盟委员会
2002.5	批准《京都议定书》	西班牙	西班牙，丹麦和欧盟委员会
2007.3	提出到 2020 年在 1990 年的基础上温室气体减排 20%，如果达成国际协定，减排 30%	德国	德国，葡萄牙和欧盟委员会

资料来源：作者自己整理。

---

① Miranda A. Schreurs and Yves Tiberghien, "Multi - Level Reinforcement: Explaining European Union Leadership in Climate Change Mitigation," *Global Environmental Politics*, Vol. 7, No. 4, 2007, pp. 27 - 28.

　　(2) 生态现代化理念能够协调欧盟成员国的利益，聚焦它们的战略预期。莱塞·芮休斯 (Lasse Ringuis) 在 1999 年提交的一份关于欧盟 (欧共体) 气候政策报告中指出，在欧盟内部事实上存在着三个不同的成员国集团："富且绿" (rich and green) 集团，由奥地利、丹麦、芬兰、德国、荷兰和瑞典组成，它们采取积极的环境政策，发挥领导作用；"富但少绿" (rich but less green) 集团，由比利时、英国、法国、意大利和卢森堡组成，它们不大可能冲在前列，缺乏采取积极环境政策的动力；"贫穷且更少绿色" (poorer and least green) 的集团，由葡萄牙、西班牙、希腊、爱尔兰组成，它们是欧盟环境政策的拖后腿者。[①] 生态现代化理念首先兴起于德国，然后在荷兰、奥地利和英国等国有着广泛的影响。正如上文已经指出的，生态现代化成为 1998 年德国社会民主党 (SPD) 和绿党组成的红绿执政联盟协定的关键词。2002 年德国环境顾问委员会对生态现代化进行了专门概述，生态现代化已经成为德国的基本国策。[②] 而荷兰也是深受生态现代化影响的国家。[③] 纵观整个欧盟气候政策和国际气候谈判立场的发展演变历程，许多重大的决策，特别是 1997 年京都谈判目标和 2007 年后京都目标的提出，事实上正是以德国和荷兰为首的"富且绿"成员国担任欧盟轮值主席国时期大力推动的结果 (表 3 - 4)。早在 1989 年荷兰政府就呼吁工业化国家到 2000 年二氧化碳排放稳定在 1989/1990 年的水平，这使之成为世界上第一个采纳温室气体减排目标的国家。1990 年荷兰更进一步提出到 2000 年在 1989 ~ 1990 年的基础上二氧化碳减排 3% ~ 5% 的目标。而德国政府紧随其后，1990 年联邦德国政府提出到 2005 年二氧化碳排放相对于 1987 年减排 25% ~ 30% 的目标。同时，丹麦政府决定到 2005 年在 1988 年的基础上二氧化碳减排 20%，奥地利政府也提出一个到 2005 年与 1988 年相比二氧

①　Lasse Ringuis, *European Community and Climate Protection*: *What's behind the "Empty Rhetoric"*? Center for International Climate and Environmental Research – Oslo (CICERO) Report 1999 - 8, Oslo: CICERO, 1999.

②　郇庆治、〔德〕马丁·耶内克：《生态现代化理论：回顾与展望》，《马克思主义与现实》2010 年第 1 期，第 175 页。

③　关于荷兰的"生态现代化"战略与环境治理可参见山东大学李彦文 2009 年的博士论文《生态现代化理论视角下的荷兰环境治理》。

化碳减排 20% 的目标。[①] 再比如，20 世纪 90 年代初正是德国、丹麦和荷兰等国提出在欧盟范围内征收二氧化碳/能源税的政策，试图通过这项政策实现欧盟的减排目标，此举尽管受到一些成员国的反对而没有实现，但也充分反映了这些"绿色国家"在欧盟气候变化政策领域的积极推动作用。而在 1997 年达成的责任共担协定及其 1998 年修改之后的协定中，德国、奥地利、丹麦和荷兰等国承担了绝大部分减排任务。而在"责任共担协定"达成的过程中，荷兰做出了非常重要的贡献，在谈判的关键时刻，丹麦和德国也起到了重要作用。[②] 2007 年上半年，正是在欧盟理事会轮值主席国德国的积极推动下，欧盟提出并确立了其 2020 年的气候政策目标。德国一直是欧盟气候政策乃至国际气候谈判的"领导者"，为推动欧盟在气候变化问题上采取积极政策做出了重要贡献。综上所述，我们可以看出，欧盟在国际气候谈判中之所以采取积极立场并在国际气候治理中发挥领导作用，是与部分"绿色国家"的推动密不可分的，而这些"绿色国家"在环境治理方面深受"生态现代化理念"的影响，并实施生态现代化战略。正如有研究者指出，在欧盟有一种普遍的预期，新的气候友好技术将会创造新的工作并提升欧盟的国际竞争力。比如，德国控制了全球大约 20% 的环境技术出口，这每年价值大约 30 亿美元。积极的气候政策与经济发展并不冲突，况且，成功的经济政策与成功的环境政策密切相连。[③] 以上分析表明，欧盟在气候变化问题上的重大决策基本上都是由某些发挥领导作用的"绿色成员国"首先发挥带头作用，然后团结和争取部分"富但少绿"的成员国，帮助和支持在环境政策上拖后腿的国家，从而最终使欧盟能够在国际气候谈判中采取积极超

---

① Miranda A. Schreurs and Yves Tiberghien, "Multi – Level Reinforcement: Explaining European Union Leadership in Climate Change Mitigation," *Global Environmental Politics*, Vol. 7, No. 4, 2007, p. 32.

② Lasse Ringius, "Differentiation, leaders, and fairness: Negotiating Climate Commitments in the European Community," *International Negotiation*, Vol. 4, No. 2, 1999, pp. 133 – 166; John Vogler, *Climate Change and EU Foreign Policy: The Negotiation of Burden – Sharing*, UCD Dublin European Institute Working Paper 08 – 11, July 2008.

③ Lasse Ringius, *European Community and Climate Protection: What's behind the "Empty Rhetoric"*? Center for International Climate and Environment al Research – Oslo (CICERO) Report 1999 – 8, Oslo: CICERO, 1999, p. 17.

前的政策立场。而所有这些政策成果的取得，其中一个非常重要的原因在于"生态现代化理念"发挥了政策黏合剂的作用。因为，一方面，气候变化问题上的生态现代化战略使"绿色成员国"能够在欧盟内部气候政策及国际气候治理中发挥积极的领导作用，并最终使它们获得丰厚的利益回报；另一方面，生态现代化战略也使"贫穷且更少绿色"的国家经济受益，而且在环境、技术和就业方面受益。

三　生态现代化理念嵌入欧盟的制度当中影响政策立场选择

"观念一旦对组织的设计产生了影响，它们的影响就将通过在该组织中工作的那些人以及该机构为其利益服务的那些人的动机反映出来。"[①]从20世纪80年代中后期欧共体开始积极介入对气候变化问题的应对，经过20多年的发展演进，无论是在欧盟层面还是在成员国层面，欧盟都建立了诸多应对气候变化的制度和机构。从经验上来讲，鉴于欧盟气候政策的发展受到众多因素的影响，具有长期性和复杂性，我们很难界定或判断这些因气候变化问题而设立的制度和机构受到生态现代化理念的影响，是生态现代化理念制度化的结果，但上文的分析表明，生态现代化理念对欧盟委员会和部分成员国（比如德国）应对气候变化问题的政策立场选择产生了重要影响，那么，这种影响无疑直接或间接地对欧盟气候政策的制度化——比如欧盟委员会发起的气候变化规划（ECCP）和排放交易体系（ETS）——发挥了作用。因此，本书主要考察欧盟为应对气候变化而设置的对欧盟气候政策及其国际气候谈判立场产生重要影响的制度和机构与生态现代化理念的相关关系，以及这种理念嵌入这些制度和机构当中对欧盟气候政策立场的影响。鉴于研究的需要，本书着重考察和分析欧盟的气候变化规划（ECCP）。

欧盟的气候变化规划是欧盟委员会为实现欧盟在《京都议定书》中温室气体减排8%的承诺而发起的一项行动计划。该计划意在把所有受气候变化政策影响的利益相关方（stakeholders）团结在一起，共同合作完成削减温室气体排放的共同且协调的政策措施，其目的在于界

---

① 〔美〕朱迪斯·戈尔茨坦、罗伯特·O.基欧汉编《观念与外交政策：信念、制度与政治变迁》，刘东国、于军译，北京：北京大学出版社，2005年版，第21页。

定和发展对于实施《京都议定书》非常必要的欧盟气候变化战略的所有因素。[①] 如图3-7所示，欧盟气候变化规划由一个指导委员会（Steering Committee）和若干个技术工作组（Working groups - WGs）组成。指导委员会是由欧盟委员会各个相关部门组成，技术工作组成立之初有六个，2001年加上了农业，后来又根据工作需要逐渐增加了一些工作组，到2005年一共有11个工作组，灵活机制工作组除了排放交易之外又增加了联合履约和清洁发展，其他除了图3-7所列出的工作组之外还有：设备使用和工业过程中的能源效率，农业土壤管理中的碳汇，与森林相关的碳汇。每一个工作组又下设了若干次级工作组，进行分工合作。2000～2004年是第一个气候变化规划（ECCP Ⅰ），2005年10月欧盟委员会又发起了第二个气候变化规划（ECCP Ⅱ）。第二个气候变化规划由6个工作组组成：第一个气候变化规划审查（下设5个次级工作组：交通，能源供应、能源需求、非 CO_2 气体、农业）、航空、CO_2 与乘客汽车、碳捕获与封存、适应、排放交易体系审查。[②] 在第一个气候变化规划期间欧盟一共实施了42项减排措施，从2005年1月开始进行欧盟的排放交易体系，这一政策成为欧盟气候变化规划的旗舰措施。[③]

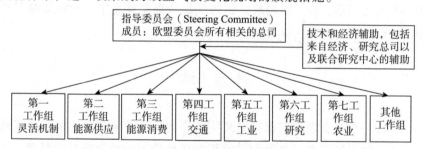

图3-7　欧盟气候变化规划结构

资料来源：CEC, on EU policies and measures to reduce greenhouse gas emissions: Towards a European Climate Change Programme（ECCP）, COM（2000）88 final, Brussels, 8. 3. 2000. 笔者根据工作组的设置变化对结构图做了相应的调整。

---

① CEC, *On EU Policies and Measures to Reduce Greenhouse Gas Emissions: Towards a European Climate Change Programme（ECCP）*, COM（2000）88 final, Brussels, 8. 3. 2000.

② Second European Climate Change Programme, 参见 http://ec. europa. eu/clima/policies/eccp/second_ en. htm, accessed on 2010 - 11 - 2。

③ Stavros Dimas, "Developing the EU Climate Change Programme," Speech at Stakeholder Coference Launching the Second European Climate Change Programme, Brussels, 24 October 2005.

　　欧盟气候变化规划建立在欧盟已经实施的一些减排政策措施的基础上，比如提高能源效率与发展可再生能源。它也与欧盟实施的第六个环境行动规划以及可持续发展战略相协调。气候变化规划界定和实施的40多项政策措施主要集中在能源、交通、工业、研究和排放交易等方面。①这些措施有几个最为重要的特点：一是大力进行技术研发活动，依靠技术进步提高效率，发展可替代能源来达到减排的目的。比如欧盟的第六个研发框架规划（2002～2006）分配20亿欧元用于直接或间接解决气候变化问题的研究，第七个研发框架规划（2007～2013）投入110亿欧元用于气候变化相关研究。②二是主要依靠市场机制来实现政策目标（比如排放交易）。根据欧盟委员会环境委员迪玛斯的总结，欧盟气候变化规划建立在以下原则之上：与所有利益相关方磋商，透明，成本有效性以及把气候变化措施全面融入所有相关政策领域。③从这些政策措施及其建立原则可以看出，欧盟气候变化规划深刻地反映出生态现代化理念的影响，实际上就是生态现代化理念在欧盟气候治理过程中的具体化和制度化。作为欧盟气候政策当中最主要的一项制度，气候变化规划的运行对欧盟落实"京都目标"具有极其重要影响。因此，生态现代化理念作为一种观念因素，嵌入欧盟所实施的气候治理制度之中，最终影响了欧盟的气候政策与国际气候谈判立场。

本章小结

　　作为一种具有强烈"现实主义"色彩的环境政策理念，生态现代化理念是一种促使国家（集团）采取积极环境政策行动的观念性因素。通过对欧盟气候政策文件与欧盟相关领导人言论的话语分析以及对欧盟气候政策措施的分析，本章发现生态现代化理念影响了欧盟在全球气候变

---

① European Commission, *The European Climate Change Programme：EU Action Against Climate Change*, 2006.

② European Commission, *The European Climate Change Programme：EU Action Against Climate Change*, 2006.

③ Stavros Dimas, "Developing the EU Climate Change Programme," Speech at Stakeholder Coference launching the Second European Climate Change Programme, Brussels, 24 October 2005.

化问题上的利益认知和利益界定，是欧盟采取积极国际气候谈判立场背后的观念驱动因素。随着欧盟气候治理行动的发展和深化，生态现代化理念已经逐渐内化为欧盟气候政策话语体系和信念体系中的主导性因素，它对欧盟采取积极的气候政策立场产生了重要的推动作用。

第四章 生态现代化收益与欧盟的
国际气候谈判立场

欧盟委员会的一个文件曾指出，全球气候变化不仅仅给欧盟社会经济发展带来了巨大的挑战，而且也为其走向低碳经济创造了难得的机遇。本章将检验本书所提出的第二、三个假设，也就是通过积极的气候政策来提升欧盟的经济竞争力，试图占据低碳经济的制高点，以期最终给欧盟带来较大经济收益的这种利益考量是否是欧盟制定其气候战略的一个重要考量，欧盟在应对气候变化过程中的生态现代化收益如何，这种收益对欧盟的气候政策立场产生了怎样的重大影响。本章首先界定生态现代化收益的具体内涵，然后从定性和定量两方面对生态现代化收益的影响进行分析和评估。

第一节 气候治理与生态现代化收益

任何环境治理行动都会与行为体三方面的利益有关：环境问题造成的损害（生态脆弱性）、行动的经济社会成本、行动的收益。具有较高生态脆弱性的国家，对于环境治理行动无疑会有非常高的热情与积极性，比如，由于全球气候变化导致海平面上升所带来的巨大灾难，小岛国联盟是国际气候治理行动中最为积极的行为体。而治理行动的经济社会成本无疑也会影响和制约行为体对待环境治理行动的态度和立场，那些需要付出高昂成本和代价的国家或国际组织对于环境治理一定不会非常积极。环境治理行动也会给行为体带来收益，有些收益是隐性的，比如环境改善给人们带来的愉悦感，空气质量提高给健康带来的好处，等等。也有些收益是显性的，比如环境技术革新带来的收益，环境产业所带来的直接经济收益与社会就业等。无疑，环境治理收益对于行为体的行动也会产生重大影响，那些在环境治理行动中获得丰厚收益的行为体对于治理行动必定持非常积极支持的态度和立场。本节专门就气候治理行动所带来的收益及其影响进行总体论述，在接下来的几节将重点论述这种收益（本书称之为生态现代化收益）对欧盟国际气候谈判立场的影响。

一　全球气候变化问题的重要特点与气候治理的影响

1. 全球气候变化问题的特点

全球气候系统是全人类的共同财产，也是人类赖以生存的物质条件之一。全球气候变化问题具有五个非常典型的特点：（1）全球气候变化问题本身的全球性。导致气候变化的原因可能是部分国家的温室气体排放，但是其产生的结果却具有全球性，任何国家都不能独善其身而不受全球气候变化的影响。（2）全球气候变化问题本身对经济社会领域影响的广泛性。作为人类与自然环境的外部大环境，气候系统对人与自然环境都具有无所不在的广泛影响，这种影响是"全方位、多尺度和多层次的，它不仅会严重影响到人类赖以生存的生态环境系统，而且会对人类社会的发展产生深远的影响，甚至有可能危及人类社会的生存"。[①]（3）解决全球气候变化问题影响的广泛性。应对气候变化说到底实质上就是温室气体减排，而温室气体排放最主要源自化石能源的使用，而能源几乎涉及所有的社会经济部门，包括能源生产与供应、交通、工业、建筑、农业等等，是一项综合工程。减排行动事实上就是限制化石燃料的使用，或者寻求替代能源来支撑经济社会的发展。因此，对气候变化问题的解决本身具有全方位的经济社会影响。（4）全球气候变化问题解决需要全球性努力。既然气候变化影响到每一个国家，而且任何国家的单独行动不足以解决这个问题，所以问题的解决需要集体行动，需要全球性努力。至少必须大部分温室气体排放大户合作行动才能从根本上解决这种问题。（5）全球气候变化问题的紧迫性。IPCC 的五次评估报告以及国际社会的其他一些研究机构的研究结果都强调气候变化问题已经刻不容缓，必须尽早采取行动加以解决，以避免出现不可扭转的灾难性后果。

2. 气候治理及其影响

"地球只有一个，但世界却不是。"[②]　正如有的学者指出，我们生活

[①]　国家气候变化对策协调小组办公室，中国 21 世纪议程管理中心：《全球气候变化——人类面临的挑战》，北京：商务印书馆，2004 年版，前言第 1 页。

[②]　世界环境与发展委员会：《我们共同的未来》，王之佳等译，长春：吉林人民出版社，1997 年版，第 31 页。

在"一个地球、两个世界"的现实当中：人类只有一个地球，却生活在两个世界里，一个是由土地、空气、社会和动植物组成的自然世界，这个世界在人类出现以前几十亿年就已存在，而后来人类进化发展，也成为其中的一部分；另一个是由不同的国家所组成的政治世界，人们生活在不同的国家之中，拥有领土边界的主权国家在自己领土范围内具有最高主权，不存在世界政府。[①] 因此，鉴于全球气候变化问题的上述特点以及当前国际体系的现状，对于气候变化这样典型的全球性环境问题的治理，必然是国家内部的行动与国际合作行动相结合。而在全球环境治理当中，事实上也就一直存在这两种行动及其互动。那么，在全球环境治理的发展过程中也就始终存在两种模式的竞争与协调。一种是通过国家之间的协调或通过国际组织——比如联合国——的努力在国际上达成共识，来解决全球环境问题（比如国际气候治理中的《公约》及其《京都议定书》的达成），这种模式可以称之为"通过国际规制的治理"（governance by international regulations）；另一种就是通过国家之间的竞争与学习，主要依靠某些国家的先驱行动影响并带动其他国家来达到解决环境问题的目的，这种模式可以称之为"通过国家先驱政策的治理"（governance by national pioneer policy）。[②] 对于全球环境治理，哪一种模式更好并非本书关注的问题。事实上，在全球环境治理的过程中，这两种模式始终既竞争又相互补充而存在。本书主要关注后一种治理模式的重要影响。

一般认为，由于全球气候变化问题的"公共物品"特性，面对国际气候治理的集体行动，行为体往往消极等待"搭便车"，集体行动往往陷入困境，而这也正是国际气候谈判与国际气候协定达成过程纷争不断的主要根源。但是，这只是问题的一个方面，气候变化问题的上述五个重要特点还决定了另一种可能性：既然全球气候变化问题已经刻不容缓，且全球气候变化问题需要全球的努力，那么，率先在这个领域取得突破

[①] 张海滨：《环境问题与国际关系：全球环境问题的理性思考》，上海：上海人民出版社，2008 年版，第 18 页。

[②] Martin Jänicke, *The Role of the Nation State in Environmental Policy: The Challenge of Globalisationy*, Forschungsstelle für Umweltpolitik（FFU）Report 2002 – 2007, Berlin: Free University of Berlin, 2002, p. 6.

（技术和政策）的国家或组织必将在不久的将来抢占发展先机，成为这个领域的"领导型"市场，从而增强国际竞争力，不但会在经济领域获得巨大收益，而且在政治、道义等方面占据主动，赢得无可估量的利益。而这也正是"通过国家先驱政策的治理"模式的强烈诱惑之所在。而这种先驱政策的实施也正是生态现代化战略的关键。通过前文的论述我们知道，生态现代化战略事实上存在双重向度，而在全球化背景下的国际竞争中其内在向度与外在向度在经济利益这一点上得以交汇。所以，一种气候治理的生态现代化战略事实上也存在着双重向度：内在向度与外在向度（国际向度），一方面，通过积极的环境政策支持和引导，促进内部的环境技术革新并使其成功市场化，从而形成特定领域的"领导型市场"。这样，不但可以促使内部经济社会的生态化转型，积极应对由于气候变化而对经济社会发展造成的巨大挑战，而且还可以在生态现代化的道路上走在世界前列，赢得先行者优势，占据发展先机和主导。另一方面，通过积极推动国际气候谈判和国际气候治理朝着生态现代化的道路发展，促进环境技术和环境治理政策的扩散，力争成为其他国家（国家集团）的学习榜样与对象，在国际竞争中获得丰厚收益。

因此，从这种意义上讲，应对气候变化问题的战略选择可以说是一个关乎整个经济社会发展的"大战略"，而气候治理的方式和道路将直接影响到一个国家（集团）在依然是一个无政府状态的国际体系中的国家利益和未来国际地位。

二　低碳经济发展之路与生态现代化收益

"从世界的发展远景来看，通向有序世界之路的一个可能选择是探索发展低碳经济。"① 所谓低碳经济，是指在可持续发展理念指导下，通过技术创新、制度创新、产业转型、新能源开发等多种手段，尽可能减少煤炭石油等高碳能源消耗，减少温室气体排放，达到经济社会发展与生态环境保护双赢的一种经济发展形态。低碳经济是以低能耗、低污染、低排放为基础的经济模式，是人类社会继农业文明、工业文明之后的又

---

① 胡鞍钢、管清友：《中国应对全球气候变化》，北京：清华大学出版社，2009 年版，前言第Ⅳ页。

一次重大进步。[①] 低碳经济实质是能源高效利用、清洁能源开发、追求绿色 GDP 的问题，核心是能源技术和减排技术创新、产业结构和制度创新以及人类生存发展观念的根本性转变。[②] 这实质上与经合组织国家所倡导的"绿色增长"战略相一致，也就是"一种追求经济增长和发展，同时又防止环境恶化、生物多样性丧失和不可持续地利用自然资源的方式。它旨在使利用更清洁的增长来源的机会最大化，从而实现更环保的可持续增长模式。"[③] 鉴于自然资源的有限与稀缺性以及温室气体排放空间的限制，发展低碳经济已经成为现实与未来经济社会发展接轨的必然选择和大势所趋。"低碳经济"概念是由英国率先提出的。2003 年 2 月 24 日英国首相布莱尔发表了题为《我们未来的能源——创建低碳经济》的能源白皮书，[④] 宣布到 2050 年英国能源总体发展目标是：从根本上把英国变成一个低碳经济的国家。其政策目标之一就是到 2050 年将英国的二氧化碳排放量在 1990 年基础上削减 60%，并于 2020 年取得实质性进展。且不论英国提出低碳经济其本身国家内部的形势和战略考量（比如英国能源安全及其对经济发展的深远影响），低碳经济的提出也有英国（乃至欧盟）整体国际气候谈判战略的深层背景因素。正如有的学者指出，低碳经济是在国际气候制度框架（包括《公约》及其《京都议定书》），特别是《京都议定书》遭受空前挫折的形势下提出的。目的是打破国际气候谈判中的僵局，着眼于国际气候制度建设。[⑤] 就这一点而言，一方面，英国（欧盟）认识到，在目前的形势下，发展高效能源与低排放的经济已经是大势所趋，引领潮流、抢占先机不但会促进内部经济的深刻转型，确保立于不败之地，而且还可以在国际上占据优势；另一方面，这也是英国（欧盟）在国际气候谈判和国际气候治理纷争不断的形

---

① 参见百度百科"低碳经济"条目，http://baike.baidu.com/view/1494637.htm，2010 - 11 - 3 登录。

② 胡鞍钢、管清友：《中国应对全球气候变化》，北京：清华大学出版社，2009 年版，前言第Ⅳ页。

③ 经合组织（OECD）：《绿色增长战略中期报告：为拥有可持续的未来履行我们的承诺》，2010 年 5 月 27 ~ 28 日，经合组织部长级理事会会议。

④ DTI (Department of Trade and Industry), *UK Energy White Paper: Our energy future - creating a low carbon economy*, published by TSO (The Stationery Office), 2003.

⑤ 庄贵阳、朱仙丽、赵行姝：《全球环境与气候治理》，杭州：浙江人民出版社，2009 年版，第 284 页。

势下，试图单边行动，依靠自身的成功树立国际"榜样"，通过榜样和示范进行领导（Leadership by example）。而这不但会促进国际气候制度的建设，而且更为重要的是能增加英国（欧盟）在国际气候治理中的利益。这实质上正是上文所述的两种国际治理模式的竞争，而欧盟试图通过自身的"先驱"行动实践第二种治理模式，其背后深层次战略考量与利益动机不言而喻。而从低碳经济的特点以及发展低碳经济的手段与措施选择上看，发展低碳经济实质上就是走向生态现代化，也就是一种生态现代化战略。也就是说，欧盟试图在生态现代化的道路上率先取得重大突破，成为低碳经济的引领者，然后世界其他国家和地区效仿它们的政策，引进它们的技术，"也这样做"。正如欧盟委员会发布的一份文件所指出的，"只有这样，欧盟才能强化它在国际谈判中的信用，并给其他缔约方一个强烈的信号：他们也要这样做"。[1]

应对气候变化最主要涉及到两大问题：一是减缓（Mitigation），就是如何通过环境政策干预，减少温室气体排放或增大对温室气体的吸收（也就是温室气体的汇）；二是适应（Adaptation），就是全球气候不可避免地要发生一定程度的变化，面对实际发生的或预期发生的气候变化以及它所带来的后果，采取积极的预防性措施，对自然系统或人类系统进行调整，以降低气候变化所带来的损害或积极利用某些气候变化所带来的机遇，达到防患于未然。一般而言，气候政策是以减缓为主，从适应为辅，适应措施是对减缓战略的必要补充。因此，应对气候变化的政策和技术主要就关乎这两方面。目前来看，减缓和适应气候变化的技术领域主要涉及能源、交通、工业、农业、林业、建筑和废物处理等行业部门，而且大部分都已经成功商业化（见表4-1）。而且，环境技术及其市场化已经成为当前发展最为迅猛的经济领域之一，如图4-1、图4-2显示，2005年全球环境技术市场总额已达到10000亿欧元，而到2020年将达到22000亿欧元，年均增长5.4%。从2005年到2020年，生物燃料、太阳能发电、减少二氧化碳排放的发电等技术的增长都在20%以上，具有极其重大的市场潜力。而从图4-3可以看出现在科学研究中对"绿色技

---

[1] CEC, *Preparing for Implementation of the Kyoto Protocol*, COM (1999) 230 final, Brussels, 1999, p. 1.

术"的普遍重视，几乎所有与环境相关的科学研究领域都在关注"绿色技术"的开发和应用。图4-4反映了减缓气候变化的技术发展趋势，从图中可以看出，与其他技术部门相比，与气候变化相关的技术发展迅猛，尤其是1997年《京都议定书》签署之后可再生能源的发展更加突出。那么，在应对气候变化过程中率先在这些方面取得技术突破并成功商业化的国家就成为该领域的"领导型市场"，随着技术扩散和相关产品的市场扩散，这些国家将会获得丰厚利益。这些利益就是生态现代化收益。

表4-1　部分目前已经商业化的关键减排技术和做法

部门	部分目前已经商业化的关键减排技术和做法
能源供应	提高能效，燃料替代，核电，可再生能源（水电、太阳能、风电、地热以及生物质能），热电联产，CO_2捕获与封存
交通运输	更节油的车辆，混合燃料汽车，生物燃料，从公路向铁路和公交等交通方式转变，骑自行车，步行，用地规划
建筑	节能照明，节能电器和空调，改善房屋的隔热性能，太阳能供热和制冷，替代隔热层和家电中的含氟制冷剂
工业	更节能的电力设备，余热、余压、废气回收利用，材料循环利用，控制非CO_2气体排放
农业	通过土地管理，提高土壤中的碳储存量；退化提地恢复；改良水稻种植技术；改进氮肥使用技术；能源作物
林业	造林，再造林，森林管理，减少毁林，利用林产品产生物质能
垃圾	垃圾填埋气回收利用，垃圾焚烧热能利用，堆肥，通过废物回收利用，最大限度地减少垃圾产生量

资料来源：庄贵阳、朱仙丽、赵行姝：《全球环境与气候治理》，杭州：浙江人民出版社，2009年版，第88页。

根据 ECORYS 公司 2012 年的一份研究报告，2010 年全球生态产业产值大约达到 1.15 万亿欧元，到 2020 年全球生态产业市场可能会达到每年 2 万亿欧元。[①] 而生态产业的全球市场预期将会有更快的增长。伴随着发达国家和发展中国家更加严格的环境管治，资源和能源利用效率变得越来越重要，从而驱动了生态产业的全球性膨胀。[②] 生态产业已经成

---

① ECORYS, *The Number of Jobs Dependent on the Environment and Resource Efficiency Improvements*, Rotterdam, 3 April 2012, pp. 8-9.

② ECORYS, *Study on the Competitiveness of the EU Eco-industry*, Final report - Part 1, Brussles, 09 October, 2009, p. 90.

为推动经济增长、社会就业和改善环境的一个重要产业。

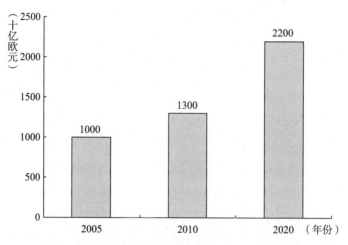

图4-1　环境技术世界市场总额（2005～2020年）

资料来源：market studies, expert interviews, Roland Berger Strategy Consultants 2006.
转引自：Germany Federal Ministry for the Environment, Nature Conservation and Nuclear Safety, *Environment - Innovation - Employment*: *Elements of a Europe Ecological Industrial Policy*, Working Paper to the Informal Meeting of Environmental Ministers in Essen, 2007.

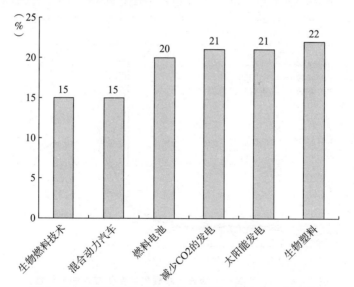

图4-2　世界环境技术增长率（2005～2020年，CAGR）

资料来源：market studies, expert interviews, Roland Berger Strategy Consultants 2006. 转引自：Germany Federal Ministry for the Environment, Nature Conservation and Nuclear Safety, *Environment - Innovation - Employment*: *Elements of a Europe Ecological Industrial Policy*, Working Paper to the Informal Meeting of Environmental Ministers in Essen, 2007. 说明：CAGR = Compound Annual Growth Rate。

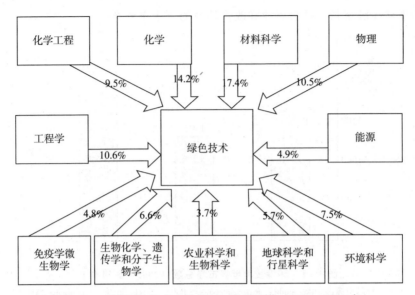

图4-3　"绿色"技术中的创新-科学环节（2000～2007年）

　　注：数字显示了参考专利文件科学研究的计量结果，2000～2007年科学研究特定领域内绿色专利的比例。

　　资料来源：经合组织（OECD）:《绿色增长战略中期报告：为拥有可持续的未来履行我们的承诺》，2010年5月27～28日，经合组织部长级理事会会议。

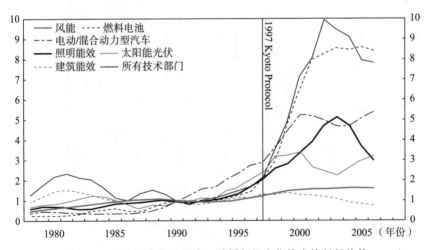

图4-4　相比所有行业而言，减缓气候变化技术的创新趋势

（附件一批准国家的专利申请数量，移动平均数为三年，1990年指数＝1.0）

　　资料来源：经合组织（OECD）:《绿色增长战略中期报告：为拥有可持续的未来履行我们的承诺》，2010年5月27～28日，经合组织部长级理事会会议。

三　生态现代化收益与国家（集团）的国际气候谈判立场

以上分析表明，随着环境问题在经济社会发展过程中日益突出，人们的环境意识日益提高，国家（集团）在经济社会发展道路和方式的选择上已经不能再"随心所欲"，环境保护和环境关切必须被融入其他政策之中。正如有的学者指出："我们生活在一个日益'泛生态化'和环境国际化规制的世界里。从国家安全、民族生存，到个人衣食住行，我们已经很难'自由地'选择或无所顾忌地行动，环境关切及其国际化制度与规则已成为一种必需的考量。"① 经合组织在强调经济社会发展为什么必须实施"绿色增长"战略时也指出："人们对过去和目前的经济增长方式在环境方面的不可持续性以及不可逆转地改变维持经济繁荣所需的环境这一风险越来越关切。对未来可能爆发气候危机的意识日益提高，显而易见，不能再把环境与经济分开来考虑。这些关切表明，消费行为、产业结构和技术必须做出重大转变。"② 在这种形势下，从可持续发展的视角出发，环境技术、环境技术革新、环境产业将变得越来越重要。那么，当我们不考虑一个国家（集团）面临的生态脆弱性和减缓成本的情况下，生态现代化收益就成为该国（集团）在国际环境事务或国际环境治理中政策立场选择最为重要的影响变量。事实上，环境技术革新和环境产业的发展也在很大程度上降低了国家（集团）在应对环境问题时所需付出的成本，比如替代能源和可再生能源的发展必定减少了限制或淘汰化石燃料能源给经济社会发展带来的负面影响，尽管目前来看，发展新能源的市场成本也不低。而且，技术成本会随着时间的推移和规模效应的形成而逐步下降（见图4-5）。因而，技术革新及其成功市场化就至关重要了。

具体而言，根据以上分析，本书主要从经济技术视角出发，把一个国家（集团）在应对气候变化问题上采取生态现代化战略所带来的收益主要分为以下三种：一是环境技术革新带来的收益，比如环境技术方面的专利及技术转让，其他国家引进技术过程中的支付并学习，等等。二

---

① 郇庆治：《环境政治国际比较》，济南：山东大学出版社，2007年版，导言第3页。
② 经合组织（OECD）：《绿色增长战略中期报告：为拥有可持续的未来履行我们的承诺》，2010年5月27～28日，经合组织部长级理事会会议。

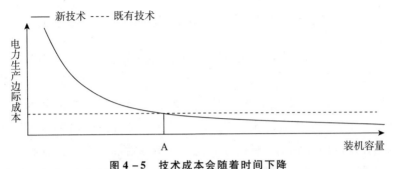

图 4 – 5　技术成本会随着时间下降

资料来源：STERN REVIEW：The Economics of Climate Change，http：//www.hm –
treasury. gov. uk/d/Executive_ Summary. pdf.

是环境技术市场化形成的生态产业（Eco-industries），也称为环境产业
（Environmental Industries）。生态产业的发展不但可以创造巨大的经济收
益，而且还可以促进社会就业，更为重要的是由于全球性需求的存在
（因为解决气候变化问题是一个全球普遍面临的挑战），生态产业通过出
口，可以给出口国带来巨大的收益。三是由于环境技术革新之后生态效
率的提高而带来的资源和能源的节约以及可再生能源发展促进能源安全
的提高。

　　根据生态现代化理论，一个国家（集团）在环境领域实施更高的环
境标准和更严格的环境政策会促进该国（集团）经济的发展，提高其经
济竞争力。而达到这种结果的路径就是通过环境技术和相应环境政策的
革新，形成某一特定环境领域的"领导型市场"，然后通过政策和技术
的扩散，获得生态现代化收益。由此可以推断，一个国家（集团）在特
定环境领域实施"先驱政策"的根本动因之一就在于预期获得生态现代
化收益。因此，生态现代化收益也就成为影响一个国家（集团）在国际
环境事务中政策立场的重要因素。国家（集团）参与国际环境事务预期
获得的生态现代化收益越高，其参与的积极性也就越高，也就越会采取
更加积极的政策立场。就此而言，在具体的环境治理实践中，一个国家
（集团）获得的生态现代化收益也就成为推动其采取积极环境政策（内
部治理）和国际立场（外部治理）的重要因素。对于全球气候变化问题
这个具有全球性特征和全球性市场潜力的环境问题而言，尤其如此。具
体来讲，根据生态现代化理论，生态现代化收益主要从以下三条路径影
响了一个国家（集团）在全球气候变化问题上的政策立场：（1）环境政

策和环境技术革新本身就有一种强烈向外扩散的动力（内在利益驱动和外在治理需求），这成为推动一个国家（集团）在国际环境事务中采取积极立场的内在驱动力量；（2）生态产业的发展成为一个国家（集团）采取积极政策立场的内在基础和重要推动力量；（3）生态现代化战略通过提高资源和能源利用效率，发展可再生能源，一方面给国家（集团）带来了巨大的经济收益（节约），另一方面也提高了该国（集团）的能源安全，从而成为推动该国（集团）采取积极政策立场的一个强烈动机。

第二节　生态现代化收益与欧盟国际气候谈判立场：定性分析

上一节从总体上讨论了气候治理过程中的生态现代化收益与一个国家（集团）气候政策立场的相关关系。从本节开始，本书打算具体讨论欧盟在其内部气候治理及国际气候治理中的生态现代化收益对其国际气候谈判立场的影响。本书首先从定性分析的角度进行探讨，然后再接下来的一节进行量化分析。

一　欧盟的气候战略与生态现代化收益

1. 欧盟气候战略概述

欧盟从 20 世纪 80 年代中后期就开始关注气候变化并从 20 世纪 90 年代初就采取了一系列积极应对措施，而且这种政策是连贯的、不断深化发展的。从全球视角来看，相比较其他发达国家和地区，欧盟对待气候变化问题的态度和立场始终是积极超前的，并一直强调发挥领导作用。从世界主要国家和地区应对气候变化的实践来看，可以说欧盟也是迄今为止应对气候变化最为成功和卓有成效的例证。从全球气候变化问题本身的特点结合生态现代化理论的逻辑来看，欧盟在全球气候变化问题领域的"绿色大战略"可谓清晰可鉴。那就是，以实现欧盟的可持续发展为宗旨，同时在两个层面采取积极行动：一方面，在其内部采取严格的气候政策和气候管治促进技术革新和政策革新，打造与气候变化问题相关的环境"领导型市场"，取得气候治理领域的先行者优势，这可谓其气候战略的"内在向度"；另一方面，积极促进国际气候谈判，利用国际气候制度和国际气候治理来推动世界其他国家和地区采取类似的应对气候变化问题的行动，推广欧盟的环境标准和环境技术，这可谓欧盟气候战略的"外在向度"。这种双重向度的行动主要指向两类"三重目标"：从经济社会发展的全局来看，保持经济增长（经济目标），促进社会就业（社会目标），改善自然环境（环境目标）；或者从安全视角而言，提升经济竞争力（经济安全目标），保障能源供应（能源安全目标），实现环境改善（生态安全目标）。其气候战略的实施重点在四大经济社会领域：技术研发，能源，交通和工业。其中，技术研发是实施欧盟气候战略的基础和支点，而能源部门（包括能源供应和能源需求）是整个气候战略的关键和重中之重，交通部门则是整个气候战略的难点，工业则是落实整个气候战略并促使整体社会经济实现"生态化"转型的保障。据此，本书把欧盟的气候战略概括为"一个宗旨，两重向度，三重目标，四大领域"（如图4-6所示）。这种战略理念反映在诸多欧盟的气候政策文件之中，比如2005年2月9日欧盟委员会发布的《赢得应对全球气候变化的战斗》文件指出，在里斯本战略的背景下，通过聚焦于具有较高资源利用效率的气候友好技术，欧盟能够赢得先行者优势并能够创造一种竞争优势，因为其他国家最终必将采用这些技术。例如，那些在促进风能发展中起领导作用的国家占据了正在快速发展的风力涡轮机生产95%的全球份额，而这种现象预期也可能在其他国家和其他部门（比如汽车或航空）出现。如果在将来国际气候协定中的参与得以扩

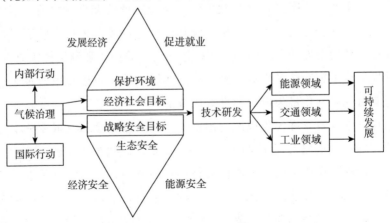

图4-6　欧盟气候战略结构

展和深化，这种竞争力优势将会被强化。[1]

2. 欧盟 "里斯本战略" 与可持续发展战略中的气候变化问题及其地位

世纪之交，欧盟经济社会发展面临新的挑战。全球气候变化给经济社会发展带来严重制约，全球化和知识经济发展迅猛，国际竞争日趋激烈。为有效应对这些严峻挑战，保持欧盟经济社会的协调发展，2000 年 3 月 23～24 日，欧洲理事会里斯本峰会制定了一个 10 年发展战略——里斯本战略，旨在把环境挑战转化为经济社会发展的动力，实现经济、社会和环境的协调发展。里斯本战略的总体目标是，到 2010 年将欧洲建设 "成为世界上最具有竞争力、最具活力的知识经济体，有能力实现可持续的经济增长，为人们提供更多、更好的工作，并促进社会更大的凝聚"。[2] 2001 年 6 月哥德堡欧洲理事会通过了 "欧盟可持续发展战略"，要求各项政策均应把可持续发展列为优先目标。可持续发展战略作为里斯本战略的补充，把 "环境保护" 增加为里斯本战略的第三支柱，与里斯本战略提出的振兴欧洲经济和社会创新两大支柱，形成了欧盟整体经济社会发展战略大厦的 "三极支柱"。在美国退出《京都议定书》的形势下，哥德堡峰会明确承诺欧盟决心履行《京都议定书》义务，要求各国批准议定书，使它能够在 2002 年生效，并把气候变化列为四个优先政策领域之首。[3] 2004 年一个以威姆·康克（Wim Kok）为主席的高级别小组对里斯本战略进行了系统评估，提了《康克报告》，[4] 报告认为里斯本战略的实施并不令人满意，强调调整行动战略，并列出了五个要求迫切行动的政策领域，其中包括实现知识社会和促进环境与经济的双赢战略。关于环境可持续性，报告专门强调指出，精心设计的环境政策能够为革新提供机会，创造新的市场并增强经济竞争力，环境政策有助于达到里斯本战略的核心目标。报告还强调，促进生态效率革新是一个双赢

---

[1]　CEC, *Winning the Battle Against Global Climate Change*, Brussels, COM（2005）35 final, Brussels, 9. 2. 2005.

[2]　Presidency Conclusion, Lisbon European Council 23 and 24 March 2000.

[3]　Presidency Conclusion, Göteborg European Council 15 and 16 June 2001.

[4]　The High Level Group Chaired by Wim Kok, *Facing the challenge: The Lisbon Strategy for Growth and Employment*, November 2004.

战略，"革新——导致更少污染，更少资源密集型产品和更有效率地管理资源——既支持增长也支持就业，与此同时，还提供了一个使经济增长与资源利用和污染脱钩的机会。"[①] 2005 年在欧洲理事会春季峰会上，基于新的形势又对里斯本战略进行了重新调整。理事会重申"里斯本战略本身必须置于可持续发展要求的更广泛背景下来加以考量"，并把气候变化问题作为一个专门议题进行了讨论，重申了欧盟在 1996 年就提出的全球温升不能超过工业化前水平 2℃的目标。[②] 与此相应，2005 年 12 月，欧盟委员会重新评估了欧盟可持续发展战略并进行了更新。[③] 为了落实新的里斯本战略与可持续发展战略，2006 年 3 月欧盟委员会发布《欧盟可持续、具有竞争力和安全的能源战略》绿皮书，提出了欧盟能源战略的三个核心目标：可持续，竞争力和供应安全。2007 年 1 月欧盟委员会在该绿皮书的基础上公布了第一份题为《针对变化世界的能源》战略性能源报告，由一系列关于欧盟能源政策的文件组成，其中核心是《欧洲能源政策》。[④] 在新的能源战略中，欧盟提出了一个相互影响的三重出发点：应对气候变化，减弱对进口油气的外部脆弱性，促进就业和经济增长。欧盟委员会把应对气候变化置于了其能源战略的核心，并提出了欧盟能源战略的一个双重向度战略目标：国际上，推动国际社会就 2012 年《京都议定书》到期后的减排问题达成一项新的协议，促使所有发达国家承诺到 2020 年以 1990 年为基础减排温室气体 30%；到 2050 年，全球减排 50%，工业化国家减排 60% ~80%；在欧盟内部，欧盟单方面承诺到 2020 年与 1990 年相比减排至少 20%。[⑤] 2007 年 3 月欧洲理事会重点讨论了气候变化和能源政策问题，强调指出，必须紧急采取有效措施解决气候变化挑战，实现全球平均温升不超过工业化前水平 2℃的目标至关紧要。鉴于能源生产与使用是温室气体排放的主要来源，必须把气候

---

① The High Level Group Chaired by Wim Kok, *Facing the challenge*：*The Lisbon Strategy for Growth and Employment*, November 2004.

② Presidency Conclusion, Brussels European Council 22 and 23 March 2005.

③ CEC, *On the review of the Sustainable Development Strategy*：*A Platform for action*, COM (2005) 658 final, Brussels.

④ 冯建中：《欧盟能源战略——走向低碳经济》，北京：时事出版社，2010 年版，第 339 ~ 340 页。

⑤ CEC, *An Energy Policy for Europe*, COM (2007) 1 final, Brussels, p. 5.

政策与能源政策融合起来。为此，欧盟的能源政策主要追求三个战略目标：加强供应安全；确保欧盟经济的竞争力且价格合理的能源供应；促进环境可持续发展、应对气候变化。[①] 正是基于这样的战略考量和战略目标，2007 年欧盟提出其后京都时代的气候战略目标——20/20/20 战略：到 2020 年温室气体与 1990 年相比减排 20%，可再生能源在总的能源消费中达到 20%，能源效率提高 20%。由此可见，应对气候变化、提高欧盟的能源安全并促进欧盟的经济增长成为欧盟整个气候战略"三位一体"的行动目标。正如欧盟委员会主席巴罗佐在欧盟通过气候和能源一揽子计划时强调："应对气候变化挑战是对我们这一代人的根本政治考验，……我们的一揽子计划不仅是对这种挑战的回应，而且也是对能源安全挑战的一个正确回答，也是一个在欧洲创造千百万新商业和几百万工作岗位的机会。"[②]

综上所述，我们看到，应对气候变化问题实质上始终居于欧盟里斯本战略和可持续发展战略的核心地位，也可以说是里斯本战略和可持续发展战略的一个关键"抓手"和战略依托点。因为，气候变化问题的解决不但可以解决日益严峻的环境问题，而且也可以使经济发展和社会就业问题迎刃而解。正如有学者指出："为了应对气候变化、能源安全和全球化的挑战，欧盟已经把减排置于其未来能源政策的中心，这是因为：一是来自能源的 CO_2 排放占欧盟温室气体排放总量的 80%，减少排放意味着节能、使用本土生产的更加清洁的能源；二是限制欧盟不断上升的对油气价格动荡和飙升的脆弱性；三是创造一个具有竞争力的欧洲能源市场，刺激技术创新，增加就业机会。"[③] 由此看来，欧盟采取积极的气候政策并在国际气候治理中发挥领导作用，其背后有着非常深刻的战略利益动机：首先，是促使欧盟内部经济产业结构发生深刻转型，在未来的低碳经济竞争中立于不败之地；其次，提升欧盟的经济竞争力，促进经济增长，通过先驱政策获得经济收益；再次，促使欧盟内部能源结构发生转变，提高能源效率，发展可再生能源，降低欧盟能源的对外依存度，提高欧盟的能源安全；最后，通过产业结构和能源结构的转型，促

---

① Presidency Conclusion, Brussels European Council 8/9 March 2007, pp. 10 – 14.

② CEC, *Boosting Growth and Jobs by Meeting our Climate Change Commitments*, Press Release IP/08/80, Brussels, 23 January 2008.

③ 冯建中：《欧盟能源战略——走向低碳经济》，北京：时事出版社，2010 年版，第 342 页。

进社会就业，降低失业率。

二　生态现代化收益对欧盟国际气候谈判立场的重大影响

1. 生态现代化收益考量下的欧盟气候行动

上文分析表明，欧盟气候战略中的利益考量可以说是影响欧盟气候政策及其国际气候谈判立场的一个非常重要的因素。正如有的学者指出，欧盟之所以在气候变化问题上如此积极，是因为"欧盟是站在发展低碳经济的大视野上，通过果断地制约自己现在的传统型的经济活动，为迎接必将到来的低碳经济而大胆地进行政策创新和技术创新，从而在政策和国际标准以及新的游戏规则方面主导世界的低碳经济，并且在国际市场上提高欧盟的产品和服务的竞争优势。"[①] 正是本着这样的战略动机，欧盟在走向低碳经济的道路上未雨绸缪，率先行动，力图在应对气候变化和能源挑战的政策和技术方面取得突破，以期成为低碳经济的先驱者。为了达到这些战略目标，赢得气候治理过程中的生态现代化收益，欧盟主要从以下几个方面谋划未来低碳经济的战略蓝图。

第一，加强有效应对气候变化问题的环境技术研究与开发，实施"环境技术行动计划"（Environmental Technologies Action Plan – ETAP）与"欧洲战略性能源技术计划"（European Strategic Energy Technology Plan – SET – Plan）。为了把欧盟建设成为"世界上最具有竞争力、最具活力的知识经济"，技术研发一直居于欧盟气候战略的核心。2002 年巴塞罗那欧洲理事会决定，到 2010 年欧盟的研究和发展（R&D）投入要达到 GDP 的 3%，大力促进欧盟的技术革新和扩散。2002 年欧盟第六个"研究、技术发展和示范框架规划"（2002～2006），与气候变化有关的投入达到 20 亿欧元，2006 年制定的第七个研究框架规划（2007～2013）中，与气候变化相关的研究投入增加到 90 亿欧元。如表 4 – 2 所示，第七个框架规划主要聚焦于四个主题领域：环境，能源，可持续交通，宇宙与地球环境安全监测系统（Space and Global Monitoring for Environment and Security – GMES）。[②]

---

① 蔡林海：《低碳经济：绿色革命与全球创新竞争大格局》，北京：经济科学出版社，2009 年版，第 46 页。

② European Communities, *EU Action against Climate Change：Research and Development to Fight Climate Change*, 2007, p. 6.

2004 年欧盟委员会发起了"刺激可持续发展技术：一个欧盟的环境技术行动计划"，旨在挖掘环境技术保护环境的同时促进竞争力和经济增长的全部潜力，主要集中在三大领域：把研究与市场需求紧密结合；改善市场条件；全球层面的行动。欧盟的行动一方面紧紧依靠市场机制本身的力量，另一方面特别强调要放眼全球，着眼于全球环境治理的需求和市场潜力。在强调采取全球层面的行动时，欧盟委员会特别指出："环境技术领域的投资具有这样一种潜力：它不仅仅能够在欧盟内部促进就业和经济增长，而且也能够提升全球层面的可持续发展，特别是在发展中国家。"① 也就是说，环境技术的扩散不但有利于全球的可持续发展，而且由于发达国家与发展中国家本身相互依赖的加深，促进发展中国家的可持续发展事实上也有利于发达国家自身，而更为重要的是通过全球层面的环境技术扩散可以给欧盟本身带来巨大的收益。2007 年欧盟委员会专门发起了一个欧洲战略性能源计划，提出实现欧盟 2020 年"20 – 20 – 20"计划的七大技术课题：开发第二代生物质燃料，并使之成为可与化石燃料竞争的替代性燃料；通过展示产业规模实现二氧化碳捕获、运输和封存等技术的商业化运作；使最大规模风力涡轮机的发电量翻一番，首先以近海风力为应用项目；建立大规模光电（PV）和集中性太阳能商业发电的示范项目；建立单一高性能的欧盟智能电网，以便能够容纳可再生能源和分散能源的大规模并网；在将建筑、运输和工业部门等大众市场导入燃料电池和热电联产等可进行高效能源转换的终端设备和系统；在裂变技术领域保持欧洲的竞争优势，并且确立核废料管理的长效解决方案。同时，还提出了实现 2050 年远景计划的技术发展规划：提高下一代可再生能源的市场竞争力；在能源存储技术的经济性方面取得突破；发展氢燃料电池汽车技术，创造条件使其商业化；完成新一代（第四代）更具可持续性的裂变反应堆的示范准备工作；完成 ITER 国际核聚变设施的建造计划，确保工业界在早期参与示范行动的准备工作；为发展支持未来低碳经济所需的跨欧能源网络及其他相关系统制定详细的替代规划和过渡战略；实现能源效率研究的突破，如材料、纳米科学、

---

① CEC, *Stimulating Technologies for Sustainable Development: An Environmental Technologies Action Plan for the European Union*, COM (2004) 38 final, Brussels, 28. 1. 2004, p. 23.

信息和通信技术、生物科学和计算机。[①] 而在欧盟近期制定的"Horizon 2020"（2014～2020）[②] 研究规划中，计划投入 800 亿欧元作为实施欧盟"欧洲 2020"战略的旗舰政策，驱动欧盟的经济增长和就业增加，确保欧盟的全球竞争力，其中专门有"气候行动、环境、资源效率和原材料"研发规划，大力加强环境技术研发，强调保持全球平均温升低于 2℃的目标和其他环境目标。该计划强调指出，当前与生态革新（eco-in-novation）相关的产业市场每年大约有 1 万亿欧元，预期到 2030 年将达到 3 万亿欧元，生态革新将成为促进欧盟经济竞争力和就业增长的一个重大机遇。[③]

表 4 - 2　欧盟第七个研究框架规划与气候变化有关的研究

主题领域	预算投入	基本目标	优先目标
环境	18.9 亿欧元	加强对气候变化的认知以及人类应对和适应的能力	提高人类对气候系统未来演变的预测能力；把气候模拟技术应用到更小的区域范围；使气候变化的自然层面和社会经济层面整合到一起研究；对气候变化引起的水循环、极端天气和人类健康问题进行评估；制定有效的适应战略
能源	23.5 亿欧元	开发出更可持续、环境友好的能源系统	在整个能源系统中提高能源利用效率；加速提高可再生能源在能源消费中的比重；使发电部门低碳化；减少温室气体的排放
交通	41.6 亿欧元	在欧洲建成一个更绿色、更灵活的一体化交通运输系统，以减少该部门的温室气体	绿色的空中交通：开发能降低航空业环境负面影响的技术，使该行业 CO_2 和 N_2O 排放分别减少 50% 和 80%；绿色的地面交通：开发能减少大气污染（包括温室气体）、水污染和土壤污染的技术
宇宙与地球环境安全监测系统	14.3 亿欧元	通过卫星系统监测地球气候变化	开发合适的卫星监测和早期预警系统；开发合适的 GMES 服务，是决策者能更好地预测和处理危机；深化对可再生资源可持续利用、湿地、荒漠化等领域的现状与演化的理解

资料来源：European Communities, EU action against climate change: Research and development to fight climate change, 2007, pp. 6 - 8.

---

① CEC, *A European Strategic Energy Technology Plan (SET - Plan): Towards a low carbon future*, COM (2007) 723 final, Brussels, 22. 11. 2007.

② http://ec. europa. eu/programmes/horizon2020/en/what - horizon - 2020, accessed on May 17, 2015.

③ http://ec. europa. eu/programmes/horizon2020/en/h2020 - section/climate - action - environ-ment - resource - efficiency - and - raw - materials, accessed on May 17, 2015.

第二，促进低碳技术的产业化，打造低碳经济领域的"领导型市场"，推动欧盟生态产业的发展。为了促进低碳技术的商业化和实际应用，欧盟采取了"技术推进"（Technology push）和"市场拉动"（Market pull）相结合的政策措施。技术推进主要是通过研究与发展规划推动技术研发，同时，对于促进低碳技术产业化而言，政府也发挥着非常重要的作用：一是政府管治，二是政府扶持，三是政府的经济刺激手段。为此，欧盟主要采取了两大类手段：首先是限制手段，通过温室气体排放的总量控制与排放权交易以及征收碳税等强有力的管治措施加大化石燃料集约型产业的竞争成本；其次是激励手段，通过税收减免，财政补贴，以及固定价格收购等扶持政策可以降低可再生能源以及节能型产业的竞争成本。同时，通过确立低碳型的国际标准和市场准入规则限制化石燃料集约型产业的发展，保护和提高低碳型产业的国际竞争力。[①] 而市场拉动机制主要是欧盟实施的排放交易体系（下文还将详细论述）。除此之外还有"绿色认证系统"以及对可再生能源的财政激励。为了打造低碳经济领域的"领导型市场"，2007 年底，欧盟委员会在一个以伊斯克·阿霍（Esko Aho）为主席的独立专家小组于 2006 年提交的《创建一个革新的欧洲》[②] 报告等文件的基础上专门发起了一个"欧洲领导型市场计划"，强调"发展一个革新导向的经济对于（提高欧盟）竞争力至关重要"，该计划主要集中于以下六大市场领域：电子卫生保健（eHealth），保护性纺织业（Protective textiles），可持续建筑（Sustainable construction），循环利用（Recycling），生物基产品（Bio - based products），可再生能源（Renewable energies）。除了前两类市场之外，其余都与环境（气候变化）相关。[③] 在这些政策措施的推动下，欧盟成功地打造了诸多低碳经济领域的"领导型市场"，最为突出的是在可再生能源领域和低碳化服务（比如碳交易或碳金融）领域，欧盟在全球市场上占据了主导地

---

① 蔡林海：《低碳经济：绿色革命与全球创新竞争大格局》，北京：经济科学出版社，2009 年版，第 165～166 页。

② Esko Aho et al. , *Creating an Innovative Europe*. Report of the Independent Expert Group on R&D and Innovation Appointed Following the Hampton Court Summit, Luxembourg: Office for Official Publications of the European Communities. January 2006. Available at http://ec. europa. eu/investin - research/pdf/download_ en/aho_ report. pdf

③ CEC, *A Lead Market Initiative for Europe*, COM （2007） 860 final, Brussels, 21. 12. 2007.

位。生态产业在近几年已经发展成为欧盟经济一个非常突出的力量，到2008 年生产总额已达到 3190 亿欧元，占欧盟 27 国 GDP 的 2.5%，从2004 年到 2008 年复合年度增长率达到 8.3%，[①] 占据整个世界市场的大约三分之一（下一节对欧盟的生态产业将做专门量化分析）。

　　第三，促进气候政策革新，发起世界上第一个温室气体排放交易体系（ETS），以期在未来的全球碳市场和碳交易中抢占先机，占据未来全球碳交易制度的主导地位。政策革新往往是技术革新和环境技术产业化的重要推动力量。排放交易体系是欧盟减排措施的核心和旗舰政策，也是欧盟为将来主导全球碳市场（比如主导全球碳交易市场规则的制定，市场准入体系的设置等）而积极推动的一项重大战略举措。正如本书前面曾经论述的，对于这项"外来政策"[②]（排放权交易最早是在美国形成和发展起来的），欧盟在京都谈判时期实际上是持反对立场的。《京都议定书》专门设置的包括排放交易制度在内的三个灵活机制实际上是美国强力推动的结果。京都会议之后，由于个别成员国（丹麦和英国）率先实施排放交易而初有成效，加上为了推动《京都议定书》早日生效，欧盟改变了对排放交易制度的态度，并开始积极推动建立世界上第一个大规模的排放交易体系。从 2000 年欧盟委员会发布《关于欧盟内部温室气体排放交易绿皮书》[③] 开始酝酿建立覆盖整个欧盟的温室气体排放交易体系，到 2003 年"排放交易指令"发布，欧盟关于排放交易体系的建立是非常迅速的。2004 年欧盟又通过一个"连接指令"把欧盟的排放交易体系与"京都协议"的灵活机制连接起来，为未来全球碳交易的发展打下了基础。2005 年 1 月 1 日欧盟正式开始了排放交易体系的运作，第一时期从 2005 年到 2007 年，第二时期从 2008 年到 2012 年。2008 年欧盟提出气候和能源一揽子行动计划时，又对欧盟的排放交易体系进行了修

---

① ECORYS, *Study on the Competitiveness of the EU eco-industry*, Final report – Part 1, Brussles, 09 October, 2009, p. 38.

② Harro van Asselt, "Emission Trading: the Enthusiastic Adoption of an 'Alien' Instrument?" in Andrew Jordan, Dave Huitema, Harro van Asselt, Tim Rayner and Frans Berkhout eds., *Climate Change Policy in the European Union: Confronting the Dilemmas of Mitigation and Adaptation?* Cambridge: Cambridge University Press, 2010, pp. 125 – 144.

③ CEC, *Green Paper on Greenhouse Gas Emissions Trading within the European Union*, COM (2000) 87 final, Brussels, 8. 3. 2000.

正，通过了新的排放交易指令（Directive 2009/29/EC）。温室气体排放交易制度是一个非常典型的以市场为基础的政策手段，也是一项成本有效的政策措施，欧盟估计它可以使其实现京都目标的成本减少35%，相当于到2012年每年增加了13亿欧元的收益。[①] 这项制度也是欧盟为迎接未来低碳经济社会而进行的一个重大政策革新。这项制度不但可以为欧盟实现其京都目标降低成本，而且更为重要的是可以使欧盟在未来全球碳市场机制中发挥主导作用，从而可以使其在未来低碳服务产业中获取丰厚收益。

2. 生态现代化收益对欧盟气候政策立场的影响

气候治理过程中（或向低碳经济的转型中，也可以说是走向生态现代化的进程中）强烈的预期收益与现实收益是激励欧盟采取积极的气候政策和国际气候谈判立场重要的经济根源与内在动力。如图4-7所示，在生态现代化过程中，环境技术、生态产业、欧盟内部市场与世界市场

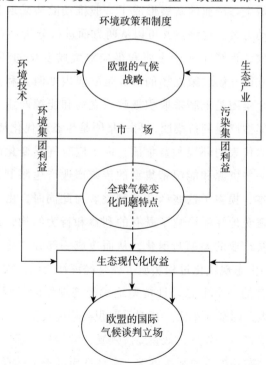

图4-7　生态现代化收益与欧盟气候谈判立场结构

① 庄贵阳：《欧盟温室气体排放贸易机制及其对中国的启示》，《欧洲研究》2006年第3期，第80页。

以及欧盟的环境政策和制度（比如排放交易体系）四大因素相互影响，相互作用，共同构成了欧盟气候战略的结构性基础。除这四大要素之外，全球气候变化问题的重要特点以及在应对气候变化过程中传统产业利益集团（污染集团）与新兴生态产业集团（环境集团）之间的利益博弈也都影响了欧盟在国际气候谈判中的政策立场选择，而说到底这两大利益集团之间的博弈结果取决于环境技术的革新和生态产业的发展，也取决于欧盟环境政策的发展。具体而言，本书认为，生态现代化收益通过以下路径，从以下几个方面影响了欧盟的气候政策及其国际气候谈判立场。

第一，欧盟环境政策革新和环境技术革新产生了一种向外扩散的强烈动力，与此同时，由于气候变化问题的全球性特点，也有一种对有效环境政策和环境技术的强烈外部需求，两种因素相结合，产生了一种推动欧盟采取积极气候政策立场的力量。

第二，欧盟生态产业的发展形成了一股推动欧盟采取积极气候政策立场的内在推动力量。这一点又可以从两方面进行分析：（1）欧盟生态产业的发展壮大，形成了一个主张积极应对气候变化的环境利益集团。从根本上讲，欧盟气候政策立场的形成是欧盟内部两大利益集团利益博弈的结果，一个集团是抵制采取积极政策立场和能源产业结构调整的传统资源能源密集型产业利益集团，另一集团是生态现代化战略的受益者，以新能源产业为代表的环境利益集团。由于应对气候变化的政策措施不可避免地要对一些资源和能源密集型的传统产业产生限制，提高了这些产业的竞争成本，损害了这些产业的利益。与此同时，由于产业结构的调整，也不可避免地深深影响了既有的利益和行为结构，造成一些结构性失业以及传统产业的萎缩与退化，从而造成一部分"生态现代化的失利者"。所以，生态现代化过程实质上就是经济社会的两大利益集团相互博弈，螺旋上升的一个生态理性抗衡绝对经济理性的过程。因此，生态产业的力量越大，国家（集团）相对采取积极环境政策立场的可能性也就越大。（2）生态产业的发展，低碳经济领域"领导型市场"的形成，其自身就产生了一种向外扩散的利益诉求。全球性市场潜力的存在对于任何低碳技术和产业都是巨大的商业诱惑，依靠自身的绿色竞争力开拓世界市场，从技术到产品的扩散必定给特定低碳产业带来巨大的经济利益。通过积极的国际推动，把自己的环境标准和规则变成国际标准和规则，一方面可以大大减少欧盟自身调整和适应国际标准的成本，因为如果自己的管制模式成为一种国际制度的基础，那么在随后的法律调整也就可以达到最小化；另一方面降低了因较高环境标准而产生的贸易成本，也使欧盟企业的竞争优势最大化，因为所有的其他竞争对手都必须采取相似的标准和游戏规则。

第三，欧盟采取的应对气候变化的能源战略提高了能源效率，促进了可再生能源的大力发展，减少了欧盟对油气化石燃料的需求量，从而也就降低了欧盟能源的对外依存度和脆弱性。这样，一方面节约了经济发展的成本，带来了巨大的经济收益；另一方面，也提高了欧盟的能源安全，从而成为推动欧盟采取积极气候政策立场的重要力量。

第三节　生态现代化收益与欧盟国际
气候谈判立场：定量分析

上文从理论上证实了经济利益考虑确实是欧盟气候战略选择的一个重要影响因素。那么，欧盟在应对气候变化过程中的收益到底如何，这种收益是否与生态现代化理念达到了一种良性相互强化关系，从而促使欧盟采取了比较积极的气候政策立场？接下来本节主要从量化评估的视角，运用比较的方法，将欧盟的生态现代化收益与美国、日本等国进行比较，来大致评估欧盟气候治理行动中的生态现代化收益状况，通过这种定量分析来论证生态现代化收益与欧盟积极气候政策立场之间的相关性。

为了使这种量化分析更具有可操作性和简捷清晰，本书把欧盟应对气候变化的生态现代化收益分为三部分：气候变化减缓技术（Climate Change Mitigation Technologies – CCMTs）（也称为低碳技术）、生态产业以及能源效率提高和可再生能源发展带来的节约和能源安全的提升。具体而言，对于气候变化减缓技术的测量本书运用国际上通行的减缓气候变化技术的发明专利来进行，主要使用欧洲专利局/经合组织世界专利统计数据库（EPO/OECD World Patent Statistical Database – PATSTAT）、欧洲专利局（European Patent Office – EPO）、经合组织（OECD）的"专利统计简编"（Compendium of Patent Statistics）以及一些学者的研究数据进行统计分析。欧盟的生态产业主要利用恩斯特和扬（Ernst & Young）2006年发布的一个关于欧盟生态产业的研究报告以及荷兰知名的研究和咨询服务公司 ECORYS 2009 年和 2012 年发布的一个欧盟生态产业研究报告提供的数据以及经合组织与一些学者的相关研究数据进行分析。而欧盟的能源效率提高和可再生能源的发展带来的节约主要参考欧盟委员会发布的一些政策文件上的数据以及国际能源署（Internatioanl Energy Agency – IEA）等机构的一些数据资料进行分析。

一　欧盟气候变化减缓技术测量

对气候变化减缓技术的界定目前还没有一个统一的标准。有的学者根据国际专利分类（International Patent Classification – IPC），界定了 13 种气候变化减缓技术：7 种可再生能源技术（风能，太阳能，地热能，海洋能，生物质能，废物能，水电），甲烷销毁，气候友好型水泥，节能建筑，汽车燃油喷射，节能照明和碳捕获与封存（CCS）。[①] 2010 年经合组织发布的一个工作报告《气候政策和技术革新与转让：趋势与最近经验性结果评论》，主要涵盖了 7 种气候变化减缓技术：太阳能，风能，地热能，常规水电，海洋能，生物燃料和化石燃料方面（比如碳捕获与封存）。[②] 经合组织发布的《专利统计简编 2008》主要介绍了两大类环境相关的技术专利：可再生能源与汽车污染控制技术。[③] 综合以上资料，鉴于篇幅和研究的需要，本书主要选取部分具有代表性的技术专利数据进行分析。具体而言，本书打算从以下三个方面测量气候变化减缓技术与欧盟国际气候谈判立场的相关性。第一，测量欧盟的部分技术专利在世界范围所占的比例，与美国、日本等发达国家进行比较；第二，测量欧盟技术专利的在世界范围内的出口比例，与美国、日本等发达国家进行比较；第三，测量欧盟技术专利的国际扩散程度及在世界范围内所占的比重，与美国、日本等发达国家进行比较。

①　Antoine Dechezleprêtre, *Invention and International Diffusion of Climate Change Mitigation Technologies: An Empirical Approach*, 2009. Availible at http://pastel. paristech. org/6166/01/th% C3% A8se_ AD_2_ oct. pdf, accessed on 21 October 2010.

②　OECD, *Climate Policy and Technological Innovation and Transfer: An Overview of Trends and Recent Empirical Results*, 2010. Availible at http://www. oecd. org/dataoecd/54/52/45648463. pdf, accessed on 18 October 2010.

③　OECD, *Compendium of Patent Statistics 2008*, availible at http://www. oecd. org/dataoecd/5/19/37569377. pdf, accessed on 18 October 2010.

1. 测量欧盟部分气候变化减缓技术专利所占的世界比重

可再生能源技术是气候变化减缓技术家族中最大的一部分，图 4 - 8 提供的资料表明，截止到 2005 年欧盟可再生能源技术专利占世界的比重达到 36.7%，是世界上最大的可再生能源技术专利拥有者。图 4 - 9 提供的资料表明，截止到 2005 年，在汽车污染控制技术专利方面，欧盟占全世界的比重达到 48.9%，几乎达到全世界的一半。根据《专利统计简编 2008》的说明，汽车污染控制技术包括所有用来减少由汽车产生和释放

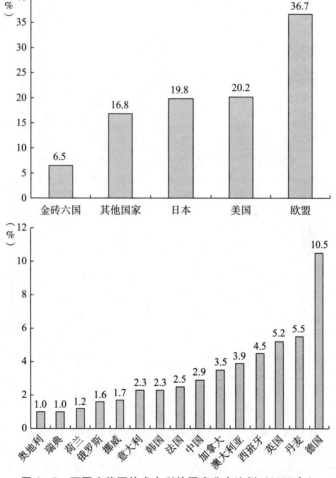

图 4 - 8　可再生能源技术专利的国家分布比例（2005 年）

资料来源：OECD, *Compendium of Patent Statistics 2008*, p. 21. availible at http://www. oecd. org/dataoecd/5/19/37569377. pdf, accessed on 18 October 2010.

注："金砖六国"指巴西，俄罗斯，印度，印度尼西亚，中国和南非。

到大气中的污染物的技术，总共包括 65 种气体净化处理和排放控制的技术专利，主要包括三大类技术：引擎设计（重新设计）过程中的改善（更少的排放）；在污染物释放到大气之前进行处理；减少水蒸气排放。由此可见，这项技术专利拥有巨大的商机，而其中德国就占据了该项技术专利的 33%，日本紧随其后占 31.4%。

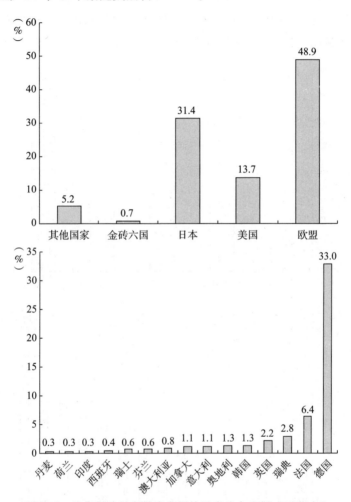

图 4 - 9　汽车污染控制技术专利的国家分布比例（2005 年）

资料来源：OECD, *Compendium of Patent Statistics 2008*, p.21. availible at http://www.oecd.org/dataoecd/5/19/37569377.pdf, accessed on 18 October 2010.

注："金砖六国"指巴西，俄罗斯，印度，印度尼西亚，中国和南非。

图 4 - 10 是经合组织在 2010 年 5 月 27～28 日召开的一次部长级理事会议提交的一份报告中的资料，资料表明 2004～2006 年四大类环境技

术专利（空气污染控制、水污染控制、可再生能源和固体废物管理）拥有国家中，欧盟27国所占比重均处于领先地位。当然，如果从世界范围内全部气候变化减缓技术专利的各国所占比例情况来看，各国差异很大，在某些领域日本和美国仍然处于世界领先地位，但欧盟部分成员国（比如德国和法国）也占有重要地位。比如在太阳能领域，如图4-11所示，日本在太阳光电技术方面处于世界绝对领先地位，而德国在太阳热能方面领先于其他国家。如果把欧盟成员国分别与日本和美国等国相比较，如表4-3所示，日本和美国总体上处于领先地位。但是，把欧盟看成一个单位的情况下，总体而言，欧盟在绝大多数技术领域是处于世界领先地位的。图4-12显示了部分国家1990年至2009年与环境技术相关的专利数量，虽然美国一直处于领先状态，但考虑到人口和科技水平等因素，德国可能更占优势地位，如果加上英国、波兰、葡萄牙和意大利，欧盟的总体比例也是较高的。图4-13、图4-14、图4-15显示了2000年至2009年欧盟、美国和中国在部分环境管理、可再生能源、能源效率技术领域的专利数量，从中可以看出美国虽然在太阳能光伏、电力存储等方面具有优势，但欧盟整体专利数量与美国相差无几，在某些领域甚至已经超过了美国。表4-4展示了欧盟、中国与美国2009年在环境相关技术方面的专利申请数量，可以看出欧盟除了在太阳能光伏和生物燃料方面比如美国以外，其余几项都占据世界优势地位，这说明欧盟在气

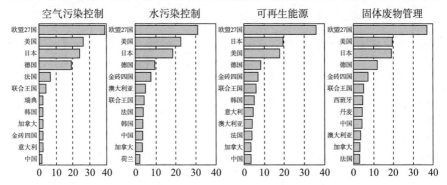

图4-10　专利合作条约下环境技术专利的国家比例（2004～2006年）

资料来源：欧洲专利局/经合组织世界专利统计数据库（EPO/OECD World Patent Statistical Database，PATSTAT）。转引自：经合组织（OECD）：《绿色增长战略中期报告：为拥有可持续的未来履行我们的承诺》，2010年5月27～28日，经合组织部长级理事会会议，第67页。

候变化减缓技术方面已经取得了巨大进步，在该领域处于世界领先地位。

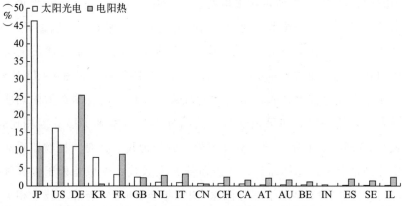

图 4-11　太阳热和太阳光电技术发明国家（地区）所占份额（1978～2007 年）

注：JP = 日本，US = 美国，DE = 德国，KR = 韩国，FR = 法国，GB = 英国，NL = 荷兰，CN = 中国，CH = 瑞士，CA = 加拿大，AT = 奥地利，AU = 澳大利亚，BE = 比利时，IN = 印度，ES = 西班牙，SE = 瑞典，IL = 以色列。

资料来源：OECD, *Climate Policy and Technological Innovation and Transfer: An Overview of Trends and Recent Empirical Results*, 2010, p. 17. Availible at http://www.oecd. org/dataoecd/54/52/45648463. pdf.

表 4-3　世界领先发明国家气候变化减缓技术专利的排名（1988～2007 年）

	部分CCMTs	太阳光电	风能	水电/海洋能	太阳热能	生物燃料	碳捕获	地热	IGCC	碳封存
日本	1	1	3	3	3	3	2	3	2	3
美国	2	2	2	1	1	1	1	1	1	1
德国	3	3	1	2	1	2	3	2	3	4
韩国	4	4								
法国	5	5		5	4	4	4			2
英国	6			4		5	5		4	
意大利	7				5					
加拿大	9							5		5
丹麦	12		4							
西班牙	13		5							
芬兰	19								5	
以色列	20							4		

注：IGCC = Integrated Gasification Combined Cycle, 指 "煤气化燃气蒸汽联合循环发电"。

资料来源：OECD, *Climate Policy and Technological Innovation and Transfer: An Overview of Trends and Recent Empirical Results*, 2010, p. 17. Availible at http://www.oecd. org/dataoecd/54/52/45648463. pdf.

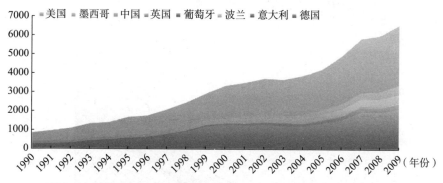

图 4 - 12　部分国家环境相关技术专利申请的数量（1990～2009 年）

资料来源：Benjamin Görlach, Lucas Porsch, Dominic Marcellino and Adam Pearson, "How Crisis – Resistant and Competitive Are Europe's Eco-Industries?" Ecologic Institute, Berlin, January 2014.

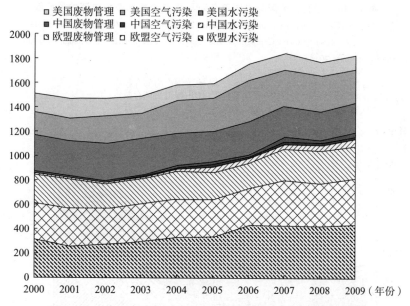

图 4 - 13　欧盟、美国与中国部分环境管理专利申请数量比较

资料来源：Benjamin Görlach, Lucas Porsch, Dominic Marcellino and Adam Pearson, "How Crisis – Resistant and Competitive Are Europe's Eco-Industries?" Ecologic Institute, Berlin, January 2014.

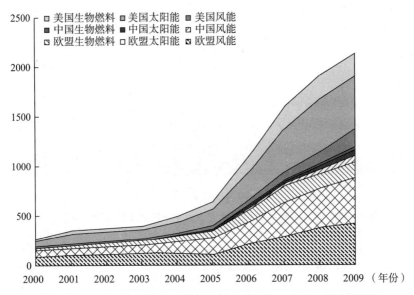

图 4 - 14 欧盟、美国与中国部分可再生能源技术专利申请数量比较

资料来源：Benjamin Görlach, Lucas Porsch, Dominic Marcellino and Adam Pearson, "How Crisis - Resistant and Competitive Are Europe's Eco-Industries?" Ecologic Institute, Berlin, January 2014.

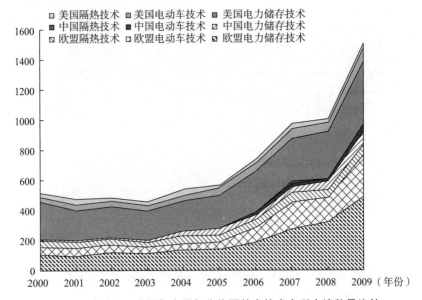

图 4 - 15 欧盟、美国与中国部分能源效率技术专利申请数量比较

资料来源：Benjamin Görlach, Lucas Porsch, Dominic Marcellino and Adam Pearson, "How Crisis - Resistant and Competitive Are Europe's Eco-Industries?" Ecologic Institute, Berlin, January 2014.

表 4 – 4 欧盟、美国与中国与环境相关的技术专利申请份额和增长率

	欧盟 28 国		中国		美国	
	份额	增长率	份额	增长率	份额	增长率
空气污染消除	60.2%	– 0.3%	2.1%	14.4%	37.6%	– 5.9%
水污染消除	54.9%	4.2%	9.4%	14.2%	35.7%	– 5.0%
废物管理	64.6%	8.1%	7.9%	4.1%	27.5%	– 7.1%
风能	61.2%	28.6%	10.7%	50.6%	28.2%	54.5%
太阳能光伏	44.3%	27.1%	5.0%	41.5%	50.7%	26.2%
生物燃料	38.7%	8.7%	4.8%	51.6%	56.4%	12.6%
能源存储	48.6%	39.1%	8.6%	40.8%	42.8%	17.1%
电力交通	70.4%	26.6%	8.9%	13.5%	20.7%	10.0%
隔热	64.8%	7.3%	12.2%	19.9%	23.0%	– 12.5%

说明:"份额"是指 2009 年各个国家或地区在三个国家和地区总额中的比例;"增长率"是 2006/2007 年度与 2008/2009 年度之间两年平均的年度增长。

资料来源: Benjamin Görlach, Lucas Porsch, Dominic Marcellino and Adam Pearson, "How Crisis-resistant and Competitive Are Europe's Eco-Industries?" Ecologic Institute, Berlin, January 2014.

2. 欧盟气候变化减缓技术出口状况测量

技术专利的出口状况直接反映了一个国家(集团)的技术扩散程度。相对而言,一个国家(集团)技术专利的出口程度越高,其获利程度也越高,其所占据世界市场的份额相应也会越高。表 4 – 5 提供的资料表明,10 个最主要的经合组织专利发明国家中,欧盟成员国拥有最高的专利出口比例,其中瑞典达到了 89.2%,荷兰达到 41.2%,英国达到 38.9%,德国为 33.8%,而日本只有 9.1%,美国为 28.3%。总体而言,技术发明在世界上处于领先地位的国家,其专利出口比例不一定很高,比如韩国和日本。就此而言,尽管影响一个国家(集团)技术专利出口的因素很多,比如对外贸易和投资,经济的开放程度等,但国家(集团)实行的生态现代化战略无疑对技术的向外扩散具有非常重要的影响。比如,欧盟的部分中小国家(荷兰和瑞典)生态现代化程度本身就很高,其技术革新以及扩散的程度也就很高。表 4 – 6 提供的资料显示了同样的情况。2000 ~ 2005 年,荷兰专利发明的出口比例高达 89.9%,而英、德、法等国也拥有高水平的出口的比例。

表 4 – 5　经合组织 10 个主要气候变化减缓技术专利发明
国家的专利出口比例（1990～2005 年）

国家	技术发明出口比例
加拿大	31.4%
法国	33.7%
德国	33.8%
日本	9.1%
荷兰	41.2%
韩国	7.6%
西班牙	34.7%
瑞典	89.2%
英国	38.9%
美国	28.3%

资料来源：Antoine Dechezleprêtre, *Invention and International Diffusion of Climate Change Mitigation Technologies: An Empirical Approach*, 2009, p. 126. Availible at http://pastel. paristech. org/6166/ 01/th% C3% A8se_ AD_ 2_ oct. pdf, accessed on 21 October 2010.

表 4 – 6　部分国家的气候变化减缓技术发明出口比例（2000～2005 年）

国家	发明出口比例
荷兰	89.9%
英国	60.3%
法国	46.1%
德国	56.1%
加拿大	56.9%
美国	42.3%
韩国	24.5%
日本	21.7%
澳大利亚	15.8%
中国	6.8%
巴西	6.9%

资料来源：Antoine Dechezleprêtre, Matthieu Glachant, Ivan Hascic, Nick Johnstone, Yann Ménière, Invention and Transfer of Climate Change Mitigation Technologies on a Global Scale: A Study Grawing on Patent Data, CERNA Working Papr Series, Working Paper 2010 – 01, p. 32. Availible at http://hal – ensmp. archives – ouvertes. fr/docs/00/48/82/14/PDF/CWP_ 2010 – 01. pdf, accessed on 21 October 2010.

3. 欧盟气候变化减缓技术在国际扩散中所占地位测量

气候变化减缓技术的国际扩散无论是对于国际气候治理本身，还是对于专利拥有国的利益而言，都具有非常重要的意义。但是，出于知识产权的保护以及企业之间的竞争，加之发达国家对发展中国家的技术转让也存在失去技术竞争优势以及技术流失的担忧，目前气候变化减缓技术转让存在诸多障碍。调查显示，欧洲企业已向中国转让了大量的技术，但出于技术流失和被盗用的担忧，有 75% 的企业保留了技术的关键部分，并基本上没有转让 R&D 能力。[①] 然而，即便在这种情况下，欧盟气候变化技术的国际扩散程度还是比较高的。表 4 – 7 提供的资料显示，在 1988～2007 年 20 年间的气候变化减缓技术主要双边转让活动中，虽然日本和美国占据主导地位，但欧盟部分成员国（德国、英国、法国、荷兰、奥地利、丹麦等）占据非常重要的地位，如果把欧盟看成一个单位的话，总体而言，欧盟在世界技术转让中处于重要地位。

表 4 – 7　气候变化减缓技术中的主要双边转让关系（1988～2007 年）

	美	日	德	澳	中	加	韩	奥	西	英	台	巴	挪	法	丹	墨
美		1789	1312	1312	1136	946	569	165	162	142	344	235	91	48	90	163
日	4633		1161	561	1338	213	883	65	59	72	536	36	42	65	28	14
德	1252	751	850	610	471	344	186	406	310	35	49	192	136	62	160	75
英	463	263	260	334	142	149	60	78	65	742	20	39	43	7	32	19
法	393	255	314	188	116	175	27	94	100	13	10	37	35	414	26	21
韩	1008	484	95	37	348	9	168	2	2	22	41	2	4	8	1	2
瑞	84	47	82	103	28	42	10	31	24		6	13	23	1	16	3
荷	77	53	110	121	28	33	7	37	34	4	2	15	13	1	25	6
澳	105	52	25	346	46	39	9	10	10	3	2	15	15		2	11
挪	74	41	53	104	41	53	14	30	20	7		11	179		14	1
意	88	32	78	46	32	28	6	23	23	1	6	13	9	1	8	2
丹	80	27	74	93	65	52		35	23	1		6	16		107	6
西	60	18	47	47	37	16	1	24	179	2		11	4	2	8	10

① 《欧盟大企业对华技术转让战略的调查》，2005。见 http://mep128. mofcom. gov. cn/jdck/yj/gljs/11467. shtml。转引自张焕波《中国、美国和欧盟气候政策分析》，北京：社会科学文献出版社，2010 年版，第 91 页。

续表

	美	日	德	澳	中	加	韩	奥	西	英	台	巴	挪	法	丹	墨
奥	38	24	54	38	21	28	11	91	19			14	12	1	5	8
芬	46	29	49	51	16	31	4	20	12	1		7	10	2	9	1
加	97	24	30	53	17	104	5	9	7	5		8	6	2	2	7
中	60	11	8	46	158	8	5	2	1			2		2	1	1
以	48	13	23	47	10	7	3	9	9	3		9	2		4	4

注："台"指中国台湾，"巴"指巴西，"瑞"指瑞典，"以"指以色列。

资料来源：OECD, *Climate Policy and Technological Innovation and Transfer: An Overview of Trends and Recent Empirical Results*, 2010, p. 36. Availible at http://www.oecd.org/dataoecd/54/52/45648463.pdf.

根据经合组织（OECD）2010年发布的一份关于气候减缓技术国际转移情况的报告，1988~2007年20年间，气候变化减缓技术由《公约》附件一国家向非附件一国家转移过程中流量最大的四个技术，即太阳光电、风力发电、生物燃料和二氧化碳捕获技术的国际转移状况显示（该报告把欧洲地区看作一个整体，包括欧盟与非欧盟成员国挪威、冰岛、瑞士和列支敦士登。鉴于这四个国家所占比重并不大，此处把欧洲地区按欧盟来对待，与美国和日本进行比较），在太阳光电技术的转移中，最大的技术来源地是日本和美国，欧盟也占据较大比重；在风力发电和生物燃料技术的转移中，欧盟领先于日本和美国，处于世界主导地位；二氧化碳捕获技术的转移中，美国处于领先地位，欧盟也占有较大比重。总体评价，欧盟在技术转移过程中处于世界领先地位。[1]

二　欧盟生态产业发展状况测量

生态产业是解决环境问题过程中形成的最大的"并发性收益"。在环境问题（特别是全球气候变化）严重制约国家（集团）发展模式和手段选择的大背景下，生态产业已经成为近几十年来发展最快的经济产业部门。生态产业的发展不但可以在促进经济增长的同时解决环境问题，而且还可以促进社会就业。因此，发展生态产业是欧盟里斯本战略和可

---

① OECD, *Climate Policy and Technological Innovation and Transfer: An Overview of Trends and Recent Empirical Results*, 2010, pp. 38 – 40. Availible at http://www.oecd.org/dataoecd/54/52/45648463.pdf.

持续发展战略的核心之一。通过测量欧盟生态产业的发展状况可以充分地反映欧盟在应对气候变化过程中的生态现代化收益。本书主要通过以下三个指标来测量欧盟生态产业的发展状况：（1）欧盟生态产业的总体规模及其占世界的比例，并与美国和日本进行比较；（2）欧盟生态产业的出口量及其占世界生态产业贸易的比例，并与美国和日本进行比较；（3）欧盟在生态产业的就业人口及其在世界上的相对地位，并与美国和日本进行比较。

（一）　生态产业的界定

经合组织与欧盟统计署（Eurostat）1999 年发布的《环境物品和服务产业：数据集合和分析年度报告》把生态产业界定为生产某种为进行测量、预防、限制、最小化或矫正对于水、空气、土地等的环境损害，以及为解决废物、噪音与生态系统相关的问题的物品与服务活动。这种生产活动包括减少环境风险以及使污染和资源利用最小化的技术、产品与服务。[1] 该报告把生态产业分为三大类：污染管理，清洁技术及产品，资源管理。在此基础上该报告划分了 36 种生态产业。[2] 2006 年恩斯特和扬（Ernst & Young）提交的生态产业研究报告也采用了上述定义，并把生态产业划分为两大类：污染管理和资源管理，在此基础上界定了 14 种生态产业（见表 4 - 8）。[3] 2009 年 10 月欧洲 ECORYS 公司为欧盟委员会提供的《欧盟生态产业竞争力研究》报告，该报告根据研究的需要把生态产业界定为核心（core）生态产业和相连（connected）生态产业，把核心生态产业界定为"那些（可识别的）部门，在其中，主要的或最重要的活动是承担以下任务：产品生产和服务的首要目的是为了测量、预防、限制、最小化或矫正对水、空气和土壤的环境损害以及解决与废物、噪音和生态系统有关的一些问题"。其他一些与环境问题相关的或处于生

---

[1]　OECD, Eurostat, *The Environmental Goods and Services Industry：Manual for Data Collection and Analysis*, 1999, p. 9.

[2]　OECD, Eurostat, *The Environmental Goods and Services Industry：Manual for Data Collection and Analysis*, 1999, pp. 12 - 13. 限于本书的篇幅及研究需要，本书不再详细列举这 36 种生态产业。

[3]　Ernst & Young, *Eco-industry, its size, employment, perspectives and barriers to growth in an enlarged EU*, 2006.

产供应链上的产业被称为"相连生态产业"。① 也有的学者主要从低碳经济的研究视角出发，从能源供给端和能源需求与利用端两大范畴来分析，把低碳型产业主要划分为四大类：处于能源供给端的"化石燃料低碳化领域"和"可再生能源领域"；处于能源需求与利用端的"能源效率化与低碳化消费领域"以及"低碳型服务领域"（图4-17）。② 英国原商业、创新与技术部（Department for Business, Innovation & Skills - BIS）③采取了一种更加宽泛和综合性的视角，把生态产业界定为低碳环保产品和服务（Low Carbon and Environmental Goods and Services - LCEGS），主要包括三大类：环保、可再生能源和低碳产业，涵盖24种相关低碳环保产业（表4-9）。

表4-8　生态产业分类

生态产业类别	生态产业次级部门
污染管理	• 空气污染控制 • 废水处理 • 固体废物管理及循环利用 • 土壤及地下水矫正与清洁 • 噪音与振动控制 • 环境监测与仪表 • 公共环境管理 • 私人环境管理 • 环境研究与发展
资源管理	• 水供应 • 自然保护 • 可再生能源生产 • 生态建筑 • 物质循环利用

资料来源：笔者根据恩斯特和扬（Ernst & Young）的研究报告整理，参见 Ernst & Young, *Eco-industry, its size, employment, perspectives and barriers to growth in an enlarged EU*, 2006。

---

① ECORYS, *Study on the competitiveness of the EU eco-industry*, 2009.
② 蔡林海：《低碳经济：绿色革命与全球创新竞争大格局》，北京：经济科学出版社，2009年版，第169~170页。
③ 2016年6月英国商业、创新与技术部（Department for Business, Innovation & Skills）与能源与气候变化部（Department of Energy and Climate Change）合并为商业、能源与产业战略部（Department for Business, Energy & Industrial Strategy）。

表 4 – 9　低碳环保产品和服务

生态产业类别	生态产业次级部门
环境保护	• 空气污染控制 • 污染土地矫正与补救 • 环境咨询及相关服务 • 环境监督、仪器与分析 • 海洋污染控制 • 噪音与振动控制 • 回收与循环利用 • 水供应与废水处理 • 固体废物管理
可再生能源	• 生物质能 • 地热能 • 水能 • 光伏 • 微波和潮汐 • 风能 • 可再生能源咨询服务
低碳	• 附加能源资源 • 替代燃料车辆 • 替代燃料 • 核能[1] • 建筑技术 • 碳捕集和封存 • 碳金融 • 能源管理

注：[1]英国商业部的统计把核能作为一种低碳技术和低碳能源，这与欧洲统计局（Eurostat）和经合组织（OECD）对生态产业的界定并不相同。鉴于核能的复杂性，许多国家并不把核能作为清洁低碳能源，比如德国等国已经明确宣布核能退出政策，但在一些具体的统计数据中却并没有进行严格的区分。好在核能所占比例并不高，对整体数据的测量影响并不是很大。

资料来源：UK Department for Business, Innovation & Skills, Low Carbon Environmental Goods and Services Report 2011/12, July 2013, p. 7. https://www.gov.uk/government/uploads/system/uploads/attachment_data/file/224068/bis – 13 – p143 – low – carbon – and – environmental – goods – and – services – report – 2011 – 12. pdf.

　　鉴于本书主要测量欧盟生态产业与欧盟国际气候谈判立场之间的相关性，本书所测量的生态产业主要包括与气候治理有关的所有生产与服务活动，也包括旨在减少温室气体排放的生态建筑。但是，根据上述对生态产业和低碳环保产品与服务的界定，我们发现，严格来讲并非所有的生态产业部门都与应对气候变化有关，但如果单纯从低碳经济视角的分类又相对比较狭窄，遗漏了许多与减缓气候变化相关的产业领域。对于此类问题，本书做如下方法论意义上的处理：由于气候变化问题涉及几乎所有的社会经济活动部门，一般与环境问题相关的产业相对而言都直接或间接地涉及气候变化，因此，本书首先从较宽泛的视角出发，对欧盟所有的生态产业和低碳环保产业并不严格区分，都被视为欧盟的生

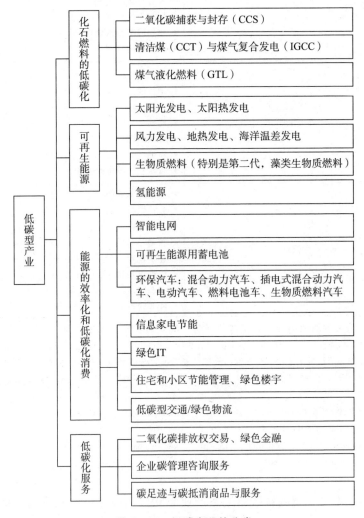

图 4-16　低碳产业的分类

资料来源：蔡林海：《低碳经济：绿色革命与全球创新竞争大格局》，北京：经济科学出版社，2009 年版，第 170 页。

态产业，进行总体衡量，然后再从低碳经济视角出发，采用蔡林海博士的研究成果，对欧盟、美国和日本的低碳产业进行比较和评估，最后综合这两大方面的评估测量结果，对欧盟的生态产业对欧盟国际气候谈判立场的相关性进行分析和论证。

需要说明的是，低碳产业是从低碳经济的视角来分析所有能够降低、减少甚至去碳化的产业部门和类别，它与生态产业既有联系也有区别。按照上述英国商业部的分类，生态产业涵盖低碳产业，低碳产业部门与可再生能源部门是并列的。而按照上述学者关于低碳产业的分类，低碳产业包含可再生能源部门。另外，鉴于统计数据的滞后性，为了统计数据的可获得，尤其是发明和专利数据，因专利申请具有一定的周期，所以本书采用的统计数据大多集中于 2005～2011 年。

（二）对欧盟生态产业发展状况的测量

1. 欧盟生态产业的总体规模及在世界上的地位

根据 ECORYS 公司 2012 年的一份研究报告，2010 年全球生态产业产值大约达到 1.15 万亿欧元，欧盟 27 国占全球市场份额的 1/3 左右。到 2020 年全球生态产业市场可能会达到每年 2 万亿欧元。[①] 根据英国商业部（BIS）2013 年报告，2011/2012 年度全球低碳环保产品和服务的销售额达到 3.4 万亿英镑，其中低碳产品和服务占 48%，可再生能源占 31%，环保产品服务占 21%（如图 4 - 17），生态产业具有广阔的发展前景。根据恩斯特和扬的研究，1999 年欧盟 15 国生态产业总额 1832 亿欧元，到 2004 年欧盟 25 国生态产业的总体规模达到 2270 亿欧元，占欧盟 25 国 GDP 的 2.2%。其中，欧盟 15 国产业规模达到 2137 亿欧元，欧盟 15 国从 1999～2004 年年均增长 7%（以不变价格计算）。ECORYS 的研究显示，到 2004 年欧盟 27 国的生态产业规模达到 2320 亿欧元，而到 2008 年达到 3190 亿欧元，占欧盟 27 国 GDP 的 2.5%，2004～2008 年复合年度增长率 8.3%，考虑到通货膨胀率，年度增长率达到 5.9%。2004～2008 年，可再生能源从大约 127 亿欧元增长到 263 亿欧元，增长了 107%，是所有部门中增长最快的产业。该报告还强调，这个数据甚

---

① Ecorys, *The Number of Jobs Dependent on the Environment and Resource Efficiency Improvements, Rotterdam*, 3 April 2012, pp. 8 - 9.

至被严重低估了。如果根据欧洲可再生能源理事会（the European Renewable Energy Council－EREC）的评估数据，2008 年可再生能源产值达到了 450 亿欧元，将近是他们评估的 2 倍。[①] 这充分说明应对气候变化对欧盟生态产业的重大影响。图 4－18 显示了对欧盟生态产业总额的各种评估数据。

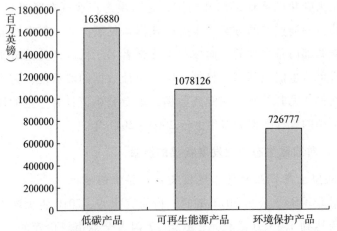

图 4－17　2011/2012 年度全球低碳环保产品和服务的销售额

资料来源：UK Department for Business, Innovation & Skills, *Low Carbon Environmental Goods and Services Report 2011/12*, July 2013, p. 13.

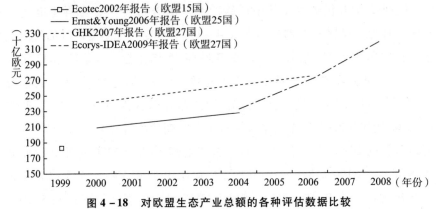

图 4－18　对欧盟生态产业总额的各种评估数据比较

资料来源：ECORYS, *Study on the Competitiveness of the EU eco-industry*, Final Report－Part 1, October 2009, p. 43.

①　ECORYS, *Study on the Competitiveness of the EU eco-industry*, Final Report－Part 1, October 2009, p. 39.

　　根据统计数据，2010 年全球生态产业市场规模总额大约达到 1.15 万亿欧元，以此来评估，欧盟生态产业的总体规模大约 3800 亿欧元。欧盟的比较优势在于可再生能源电力生产技术（占全球市场份额的 40% 以上）和废物管理与循环利用技术（占全球市场份额的 50% 以上）。欧盟的许多生态产业部门已经成为全球的"领导型"市场，在全球生态产业中占据着很高的市场份额。图 4 - 19 提供的资料显示，到 2005 年欧盟在全球生态产业市场中占据极其重要的地位，其中废物处理和循环利用占全球市场达到 50%，而在电力生产方面占 40%，能源效率和可持续交通方面都占 35%。

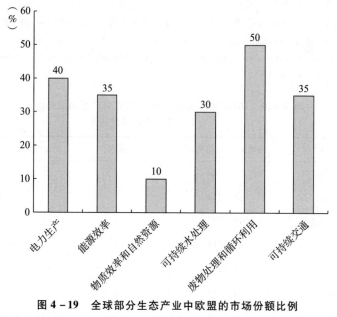

图 4 - 19　全球部分生态产业中欧盟的市场份额比例

资料来源：Market Studies, Expert Interviews, Roland Berger Strategy Consultants 2006。转引自：ECORYS, *Study on the Competitiveness of the EU Eco-industry*, Final Report - Part 1, October 2009, p. 93.

　　图 4 - 20 显示了欧盟部分成员国和美国、中国、墨西哥的生态产业的数据，可以看出，除了墨西哥之外，欧盟成员国的平均增长率是领先的，所占 GDP 的份额也是高于美国的。表 4 - 10 列举了 2012 年低碳环保产品和服务价值全球前 50 名的部分国家，尽管美国、中国、日本和印度位于前 4 名，但前 10 名有欧盟成员国五个，所有进入前 50 名的欧盟成员国加起来的总额已经超过了美国，占全球总额

的 21.4%，从中也可以看出欧盟在全球低碳环保产品和服务领域的
优势地位。

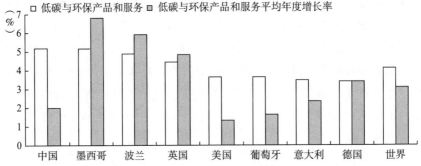

图 4 - 20　低碳环保产品和服务的规模和年均增长率（2007～2011 年）

资料来源：Benjamin Görlach, Lucas Porsch, Dominic Marcellino and Adam Pearson, "How Crisis - Resistant and Competitive Are Europe's Eco-Industries?" Ecologic Institute, Berlin, January 2014.

表 4 - 10　2011/2012 年度全球低碳环保产品和服务的
产值前 50 名部分国家

国家	销售额（百万英镑）	排名	占全球份额（%）
美国	660760	1	19.2
中国	444324	2	12.9
日本	213295	3	6.2
印度	210815	4	6.1
德国	145267	5	4.2
英国	128141	6	3.7
法国	104201	7	3.0
巴西	103583	8	3.0
西班牙	92136	9	2.7
意大利	89485	10	2.6
波兰	29526	22	0.9
荷兰	28056	24	0.8
比利时	18826	31	0.5
瑞典	14675	34	0.4

续表

国家	销售额（百万英镑）	排名	占全球份额（%）
奥地利	14276	37	0.4
希腊	13260	40	0.4
罗马尼亚	11955	41	0.3
捷克	11444	43	0.3
葡萄牙	10084	46	0.3
匈牙利	10081	47	0.3
芬兰	9131	49	0.3
丹麦	9117	50	0.3
以上欧盟成员国总体	739661		21.4

资料来源：UK Department for Business, Innovation & Skills, *Low Carbon Environmental Goods and Services Report 2011/12*, July 2013, p. 15.

2. 欧盟生态产业进出口总量及在全球生态产业贸易中的地位

表4-11提供的数据显示，到2007年世界主要国家之间生态产业贸易流，欧盟、日本、中国和美国的进出口量都处于世界主导地位。这里本书着重分析各国的出口量，因为出口量在很大程度上反映了一个国家生态产业的国际扩散程度及在全球市场中所占份额的大小。单就出口量而言，欧盟处于绝对的领先地位，欧盟生态产业的出口量比位居第二和第三的美国和中国的总和还要多，是位居第四位的日本的5倍还多。而欧盟生态产业最大的出口目的地国家是中国，其次是日本，再次是美国，欧盟也是印度最大的进口来源地国家，这充分反映了欧盟生态产业在全球市场中的地位，既是发达国家对发展中国家的最大出口来源地，也是发达国家之间最大的出口来源地。如果说表4-11反映了一种静态意义上的欧盟生态产业在当前全球贸易中的地位，那么，图4-21和图4-22则反映了欧盟生态产业进出口贸易的动态变化情况。从图4-21可以看出，从1999年到2006年欧盟生态产业的出口发展非常迅速，无论是欧盟成员国之间内部的出口，还是欧盟对外的出口量，都远远高于同期美国和日本的出口量。图4-22显示，1999年欧盟的出口增长率无论是内部还是对外都低于美国和日本，后来几年也有大起大落，但近几年的增

长率已经超过美日。总体而言，1999～2006 年，欧盟成员国之间的内部出口增长了 75%，欧盟对外出口增长了 44%，而同期美国和日本生态产业的出口增长分别只有 4% 和 18%。[①]

表 4 - 11　世界主要国家之间生态产业贸易量（2007 年）

单位：百万欧元

出口者	进口者							
	巴西	中国	欧盟 27 国	印度	日本	俄罗斯	美国	出口总额
巴西	–	48.86	202.30	2.10	49.27	–	137.80	391.06
中国	32.04	–	1467.09	12.89	2073.06	0.79	496.26	4082.13
欧盟 27 国	30.16	3720.76	–	205.43	2508.47	18.14	1955.58	8438.54
印度	0.19	158.49	485.62	–	45.47	1.23	81.01	772.01
日本	0.20	585.32	398.18	2.61	–	0.41	556.10	1542.82
俄罗斯	0.21	64.29	992.71	4.28	22.87	–	150.89	1235.25
美国	21.26	920.38	1919.04	51.71	1274.75	1.85	–	4188.99
进口总额	84.06	5499.10	5464.94	279.02	5974.89	22.42	3377.64	–

注：主要包括下列种类产品的贸易：空气污染控制，水力发电，检测设备，其他环境设备，光电，废物处理和水污染控制。

资料来源：ECORYS, *Study on the Competitiveness of the EU Eco-industry*, Final Report – Part 1, Brussles, 09 October, 2009, p. 94.

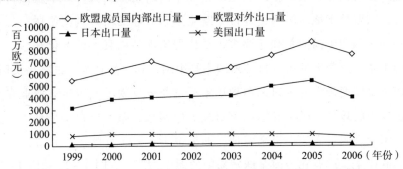

图 4 - 21　欧盟、日本和美国生态产业出口水平（1999～2006 年）

资料来源：ECORYS, *Study on the Competitiveness of the EU eco-industry*, Final report – Part 1, Brussles, 09 October, 2009, p. 95.

---

① ECORYS, *Study on the Competitiveness of the EU Eco-industry*, Final Report – Part 1, October 2009, p. 95.

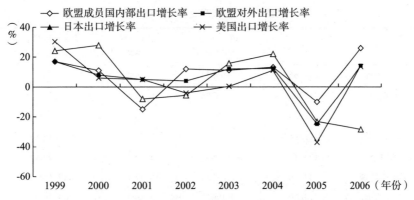

图 4 - 22　欧盟、日本和美国生态产业出口增长率（1999 ~ 2006 年）

资料来源：ECORYS, *Study on the Competitiveness of the EU eco-industry*, Final report – Part 1, Brussles, 09 October, 2009, p. 95.

3. 欧盟生态产业就业人数测量

根据恩斯特和扬的研究报告，到 2004 年，欧盟在生态产业直接和间接的就业人数已经达到 340 万，总体上占欧盟 25 国总就业人口的 1.7%。根据 ECORYS 的研究报告，2004 年和 2008 年欧盟总体在生态产业中的直接就业人数分别达到 280 万和 340 万，从 2000 年到 2008 年生态产业部门的年度就业增长率达到近 7.0%，而其中可再生能源和物质的循环利用部门的就业增长率最快，分别达到大约 18% 和 13%。[1] 表 4 - 12 显示了欧盟总体在生态产业部门的就业人口的实际数量。表 4 - 13 显示了2000 ~ 2008 间欧盟生态产业各部门就业人数和年度增长率情况。从中可以看出生态产业就业人口增长比较迅速。

表 4 - 12　欧盟 27 国生态产业就业人口（2000 ~ 2012 年）

单位：百万

年份	2000	2001	2002	2003	2004	2005	2006	2007	2008	2009	2010	2011	2012
就业人口	2.5	2.9	2.9	2.9	3.1	2.9	3.0	3.1	3.1	3.2	3.4	3.6	4.0

资料来源：ECORYS, *The number of Jobs dependent on the Environment and Resource Efficiency improvements*, Rotterdam, 3 April 2012, p. 26.

---

[1]　ECORYS, *Study on the Competitiveness of the EU Eco-industry*, Final Report – Part 1, October 2009, p. 41.

表 4 - 13 欧盟 27 国生态产业各部门就业人口增长率

部门	就业人数 （2000 年）	就业人数 （2008 年）	就业年度 增长率	就业年度增长率 （通过通货膨胀率矫正）
废物管理	844766	1466673	7.14%	5.89%
水供应	417763	703758	6.74%	4.04%
废水处理	253554	302958	2.25%	3.62%
物质循环利用	229286	512337	10.57%	13.12%
其他	129313	193854	5.19%	6.23%
可再生能源	49756	167283	16.37%	17.65%
空气污染	22600	19067	-2.10%	3.10%
生物多样性	39667	49196	2.73%	5.29%
土壤和地下水	14882	18412	2.70%	3.02%
噪音和振动	4176	7565	7.71%	7.76%
总计	2005764	3441102	6.98%	6.69%

资料来源：ECORYS, *Study on the Competitiveness of the EU eco-industry*, Final report – Part 1, Brussles, 09 October, 2009, p. 41.

"绿色工作"成为可持续发展社会的一个非常重要的就业部门。图 4 - 23提供的资料显示，到 2005 年欧盟在生态产业的就业人数超过汽车制造业和化工等传统产业，达到 340 多万人。[①] 而在可再生能源部门，无论是技术革新还是产业发展，或是就业人数欧盟都处于世界领先地位。正如欧盟委员会 2008 年《2020 年的 20/20：欧洲的气候变化机会》文件指出，可再生能源技术价值总额已经达到 200 亿欧元并创造了 30 万个工作岗位，如果到 2020 年可再生能源达到能源总消费的 20% 预计将创造 100 万个工作岗位。[②] 表 4 - 14 提供了 2006 年在可再生能源部门部分国家和世界的就业人数评估数据。资料显示，到 2006 年世界总的就业人数达到 230 多万，而就选择的三个欧盟成员国（德国、西班牙和丹麦）的就业人数来看，其总和已经接近美国就业人数的 90%。如果考虑到欧盟成员国的整体就业情况，以及与欧盟总人口规模相比，欧盟在生态产业的就业人口比例无疑处于世界

[①] 可参见联合国环境规划署（UNEP）的报告，United Nations Environment Programme (UNEP), *Green Jobs: Towards Sustainable Work in a Low – carbon World*, 2008；United Nations Environment Programme (UNEP), *Green Jobs: Towards Decent Work in A Sustainable, Low – carbon World*, 2008。

[②] CEC, *20 20 by 2020 – Europe's Climate Change Opportunity*, COM (2008) 30 final, Brussels.

的前列。

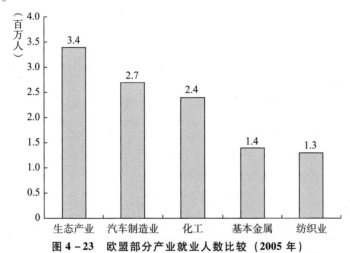

图 4 – 23　欧盟部分产业就业人数比较（2005 年）

资料来源：European Commission，*Facts and Figures*：*the Links Between EU's Economy and Environment*，2007.

表 4 – 14　可再生能源部门世界和部分国家就业人数评估（2006 年）

可再生能源部门	世界	部分国家	
风能	300000	德国	82100
		美国	36800
		西班牙	35000
		中国	22200
		丹麦	21000
		印度	10000
太阳光电	170000	中国	55000
		德国	35000
		西班牙	26449
		美国	15700
太阳热能	624000 +	中国	600000
		德国	13300
		西班牙	9142
		美国	1900

续表

可再生能源部门	世界	部分国家	
生物质能	1174000	巴西	500000
		美国	312200
		中国	266000
		德国	95400
		西班牙	10349
水电	39000 +	欧洲	20000
		美国	19000
地热	25000	美国	21000
		德国	4200
合并总计	2332000 +		

注：世界人数并非世界总就业人数，仅是可获得信息的国家就业人数汇总。

资料来源：United Nations Environment Programme（UNEP），*Green Jobs：Towards Decent Work in A Sustainable，Low - carbon World*，2008，p. 127.

（三）欧盟低碳型产业发展状况测量

表 4 - 15 是蔡林海博士在《低碳经济：绿色革命与全球创新竞争大格局》一书中对欧盟、美国和日本在低碳型产业发展状况的评估。根据其评估，总体而言，欧盟在"可再生能源"与"低碳型服务"领域拥有"领先世界"的优势，而日本则在"化石燃料的低碳化"和"能源效率化与低碳化消费"领域处于"世界领先"地位，而美国在个别领域拥有"世界领先"的优势，比如 CCS 和太阳热发电。在可再生能源领域，欧盟拥有绝对的世界领先优势，尤其是在风能领域，而可再生能源可以说是低碳产业的"半壁江山"；在低碳型服务行业，由于欧盟建立了世界上第一个温室气体排放权交易体系（ETS），并在 2005 年成功运作，欧盟已经积累了在碳交易等全球碳市场发展的丰富经验，取得了"先行者优势"。因此，尽管在个别低碳型产业（比如化石燃料的低碳化）欧盟并不占据世界而领先地位，但从总体上来看，欧盟还是拥有非常大的优势地位，尽管在整个低碳型产业领域欧、美、日之间的竞争大格局已经形成，日本的竞争力日渐上升。

表 4－15 欧盟、美国和日本在低碳型产业国际竞争中的比较优势

	欧盟	美国	日本
1. 化石燃料的低碳化	3	4	5
①二氧化碳捕获与封存（CCS）	3	5	4
②清洁煤（CCT）	4	4	5
③高效煤炭、天然气活力发电	3	4	5
2. 可再生能源	5	4	3
①太阳光电	5	4	3
第一代结晶硅太阳电池	5	3	4
第二代薄膜太阳电池	4	3	5
②太阳热发电	4	5	3
③风力发电	5	4	3
④生物质能源	4	5	3
藻类提纯油燃料（第二代）	3	5	4
⑤氢能源	3	4	5
3. 能源效率化与低碳化消费	3	4	5
①智能电网	3	5	2
②可再生能源用蓄电池	3	3	5
③环保汽车	4	4	5
混合动力汽车	4	4	5
插电式混合动力汽车	4	4	5
电动汽车	3	4	5
燃料电池汽车	4	4	5
④绿色 IT	3	5	4
⑤节能型信息家电	3	3	5
4. 低碳型服务	5	4	3
①二氧化碳排放权交易，CDM	5	4	3
②绿色金融	4	5	3
③企业碳管理咨询服务	4	4	3
④碳足迹与碳抵消商品与服务	5	4	3
⑤住宅与小区节能管理	3	4	4
⑥绿色楼宇	3	5	3
⑦绿色物流	3	4	3

注：5：世界领先，4：非常先进，3：先进，2：落后，1：十分落后。

资料来源：蔡林海：《低碳经济：绿色革命与全球创新竞争大格局》，北京：经济科学出版社，2009 年版，第 175～176 页。

综合以上量化分析，本书可以得出一个结论，就是当今世界生态产业（低碳型产业）已经成为发展最为迅速的产业领域之一，而在这个关系到一个国家（集团）未来根本性命运和国际竞争力的领域，欧盟无论是在生态产业的总体规模、在全球生态产业贸易中所占的市场比例，还是在生态产业的就业人口都处于世界领先地位，尽管在某些领域也日益受到日本和美国的挑战，并在某些领域稍微落后于日美。鉴于资料选取与数据测量方法和标准的差异，本书所运用的资料和数据之间也存在某些冲突，而且对欧盟生态产业的总体发展状况评估也只能是一个定序（ordinal）判定，[①] 但是，总体而言，作为应对气候变化战略中生态现代化收益中的核心部分之一，生态产业的发展及其给欧盟带来的经济技术收益无疑成为欧盟在国际气候谈判中采取积极立场的一个重要推动因素，也是欧盟在国际气候治理中采取"先驱战略"的一个极其重要的战略性考量。

三　欧盟能源效率战略和可再生能源战略带来的收益测量

能源战略是欧盟应对气候变化战略中极其重要的一环。鉴于能源问题一方面涉及国家（集团）的经济社会发展，另一方面也关系国家（集团）的战略安全，本书主要从两个方面（或指标）来测量欧盟在能源方面的收益：一是经济收益，主要包括能源效率的提高和可再生能源发展替代化石能源带来的经济收益；二是安全收益，能源节约和可再生能源的发展对于欧盟能源对外依存度和脆弱性的降低的重大意义。

根据欧盟委员会 2008 年 11 月 13 日发布的《能源安全与团结行动计划》文件，实现欧盟提出的"20 – 20 – 20"一揽子计划到 2020 年可以使欧盟减少 15% 的能源消费，而这导致欧盟能源预期进口减少 26%。到 2013 年欧盟能源消费 53% 依靠进口，其中原油对外依存度接近 90%，天然气的对外依存度 66%，固体燃料对外依存度 42%，核燃料对外依存 40%，每天对外能源账单超过 10 亿欧元，全年大约 4000 亿欧元，超过欧盟所有进口商品的 1/5。[②] 图 4 – 24 反映了欧盟近十多年的能源消费

---

① 关于国际关系研究方法中定量分析的数据计量尺度问题，可参见李少军《国际关系学研究方法》，北京：中国社会科学出版社，2008 年版，第五章。

② European Commission, *European Energy Security Strategy*, COM（2014）330 final, Brussels, 28.5.2014.

量，可以看出自 2010 年以来欧盟的整体一次性能源消费呈下降趋势，虽然从 201 年开始有小幅回升。图 4 - 25 反映了欧盟整体能源进口量的变化，数据显示欧盟能源净进口数量随着欧盟本身内部能源消费总量的下降而在下降，但进口的相对数量是在上升，欧盟能源的对外依存度依然很高。在能源价格飙升的情形下，这将给欧盟经济社会的发展带来巨大的经济负担。鉴于此，如果欧盟的气候与能源行动计划得以实现，将给欧盟带来巨大的经济节约。正如欧盟委员会的文件指出，欧盟的气候战略将使欧盟的石油和天然气进口到 2030 年下降到 500 亿欧元，而到 2020 年 20% 的能源效率提高将给欧盟带来每年 1000 多亿欧元的节约并减排近 8 亿吨二氧化碳当量。[①] 普遍认为，"欧盟的 2020 战略" 意味着到 2020 年节约能源三亿九千万吨油当量（Mtoe），实现欧盟初级能源需求降低至少 20%（368Mtoe）。[②]

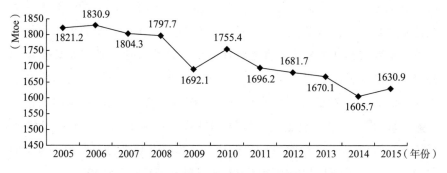

图 4 - 24　欧盟一次能源消费量变化（2005～2015 年）

资料来源：BP，《BP 世界能源统计年鉴》2016 年 6 月，第 40 页。

2014 年 1 月 22 日欧盟委员会正式向欧盟理事会及欧洲议会等有关部门提出了关于欧盟 2030 年气候与能源政策框架的磋商文件。[③] 这是继 2008 年欧盟提出并实施 2020 年气候与能源一揽子政策措施之后的又一重

① CEC, 20 20 by 2020 – Europe's Climate Change Opportunity, COM (2008) 30 final, Brussels, 23. 1. 2008.

② 例如 CEC, COMMISSION STAFF WORKING DOCUMENT Impact Assessment Report for the Action Plan for Energy Efficiency 2006, SEC (2006) 1174, Brussels, 19. 10. 2006; CEC, *Commission Staff Working Document State of Play in the EU Energy Policy*, SEC (2010) 1346 final, Brussels, 10. 11. 2010。

③ European Commission, *A Policy Framework for Climate and Energy in the Period from* 2020 *to* 2030, Brussels, 22. 1. 2014, COM (2014) 15 final.

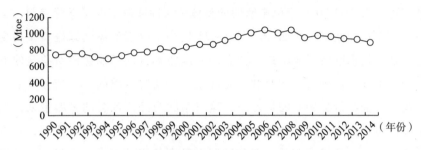

图 4 - 25　欧盟 28 国能源净进口数量变化——所有燃料

资料来源：European Commission, *EU energy in figures* 2016, Publications Office of the European Union, 2016, p. 38.

大气候战略行动。该政策行动的一个重要宗旨就是继续促进欧盟的低碳转型，以应对气候变化为最终目标，打造一个充满竞争力、安全、可持续的能源体系，提高欧盟的能源供应安全，确保欧盟在全球低碳经济中的领导地位。正如该文件指出："当前欧盟是全球低碳技术的领导者，而其他主要快速增长的经济体同样具有战略利益并在这些新的市场中展开竞争。更新后的气候与能源目标将让欧盟在这些快速增长的全球市场中保持它的先行者优势。"① 具体而言，该政策框架的主要目标就是完全实现欧盟的 20/20/20 目标，并在此基础上明确从 2020～2030 年的气候与能源发展目标。（1）温室气体减排 40% 排放目标。（2）可再生能源目标。在 2020 年一揽子政策目标的推动下，2012 年欧盟已经实现可再生能源增长 13%，预期到 2020 年将进一步升至 21%，到 2030 年将升至 24%。为此，欧盟委员会提出 2030 年的框架目标是实现增长至少 27%。（3）能源效率到 2030 年提高大约 25%。2014 年 10 月 23～24 日，欧洲理事会达成协议，同意欧盟委员会提出的欧盟 2030 年气候与能源政策框架，即从欧盟成员国国家和政府首脑会议的层面上明确同意了欧盟委员会提出的 2030 年的减排目标、可再生能源目标和能源效率目标，到 2030 年减排 40%（与 1990 年相比），可再生能源提高到 27%，能源效率提高 27%（同时 30% 的目标也要谨记在心）。②

---

① European Commission, *A Policy Framework for Climate and Energy in the Period from* 2020 *to* 2030, Brussels, 22. 1. 2014, COM（2014）15 final.

② European Council, *European Council*（23 *and* 24 *October* 2014）*Conclusions on* 2030 *Climate and Energy Policy Framework*, Brussels, 23 October 2014.

根据欧洲环境署（European Environment Agency – EEA）最新发布的关于欧盟可再生能源报告，到 2013 年欧盟可再生能源在最后能源使用中的比例由 2012 年的 14.3% 增长到 15.0%，EEA 预估到 2014 年继续增长到 15.2%，来自欧盟统计署的最新统计数据显示实际可再生能源所占比例比 EEA 的预估还要强，将达到 16.0%。这将使欧盟的温室气体排放减少 380 百万吨 CO_2 当量，相当于欧盟总体温室气体排放的 9%，也使欧盟减少化石燃料 114Mtoe（百万吨油当量），大约相当于欧盟总体化石燃料消费的 10%，减少欧盟一次能源消费 32 Mtoe（百万吨油当量），相当于欧盟一次能源消费减少 2%。[1]

综合以上分析，我们看到欧盟应对气候变化问题的政策行动不但可以获得巨大的经济收益，而且还可以提高欧盟能源供应的自主性，提升欧盟能源供应安全。因而，这种能源领域的经济收益与安全收益也就成为欧盟采取积极气候政策和国际气候谈判立场的一个重要战略考量。

本章小结

通过积极的气候政策和目标较高的减排行动促进欧盟的气候变化减缓技术革新，进而促进欧盟生态产业的发展，形成气候治理领域的"领导型市场"，以期在未来的低碳经济时代抢占新能源和低碳产业国际市场的主导权，并提高欧盟的能源安全，这是欧盟采取积极气候政策立场的重要战略性利益考量。通过积极政策的推动，欧盟在气候变化减缓技术、生态产业、能源效率提高以及可再生能源发展方面都取得了相对较高的收益，而这种收益也正是生态现代化理念所预期的积极政策效果。因此，欧盟在应对气候变化过程中的生态现代化收益强化了生态现代化理念对欧盟气候政策立场的积极影响，也就是说，理念与实际结果形成了一种良性相互强化的关系，这说明欧盟积极气候政策立场与生态现代化理念以及欧盟的利益之间达到了较高的契合度，这种较高的契合度进一步强化了欧盟采取积极立场的意志力和动机。

---

[1]　European Environment Agency, *Renewable Energy in Europe* 2016；*Recent Growth and Knock - on Effects*, Luxembourg：Publications Office of the European Union, 2016, p. 16.

第五章 生态现代化成效与欧盟的
国际气候谈判立场

正如有的研究者指出，由于美国持续反对控制二氧化碳排放的量化目标和时间表，美国官员怀疑欧盟是否能够实现它所提出的减排目标。所以，欧盟内部气候政策的实施，亦即其国际气候谈判承诺的内部落实从欧盟参与国际气候谈判一开始就是一个一再受到考问的重要问题。[①]也就是说，欧盟在国际气候谈判中提出的积极超前的减排目标能否在其内部如期实现，将直接影响到欧盟在国际气候谈判中的国际信誉，并影响其一再宣称的"领导作用"的发挥。因此，欧盟内部气候治理的成效也就成为影响其国际气候谈判立场的一个重要因素。而欧盟内部气候政策的实施，减排目标的落实，实际上也就是欧盟自身经济社会的"生态现代化"程度的提升。欧盟自身的"生态现代化"转型程度越高说明其气候治理的成效越高。本章将检验本书提出的第四、五个研究性假设，也就是欧盟自身的生态现代化成效到底如何，这种成效在多大程度上契合了生态现代化理念，并成为推动欧盟采取积极气候政策立场的一个重要因素。

第一节 欧盟气候治理的双重向度及其相互关系

一个国家（集团）国际气候谈判中的任何承诺最终都要靠其内部政策措施去落实，而这种落实的成效在很大程度上又影响了其在下一步国际气候谈判中的立场。因此，国际气候谈判承诺与其内部的落实构成了一个国家（集团）气候治理战略的双重向度，而这两个方面是一种相辅相成、相互影响的关系。而对于试图在国际气候治理中发挥领导作用的欧盟而言，其国际承诺与内部落实之间的相互影响相对更加强烈。

---

① Lasse Ringuis, *European Community and Climate Protection: What's Behind the 'Empty Rhetoric'?* Center for International Climate and Environmental Research – Oslo (CICERO) Report 1999 – 8, Oslo: CICERO, 1999, p. 8.

一 欧盟气候战略中"通过榜样与示范进行领导"的策略

1. 领导的类型以及欧盟在国际气候治理中发挥领导作用的主要方式和路径

在国际气候治理中，欧盟一再宣称发挥领导作用。事实上，也正如本书前面的论述，欧盟在国际气候领域确实发挥了重要的带头作用，走在了国际社会的前列。国际社会特定全球性问题（如环境问题）领域"领导者"的存在及其领导作用的发挥，有助于国际协定的达成和全球性问题的解决。根据一些学者的研究，国家或特定国际行为体发挥领导作用的模式具有不同类别。扬（Young）曾经划分了结构型（Strutural）、智力型（Intellectual）和企业家型（Entrepreneurial）领导三种模式，吴丹达尔（Underdal）提出了强制型（Coercive）、单边行动型（Unilateral）和手段型（Instrumental）三种领导模式，曼尔哪斯（Malnes）区别了胡萝卜加大棒型（Carrot and Stick）、方向型（Directional）和问题解决型（Problem-solving）领导，在归纳这种类型的基础上，古普塔（Gupta）和戈汝伯（Grubb）提出了第四种类别：结构型（Strutural）、方向型（Directional）和手段型（Instrumental）领导（见表5-1）。结构型领导主要是国家或特定行为体运用自身在国际体系中的政治或经济权力对其他国家或行为体施加压力或提供物质激励，从而达到其特定的国际行动目标；方向型领导主要是国家或特定行为体通过提供治理理念带领其他行为体共同解决特定全球性问题，或者首先通过自身的单边行动，向其他行为体展示其解决问题的理念及可行性，为其他行为体提供榜样和示范，从而使国际问题的解决有了前进的方向和解决的有效路径；而手段型领导主要是国家或特定行为体运用外交资源和外交技巧，通过与其他国家或特定行为体组成联盟或特定类型的合作方式，从而有助于特定国际问题的解决。

表5-1 "领导"模式分类

Young	Underdal	Malnes	Gupta & Grubb	描述
结构型	强制型	胡萝卜加大棒型	结构型	使用建立在政治和经济方面的权力基础上的激励

Young	Underdal	Malnes	Gupta & Grubb	描述
智力型	单边行动型	方向型	方向型	使用理念和内部行动去影响其他国家对于其所期望的结果及其可能性的认知
企业家型	手段型	问题解决型	手段型	运用外交技巧

资料来源: Norichika Kanie, "Middle Power Leadership in the Climate Change Negotiations: Foreign Policy in the Netherlands," in Paul Harris ed., *Europe and Global Climate Change: Politics, Foreign Policy and Regional Cooperation*, Cheltenham: Edward Elgar Publishing Limited, 2007, p. 90.

有三个重要的因素影响并决定了欧盟在国际气候治理中发挥领导作用的模式。第一，欧盟自身的特点。前文已经论及，欧盟只是一个特殊类型的国际组织，尽管随着欧洲一体化程度的加深，欧盟的政治影响力正在加强，但毕竟难以与一个单一主权国家相比，在国际体系中，欧盟仍然是一个具有较强经济实力的"民事强权（civilian power）"或"规范力量"，而在政治和军事上的国际影响力仍然不大；第二，全球气候变化问题的特点。全球气候变化问题本身是一个全球性和长期性的环境问题，对于此类问题的解决不大可能依赖国家的权力或强制力量；第三，欧盟奉行的治理理念。长期以来，欧盟在国际问题上奉行多边主义，是国际社会把多边主义和国际法作为全球治理基石最强烈的支持者之一，并强调通过合作和对话解决国际问题。正是基于以上三个原因，欧盟在国际气候治理中一直强调自身的模范带头作用，通过自身的成功经验证实其所提出的气候治理目标的可行性和现实性，从而实现"通过榜样和示范进行领导"的目标。所以，欧盟在国际气候治理中更多是发挥了一种方向型领导作用，并在适当的情况下也运用其自身的经济力量（比如通过有目的的对外援助）和外交技巧（通过与其他国家或国际组织结成同盟）发挥结构型和手段型领导作用。正如有的研究者指出，"欧盟追求一个'软'领导战略。除了依靠它的政治和经济实力，欧盟通常发挥'方向型领导'，主要以它的软权力资源为基础，也就是'通过榜样和示范'，依靠外交手段，劝说和主张进行领导。这种战略也许既是必要的也在于欧盟本身的偏好。一方面，欧盟并没有政治和经济实力强制其他国家去应对气候变化；另一方面，这种领导方式也与欧盟作为一个民事强权的理念非常好的契合，也就是欧盟追求一种以规则为基础的全球治理，主要通过软措施保持它的规范性偏好。"[1]

2. 欧盟气候治理中的"信用差距（credibility gap）"及其领导雄心

从前文对欧盟国际气候谈判立场和气候政策的历史回顾和评述中，我们知道，在几乎整个20世纪90年代，欧盟许多气候政策措施并没有达到理想的效果。从20世纪90年代初欧盟委员会所建议的二氧化碳/能源税政策由于部分成员国和工商业集团的反对而没有成功；能源方面提高能源效率和发展可再生能源的两个主要政策措施（SAVE and ALTEN-ER）在欧盟层面的立法过程中受到很大程度上的弱化；与汽车制造工业签订的自愿减排协定最终也并没有达到预期的减排效果；温室气体减排虽然取得了非常重要的进展，但很大程度上是与气候政策关系并不很大的一些因素（主要是由于德国的重新统一与英国的煤炭转为天然气政策）导致的"意外"结果，而温室气体排放在1994年之后甚至还有了轻微的增长。根据欧盟委员会的评估，如果不采取另外的政策措施，一切照旧的话，欧盟的温室气体排放不是减少而会增长6% ~ 8%。[2] 因此，在20世纪90年代，尽管与国际社会其他国家相比，欧盟的气候治理取得了积极的进展和重大成果，尽管在国际社会的温室气体减排目标和承诺中欧盟仍然是最为积极的，但是，在其国际承诺与内部气候政策措施的落实之间存在着一个严重的"信用差距"。事实上，正是这种信用差距的存在以及欧盟内部达成一个共同立场的协调困难掣肘在很大程度上制约了欧盟在国际气候治理议题上的"领导雄心"。

因此，欧盟在国际气候治理中的政策立场受到这种"信用差距"与其"领导雄心"之间张力的重要影响。如果欧盟希望在国际气候治理中充分发挥其领导作用，主导国际气候治理，它必须缩小甚至消除这种信用差距。而从20世纪90年代欧盟参与国际气候治理以来，发挥领导作用就一直是欧盟的一个强烈政治意愿，而这种"领导情结"在很大程度上影响了欧盟的国际气候谈判立场。正如欧盟委员会环境委员迪玛斯在

---

① Sebastian Oberthür and Claire Roche Kelly, "EU Leadership in International Climate Policy：Achievements and Challenges," *The International Spectator*, Vol. 43, No. 3, 2008, pp. 36 – 37.

② CEC, *on EU Policies and Measures to Reduce Greenhuose Gas Emission：Towards a European Climate Change Programme (ECCP)*, COM (2000) 88 final, Brussels, 8. 3. 2000.

一次会议上解释欧盟发挥气候领导作用时强调的："这不仅仅是为了领导而领导，或者因为我们认为我们自己能够应对气候变化——非常明确，我们不能。欧盟的承诺和成功对于我们的全球合作伙伴是一个鼓舞和激励。没有它，《京都议定书》一定不会生效。"① 所以，一方面，欧盟具有发挥领导作用的强烈意志，而另一方面，欧盟气候政策的落实与其国际承诺之间还存在严重的"信用差距"。在这种情况下，欧盟内部气候治理的成效越来越成为制约和影响欧盟外部国际气候谈判立场的一个重要因素。

二　欧盟气候治理中的内部行动与国际行动及其相互关系

欧盟的气候治理的生态现代化战略存在着内在向度与国际向度的双重向度。我们可以从以下两个层面进行理解：第一，本质而言，"生态现代化"只是一个应对国家（集团）内部环境问题的政策理念，但是，这种政策理念（或环境战略）在一个全球化背景下，从其一开始就具有一个外在向度，环境技术和政策的革新从一开始就有一种强烈的扩散预期。而且，鉴于全球气候变化问题的全球性和公共物品特性，任何解决气候变化问题的国家战略事实上都存在着一个国际向度。也就是说，欧盟内部的技术革新与政策革新本身就具有一种向外扩散的动力，正是这种动力促使欧盟在国际上采取积极的立场，目的在于主导国际气候政治，按照欧盟的标准制定游戏规则，促使其他国家实施与欧盟相适应的政策措施。比如 20 世纪 90 年代初，欧盟竭力推动的二氧化碳/能源税改革的一个前提条件就是美日等国也采取相应的行动；2007 年欧盟提出减排 30% 的一个重要前提就是其他发达国家做出相应的承诺，达成相应的国际协定。第二，欧盟内在的气候治理成效为其国际行动奠定了基础，内在行动与国际行动相辅相成。而这一点又可以从以下三个视角进行解读：（1）有效落实内部气候政策，实现在国际上承诺的减排目标，为进一步推动国际气候协定的达成提供信用，而与此同时，国际上积极的减排承诺反过来也会进一步促进欧盟内部实施更加严格有效的气候政策，这是

---

① Stavros Dimas, "Developing European Climate Change Programme," Speech at Stakeholder Conference Launching the Second European Climate Change Programme, Brussels, 24 October 2005.

一个相互促进的良性互动过程；（2）富有成效的内部气候治理增强了欧盟气候政策和低碳技术的示范性和吸引力，为欧盟在国际气候治理中推广欧盟的技术和标准奠定了基础，而气候政策和低碳技术的国际扩散不但可以为欧盟带来经济收益，而且也为欧盟发挥领导作用提供了依托和基础，这也是一个相互促进的良性互动过程；（3）欧盟自身内部气候治理相当于国际气候治理的一个缩影或小宇宙（Microcosm），[1] 因为欧盟成员国之间也存在社会经济发展的很大差异性，在对待气候变化问题上也存在着不同的利益诉求和战略博弈，因此，欧盟内部成员国之间的协调，比如责任共担协定的达成，为国际气候谈判和国际气候协定的达成提供了重要的借鉴和参照。从这个意义上，欧盟本身的内部气候治理成效影响了国际气候治理成效，欧盟气候治理的内在向度具有特殊的外在影响力。

鉴于此，欧盟内部气候治理成效也就成了欧盟在国际气候谈判中采取积极立场的基础，另外，也是欧盟影响其他谈判方的一个重要依托。正如有的学者特别强调指出：“有效的内部气候政策是任何继续欧盟在气候变化问题上领导战略的基石。它是发挥国际领导作用的信用和合法性的前提条件。它也为欧盟提供了一种先行者优势，而这种优势是欧盟发挥气候变化领导作用的根本性基础。”[2]

第二节　生态现代化成效与欧盟国际气候谈判立场：定性分析

上一节本书主要从欧盟在国际气候治理中发挥领导作用的意愿、发挥领导作用的方式和途径以及欧盟气候战略中的“信用差距”对其国际气候谈判立场的影响等视角，从理论上分析了欧盟内部气候治理成效（生态现代化成效）与其国际气候谈判立场的相互关系。在此基础上，

---

[1]　Michael Grubb, "European Climate Change Policy in a Global Context," in Helge O le Bergesen, Georg Parmann, and Øystein B. Thommessen eds., *Green Globe Yearbook of International Co-operation on Environment and Development* 1995, Oxford: Oxford University Press, 1995, pp. 41 – 50。

[2]　Sebastian Oberthür, "EU Leadership on Climate Change: Living up to the Challenges," available at: http://ec. europa. eu/education/ajmforum07/oberthur. pdf, 5 March 2010.

本节主要从定性分析的视角来具体分析二者之间的相关性，具体而言，试图剖析生态现代化成效从哪些方面、通过何种路径影响了欧盟的国际气候谈判立场。

一　生态现代化成效展示了欧盟气候政策的可行性和现实性

应对气候变化始终是一个存在不确定性和需要付出经济社会成本的行动，面对诸多的复杂性和治理困境，一些行为体往往容易陷入拖延或消极等待的状态。在这种情况下，一方面需要某些国家（集团）发挥带头和领导作用，另一方面也需要某些试验性的行动来展示气候政策的可行性和现实性。因此，正如前文所述，在国际气候治理过程中，始终存在着两种治理模式和路径，一种就是通过以联合国为主要治理舞台的国际机制来协调处于利益纷争中的各种行为体，达成国际社会的某种共识，依靠国际协定或国际制度来达到治理的目的，减缓气候变化。而这实际上就是以《公约》及其《京都议定书》为核心的国际气候治理机制所代表的一种国际气候治理路径；另一种就是通过国家（集团）之间的竞争，依靠某些先驱国家的治理行动来影响其他国家（集团），通过气候变化减缓技术和气候政策的国际扩散来达到治理目的。而这实际上也就是欧盟所采取的生态现代化战略，试图通过自身的成功治理来树立榜样和示范，进而影响其他国家（集团）的行动，通过其他国家（集团）的学习和扩散进行治理。而对于后一种治理模式而言，先驱国家的技术革新和政策革新是整个治理过程的关键一环，当然，治理过程本身给先驱国家带来的"选择性激励"——先行者优势——也是激发某些国家（集团）采取先驱政策的一个极其重要的因素，而这也是最终影响其他国家向先驱国家"学习"或"仿效"的一个极其重要的诱导性激励因素。就此而言，欧盟气候战略的成效不仅仅对于其自身发展会产生极大的影响，而且，也会对其他国家（集团）的气候行动和整个国际气候治理产生重要影响。

首先，生态现代化成效向参与国际气候治理的其他合作伙伴展示了欧盟气候政策的可行性和现实性，从而增强了欧盟在国际气候谈判中的可信度和发言权。欧盟在国际气候谈判中竭力主张采取具有严格法律约束力的明确减排目标和时间表，并且在谈判中主张在国际气候治理中实施一些共同的政策和措施，尽可能通过国家（集团）的内部行动来实现减排目标。因此，欧盟既然在国际上要求其他国家（集团）按照它所提出的目标和政策进行气候治理，那么，它自身必须首先能够做到。在一个缺乏更高一级政府（或组织）保证国际承诺落实，也不能依靠结构性权力资源去迫使其他谈判方应对气候变化问题的背景下，在很大程度上欧盟只能通过它自身的治理成效去影响其他国家（集团）。欧盟自身气候治理的成功增强了欧盟提出更加积极减排目标和政策措施的自信心和公信力。所以，欧盟本身的气候治理成效决定了它的国际信用程度，也就决定了它的国际气候谈判立场。正如德国总理默克尔所言，"欧洲将在解决全球气候变化问题上起'表率作用'，（立法等措施）使欧盟具备了充分的可信度"。①

其次，气候治理成效增强了欧盟在国际气候谈判中的国际信用和发挥领导作用的合法性。有的学者对国际气候治理中的"领导"进行了如下界定：在国际层面，对发展中国家的认可、建立联盟与协作；在国家（集团）层面，一是通过强有力的可信的政策措施实现自己的减排目标；二是运用技术力量和创造性的政策措施实现真正的减排而同时没有对经济造成破坏性影响。② 也就是说，国际气候治理中的"领导"既要加强与发展中国家的合作，通过资金援助和技术转让来赢得发展中国家的支持，同时，又要加强内部治理，在达到环境目标的同时实现经济发展。从这一点来讲，内部气候治理的成效从来都是一个国家（集团）在国际层面发挥领导作用的前提条件和基础。也正如以"欧洲气候行动网络"为代表的环境非政府组织对欧盟发挥气候领导的呼吁："全球领导意味着内部的行动"。③

欧盟的气候战略经过20多年的发展，总体而言取得了较为明显的成效。根据欧洲环境署（European Environment Agency）2015年发布的报告，1990～2012年间欧盟28国的温室气体排放下降了19%，而与此同

---

①　周文：《欧美"气候立法"的法律、外交和经济内涵》，《学习时报》2007年4月2日。

②　Rob Bradley, "EU Leadership in Climate Change Policy?" Awailible at: www. inforse. org/europe/ppt_docs/CAN - Europe. ppt, accessed on 5 November 2010.

③　Climate Action Network Europe, *Global Leadership Means Domestic Action*, 2009. Availible at: http://www. foe. co. uk/resource/consultation_ responses/eu _ ets _ review. pdf, accessed on 5 November 2010.

时欧盟的总人口增长了 6%，经济总量增长了 45%，每欧元 GDP 的温室
气体排放量下降了 44%，人均碳排放从 11.8 吨二氧化碳当量下降到了
9.0 吨。[①] 欧洲统计部门的数据也表明，欧盟的气候政策取得了明显成
效，温室气体减排提前达到预期目标，而且可再生能源也有长足发展，
欧盟 28 国可再生能源在最后总的能源消费中的份额在 2004 年占 8.3%，
到 2013 年上升到了 15.0%，欧盟 28 国来自可再生资源生产的电力占总
的电力消费的比例从 2004 年的 14.3% 上升到 2013 年的 25.4%。[②] 由此
可见，欧盟的这种战略对于推动欧盟经济社会的低碳转型已经取得了较
为明显的进展，从而基本保障了欧盟的能源安全、经济安全、社会安全
与生态安全，既提升了欧盟的经济竞争力，也确保了欧盟经济的可持续
发展。从这个角度来看，欧盟内部的气候治理成效从两个方面影响了欧
盟的国际气候谈判立场：一方面，欧盟自身国际承诺的落实增强了欧盟
在下一步国际气候谈判中提出具有明确目标和时间表的量化减排目标的
自信心和国际信用，为欧盟影响其他谈判方奠定了更加坚实的基础；另
一方面，自己减排目标的实现增强了欧盟的领导力，为其在国际气候谈
判中主导谈判议程、制定和分配减排目标、控制气候政治的话语权增添
了力量，也为欧盟与其他谈判方，特别是与发展中国家建立谈判联盟，
增强了凝聚力，从而也就增强了欧盟在国际气候谈判中发挥领导作用的
合法性。

二　生态现代化成效为欧盟采取积极的国际气候谈判立场奠定了内部基础

（1）积极的气候政策迎合了欧盟广大公众对气候变化问题的严重
关切，从而赢得了他们的支持，为欧盟应对气候变化的生态现代化战略
赢得了内部政治合法性。基于强烈的环境保护意识和积极的环境政治参
与，欧洲公众相对而言对气候变化问题具有较强的关切度。图 5-1 显示
的是 2007 年欧盟委员会民意调查中当问及"你认为全球变暖是不是欧盟

①　EEA, *The European Environment — State and Outlook* 2015: *Synthesis Report*, European Environment Agency, Copenhagen, 2015, p. 93.

②　Eurostat, *Sustainable Development in the European Union*: *Key Messages*, 2015 edition, Luxemburg: Publications Office of the European Union, 2015, p. 77.

应该紧急处理的问题"时，有 57% 的人回答非常急切，31% 的人认为相当急切。而根据欧盟委员会 2008 年和 2009 年组织的欧洲公众对气候变化问题态度的三次特别民意调查，欧洲公众对气候变化问题都具有高度的关切。图 5-2 提供的数据显示，在 2008 年春和 2009 年秋的民意调查中气候变化都是被欧洲公众认为的当前世界面临的第二大严重问题，仅次于贫穷及食物与饮用水匮乏，只有在 2009 年初的民调中，由于金融危机的爆发，公众对于经济衰退的担忧上升，气候变化问题才位居第三。尽管总体而言，认为气候变化是当前世界面临的最严重问题的人数比例呈下降趋势，从 2008 年春的 62% 下降到 2009 年秋的 47%，但在 2009 年秋的民调中对气候变化问题的担忧仍然高于了对全球经济衰退关注（分别为 47% 和 39%）。因此，欧盟的生态现代化战略得到了广大公众的支持，其气候治理的生态现代化成效顺应了民意，为其采取积极的气候政策和国际气候谈判立场提供了合法性注脚。

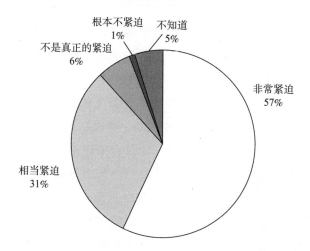

图 5-1　2007 年欧盟民意调查公众对气候变化问题的态度

资料来源：European Commission, Standard Eurobarometer 67, November 2007, p. 161.

（2）生态现代化成效增强了支持采取积极气候政策的"绿色集团"的力量。严格的环境政策和减排目标在很大程度上影响和限制了传统能源密集型产业的发展，也造成了部分结构性失业，所以，欧盟应对气候变化的生态现代化战略始终存在着内部的反对声音，工业游说集团和一部分担心失去经济竞争力优势的利益集团以及气候变化怀疑论者竭力阻

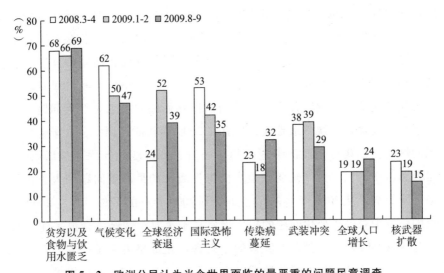

图 5 - 2 欧洲公民认为当今世界面临的最严重的问题民意调查

资料来源: European Commission, *European's Attitudes Towards Climate Change*, Special Eurobarometer 322/Wave 72. 1, November 2009, p. 6.

止欧盟采取更加严格的气候政策。这一部分利益集团可以称之为欧盟在应对气候变化过程中形成的"灰色集团"。同时，生态现代化战略在促进经济社会"生态化"转型的过程中形成了一个支持采取严格环境政策的"绿色集团"，包括环境科学研究集团，生态产业利益集团，环境非政府组织（NGOs）等。本书文献综述中提到，德国学者沃尔克·冯·普里特维茨曾指出环境治理过程实际上是一个社会的污染者、受害者与第三方三个集团之间的博弈过程，受害者与第三方的力量越大，一个社会越倾向于采取更加严格的环境政策。[①]从这个视角来看，一个国家（集团）的生态现代化程度越高，其第三方的力量也就越大。在此，本书对一个国家（集团）生态现代化过程形成的"灰色集团"与"绿色集团"的划分，与沃尔克·冯·普里特维茨的"三分法"大致相当，本书所说的"灰色集团"大致相当于"污染者"，而"绿色集团"大致相当于受害者加第三方。所以，生态现代化成效的加深实际上是一个"绿色集团"力

---

① Volker von Prittwitz, *Das Katastrophenparadox: Elemente einer Theorie der Umweltpolotik* [The Catrastrophe Paradox: Elements of a Theory of Environmental Policy], Oplanden: Leske + Budrich, 1990.

量壮大的过程，而这种力量的壮大无疑会推动国家（集团）采取更加积极的气候政策和国际气候谈判立场。

三　通过学习和扩散的治理：生态现代化成效为其他国家（集团）树立了榜样与示范

全球气候变化是一个各国普遍存在的问题，也正是基于这种普遍性和共同性，先驱国家的环境政策和技术革新经常成为其他国家仿效和引进的对象。国家（集团）在环境治理中寻求"最好的实践"，环境政策和技术的国际扩散不但具有强烈的内在动力，也存在着强烈的内在需求。而国际环境机制的建立和成熟经常成为环境政策国际扩散的强烈推动力量，而其中先驱国家积极参与国际环境治理本身为其政策的扩散提供了机会和条件。图5-3提供的资料显示了20世纪60年代中后期到21世纪初5个环境政策（制度）的国际扩散情况。从中可以看出，1992年里约会议前后，采取这些政策和制度的国家明显增多，这说明国际环境会议极大地推动了这些环境政策（制度）的国际扩散。表5-2的资料显示了1970～2000年的30年间一些环境政策中的先驱国家，也就是在环境政策领域率先创建或较早采用（前3个采用新政策）的国家。数据显示，1970～1985年，主要的环境政策革新先驱国家是美国和日本，当然瑞典也很出色，但到了1985～2000年，欧盟当中一些采取积极环境政策和严

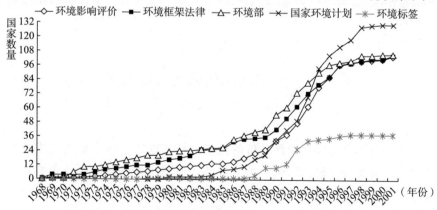

图5-3　环境政策革新的全球扩散：5个政策革新的例子

资料来源：Martin Jänicke, *The Role of the Nation State in Environmental Policy: The Challenge of Globalisationy*, Forschungsstelle für Umweltpolitik（FFU）Report 2002 - 07, Berlin: Free University of Berlin, 2002, p. 2.

格环境保护标准的中小国家（如丹麦、芬兰和荷兰）成为政策革新的主
要推动力量。总体而言，这30年间，70%的环境政策革新来自欧盟成员
国，而1985～2000年90%以上的政策革新来自欧盟成员国。以上分析表
明，欧盟的生态现代化成效确实为其他国家树立了榜样和示范，成为其
他国家学习的对象。

表5－2　环境政策中的先驱国家：政策革新或采用（1970～2000年）

国家	1970～1985年	1985～2000年
瑞典（11）	7	4
美国（10）	8	2
日本（9）	8	1
丹麦（9）	5	4
芬兰（8）	4	4
德国（7）	5	2
法国（7）	5	2
荷兰（7）	3	4
英国（6）	4	2
加拿大（6）	2	4
总计	51	29

资料来源：Martin Jänicke and Klaus Jacob, *Ecological Modernisation and the Creation of Lead Markets*, Forschungsstelle für Umweltpolitik（FFU）Report 2002 – 03, Berlin：Free University of Berlin, 2002, p. 5.

第三节　生态现代化成效与欧盟国际
气候谈判立场：定量分析

　　上一节本书主要从定性分析的视角分析了欧盟的生态现代化成效对
其国际气候谈判立场的影响。为了进一步厘清二者的相关性，本节打算
从量化分析的视角来具体分析欧盟在气候治理过程中的生态现代化成效
对其国际气候谈判立场的影响。本书打算从以下三个方面来测量欧盟的
生态现代化成效，然后与美国和日本的相关数据进行比较分析：第一，
欧盟气候治理的环境成效与经济成效；第二，欧盟经济增长与环境压力

之间的脱钩（decoupling）比例;[①] 第三，欧盟总体生态现代化程度（以生态现代化指数来衡量）。对于这些指标的测量本书主要采用欧洲环境署（European Environmental Agency – EEA）的相关报告、世界经济论坛（World Economy Forum – WEF）发布的全球竞争力报告（The Global Competitiveness Report – GCI）、耶鲁大学等发布的环境表现指数（Environmental Performance Index – EPI）、经合组织发布的一些研究报告以及中国科学院中国现代化研究中心发布的《中国现代化报告 2007：生态现代化研究》的相关数据。

一　欧盟气候治理的环境成效与经济成效

生态现代化战略的一个核心目标就是在保护环境的同时促进经济的增长。尤其是气候治理过程中，许多国家（集团），包括一些工商业利益集团，最为担心的也是积极的气候政策和较高的减排目标会有损于经济发展，导致经济竞争力劣势。因此，对欧盟气候治理成效的衡量一个非常关键的因素就是其环境效果（如减排目标的实现）与经济效果是否实现了同步提高，温室气体排放趋势下降的同时，其经济是否也在发展，其经济竞争力是否受到了损害。对于这个指标的测量，本书分两部分进行，一是测量欧盟气候治理的环境成效，主要测量欧盟温室气体减排目标的实现程度和欧盟的环境表现；二是测量欧盟气候治理的经济成效，主要测量欧盟的全球竞争力情况。

1. 欧盟气候治理的环境成效

在积极气候政策的推动下，欧盟的环境质量有了明显的改善。根据欧盟委员会 2015 年发布的《气候行动进步报告 2015》，如图 5 – 4 所示，

---

① 经济增长与环境压力之间的脱钩是指打破经济增长与环境退化之间的联结关系，也就是环境压力或环境退化的程度不随经济增长而增长。也就是说，当环境压力的增长比它的经济驱动因素的增长（如 GDP 增长）慢时，就是环境退化与经济增长的脱钩。脱钩又分为相对脱钩和绝对脱钩，相对脱钩是指经济增长的同时环境压力（环境退化）也在增长，但环境退化的速度慢于经济增长的速度；绝对脱钩是指经济增长的同时，环境压力（环境退化）趋于稳定或下降。参见中国科学院中国现代化研究中心中国现代化战略研究课题组：《中国现代化报告 2007：生态现代化研究》，北京：北京大学出版社，2007 年版，第 77～78 页；OECD, Indicators to Measure Decoupling of Environmental Pressure from Economic Growth, 2002.

欧盟 1990～2014 年 GDP、温室气体排放和温室气体排放强度的变化趋势，数据显示，此期间欧盟的综合 GDP 增长了 46%，而温室气体排放下降了 23%（不包括 LULUCF，包括国际航运），温室气体排放强度下降了将近 50%。而同一时期日本和美国的温室气体排放非但没有减少反而继续上升。根据欧洲环境署最新向《公约》秘书处提供的 1990～2014 年欧盟温室气体排放清单年度报告，2014 年欧盟 28 国加冰岛的温室气体排放比 1990 年下降了 24.4%（不包括 LULUCF），2013～2014 年间温室气体排放下降了 4.1%，而 1990～2014 年欧盟的 GDP 增长了大约 47%。[①] 表 5-3 提供了 2006～2016 年欧盟成员国与美国、日本环境表现指数的比较，该指数比较全面地反映了一个国家或地区的环境实际状况。数据显示，近十年欧盟一半以上的成员国环境表现好于日本，绝大部分成员国好于美国。除了 2010 年日本的环境表现指数略高于欧盟 15 国的平均数以外，其余年份欧盟平均指数均高于 Ecofys 公司完成的"八国集团日本

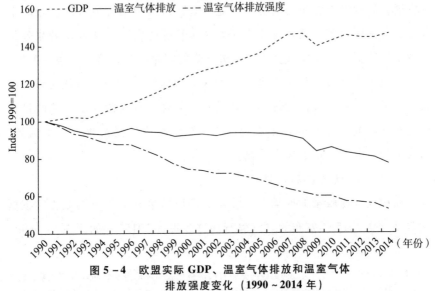

图 5-4　欧盟实际 GDP、温室气体排放和温室气体
排放强度变化（1990～2014 年）

资料来源：European Commission, *Climate Action Progress Report* 2015, http://ec. europa. eu/clima/policies/strategies/progress/docs/progress _ report _ 2015 _ en. pdf, accessed on 18 October 2016.

---

① European Environment Agency（EEA）, *Annual European Union Greenhouse Gas Invetory* 1990 - 2014 *and Invetory Report* 2016: *Submission to UNFCCC Secretaiat*, EEA Report No. 15/2016, 17 June 2016.

和美国，这反映了欧盟的环境表现好于日本和美国。表5-4提供了气候评分卡"八国集团各国表现排名，该评分通过1990年以来的排放趋势、当前的现状、未来的发展以及可再生能源等多项指标对八国集团各国气候的综合表现进行量化分析，比较全面地反映了各国气候治理的成效。总体而言，尽管各国都面临重大挑战，但德、英、法、意四大国的表现要好于其他国家，而基于这四大国在欧盟的实力和地位，可以说它们代表了欧盟的整体气候治理成效。通过以上综合分析，我们可以得出一个结论：欧盟总体的环境表现要好于美国和日本等国。

表5-3 欧盟成员国环境表现指数（EPI）与美、日比较

国家	2006	2008	2010	2012（排名）*	2014	2016
瑞典	87.8	93.1	86	9	78.09	90.43
芬兰	87	91.4	74.7	19	75.72	90.68
英国	85.6	86.3	74.2	9	77.35	87.38
奥地利	85.2	89.4	78.1	7	78.32	86.64
丹麦	84.2	84	69.2	21	76.92	89.21
爱尔兰	83.3	82.7	67.1	36	74.67	86.6
葡萄牙	82.9	85.8	73	41	75.80	88.63
法国	82.5	87.8	78.2	6	71.05	88.2
希腊	80.2	80.2	60.9	33	73.28	85.81
意大利	79.8	84.2	73.1	8	74.36	84.48
德国	79.4	86.3	73.2	11	80.47	84.26
西班牙	79.2	83.1	70.6	32	79.79	88.91
荷兰	78.7	78.7	66.4	16	77.75	82.03
比利时	75.9	78.4	58.1	24	66.61	80.15
卢森堡	−*	83.1	67.8	4	83.29	86.58
欧盟平均	82.98	84.97	71.37	18.4	76.23	86.666
日本	81.9	84.5	72.5	23	72.35	80.59
美国	78.5	81	63.5	49	67.52	84.72

资料来源：笔者根据耶鲁大学耶鲁环境法律政策中心（Yale Center for Environmental Law and Policy）和哥伦比亚大学国际地球科学信息网络中心（Center for International Earth Science Information Network）等发布的2006年、2008年和2010年"环境表现指数"整理。可参见：www.epi.yale.edu, accessed on 20 November 2010.

*注：（1）2006年没有卢森堡的数据；（2）2012年EPI报告只公布了每个国家的排名和未来发展趋势，而没有公布每个国家的分值。

表 5 - 4　八国集团气候评分卡

2008 年		2009 年	
位次	国家	位次	国家
1	英国	1	德国
2	法国	2	英国
3	德国	3	法国
4	意大利	4	意大利
5	日本	5	日本
6	俄罗斯	6	俄罗斯
7	加拿大	7	美国
8	美国	8	加拿大

　　资料来源：作者根据 Ecofys 公司受世界自然基金会（WWF）和安联集团委托完成的"八国集团气候评分卡"2008、2009 年报告整理。2008 年报告可参见：http://www.ecofys.com/com/publications/brochures_newsletters/g8_climate_scorecards_climate_performance.htm, accessed on 22 November 2010；2009 年报告可参见：http://www.ecofys.com/com/publications/brochures_newsletters/g8_climate_scorecards.htm, accessed on 22 November 2010

2. 欧盟气候治理的经济成效

　　衡量一个国家或地区经济表现的因素很多，而且大部分衡量指标都是从纯粹的经济角度来进行（比如 GDP 的增长）而很少考虑经济发展过程中的环境成本与环境代价。另外，影响经济发展的因素众多，环境因素与经济发展的相关性受到诸多其他因素的干扰和影响。因而，对于气候治理经济成效的评判是一件比较困难的事情。鉴于此，本书打算运用世界经济论坛发布的全球竞争力指数排名来对欧盟成员国 2001～2015 年的全球竞争力指数进行一个纵向分析。因为全球竞争力指数从一个国家在全球的竞争力这个层面反映了一个国家的经济发展潜力。气候治理是否影响了欧盟的竞争力直接反映了气候治理的经济成效。为便于分析，根据全球竞争力指数排名的变化，本书把欧盟 15 个成员国分为两大类：第一类是在全球排名很高或这 15 年间总体竞争力指数排名比较靠前的国家（见图 5 - 5），另一类是这 15 年间总体竞争力指数排名比较靠后的国家（见图 5 - 6）。从图 5 - 5、图 5 - 6 可以看出，欧盟 15 国大部分成员国全球竞争力指数排名仍然比较靠前，只有意大利以及其他四个所谓"凝聚国家（Cohesion

Countries)"① 竞争力逐渐下降。根据前文的论述，全球竞争力呈上升趋势的国家都可以说是欧盟的"绿色"成员国，这些国家都采取积极的气候政策并承担了欧盟绝大部分减排任务。

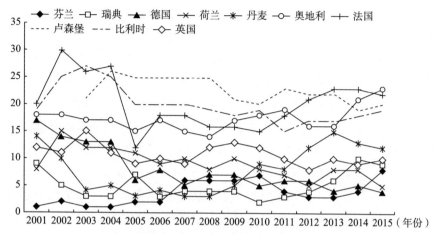

图5-5 欧盟15国部分成员国全球竞争力指数排名（2001~2015年）（Ⅰ）

资料来源：作者根据世界经济论坛（World Economy Forum）发布的2001年至2015年《全球竞争力报告》（The Global Competiveness Report）整理。

注：2001、2002年没有卢森堡的数据。

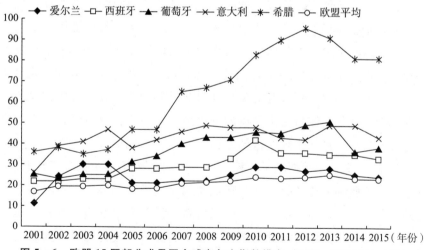

图5-6 欧盟15国部分成员国全球竞争力指数排名（2001~2015年）（Ⅱ）

资料来源：作者根据世界经济论坛（World Economy Forum）发布的2001年至2015年《全球竞争力报告》（The Global Competiveness Report）整理。

① "凝聚国家"是指欧盟成员国中收入相对较低，受到欧盟"凝聚基金（Cohesion Fund）"金融援助的国家集团，包括：西班牙、葡萄牙、爱尔兰和希腊。

　　由此可以推断，欧盟的气候政策并没有使这些国家的竞争力受到损害，反而促进了这些国家竞争力的提升，尤其是荷兰和德国（荷兰在2001年全球竞争力指数排名第8，2010年排名保持第8，而到2015年排名第5；德国2001年排名第17，2010年排名第5，而2015年上升到了第4位）。而全球竞争力报告的有关数据分析也表明严格积极的环境政策与国家的竞争力之间存在着非常高的相关性（$R^2 = 0.89$）。① 因此，可以说希腊、意大利等国竞争力下降是由于气候政策以外的因素所造成（比如全球经济形势与金融等问题）。而正是由于希腊、意大利等国从2005年之后（特别是2008年、2009年世界金融危机之后）竞争力的降低致使欧盟平均竞争力下降。但是，即便如此，欧盟15国竞争力平均值仍然保持在20名左右（2015年平均23.4名）且并没有显著下降。因此，总体而言欧盟的气候治理实际上是提升了欧盟的整体竞争力（如果没有积极的气候治理行动，欧盟的整体竞争力一定还要比目前更差）。

二　欧盟经济增长与环境压力之间脱钩比例测量

　　经济增长与它所造成的环境压力之间的联结是人类社会经济活动的一个最主要的负效应。打破这种联结，经济增长的同时并不造成相应的环境退化是生态现代化最主要的目标之一。经济增长与环境压力之间的脱钩程度是一个国家（集团）生态现代化成效的重要指标。图5-7反映了经合组织国家从1990年以来温室气体排放与经济增长趋势的变化，从中可以看出，GDP的增长与温室气体排放并不同步，温室气体排放的趋势在放慢，硫化气体与氮化气体的排放呈下降趋势，说明经合组织国家的经济增长与温室气体排放趋势之间出现了相对脱钩。

　　表5-5提供的数据显示，截止到2004年，欧盟成员国除了比利时、爱尔兰、希腊和葡萄牙的经济与环境脱钩比例低于美国、日本和加拿大以外，其余各国均高于这三国。因原材料并没有列出欧盟的数据，本书使用欧盟的平均数作为指标与美国、日本、加拿大进行比较，数据显示欧盟的平均水平高于美国、日本和加拿大，而且绝对脱钩比例远远高于

① Martin Jänicke, *The Role of the Nation State in Environmental Policy: The Challenge of Globalisationy*, Forschungsstelle für Umweltpolitik (FFU) Report 2002-07, Berlin: Free University of Berlin, 2002, p. 3.

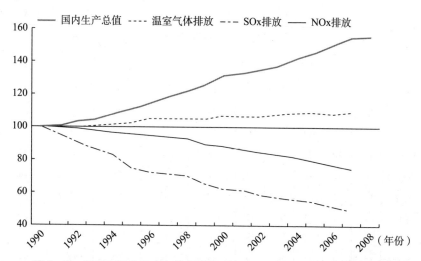

图 5 - 7　OECD 国家温室气体排放趋势与 GDP 增长趋势 （1990 = 100）

　　资料来源：经合组织 （OECD）：《绿色增长战略中期报告：为拥有可持续的未来履行我们的承诺》，2010 年 5 月 27～28 日，经合组织部长级理事会会议。

美国、日本和加拿大。这从整体上反映了欧盟的经济与环境脱钩比例高于美国、日本和加拿大。

表 5 - 5　部分 OECD 国家近年来环境指标与经济脱钩的指标脱钩率

国家	绝对脱钩	相对脱钩	脱钩合计	没有脱钩	没有数据	绝对脱钩比例（%）	相对脱钩比例（%）	脱钩比例（%）	没有脱钩比例（%）	没有数据比例（%）
芬兰	23	8	31	3	5	59	21	79	8	13
英国	27	3	30	3	6	69	8	77	8	15
法国	24	5	29	5	5	62	13	74	13	13
荷兰	18	11	29	5	5	46	28	74	13	13
瑞典	20	9	29	3	7	51	23	74	8	18
丹麦	24	4	28	5	6	62	10	72	13	15
德国	24	4	28	3	8	62	10	72	8	21
奥地利	19	8	27	6	6	49	21	69	15	15
挪威	14	12	26	6	7	36	31	67	15	18
瑞士	17	9	26	4	9	44	23	67	10	23
意大利	17	7	24	6	9	44	18	62	15	23

续表

国家	绝对脱钩	相对脱钩	脱钩合计	没有脱钩	没有数据	绝对脱钩比例（%）	相对脱钩比例（%）	脱钩比例（%）	没有脱钩比例（%）	没有数据比例（%）
美国	6	18	24	3	12	15	46	62	8	31
比利时	14	8	22	6	11	36	21	56	15	28
爱尔兰	6	16	22	7	10	15	41	56	18	26
西班牙	11	10	21	9	9	28	26	54	23	23
加拿大	8	12	20	8	11	21	31	51	21	28
日本	11	9	20	6	13	28	23	51	15	33
希腊	7	4	11	16	7	18	10	28	41	31
葡萄牙	4	5	9	15	15	10	13	23	38	38
欧盟平均	17	7	24	6	7	44	19	62.14	17	21

资料来源：中国科学院中国现代化研究中心中国现代化战略研究课题组：《中国现代化报告2007：生态现代化研究》，北京：北京大学出版社，2007年版，第146～147页。

注：笔者选取了欧盟14国（原文就没有卢森堡）与美国、日本、加拿大。欧盟14国平均值是笔者自己所加。

三　欧盟总体生态现代化成效测量

表5－6提供了2004年世界生态现代化指数排名的前20名。数据显示，生态现代化指数排名前20的国家有14个是欧盟成员国，而且除葡萄牙、西班牙、爱尔兰和希腊四国之外，其他各国的生态现代化指数均高于美国和日本。为了反映欧盟整体水平与其他国家的比较，本书选取欧盟的平均值与美国、日本等国进行比较，数据显示，欧盟的平均生态现代化指数高于美国、日本和加拿大等国。

表5－6　2004年生态现代化指数的世界前20名

国家	指数	排名	排序	国家	指数	排名	排序	国家	指数	排名	排序
瑞士	97	1	1	英国	90	8	8	葡萄牙	81	15	15
瑞典	96	2	2	荷兰	89	9	9	西班牙	79	16	16
奥地利	95	3	3	意大利	88	10	10	加拿大	77	17	17
丹麦	94	4	4	挪威	88	11	11	爱尔兰	77	18	18
德国	93	5	5	比利时	85	12	12	乌拉圭	76	19	19

国家	指数	排名	排序	国家	指数	排名	排序	国家	指数	排名	排序
法国	91	6	6	日本	84	13	13	希腊	75	20	20
芬兰	90	7	7	美国	82	14	14	欧盟平均	87		

资料来源：笔者根据中国科学院中国现代化研究中心中国现代化战略研究课题组：《中国现代化报告 2007：生态现代化研究》，北京：北京大学出版社，2007 年版，第 229 页整理。

注：原文没有卢森堡，欧盟 14 国平均值是笔者自己所加。

为了对欧盟的生态现代化成效有一个更加清晰的认知，接下来本书根据《中国现代化报告 2007：生态现代化研究》的相关研究，把生态现代化指数分为三个生态指数：生态进步指数、经济生态化指数和社会生态化指数，然后分别从这三个指标来衡量欧盟的生态现代化成效，并与美国、日本等国进行比较，在此基础上对欧盟的整体生态现代化成效进行综合评判。

表 5-7、表 5-8 与表 5-9 提供了欧盟生态进步指数、经济生态化指数、社会生态化指数与美日的比较。从这些指标来看，欧盟 14 国的平均值只有生态进步指数低于日本，其余各项均高于美国和日本，特别是经济生态化指数远远高于美国和日本，而经济领域的"生态化"转型可以说是生态现代化战略中最为核心的要素，也是气候政策的最主要目标之一。在社会生态化方面，欧盟的平均值也高于美国和日本，尤其是可再生能源比例一项，欧盟的平均指数接近日本的 2 倍，比美国高出近 17个百分点，这充分反映了欧盟应对气候变化问题的成效高于美国和日本。因此，总体而言，欧盟的生态现代化成效要高于美国和日本。而这种较高的环境治理成效为欧盟在国际环境问题上发挥领导作用奠定了坚实的基础。

表 5-7 2004 年欧盟成员国生态进步指数与美、日比较

国家	人均 CO_2 排放	人均 SO_x 排放	人均 NO_x 排放	淡水工业污染	生活废水处理	城市废物处理	自然资源消耗	生物多样性损失	森林覆盖率	国家保护区比例	生态进步指数
德国	100	100	100	100	92	100	100	100	100	100	99
奥地利	100	100	100	100	86	100	100	83	100	100	97
法国	100	100	100	100	79	100	100	92	98	83	95

续表

国家	人均 CO_2 排放	人均 SO_x 排放	人均 NO_x 排放	淡水工业污染	生活废水处理	城市废物处理	自然资源消耗	生物多样性损失	森林覆盖率	国家保护区比例	生态进步指数
瑞典	100	100	100	100	86	100	100	100	100	57	94
英国	100	100	100	100	95	100	100	93	41	100	93
芬兰	89	100	94	100	81	100	100	100	100	58	92
荷兰	100	100	100	100	98	100	100	100	37	89	92
丹麦	100	100	100	42	89	100	100	100	41	100	87
比利时	100	100	100	–	38	100	100	83	70	–	86
意大利	–	100	100	100	69	100	100	59	100	49	86
葡萄牙	–	86	100	100	46	98	100	63	100	41	82
西班牙	–	66	100	100	55	–	100	42	100	53	77
希腊	–	52	100	50	56	100	100	97	100	23	75
爱尔兰	98	100	100	100	73	–	100	54	33	11	74
日本	–	100	100	100	64	100	100	100	100	43	90
美国	53	52	58	100	71	100	100	100	100	100	83
欧盟平均	98.7	93.1	99.6	91.7	74.5	99.8	100	83.3	80	66.5	87.8

资料来源：笔者根据中国科学院中国现代化研究中心中国现代化战略研究课题组：《中国现代化报告 2007：生态现代化研究》，北京：北京大学出版社，2007 年版，第 324 页整理。

注：原文没有卢森堡，"－"表示原文没有数据，欧盟 14 国平均值是笔者自己所加。

表 5 – 8　2004 年欧盟成员国经济生态化指数与美、日比较

国家	农业与化肥脱钩	有机农业比例	工业与污染脱钩	工业能源密度	绿色生态旅游	物质经济效率	物质经济比例	循环经济（玻璃）	经济与能源脱钩	经济与三废脱钩	经济生态化指数
丹麦	93	100	–	100	–	100	100	96	100	100	99
瑞典	100	100	96	89	100	100	92	100	97	100	97
奥地利	81	100	93	100	100	96	85	100	100	100	95
意大利	70	100	89	100	100	82	92	66	100	100	90
德国	55	100	82	100	78	87	93	100	100	100	89
芬兰	91	100	84	58	99	100	82	100	68	87	87
荷兰	33	59	100	85	100	100	100	99	93	100	87
英国	39	100	95	100	100	100	100	33	100	100	87
法国	56	46	100	100	–	100	100	70	100	100	86

续表

国家	农业与化肥脱钩	有机农业比例	工业与污染脱钩	工业能源密度	绿色生态旅游	物质经济效率	物质经济比例	循环经济（玻璃）	经济与能源脱钩	经济与三废脱钩	经济生态化指数
比利时	37	39	–	67	100	100	100	100	79	100	80
西班牙	77	61	66	96	100	66	86	46	93	89	78
爱尔兰	23	19	–	–	100	100	64	100	100	100	76
葡萄牙	96	59	33	68	100	29	92	44	83	77	68
希腊	81	23	63	100	100	45	94	34	85	57	68
美国	100	6	100	100	70	100	100	24	91	76	77
日本	42	3	100	100	20	100	88	100	100	100	75
欧盟平均	66.6	71.9	81.9	89.5	98.1	86.1	91.4	77.7	92.7	92.7	84.8

资料来源：笔者根据中国科学院中国现代化研究中心中国现代化战略研究课题组：《中国现代化报告 2007：生态现代化研究》，北京：北京大学出版社，2007 年版，第 326 页整理。

注：原文没有卢森堡，"－"表示原文没有数据，欧盟 14 国平均值是笔者自己所加。

表 5 - 9　　2004 年欧盟社会生态化指数与美、日比较

国家	安全饮水比例	卫生设施比例	城市空气污染	能源使用效率	可再生能源比例	交通空气污染	长寿人口比例	服务收入比	服务消费比例	环境风险	社会生态化指数
瑞典	100	100	100	97	100	100	100	87	89	100	97
丹麦	100	100	100	42	89	80	100	100	84	–	96
葡萄牙	100	–	95	83	100	100	100	88	100	100	96
奥地利	100	100	61	100	100	100	100	78	100	100	94
法国	100	100	100	100	62	100	100	100	98	59	92
芬兰	100	100	100	68	100	73	100	74	93	100	91
德国	100	–	100	100	32	100	100	89	87	100	90
英国	100	–	100	100	13	100	100	100	100	100	90
意大利	100	100	76	100	33	100	100	88	93	100	89
比利时	100	100	89	79	20	100	100	100	89	100	88
荷兰	100	100	67	93	23	100	96	99	94	100	87
西班牙	100	100	72	93	60	100	100	79	100	26	83
希腊	100	–	52	85	46	66	100	91	100	100	82
爱尔兰	100	–	100	100	15	90	75	50	96	100	81
日本	100	100	64	100	29	100	100	82	90	100	86

续表

国家	安全饮水比例	卫生设施比例	城市空气污染	能源使用效率	可再生能源比例	交通空气污染	长寿人口比例	服务收入比	服务消费比例	环境风险	社会生态化指数
美国	100	100	100	91	40	44	84	100	100	100	86
欧盟平均	100	100	86.6	88.6	56.6	93.5	97.9	87.4	94.5	91.2	89.7

　　资料来源：笔者根据中国科学院中国现代化研究中心中国现代化战略研究课题组：《中国现代化报告2007：生态现代化研究》，北京：北京大学出版社，2007年版，第326页整理。

　　注：原文没有卢森堡，"－"表示原文没有数据，欧盟14国平均值是笔者自己所加。

本章小结

　　气候行动总是由内部行动和国际行动两部分构成，内部行动的成效反映了一个国家（集团）对国际承诺的执行和落实程度，也就为其国际气候政策立场奠定了基础。而对于一直试图在国际气候治理中发挥领导作用的欧盟来讲，其内部气候治理的成效更具有非常特别的意义。在欧盟积极气候政策的推动下，欧盟的气候治理达到了较为理想的预期成效，这种生态现代化成效进一步强化了生态现代化理念对欧盟气候政策的影响，说明理念与成效之间形成了一种良性相互强化关系，而这表明欧盟积极气候政策立场与生态现代化理念以及欧盟自身经济社会的低碳化转型的预期效果之间达到了较高的契合度，这种较高的契合度进一步强化了欧盟采取积极气候政策立场意愿和动力。

第六章　生态现代化理论视野下的
欧盟气候外交分析

　　前文的分析已经表明，欧盟的气候治理战略实质上是一个生态现代化战略。这种战略的核心点在于，对内以严格的环境标准（低碳化）和积极超前的环境政策促使欧盟整体经济社会发展实现低碳转型，从而一方面成功应对全球气候变化带来的严重影响，另一方面积极抢占低碳经济的制高点，依凭其自身在能效和新能源领域的技术优势，扩充新的经济增长点，推动欧盟经济进一步升级发展；而与此同时，欧盟的生态现代化战略也存在着一个对外向度，也就是欧盟试图通过积极的国际环境和气候外交，一方面积极为实现欧盟的国际气候谈判战略而寻求国际支持，增强欧盟在气候变化领域的影响力，而另一方面也使欧盟在国际气候谈判中的话语权得以进一步确立，使欧盟在低碳经济时代制定规则和标准的能力进一步增强，从而为欧盟打造更多的领导型市场，获取更大的经济收益。也就是说，欧盟应对气候变化的内部生态现代化战略与其外部的气候外交战略是相辅相成的，二者有着密切的关系。为此，本章着重分析和梳理欧盟的气候外交战略及其动因，以便对欧盟的气候战略有更加全面和更加深刻的认识。

第一节　欧盟气候外交的发展与演变

　　欧盟气候外交是全球气候外交的重要组成部分，也是推动全球气候外交发展演变的重要因素。本节首先从一种历史的视角出发，全面梳理全球气候外交的兴起及发展演变历程，然后全面深入分析欧盟气候外交的发展演变历史。

一　全球气候外交的兴起及其演变

（一）外交及气候外交

全球气候变化是当今时代人类社会面临的最严峻挑战之一，它是一个最为典型的全球性问题。前文的分析已经表明，应对气候变化已经刻不容缓，但正因为全球气候变化是一个典型的全球性问题，它需要全球所有国家的参与和合作才能得以解决。由此也就产生了一个非常重要的国际合作问题。国际合作离不开外交活动。本质而言，外交是在主权国家体系中国家的特定行为，只有主权国家之间开展的官方和平活动方称得上是外交行动。"外交是以主权国家为主体，通过正式代表国家的机构与人员的官方行为，使用交涉、谈判和其他和平方式对外行使主权，以处理国家关系和参与国际事务，是一国维护本国利益及实施其对外政策的重要手段；不同的对外政策形成不同形态和类别的外交"，[①] 也有学者认为："外交是主权国家（以及国家联合体）为实现其对外政策目标，以国际法和有关惯例为基础，通过正式代表本国的最高领导人和以专职外交部门为核心的中央政府部门，以及在他们的领导下通过其他半官方和非官方的机构、社会团体以及个人，以通讯、访问、会谈、谈判、签订协议等和平方式处理国际关系和国际事务的行动和过程"。[②] 但随着全球性问题的日益凸显以及非国家行为体在全球事务中的增多及作用的日益加强，一些针对特定全球性或跨国性问题，由非国家行为体开展的活动也被泛称为外交活动。所以，外交有广义和狭义之分。全球气候变化是一个非常典型和特殊的全球性问题，其特殊性决定了从该问题产生的一开始就是一个国际科学与政治议程中的问题，具有外交的特定特征与属性。因此，所谓的气候外交也有广义与狭义两种。宽泛言之，有学者把国际社会围绕气候治理问题而展开的所有外交活动都称为气候外交，[③] 也有学者认为："气候外交就是指各类国际行为主体为解决全球气候变化问题所采取的一种全球治理行动"，[④] 这实质上是把气候外交等同于全球气候治理，略显宽泛；狭义言之，无论全球气候变化问题具有多么深的全球性，但气候外交应该主要是指主权国家或具有一定权威的国际组织为协调和解决所有与气候变化问题相关的国际活动，这种界定当然也包含许多环境非政府组织（NGOs）和跨国公司为处理气候变化问题而开展

---

① 鲁毅等：《外交学概论》，北京：世界知识出版社，1997 年版，第 5 页。
② 陈志敏等：《当代外交学》，上海：复旦大学出版社，2008 年版，第 5～6 页。
③ 甘均先、余潇枫：《全球气候外交论析》，《当代亚太》2010 年第 5 期，第 52～69 页。
④ 马建英：《全球气候外交的兴起》，《外交评论》2009 年第 6 期，第 30～45 页。

的国际活动，但这种界定本质上排除了纯粹个人的气候行动，比如关于气候变化问题的跨国学术交流、某些环境科学家的跨国科学交流或私人宣传活动就不能被归结为气候外交活动。也有学者从其他视角来看待气候外交，认为："气候外交有两种含义。一是主权国家或经过授权的国际组织（如欧盟），通过官方代表，使用交涉、谈判和其他和平方式，调整全球气候变化领域国际关系的各类活动。二是主权国家或经过授权的国际组织利用全球气候变化问题来达到某种政治和外交目的的各类对外行动。"① 这种界定在理论上把气候外交分为两类，一类是以应对和解决气候变化问题本身为目的的，一类是以气候变化问题本身为工具而达到其他目的。但在实践中往往很难严格区分某些特定国际气候行动的"目的性"还是"工具性"，而且由于全球气候变化问题本身的复杂性，故本书不去做严格的"目的论"和"工具论"之区别，把国际行为体所有涉及气候变化问题的国际行为都界定为气候外交。这里也要注意对外气候政策（foreign climate policy）与气候外交（climate diplomacy）的区别，气候外交本质上是对外气候政策的执行与实施。因此，对外气候政策是指特定行为体对于与气候变化相关的利益（比如，开拓清洁能源技术方面的先行者优势）、价值（比如，促进预防性原则成为作为全球行动的指南）与目标（比如，强制规定全球温室气体排放的限额）的界定与追求，而气候外交更多强调是对这些利益、价值与目标的具体界定与贯彻执行，主要是强调外交政策行为体一旦界定了它的立场之后，它所付诸实践的行动。实践上，气候外交首先是在联合国气候体制谈判的背景之下，而且也包括无论何时不同缔约方之间的双边交流、多边交流以及一些解决与气候变化相关问题的小型国际论坛（诸如 G-8，G-20）所开展的气候行动。② 因此，本书把气候外交界定为主权国家或具有一定主权国家特征的非国家行为体为协调和解决所有与气候变化问题相关的国际活动。

---

① 孔凡伟：《浅析中国气候外交的政策与行动》，《新视野》2008 年第 4 期，第 94～96 页。

② Simon Schunz, "Beyond Leadership by Example: Towards a Flexible European Union Foreign Climate Policy", *German Institute for International and Security Affairs（SWP）Working Paper FG* 8, 2011/1, 2011, SWP Berlin.

（二）全球气候外交的兴起与发展演变

前文已经指出，早在 19 世纪中期就有科学家指出了温室效应问题，但直到 1979 年第一届世界气候会议，科学界才真正开始广泛关注气候变化问题。1985 年在奥地利菲拉赫召开的国际气候变化论坛可以被视为全球气候外交的先声，而 1988 年的多伦多会议被广泛认为是全球气候外交开始的标志。从此直到现在，全球气候外交经历 30 年的发展演变，有成效也有挫折。因本书第二章已经对国际气候谈判进行了系统梳理和介绍，而国际气候谈判的发展历程本质而言与全球气候外交史很难做出严格区分，尽管国际气候谈判并不完全等同于全球气候外交。因此，为避免不必要的重复，接下来笔者主要从气候外交史的视角，根据全球气候外交史上几个重要的标志性成果文件的达成，大致把全球气候外交的历史演变分为以下几个阶段。

1. 全球气候外交的兴起阶段（1988～1992 年）

1988 年的多伦多会议使全球气候变化问题得到国际社会的广泛关注，并逐步进入联合国的议事日程。在 1988 年 9 月召开的联合国大会上，全球气候变化问题被第一次提出来加以讨论。在世界气象组织（WMO）和联合国环境规划署（UNEP）的共同支持下，1988 年 12 月 6 日联合国大会通过《为人类当代和后代保护全球气候》的 43/53 号决议，同意设立联合国政府间气候变化专门委员会（IPCC），并且鼓励政府、政府间组织和非政府组织以及科学机构把气候变化作为优先事项。全球气候变化问题日益引起国际社会的广泛关注，1989 年联合国第 49 届大会通过了关于保护全球气候的第 44/207 号决议，建议应该尽快启动关于气候变化框架公约的谈判。1989 年 11 月，在荷兰诺德维克（Noordwijk）召开了关于大气污染和气候变化的部长级会议，这是专门就气候变化问题而召开的第一次高层次政府间会议，有 66 个国家的代表参加，尽管部长们一致号召尽快签署一个气候公约，但由于意见分歧并没有就这个问题达成具体的协议。1990 年 IPCC 发布了第一个气候变化评估报告，包括"气候变化科学评估"、"气候变化的可能影响"和"应对全球气候变化的反应战略"。作为政府间专门评估全球气候变化的权威科学机构，其发布的首份评估报告对于整个全球气候治理进程都具有极其重要的影响。在该报告中，IPCC 的主要结论是，自工业革命以来，主要由于人类活动的增加, 大气中二氧化碳、甲烷和其他温室气体的浓度一直在不断增加。作为一份科学评估报告, 尽管该报告没有非常确定地表明可能发生的气候变化的规模和程度, 并且承认需要作进一步的研究以提高气候变化影响评估的准确性, 但是该报告至少表明, 全球气候变化是一个需要国际社会积极应对的严重问题。随着政府间气候变化专门委员会第一次评估报告的发布, 全球气候变化的科学事实逐渐被国际社会接受, 采取切实行动应对气候变化已经成为各国政府的重大任务, 也成为国际社会通力合作以协调各国行动以便在国际层面上采取重大行动的重要政治任务。1990 年 11 月, 在日内瓦召开了第二次世界气候大会, 来自 130 多个国家的代表参加, 会议讨论了 IPCC 的第一次评估报告, 并通过宣言号召所有国家开始制定温室气体减排的目标和项目, 为发起联合国关于气候变化框架公约的政府间谈判进行准备。1990 年 12 月, 联合国大会正式启动了关于全球气候变化公约的国际谈判进程, 并且建立了政府间谈判委员会 (Intergovernmental Negotiating Committee) 来指导国际社会的政府间谈判。从 1991 年 2 月到 1992 年 5 月, 该委员会共进行了五轮六次谈判, 最终在 1992 年联合国里约环境与发展会议前达成了《公约》。总体而言, 这个阶段的气候外交主要限于联合国平台, 本质而言正处于全球气候变化问题从科学向政治转变的 "政治化"① 的初始阶段, 但《公约》达成无疑在整个全球气候外交史上具有重要的奠基作用。尽管现在来看, 公约由于其本身只是为国际社会应对全球气候变化提供了原则和共识, 而并没有提出解决气候变化问题的具体战略行动和政策措施, 这为后续落实公约的具体政策谈判增加了难度与挑战。

2. 全球气候外交的发展探索阶段 (1993~2000 年)

这段时间的气候外交主要是具体落实公约提出的原则和目标, 最终以 1997 年《京都议定书》的达成为标志, 把全球气候外交推向了第一个高潮。1992 年《公约》在里约会议开放签署, 1994 年达到法定要求正式生效。早在 1992 年里约会议上德国就同意主办《公约》生效后的第一次

---

① 马建英:《从科学到政治: 全球气候变化问题的政治化》,《国际论坛》2012 年第 6 期, 第 7~13 页。

缔约方会议。接下来的整个气候外交集中围绕公约目标的具体化问题展开，然而通向柏林会议的气候外交进展缓慢。1992 年美国克林顿新政府上台，而且副总统阿尔·戈尔（Al Gore）一直以环境主义者著称，所以人们希望美国新政府的气候谈判立场能够有大的转变。然而，面对国内的强烈反对，克林顿政府只是改变了其气候说辞而不是根本立场。1994 年 11 月美国共和党在议会选举之后控制了参众两院，使这种情况更加糟糕。与此同时，欧盟试图引入二氧化碳/能源税的行动，但由于部分成员国的反对而没有成功。这导致在通向柏林会议的进程中缺乏领导，只有小岛国联盟（AOSIS）在柏林会议前半年提出了一个议定书建议，呼吁工业化国家到 2005 年 CO_2 减排 20%，随后德国也提出了一个"议定书的元素"，包括建议附件一缔约方"到（X）年减排（X）%"的目标。同时，石油输出国组织（OPEC）在美国及一些 JUSSCANNZ 国家的支持下，阻止谈判取得实质性进展，因而在柏林会议前的气候外交关于量化减排目标的谈判事实上陷入了僵局。1995 年第一次公约缔约方会议（COP1）在柏林召开，通过一些环境 NGOs 积极沟通欧盟与发展中国家，使得欧盟同意在议定书谈判中不要求发展中国家做出承诺。以此为基础，发展中国家形成了一个所谓的"绿色集团"（77 国集团减 OPEC）与欧盟结成了联盟，支持会议通过了"柏林授权"，准备达成一个具有明确量化减排目标和时间表的国际减排协议。这样基本形成了欧盟加绿色集团对 JUSSCANNZ 集团加 OPEC 的谈判局面。在柏林会议谈判的最后一晚，COP1 主席、德国环境部长安吉拉·默克尔（Angela Merkel）在发展中国家与工业化国家之间展开了"穿梭外交"，最后美国代表迫于公众压力做出了让步。失去美国的支持，加拿大、澳大利亚和 OPEC 国家都无法承担阻碍共识的责任，最终使得会议通过了"柏林授权"，正式开始了京都进程。经过 1996 年 COP2 发表的《日内瓦部长宣言》的推动，最终在京都会议上取得突破并达成了《京都议定书》。这段时间的气候外交活动主要集中在联合国气候谈判，以欧美为主导，加上日本的参与，核心问题是《京都议定书》的达成及生效。但与此同时，在京都进程之外的气候外交也有了深入发展，正如研究人员指出："京都之前的气候外交已经远超过柏林授权特设工作组的进程。事实上，在谈判结束阶段几乎任何高级别国际会议上的政府首脑、部长以及其他领导人无不谈论气候问题。"① 一些重要的国际组织，比如 OECD 和 GEF 都对京都会议起了积极推动作用，世界银行通过建立碳投资基金（Carbon Investment Fund）促进了联合履约机制，联合国贸易与发展会议（UNCTAD）努力发展一个排放交易体系。1997 年 6 月举行的联合国大会特别会议（UNGASS，也被称为"里约 + 5"会议，是对里约会议所通过的一系列决议执行状况的一个评估会议）也为推动京都会议发挥了积极作用，在此次会议上德国、南非、巴西和新加坡的国家领导人发起建立一个全球环境伞形组织和在京都会议同意温室气体减排的倡议。此外，更为重要的是美国总统克林顿在此次会议上发表讲话，不仅赞扬欧盟在气候变化问题上的领导作用，而且澄清他自己不能发挥国际领导作用主要是由于国内原因，尤其是不情愿的国会；他承诺自己一定努力工作，使美国人民和国会相信气候变化是一个真正的即将发生的问题。这样，他给他的反对者也给其他谈判伙伴发出了一个强烈的政治信号：美国政府决定在京都达成一个协议。1997 年西方七国首脑会议、南太平洋论坛、亚太经合组织（APEC）会议等一些地区性的多边会议也都积极推动京都进程取得进展；此外，一些重要的双边外交活动也都涉及气候变化问题，比如美欧会谈，英国环境部长访问澳大利亚和新西兰，美国与拉美国家之间的外交，德国环境部长访问中国和日本，德国其他高级官员与俄罗斯及其他经济转型国家的双边外交，英国与美国的特殊关系外交，德国访问沙特阿拉伯，美国和沙特在 1997 年秋天的双边会议，1997 年 11 月初日本首相访问沙特等都涉及气候问题或专门以 1997 年底的京都气候会议达成协议为目标。② 1997 年《京都议定书》达成之后，接下来的主要气候外交工作就围绕如何让议定书达到法定条件，早日生效。但《京都议定书》是一个远未完成的工作，围绕附件一国家的承诺、资金和技术多边制度的操作、联合履约和排放交易等具体的实施细则各方之间的博弈异常激烈。1998 年布宜诺斯艾利斯气候会议（COP4）只是通过了一个行动计划，但艰巨

① Sebastian Oberthür and Hermann E. Ott, *The Kyoto Protocol: International Climate Policy for the 21st Century*, Berlin: Springer, 1999, p. 59.

② 以上关于京都会议前开展的各种气候外交的叙述可参见 Sebastian Oberthür and Hermann E. Ott, *The Kyoto Protocol: International Climate Policy for the 21st Century*, Berlin: Springer, 1999, pp. 59 - 64.

的谈判任务仍然没有完成。经过 1999 年的波恩气候会议（COP5），在 2000 年的海牙气候会议（COP6）上，围绕如何实施《京都议定书》具体承诺的政策措施安排，特别是涉及国家内部的碳沉降（sinks）和对外排放交易的限制等问题，欧盟与美国展开了激烈的较量，最后使海牙会议无果而终，在全球气候外交史上留下了惨痛的教训，海牙气候会议的失败是全球应对气候变化努力进程中的重大转折点。[①] 海牙会议的失败和 2000 年底美国小布什的当选给全球气候外交蒙上了巨大的阴影。

3. 全球气候外交的挫折与深入发展阶段（2001~2004 年）

2001 年可谓全球气候外交的多事之秋与重大转折之年，处在成败转折的十字路口。2001 年美国总统布什以《京都议定书》严重影响美国经济和关键发展中国家没有参与为由，单方面宣布退出《京都议定书》，全球气候外交经历了前所未有的挫折。从此，全球气候外交出现了两股势力的博弈，一方面以欧盟为首的积极减排力量力图挽救《京都议定书》，开展了艰苦的外交活动，最终使得议定书生效；另一方面，以美国为首的力量力图另辟蹊径，在联合国框架之外，按照美国的偏好创建了一些《公约》外的国际气候机制，全球气候治理制度日益呈现碎片化的态势。这段时间的全球气候外交一方面仍然以联合国国际气候谈判为中心（因为美国仍然属于公约的缔约方），核心问题是《京都议定书》的存废和生效问题；另一方面，一些重要的双边或多边气候外交也开始开展，集中反映在欧盟为推动《京都议定书》早日生效而开展的双边或多边气候外交。2001 年德国总理施罗德访美期间特别与美国总统小布什会谈，告知美国欧盟对其退出议定书深表关切，要求美国重新考虑其决定。8 月 31 日，他在汉堡举行的一次演讲中再次呼吁美国改变决定，签署议定书。他说，现在不是争论是否进行新的军事打击的时候，而是应该认真讨论如何使议定书早日生效。[②] 同时，法国、英国的领导人也通过各种方式警告小布什总统，这些国家的公众对美国退出议定书的决定情绪

---

① Michael Grubb and Farhana Yamin, "Climatic Collapse at The Hague: What happened, why and where do we go from here?" *International Affairs*, Vol. 77, No. 2, 2001, pp. 261 – 276.

② 新华社:《施罗德再次呼吁美国应签署〈京都议定书〉》,《人民日报》2002 年 9 月 2 日第 7 版。

激动，除非美国采取行动，否则跨大西洋关系将会受到损害。但是，小布什政府并没有改变立场。2001 年 7 月 16 ~ 27 日，公约缔约方第 6 次会议的续会在波恩召开，在美国退出议定书的阴影下，日本、加拿大和澳大利亚等国提高谈判要价，要求提高利用碳汇和排放交易实现本国减排目标的限额，尽管许多其他缔约方认为《京都议定书》的目标和原则不能修改，但在谈判陷入僵局的情况下，会议主席普龙克（Pronk）提出了一个折中方案，欧盟在利用森林植被等活动抵消减排指标问题上对日本等国做出了让步。经过艰苦谈判，波恩会议最后就许多问题达成协议，取得了实质性进展。最重要的是，在美国退出的消极影响下，178 个国家达成了《波恩政治协议》，在很大程度上挽救了京都进程。2001 年 10 月 29 日到 11 月 10 日，公约缔约方第 7 次会议在摩洛哥马拉喀什举行，经过各方艰苦谈判，最后达成“马拉喀什协定”，对《京都议定书》实施的诸多重大问题达成协议，从而在很大程度上维持了京都进程，为《京都议定书》的生效奠定了坚实基础。在此基础上，国际社会为“挽救”《京都议定书》这一全球气候治理进程中来之不易的重大成果，展开了更加艰苦的气候外交。特别是欧盟，在美国退出京都进程的情况下，欧盟成为唯一有意愿也有能力维持京都进程的国际力量。为此，中国等发展中国家先后批准《京都议定书》，欧盟也展开对加拿大、日本、俄罗斯等关键力量的外交攻势，促使它们早日批准《京都议定书》。最后，日本在权衡各方利弊之后，终于在 2002 年批准了《京都议定书》。其间，布鲁塞尔在三年多的时间内也多次向莫斯科开展积极的气候外交，最终俄罗斯在 2004 年 10 月批准了《京都议定书》，使得议定书在 2005 年 2 月生效。与此同时，美国在全球气候外交上一方面竭力为自己退出议定书进行辩解，另一方面力图通过自己的影响力而另起炉灶，美国先后发起成立了“氢能经济国际伙伴计划”、“碳收集领导人论坛”、“甲烷市场化伙伴计划”、“亚太清洁发展与气候新伙伴计划”等联合国框架之外的小范围多边气候合作机制。

4. 全球气候外交的回潮与进一步深入发展阶段（2005 ~ 2008 年）

2005 年 2 月《京都议定书》历经八年艰苦谈判终于生效，为了讨论下一步应对气候变化的行动，在 2005 年底加拿大蒙特利尔举行公约缔约方第 11 次会议暨议定书缔约方第 1 次会议（COP11/CMP1）之前，加拿大政府于 2005 年 9 月组织召开了一次关于气候变化的圆桌会议，商讨议定书生效之后的气候行动。根据议定书第 3 条第 9 款的规定，缔约方对议定书 2012 年之后的减排承诺谈判至少应在第一个履约期结束之前的七年开始，由于《京都议定书》规定的第一承诺期到 2012 年，也就是 2005 年必须开始 2012 年后的减排承诺谈判。因此，议定书刚刚生效就面临着如何贯彻实施的问题，而同时却面临着如何建立一个后 2012 年的国际气候机制的问题。2005 年底在蒙特利尔举行公约缔约方第 11 次会议暨议定书缔约方第 1 次会议（COP11/CMP1），由于美国没有批准议定书，为了将美国以及可能的发展中国家纳入未来的减排行动中，在这次会议上确立了一个双轨制的气候谈判机制，即一方面确定了《公约》框架下所有公约缔约方就长期气候合作展开对话，另一方面建立了《京都议定书》框架下附件一国家进一步加强减排承诺的谈判机制，即议定书下进一步承诺特设工作组（AWG–KP），由此全球气候外交进入了后京都时代。

可以说，《京都议定书》的生效在很大程度上促进了全球气候外交的重新活跃。一方面，美国为了挽回受损的国际形象，继续主导并创建了一些联合国气候公约之外的气候治理机制，比如 2007 年美国倡议建立了主要经济体能源安全和气候变化会议（Major Economies Meeting on Energy Security and Climate Change）；另一方面，联合国框架下为进一步落实京都目标以及开始构建后京都国际气候机制的国际气候谈判进一步深化。2006 年 10 月 30 日，受英国政府委托，由前世界银行首席经济学家、英国政府经济顾问尼古拉斯·斯特恩爵士（Nicholas Stern）领导编写的《斯特恩评论：气候变化经济学》（也称斯特恩报告）正式发布，受到国际社会的高度关注，也引起了广泛的反响。该报告强调：为了避免气候变化的最坏影响，各国政府必须立即采取有效的减排行动，否则气候变化将对经济增长和社会发展造成严重影响，其损失和风险将相当于每年全球 GDP 的 5% ~20%，而且损失将一直延续。如果立即行动，将大气中温室气体浓度稳定在 500 ~ 550 mL/m₂ CO₂e（二氧化碳当量）的成本可以被控制在每年全球 GDP 的 1% 左右。[①] 2006 年《公约》缔约方第 12

---

① Nicholas Stern, *The Economics of Climate Change: The Stern Review*, Cambridge, UK: Cambridge University Press, 2006.

次会议暨议定书缔约方第 2 次会议在肯尼亚首都内罗毕举行。2007 年政府间气候变化专门委员会（IPCC）发布第四次评估报告，指出气候系统变暖的客观事实是不容置疑的，所有大陆和多数海洋的观测数据表明，许多自然系统正在受到区域气候变化特别是受到气温升高的影响。这些报告进一步推动了全球气候外交的深化。由于 IPCC 的贡献和美国前副总统阿尔·戈尔（Al Gore）对全球气候变化问题的宣传和警示，为明确和传播人类活动引起气候变化的更多知识做出了努力，进而为采取抵消这类变化的措施奠定了基础，IPCC 和戈尔赢得了 2007 年诺贝尔和平奖。同时，戈尔制作的纪录片《难以忽视的真相》（*An Inconvenient Truth*），获得了 2007 年奥斯卡"最佳纪录片奖"。该片向西方国家公众有效宣传了气候变化的灾难性后果。这些使得全球气候变化问题引起世界各国公众和媒体的广泛关注，进而进一步推动了全球气候外交的兴起。2007 年 4 月联合国安理会首次就气候变化问题对国际安全产生的影响进行讨论。2007 年 12 月公约缔约方第十三次会议暨《京都议定书》缔约方第三次会议在印度尼西亚巴厘岛举行。会上美国和欧盟之间在发达国家 2020 年前具体减排目标上产生了较大分歧。欧盟希望此次会议能提出未来两年的减排谈判目标，即发达国家 2020 年前将温室气体排放量在 1990 年水平上减少 25% 至 40%；美国则倾向于把具体谈判目标留至未来解决。其间，印度尼西亚提出一项折中方案，即在文件中提出具体减排目标，但完成减排任务的期限长于欧盟的要求。欧盟联合中国等发展中国家主张绘就"巴厘路线图"，要求所有发达国家承担明确的量化减排目标，而小布什政府毫不妥协让步，美国还坚持在文件中要求发展中国家采取约束性减排承诺。原定于 12 月 14 日中午结束的会议，由于谈判陷入僵局，会议延长直至 12 月 15 日中午，但会议仍陷入深深的危机之中。有关各方进行了紧急斡旋，主办国印度尼西亚、联合国秘书长等都展开行动。然而美国代表团团长、负责全球事务的副国务卿葆拉·多布里扬斯基（Paula Dobriansky）仍然不同意最后的文件，她辩称发展中国家并未承担起它们的应有责任，她的发言引来会场一片嘘声，然后发展中国家的代表纷纷发言表示支持折中方案，愿意妥协。代表巴布亚新几内亚（Papua New Guinea）的美国环保分子，发表震撼性讲话，指出美国"不愿意带头（减排）就滚"，赢得全场代表一片欢呼。美国原打算得到来自其主要盟友的支持，但在这种情况下只有日本发表了一通漂亮的、精心设计的、措辞审慎而模糊的毫无助益的发言，澳大利亚一言未发。迫于无奈，15 日下午，美国代表团团长葆拉·多布里扬斯基突然表示："我们将向前迈出一步，同意多数人的意见。"这就使得"巴厘行动计划"得以通过，现场顿时爆发出一片欢呼声。[①] 最后，会议达成了"巴厘路线图"，规定 2009 年完成关于 2012 年后全球气候治理机制的国际谈判。随后，全球气候外交就围绕这一谈判展开了。

5. 全球气候外交的再次挫折与理性回归阶段（2009 ~ 2015 年）

在通向 2009 年哥本哈根气候会议的道路上，全球气候外交积极展开，《京都议定书》下的特设工作组和公约下长期合作特设工作组在 2009 年先后进行了 5 轮谈判。相关的气候外交也在许多重大的国际会议进行，比如由丹麦政府发起的"格陵兰对话"（Greenland Dialogue）、主要经济体能源与气候变化论坛（Major Economies Forum on Energy and Climate Change）、八国集团峰会、二十国集团峰会等。尤其是在 2009 年 7 月意大利拉奎拉举行的"G8 + 5"峰会，气候变化是一个重要议题，最后峰会确认了 2℃目标，为哥本哈根气候会议做出贡献。2009 年 11 月 26 日到 27 日，在哥本哈根气候大会开幕前夕，中国、印度、巴西与南非四个重要的新兴经济体首度在北京正式亮相，共同商讨应对哥本哈根气候会议的对策，开始被冠以"基础四国"（BASIC）的称呼。"基础四国"共同发表了关于哥本哈根气候会议的声明，积极维护发展中国家的权益。2009 年 12 月底举世瞩目的哥本哈根气候峰会正式开始。在会议的高级别谈判阶段，115 位国家和政府首脑参加了会议，但结果由于发达国家与发展中国家之间的严重分歧，欧盟和美国试图迫使发展中大国（中国、印度等）接受量化减排义务，把双轨气候治理机制并轨成单轨机制，遭到发展中国家的反对。最后时刻在美国和基础四国等 28 个国家之间达成了《哥本哈根协议》（Copenhagen Accord），但并没有得到缔约方全体会议的通过，缔约方会议只是注意到（takes note of）该协议。哥本哈根气候峰会并没有如国际社会预期的那样达成一份可以取代《京都议定书》

---

① Peter Christoff, "The Bali Roadmap: Climate Change, COP13 and Beyond," *Environmental Politics*, Vol. 17, No. 3, 2008, pp. 466 – 472.

的后 2012 年国际气候协议。舆论普遍把 2009 年哥本哈根气候峰会视为全球气候外交的政治地震，标志着联合国框架下多边治理进程出现合法性危机。①

2010 年坎昆会议前后的全球气候外交主要是消除哥本哈根气候峰会给联合国气候治理进程造成的损伤，恢复多边主义进程。国际社会对坎昆会议的预期普遍降低，走向务实理性。因此，坎昆会议也并没有预期达到一个可以替代《京都议定书》的 2012 年后的新国际气候协议。最终，达成的《坎昆协议》基本上是《哥本哈根协议》的合法化。2011 年南非德班气候会议主办国南非一方面作为"基础四国"成员，另一方面也是非洲国家的一员，在德班会议上发挥灵活的外交技巧，多方协调。面对欧盟提出有条件接受《京都议定书》第二承诺期，印度、中国等发展中国家提出批评，各方博弈激烈。最后，在同意启动绿色气候基金、欧盟等国家接受《京都议定书》第二承诺期的基础上，美国、中国、印度等国同意启动一项关于 2020 年后气候治理安排的新谈判进程。根据德班达成的一揽子气候决议，德班加强行动平台在 2012 年上半年开始启动。2012 年 5 月，德班加强行动平台特设工作组第一届会议（ADP1）在波恩拉开帷幕，全球气候外交又开始了新一轮动态发展。

2012 年底的联合国气候变化大会——《公约》缔约方第 18 次会议（COP18）暨《京都议定书》缔约方第 8 次会议（CMP8）——在卡塔尔首都多哈召开，这是国际气候谈判启动以来，第一次在中东国家召开联合国气候会议。会议对《京都议定书》第二承诺期的实施（以《京都议定书》修正案的形式）做出了明确的规定，这是自 2007 年巴厘岛气候会议以来关于 2012 年后京都国际气候治理安排取得的重大突破和进展，尽管美国、加拿大、日本、俄罗斯等明确表示不参加《京都议定书》第二承诺期，但这标志着 2005 年发起的《京都议定书》特设工作组（AWG－KP）的谈判结束了。缔约方也同意结束《公约》下长期合作行动特设工作组（AWG－LCA）和巴厘行动计划下的谈判，并通过了有关长期气候资金、《公约》下长期合作行动工作组成果、德班平台以及损失损害补偿机制

---

①　Karin Bäckstrand & Ole Elgström, "The EU's Role in Climate Change Negotiations: from Leader to 'Leadiator'," *Journal of European Public Policy*, Vol. 20, No. 10, 2013, pp. 1369－1386.

等方面的多项决议。① 从整个国际气候谈判历程来看，多哈会议可以说是一个极其重要的转折点，它标志着自 1990 年联合国气候谈判启动以来，特别是自 2005 年《京都议定书》生效以来和 2007 年巴厘路线图以来的整个国际气候谈判进程告一段落，国际气候谈判自此进入了一个关于 2020 年后国际气候治理体制安排的新阶段，并且已经通过"德班加强行动平台"特设工作组的设立明确要在 2015 年达成一项全新的气候治理协议。正如欧盟委员会气候变化委员康妮·赫泽高（Connie Hedegaard）在会后评论说："在多哈，我们跨越了从旧气候体制到新体制之桥，我们现在走在通向 2015 年全球协议的路上。"② 多哈气候会议也标志着自德班气候会议以来存在的"三轨谈判"（《京都议定书》下特设工作组、《公约》下长期合作行动特设工作组和"德班平台"下特设工作组的谈判）正式并轨，国际社会走上了为在 2015 年达成一项新的气候治理协议而努力的道路上，怀揣不同利益诉求的各个缔约方为新的国际气候协议开始进行更加激烈的博弈，国际气候谈判已经进入了一个攻坚期和深水期。2013 年在华沙气候会议上正式决定要求所有缔约方启动或加强"国家自主决定贡献"（intended nationally determined contributions – INDCs），在 2015 年缔约方会议之前进行通报。③ 从整个全球气候治理进程来看，华沙会议提出的国家自主决定贡献仍然是延续了《哥本哈根协议》和《坎昆协议》所要求的由缔约方本国决定的缓解承诺或行动，其实质仍然是发达国家和发展中国家（新兴经济体）双方博弈的结果。发达国家借此可以要求发展中国家做出减排承诺，进一步模糊或淡化"共同但有区别的责任"原则，而发展中国家以此可以进一步要求发达国家给予金融资助和技术转让，并在自主决定的贡献中继续"区别于"发达国家的减排承诺（既有形式也有实质），从而缓解自身的减排责任压力。为了凝聚共识，加快应对气候变化的全球行动，2014 年 9 月 23 日，联合国秘书长潘基文（Ban Ki-moon）邀请来自世界各国政府、世界商业金融界、

① IISD, "Summary of Doha Climate Change Conference: 26 November – 8 December 2012," *Earth Negotiations Bulletin*, Vol. 12, No. 567, 2012.

② European Commission, "Doha Climate Conference Takes Modest Step Towards a Global Climate Deal in 2015," *IP*/12/1342, Doha, 8 December 2012.

③ UNFCCC, 第 1/CP. 19 号决定，进一步推进德班平台。

非政府组织等领导人在联合国总部召开了联合国气候峰会，这是继 2009 年哥本哈根气候峰会之后国际气候政治史上又一次重要的气候峰会，共有 100 位领导人出席了此次峰会。2014 年 11 月在亚太经合组织会议上中国与美国发表气候变化联合声明，与美国同时宣布减排承诺，并强调："中华人民共和国和美利坚合众国在应对全球气候变化这一人类面临的最大威胁上具有重要作用。""现在宣布上述目标能够为全球气候谈判注入动力，并带动其他国家也一道尽快并最好是 2015 年第一季度提出有力度的行动目标。两国元首决定来年紧密合作，解决妨碍巴黎会议达成一项成功的全球气候协议的重大问题。"① 中美两国气候变化联合声明的发表凸显出中美两国在气候变化问题上的重要作用及对巴黎气候大会的积极期待与坚定政治意志，为巴黎气候大会的成功奠定坚实基础。2014 年利马气候会议通过的决议进一步要求所有缔约方以有利于拟作出本国自定贡献的明晰度、透明度及易于理解的方式，在缔约方会议第二十一次会议之前尽早通报拟作出的本国自定的贡献。虽然要求缔约方在其自主决定的贡献中考虑列入适应方面的内容并对这种自主决定贡献包括的信息作了适当规定，② 但实质上仍然是让缔约方自己决定。

进入 2015 年，为推动巴黎气候大会取得突破性进展，全球气候外交进入白热化程度。2015 年 2 月德班平台特设工作组第二届会议第八期会议（ADP2 - 8）在瑞士日内瓦进行，这是为巴黎气候大会的谈判案文做准备的第一次会议，经过各方激烈博弈，最后会议推出了一个供巴黎气候大会使用的第一个谈判案文"日内瓦谈判案文"（Geneva negotiating text - GNT）。此后，2015 年 6 月、8 月、10 月德班平台特设工作组第二届会议继续在波恩进行，为进一步缩小各方的分歧，为日内瓦会议上达成的谈判案文"瘦身"。2015 年 11 月 2 日法国总统奥朗德访华，外界普遍认为，巴黎气候大会召开在即，奥朗德访华是来中国寻求支持，③ 为此，中国与法国专门就气候变化问题发表《中法元首气候变化联合声明》，为巴黎气候大会成功注入了强劲动力。2015 年 11 月 30 日巴黎气

---

① 《中美气候变化联合声明》，《人民日报》2014 年 11 月 13 日第 002 版。

② UNFCCC，第 1/CP. 20 号决定，利马气候行动呼吁。

③ 《外媒：奥朗德访华欲推动气候共识　寻求中国支持》，参考消息网，http://www.can-kaoxiaoxi.com/china/20151102/983706.shtml

候大会开幕，中国国家主席习近平应邀出席开幕式并发表重要讲话，这是自国际气候谈判开始以来中国最高领导人首次出席缔约方大会，表明中国对巴黎气候大会的高度重视。12 月 11 日巴黎气候谈判的关键时刻，习近平主席应约与美国总统奥巴马通电话，确保巴黎气候大会如期达成协议。① 最终，在会议超时 31 小时的情况下圆满结束，达成了具有里程碑意义的《巴黎协定》，"德班加强行动平台特设工作组"的谈判任务顺利完成，"巴黎气候协定迈出历史性一步"②，世界各国都给予高度评价③。12 月 14 日，习近平再次与奥巴马总统通电话，对《巴黎协定》的达成表示祝贺。④ 同一天，习近平主席应约与法国总统奥朗德通电话，奥朗德总统感谢中方为巴黎大会成功达成《巴黎协定》做出突出贡献。⑤ 正如奥巴马在通话中表示，巴黎气候大会达成历史性协议是美中两国及有关各方加强协调、通力合作的结果。《巴黎协定》的达成，奠定了 2020 年后全球气候治理的法律和制度基础，使国际社会重拾多边机制框架下有效应对全球气候变化的信心，在全球气候治理历史上具有重要的历史性意义。

二　欧盟气候外交的发展及历史演变

前面第二章已经概述了欧盟在国际气候谈判中的立场演变，接下来，从气候外交史的角度，着重分析欧盟所开展的气候外交的发展演变。曾经有学者认为，欧盟的外交政策是指欧盟行为体（欧盟委员会、理事会主席等）或欧盟的成员国非常清晰地以欧盟的名义或者以与欧盟的价值观、利益和目标一致的方式所开展的行动。⑥ 借鉴这种认知，本书把欧

---

① 《习近平与奥巴马通电话　确保巴黎大会如期达成协议》，《人民日报海外版》2015 年 12 月 12 日第 1 版。

② 《巴黎气候协定迈出历史性一步》，《参考消息》2015 年 12 月 14 日头版。

③ "Historic Climate Deal in Paris：EU leads global efforts"，http：//eu－un. europa. eu/articles/en/article_17225_en. htm；The White House, "Statement by the President on the Paris Climate Agreement"，https：//www. whitehouse. gov/the－press－office/2015/12/12/statement－president－paris－climate－agreement；裴广江等：《气候变化巴黎大会通过〈巴黎协定〉全球气候治理迈出历史性步伐》，《人民日报》2015 年 12 月 14 日 03 版。

④ 《习近平同美国总统奥巴马通电话》，《人民日报》2015 年 12 月 15 日第 1 版。

⑤ 《习近平同法国总统奥朗德通电话》，新华网，http：//news. xinhuanet. com/world/2015－12/15/c_1117457894. htm

⑥ K. E. Smith, *European Union Foreign Policy in a Changing World*，Cambridge：Polity Press, 2003, p. 2.

盟的气候外交界定为欧盟的特定机构（欧盟委员会、理事会主席等）或欧盟的成员国非常清晰地以欧盟的名义或者以与欧盟的价值观、利益和目标一致的方式在全球气候变化领域所开展的国际行动。有学者对 1991至 2009 年的欧盟气候外交政策演化进行了经验性分析，把它分成了四个阶段，分别是创建联合国气候体制（1991 – 1992 年）、巩固联合国气候体制（1993 – 1997 年）、维持联合国气候体制（1998 – 2004 年）和联合国气候体制后 2012 改革努力（2005 – 2009 年）阶段。[①]正如本书第二章所述，欧盟（欧共体）的气候政策与行动可以追溯到 1985 年，因前文已经分阶段对欧盟参与国际气候谈判的进程进行了叙述，为避免不必要的重复，本部分对欧盟气候外交的介绍将通过欧盟在不同的外交渠道开展的气候外交进行分析。

（一）《公约》达成前在气候科学与其他渠道中的欧盟气候外交

气候变化问题由科学问题逐步向国际政治议程转变的过程也正是欧共体及其成员国对国际环境问题（比如酸雨问题）高度关注的时期，但在全球气候变化问题上当时的欧共体还没有多少影响力，对于欧共体而言，当时发挥推动作用的主要在于其成员国。1979 年第一届世界气候会议之后由世界气象组织（WMO）、联合国环境规划署（UNEP）和国际科学联盟理事会（ICSU）在奥地利菲拉赫组织了系列会议和工作组（分别是 1980 年、1983 年和 1985 年），正是在 1985 年菲拉赫会议上，参会的科学家对温室效应的影响达成共识并决定把这种共识告知决策者，随后在菲拉赫和意大利的贝拉吉奥（Bellagio）分别建立了一个温室气体咨询小组（Advisory Group on Greenhouse Gases – AGGG），这两个工作组推动召开了 1988 年的多伦多会议。[②] 1989 年荷兰海牙和诺德维克召开的会议都进一步推动了气候变化问题的政治化。由于欧共体在关于气候变化框架公约的政府间谈判委员会（INC）中没有正式身份，所以在框架公约的谈判期间，事实上主要由欧共体成员国及共同体的轮值主席国参与谈判，进

[①] Simon Schunz, "Explaining the Evolution of European Uinon Foreign Climate Policy: A case of bounded adaptivenes," *European Integration online Papers* (*EioP*), Vol. 16, Article 6, 2012.

[②] Jill Jäger and Tim O'Riordan, "The History of Climate Change Science and Politics," in Tim O'Riordan and Jill Jäger eds., *Politics of Climate Change: A European Perspective*, London: Routledge, 1996, pp. 12 – 21.

行欧共体的气候外交。在公约谈判的最后关头，正是英国与美国开展的双边谈判达成的妥协最终写入公约。在关于发达国家的减排承诺问题上，美国坚决拒绝任何形式的约束性承诺加时间表，而欧盟主张到 2000 年把温室气体排放稳定在 1990 年水平。在这种争论期间，英国负责环境事务的国务秘书迈克尔·豪沃德（Michael Howard）受到欧盟一些成员国环境部长的鼓励造访美国，最后与美国妥协，奠定了《公约》第 4 条第 2 款的基础。英国的倡议事实上得到了一些欧共体成员国的支持，但没有任何欧共体的正式授权。1992 年公约正式达成，欧共体以"地区经济一体化组织"的身份成为公约的缔约方，之后一直与其成员国一起积极参与全球气候外交。

（二）联合国框架下国际气候谈判舞台上的欧盟气候外交——欧盟气候外交的主渠道

自 1991 年启动气候公约的政府间谈判以来，联合国框架下的国际气候谈判就成为全球气候外交的主要舞台和主渠道。作为积极参与国际气候谈判的行为体，欧盟也利用这个主要舞台开展自己的气候外交，尤其是 1994 年《公约》生效之后召开的一年一度的《公约》缔约方会议，成为欧盟开展气候外交的主渠道。

1. 《公约》谈判与生效期间的欧盟气候外交（1990～1994 年）

作为一个地区经济一体化组织，欧共体在早期气候外交舞台上的作用非常有限。在欧共体层面做出"作为一个整体到 2000 年达到总的 CO_2 排放稳定在 1990 年水平"的目标之后，在联合国的气候谈判中，其主要目标就是把该"稳定化"目标扩展到其他发达国家。但是，美国强烈反对任何量化减排目标。在这种情况下，欧共体面临着两难选择：或者坚持在《公约》中包含一个更加严格的稳定碳排放的目标，结果可能导致美国不签署公约；或者为了让美国签署公约而做出让步，仅仅在文字上表示考虑欧盟的政治承诺。当时一些欧共体成员国主张接受一个更加严格的公约，哪怕没有美国的签署；而一些成员国认为没有美国的签署，公约将没有价值，也会给其他国家不签署公约制造借口。在关于公约谈判陷入僵局的情况下，南北双方的国家都在外交领域寻求建立谈判联盟，第一个尝试这样做的就是欧共体。1991 年 6 月 28 日，在 INC 第二届会议结束的时候，欧共体宣布公约应该包括已经有些国家提议的"保证加评审（pledge and review）"安排，而这一建议是日本所主张的；同时，在实现减排目标的方式上应该有一些灵活性。对许多国家而言，欧共体的上述立场表明欧共体开始寻求与日本共同的立场，而且也开始软化其与美国立场之间的分歧。但是欧共体的努力并没有实现，发达国家之间的分歧依然明显。1991 年 12 月 INC 第四届会议在日内瓦举行，进展十分缓慢，77 国集团批评经合组织（OECD）国家缺乏协调的立场。CANZ 集团（加拿大、澳大利亚、新西兰）在一些北欧国家的支持下试图协调欧共体与美国之间的分歧，寻求折中与妥协。正是在这种令人沮丧的形势下，在本届会议即将结束的时候，欧共体发起了一个倡议，呼吁启动一个更加有效的 OECD 国家立场的协调。丹麦谈判代表尤尔根·汉宁森（Jörgen Henningsen）代表欧共体建议成立了 OECD 国家集团特设工作组以便讨论 OECD 国家的立场。欧共体的倡议为 OECD 国家之间的合作打开了一个新的通道，但是由于美国与欧共体立场之间的严重分歧，协调进程异常艰难。特设工作组的工作一直持续到 1992 年 2 月在纽约举行的 INC 第五届会议。特设工作组的努力虽然并没有取得实质性进展，但为《公约》文本的最后达成起到了垫脚石的作用。[1] 正是在欧共体的积极气候外交努力下，除美国之外，日本、加拿大、澳大利亚和其余 OECD 基本达成了共同立场，但与美国之间的分歧仍然非常大。经过艰苦谈判，OECD 国家最后在 1992 年 2 月 26 日发表了一个立场文件，但该文件仍然带着诸多括号和可替代的关于发达国家承诺的几种表述，OECD 国家之间的分歧明显反映在这个充满括号的文本之中。对此，葡萄牙以欧共体的名义发表了一个声明，表示"对于反映在文件中的立场与预期的结果相去甚远而深表遗憾。我们发现，特别遗憾的是这甚至还不如在诺德维克、卑尔根、第二届世界气候会议以及上一次 OECD 国家部长级会议达成的一般性文件，那些文件没有括号"。[2] 在这种情况下，在 INC 主席让·里波特（Jean Ripert）建议下，1992 年 4 月 15 ~ 17 日在巴黎召开了一个非正式的 INC 秘书局扩大会议（Extended Bureau）寻求谈判突破。

---

[1]　Bo Kjellen, "A Personal Assessment," in Irving M. Mintzer and Amber J. Leonhard eds. , *Negotiating Climate Change：The Inside Story of the Rio Convention*, Cambridge：Cambridge University Press, 1994, p. 159.

[2]　Chandrashekhar Dasgupta, "The Climate Change Negotiations," in Irving M. Mintzer and Amber J. Leonhard eds. , *Negotiating Climate Change：The Inside Story of the Rio Convention*, Cambridge：Cambridge University Press, 1994, pp. 136 – 137.

最终，在 1992 年 4 月 30 日 ~ 5 月 8 日的 INC 第五届会议的第二阶段会议上，谈判各方迫于联合国环境与发展会议（里约会议）日益临近的压力，于 5 月 9 日终于达成了融合各方利益和关切的《公约》。根据公约生效条件，1994 年 3 月公约正式生效。在里约会议上，德国承诺主办公约缔约方第一届会议。由于欧盟部分成员国不愿意实施 CO_2/能源税，加之 20 世纪 90 年代初欧盟的经济不景气，影响了欧盟在全球气候外交中发挥领导作用。因此，在柏林会议之前整个气候外交缺乏强有力的领导。[①]

2. 达成《京都议定书》及推动其生效期间的欧盟气候外交（1995 ~ 2004 年）

1995 年公约缔约方第一届会议在德国柏林召开。正如前文所述，在推动"柏林授权"达成的过程中，欧盟及其成员国，特别是德国做出了很大的外交努力。在很高的媒体关注和公众压力下，环境非政府组织（NGOs）积极在 77 国集团和欧盟之间牵线搭桥。会议的主办国德国与欧盟的一些成员国清楚地意识到要想使会议取得进展，必须在达成议定书的谈判议程中不能要求发展中国家有新的承诺。在这样的基础上，印度领导下的一个所谓的发展中国家"绿色集团"开始支持"柏林授权"并与欧盟结成联盟，最后使"柏林授权"获得通过，从而正式开启了"京都进程"。在通向京都的"柏林授权特设工作组"的谈判进程中，欧盟利用柏林会议期间与发展中国家结成的联盟积极开展气候外交，向其他发达国家施加压力，要它们接受具有明确时间表的量化减排目标。1996 年公约缔约方第二次会议（COP2）在日内瓦召开，欧盟提出准备 2000 年之后进行重大的减排，美国也同意具有约束力的减排目标，但同时要求使用更加灵活的机制来实现目标。1997 年 11 月京都气候会议前夕，欧盟委员会环境委员和负责气候谈判的欧盟"三驾马车"卢森堡、荷兰和英国的代表访问美国，同美国首席气候谈判代表斯图亚特·伊艾赞斯达（Stuart Eizenstat）举行会谈，对京都会议的立场进行沟通和磋商。随后英国环境部长到澳大利亚和新西兰进行访问，强化英国与这些英联邦成员非传统紧密关系。在京都会议上，欧盟坚持"柏林授权"，在 77 国集

---

① Sebastian Oberthür and Hermann E. Ott, *The Kyoto Protocol: International Climate Policy for the 21ˢᵗ Century*, Berlin: Springer, 1999, p. 44.

团加中国的支持下，最终使《京都议定书》有史以来第一次明确提出公约附件一国家具有明确时间表的量化减排目标，但在实现目标的灵活机制方面也做出了让步。但《京都议定书》是一个远未完成的任务。接下来，欧盟最主要的气候外交就是落实议定书实施细则，促使议定书早日生效。1998 年公约缔约方第 4 届会议通过"布宜诺斯艾利斯行动计划"，决定要在缔约方第 6 届会议完成最后的谈判。1999 年公约缔约方第 5 次会议在波恩举行，欧盟等缔约方提出促使《京都议定书》在"里约 + 10"，即联合国环境与发展"里约会议"10 周年的时候生效，得到 77 国集团加中国的支持。但是，关于"京都灵活机制"的具体实施问题上，欧盟与美国为首的伞形集团陷入了难以突破的僵局，特别是关于使用排放交易在实现国家减排目标的限额问题和国家内部利用森林、土地使用等吸收碳的限额问题上，欧盟与伞形集团分歧严重。排放交易是美国政府实现其京都目标的关键，主张不受限制地使用国际排放信用交易，同时也得到日本、加拿大、新西兰、澳大利亚、冰岛和挪威等发达国家的支持。欧盟认为排放交易是伞形集团试图逃避它们内部责任，企图通过苏联和东欧国家的"热空气"来实现其内部承诺。因此，欧盟在绝大多数成员国和一些美国环境组织的支持下，拒绝把排放交易作为实现国家减排承诺的主要机制。欧盟与伞形集团的僵局一直持续到海牙会议。2000 年底公约缔约方第 6 次会议在海牙举行，谈判几乎毫无进展。在最后时刻，美国总统克林顿与英国首相布莱尔通过长时间的电话磋商，最后英国副首相翰·普利斯科特（John Prescott）与美国代表达成一个协议。英国表示他得到负责谈判的欧盟"三驾马车"［由法国环境部长多米尼克·汪伊尼特（Dominique Voynet）领导］的支持和同意，但在欧盟的全体会议上，英国与美国达成的协议并没有得到欧盟部长们的一致赞成。欧盟认为该协议对美国的让步太多，经过进一步的内部协商之后拒绝接受。所以，COP6 无果而终，代表们经过协商，同意在几个月之后召开 COP6 的续会以最后完成谈判。[1] 海牙会

---

① Michael Grubb and Farhana Yamin, "Climatic Collapse at The Hague: What happened, why and where do we go from here?" *International Affairs*, Vol. 77, No. 2, 2001, pp. 261 – 276; Loren R. Cass, *The Failures of American and European Climate Policy: International Norms, Domestic Politics, and Unachievable Commitments*, New York: State University of New York Press, 2006, pp. 203 – 208.

议结束之后，美国克林顿政府建议尽快召集谈判，准备在 12 月初召开一个预备会议，然后计划在圣诞节前夕召开部长级会议，以期解决分歧达成一个能让所有工业化国家都能接受的最后协议。因为，美国总统选举已经揭晓，共和党小布什当选，克林顿政府和欧盟希望尽快解决问题，否则即将入主白宫的小布什政府可能会寻求对《京都议定书》的重大改变而使谈判变得更加艰难。于是，12 月 6 日、7 日，欧盟和伞形集团的代表在加拿大渥太华召开了一个中级外交会议，会议试图缩小双方的分歧为计划 12 月中旬在挪威奥斯陆召开的部长级会议打下基础，但是在关键问题上双方并没有取得突破，致使奥斯陆部长级会议被迫取消。2001年 3 月小布什政府宣布退出《京都议定书》，宣布议定书已经"死亡"。美国国家安全顾问康多莉扎·赖斯（Condoleezza Rice）在华盛顿与欧盟代表会谈，表示虽然美国政府将继续保持"接触"气候变化问题，但不会支持《京都议定书》。美国小布什政府对《京都议定书》的拒绝使全球气候外交遭受重大挫折，但从另一方面也为欧盟在全球气候外交中发挥领导作用打开了"机会之窗"。在 2001 年 7 月举行的波恩 COP6 续会上，欧盟在碳汇的使用上限问题和遵约问题上对日本、加拿大等国做出了实质性让步，最后接受了普龙克方案。在最后达成的协议中，允许发达国家在第一承诺期以"森林管理"、"农田管理"等活动作为其实现减排目标的方式，上述碳汇使用总量的上限根据各国的具体情况进行不同处理，还对灵活机制和履约的具体问题做出了规定。欧盟在美国退出《京都议定书》的情况下，灵活应对，挽救了京都进程。在 2001 年 10 月底、11 月初的马拉喀什会议上，欧盟最终在京都机制的实施、碳汇（土地使用、土地使用变化与森林）的限额等重大问题上对伞形集团的其余国家做出了重大让步，达成了《马拉喀什协定》。为"挽救"《京都议定书》，欧盟多次派代表团访问日本，敦促日本批准议定书。最终，2002年 6 月日本批准了议定书。日本批准议定书之后，议定书能否生效关键在于俄罗斯能否批准了。在这种情况下，欧盟多次通过各种渠道表示希望俄罗斯尽快批准议定书。法国总统希拉克曾专门致信俄罗斯总统普京，把俄罗斯能否批准议定书放到了影响欧盟与俄罗斯关系的高度。欧盟委员会主席普罗迪也曾多次劝说普京批准议定书。2001 年 10 月，俄罗斯 - 欧盟领导人峰会在布鲁塞尔举行，俄罗斯承诺尽早批准《京都议定书》，但迟迟没有实际行动。在 2002 年的约翰内斯堡举行的可持续发展峰会上，俄罗斯总理米哈伊尔·卡什雅诺夫（Mikhail Kashyanov）声称"将在近期批准"，然而就在同一时间，俄罗斯经济发展与贸易部副部长穆哈迈德·齐卡诺夫（Mukhamed Tsikanov）却宣称俄罗斯不打算批准，因为俄罗斯在《京都议定书》中没有经济激励和经济利益。到 2003 年 3 月，俄罗斯仍然没有行动。俄罗斯试图通过在《京都议定书》生效问题上的关键作用做足外交文章，获取最大的外交收益。正如有的学者指出的，"在京都时代，俄罗斯能否加入《京都议定书》这一国际机制的关键并不在于环境问题在俄罗斯内部有多么重要，以及事实上科学研究证明气候变暖将给俄罗斯带来多大的灾难，而在于国际社会有没有给俄罗斯足够的利益刺激。"① 在这种情况下，欧盟委员会环境委员马尔冈特·华尔斯特罗姆开始了对俄罗斯的访问。在其出访前发表的声明中，华尔斯特罗姆女士强调："世界正在等待俄罗斯证明它准备并愿意成为应对气候变化多边努力中的一个主要博弈者。"意在促使俄罗斯早日下决心批准《京都议定书》。在 2003 年 5 月欧盟与俄罗斯的圣彼得堡峰会上，在发表的联合宣言中双方同意，"做出最大的努力确保《京都议定书》成为解决全球变暖问题的真正工具。为此，我们将尽可能使其生效"。但是在俄罗斯内部对于批准《京都议定书》充满了激烈的争论。而且，2002 年、2003 年正是欧盟扩大的关键时期，中东欧 10 国与欧盟达成了入盟协议，在 2004 年 5 月 1 日正式加入欧盟。这也对俄罗斯在经济贸易、能源、安全等领域造成了影响。与此同时，俄罗斯也正在寻求加入世界贸易组织（WTO），而欧盟是俄罗斯最大的贸易伙伴。在这种情况下，欧盟开展了积极的气候外交，与俄罗斯进行了谈判，就在中东欧 10 国加入欧盟的前夕，双方发表了"欧盟扩大与欧盟－俄罗斯关系联合宣言"，最终达成了一揽子协议。然后，俄罗斯总统普京宣布："我们将加速批准《京都议定书》的进程。"② 2004 年 10 月俄罗斯国家杜马顺利批准了议定书，

---

① 孙超：《前行中的困顿：京都时代与后京都时代俄罗斯气候环境外交》，《俄罗斯研究》2010 年第 6 期，第 89～102 页。

② Wybe Th. Douma, "The European Union, Russia and the Kyoto Protocol," in Marjan Peeters and Kurt Deketellaere eds. , *EU Climate Change Policy. The Challenge of New Regulatory Initiatives.* Cheltenham：Edward Elgar, 2006, pp. 51－66.

从而使议定书在 2005 年 2 月正式生效。

3. 后京都气候协议谈判期间的欧盟气候外交 (2005～2009 年)

2005 年蒙特利尔气候会议正式启动后京都国际气候体制的谈判。欧盟鉴于其最终的努力使得《京都议定书》生效，因而在后京都气候谈判进程中采取了相对更加积极的态度。欧盟一方面继续实施其 "通过榜样与示范进行领导" 的战略，加强内部气候政策落实，同时，在气候外交上也开始调整策略。一方面，从 2005 年开始，欧盟通过其在八国集团 (G8) 的主要成员国，邀请主要发展中国家（主要是中国和印度）参加 G8 + 5 对话，意在加强发展中大国对全球气候治理的参与。正如有的研究人员指出："如果没有主要的二氧化碳排放国（诸如印度或中国）或其他能源的提供者（诸如巴西）的参与，G8 就没有能力提供一种相关战略以应对气候变迁。"[①] 另一方面，欧盟通过其外交团队开始加强气候外交活动。2006 年 11 月在内罗毕召开的公约缔约方第 12 届会议 (COP12) 上，欧盟表示不支持对发展中国家设置具有约束力的减排目标，寻求在后京都谈判中得到发展中国家的支持。联合国巴厘岛气候会议前夕，2007 年 11 月 5～7 日，欧洲议会气候变化临时委员会 (the European Parliament's Temporary Committee on Climate Change) 派官方代表访问中国，目的是加强与中国的协调，会见中国气候变化方面的政治官员和专家，摸清中国在气候变化问题上的最新立场，以便在巴厘岛会议上能更有效开展合作。2007 年 11 月，欧盟委员会主席巴罗佐在世界能源大会的新闻发布会上说，中国是欧盟在气候变化问题上 "真正值得信赖的伙伴"，欧盟与中国在气候变化问题上有着共同但又有区别的责任，"我们不能要求中国和印度这样的国家承担和我们同样的义务"。[②] 2007 年底在印度尼西亚巴厘岛气候会议 (COP13) 上，欧盟和其他缔约方做出一系列努力，要把美国拉回到关于 2012 年后国际气候协议的谈判中来。由于美国反对在巴厘路线图中对发达国家设置明确的量化减排目标，并要求

---

① 〔加拿大〕安德鲁·F. 库珀、〔波兰〕阿加塔·安特科维茨主编《全球治理中的新兴国家：来自海利根达姆进程的经验》，史明涛、马骏等译，上海：上海人民出版社，2009 年版，第 3 页。

② 吴黎明、杨爱国：《欧盟委员会主席谈及气候变化问题时指出中国是欧盟值得信赖的伙伴》，《人民日报》2007 年 11 月 13 日第 7 版。

发展中国家也承担具有约束力的减排义务。美国还预定于 2008 年 1 月在夏威夷举行主要经济体气候变化会议，计划召集部分欧盟国家和日本、中国、印度等 16 国参加。参加巴厘岛气候会议的欧盟代表 12 月 13 日警告说，如果美国不接受联合国气候变化大会决议草案提到的温室气体减排目标，欧盟将不参加 2008 年 1 月的会议。欧盟也与中国积极合作，欧盟提出的建议得到中国的支持；中国也领导 77 国集团在减排承诺上做出了让步，以支持欧盟。① 最后，欧盟联合中国等发展中国家，在关键时刻做出了让步，迫使美国、日本、加拿大等国接受了"巴厘岛行动计划"，正式启动了 2012 年后国际气候协议的谈判。为加快后京都谈判步伐，欧盟委员会主席巴罗佐在 2008 年 4 月 27 日率领代表团访问中国，强调在面对气候变化这一全球性挑战时需要中国和欧盟共同承担全球性责任。2009 年哥本哈根气候大会是后京都气候外交中的关键，为实现欧盟的后京都目标，欧盟做了大量的准备工作。欧盟领导人利用诸如 G8、G20 和主要经济体论坛（MEF）等外交场合提升了气候议题的重要性，制造了气候变化议题的政治紧迫感。正如上文已经指出，欧盟也制定了内部的气候和能源一揽子政策，展示了内部减排的信心。但是，欧盟在哥本哈根气候大会上却没有达到自己的目标。其中一个原因在于主办国丹麦低效而混乱的组织工作。谈判刚刚开始，英国《卫报》就披露了有事先已经准备好的"丹麦草案"，疏远了发展中国家；而在谈判的紧要关头，又更换了缔约方大会的主席，由丹麦首相拉斯穆森接替丹麦环境部长康妮·赫泽高担任大会主席，这使大会主席被外交和会议程序这些琐碎事情消耗了太多精力，以至于在峰会的最后一晚不得不停下来整顿；而同时，欧盟轮值主席国瑞典（正如上文已经指出，由轮值主席国代表欧盟进行气候谈判），特别是其首相弗雷德里克·莱因菲尔德（Fredrik Reinfeldt）被舆论广泛认为效率低下。② 结果，欧盟在大会的最关键时刻被"边缘化"。大会最后由关键几个国家达成的《哥本哈根协议》远远低于欧盟的目标。欧盟委员会主席巴罗佐说，协议"是一个积极的步骤，

① Peter Christoff, "The Bali Roadmap: Climate Change, COP13 and Beyond," *Environmental Politics*, Vol. 17, No. 3, 2008, pp. 466 – 472.

② Constanze Haug and Frans Berkhout, "Learning the Hard Way? European Climate Policy After Copenhagen," *Environment*, Vol. 52, No. 3, 2010.

但很清楚低于我们的预期",他还表示"我不隐藏我的失望之情"。英国首相戈登·布朗(Gordon Brown)评论说,哥本哈根大会往最好说是有瑕疵,往最坏说简直就是混乱。德国总理默克尔表示"接受这个决定是非常困难的,我们已经迈出了一步,我们希望有更多的进步"。欧盟轮值主席国瑞典直言不讳地认为会议是一场"灾难","最主要是因为其他国家不愿意让步,特别是美国和中国"。① 哥本哈根气候大会是全球气候外交的一个重要分水岭,也是欧盟气候政策气候外交的分水岭。吸取哥本哈根气候大会的沉痛教训,欧盟成员国最终接受了欧盟委员会在谈判中发挥更强的协调作用,也促使欧盟开始直面全球气候地缘政治格局的深刻变化,对其气候外交战略进行重大调整。

4. 后哥本哈根气候协议谈判期间的欧盟气候外交(2010~2015年)

欧盟在哥本哈根气候大会上的表现被舆论普遍认为是欧盟在国际气候政治中的一个重大"倒退(backlash)",② 欧盟在国际气候治理中的领导能力也受到削弱。③ 哥本哈根气候大会的被"边缘化"给了欧盟巨大的打击。会议刚一结束欧盟诸多领导人就呼吁从哥本哈根气候大会上吸取深刻的教训,改进欧盟的谈判机制。2010年1月刚刚被欧盟委员会主席巴罗佐任命为欧盟委员会首位气候行动委员(Climate Action Commissioner)的康妮·赫泽高(Connie Hedegaard)在欧洲议会的履职听证会上强调"欧盟必须以一个声音说话,否则有可能存在被再次边缘化的危险","从哥本哈根可以吸取许多重要的教训。在最后几个小时,中国、印度、美国、俄罗斯、日本每一方都用一个声音说话,而欧盟却有许多不同的声音";④ 2010年2月欧洲理事会主席范龙佩呼吁在即将召开的欧洲理事会上把认真总结哥本哈根气候大会的教训作为一项重要的议题。⑤

---

① Constanze Haug and Frans Berkhout, "Learning the Hard Way? European Climate Policy After Copenhagen," *Environment*, Vol. 52, No. 3, 2010.

② Sebastian Oberthür, "The European Union's Performance in the International Climate Change Regime," *European Integration*, Vol. 33, No. 6, 2011, pp. 667 - 682.

③ 薄燕、陈志敏:《全球气候变化治理中欧盟领导能力的弱化》,《国际问题研究》2011年第1期,第37~44页。

④ Leigh Phillips, "Hedegaard:EU must speak with one voice on climate," http://euobserver. com/news/29278。

⑤ European Council, *Invitation Letter by Herman Van Rompuy*, *President of the European Council*, *for the Informal Meeting of Heads of State or Government*, Brussels, 8 February 2010.

欧盟理事会在总结哥本哈根会议的主席结论中进行反思，强调"欧盟应该继续提供积极支持和发挥领导作用"。① 2010 年 3 月，欧盟委员会在总结哥本哈根气候大会经验的基础上，强调欧盟应该继续追求国际气候政治的"领导"角色，"必须继续展示领导作用。"② 2015 年 12 月 14 日，在布鲁塞尔召开的关于巴黎气候大会结果的新闻发布会上，欧盟委员会气候专员米格尔·阿里亚斯·卡尼特把哥本哈根气候大会失败的原因归结为三点：首先，世界没有准备好；其次，因为许多国家不愿意做出承诺；再次，因为所有那些不愿做出承诺的国家被明显分成了发达国家和发展中国家，而创造了两个对立的集团。在哥本哈根是国家反对国家，是发达国家对抗发展中国家，是他们和我们。③ 哥本哈根气候大会之后，欧盟一方面继续强调自己的减排目标，通过榜样与示范发挥领导作用（leadership by example）；另一方面开始积极协调与部分发展中国家的立场，加强与主要国家的对话与合作。为了解决全球气候政治中长期以来存在的发达国家和发展中的南北对立，2010 年 3 月欧盟积极推动并参与了一个由来自不同谈判集团的 30 多个发达国家和发展中国家发起的"积极行动卡塔赫纳对话（Cartagena Dialogue for Progressive Action）"，成员包括英国、德国、瑞典、丹麦、澳大利亚、新西兰、挪威等发达国家，还有孟加拉国、尼泊尔、布隆迪、埃塞俄比亚、秘鲁、智利等发展中国家，还包括格林纳达、马绍尔群岛、萨摩亚等小岛国，这是欧盟在哥本哈根气候峰会之后恢复领导力的一个积极信号，也为其在 2011 年德班气候会议上与小岛国和非洲国家建立联盟铺平了道路。④ 2010 年 5 月，德国发起了彼得堡气候对话（Petersberg Climate Dialogue），德国和即将举办的公约缔约方大会主办国为主席，邀请世界各个地区和所有气候谈判集团的

---

① Council of The European Union, Presidency Conclusions on COP15 – Copenhagen Climate Conference, http://www. consilium. europa. eu/App/NewsRoom/loadDocument. aspx? id = 356& lang = EN&directory = en/envir/&fileName = 112067. pdf.

② European Commission, *International Climate Policy Post – Copenhagen：Acting Now to Reinvigorate Global Action on Climate Change*, COM（2010）86 final, Brussels, 9. 3. 2010.

③ "Historic climate deal in Paris：speech by Commissioner Cañete at the press conference on the results of COP21," http://eu – un. europa. eu/articles/en/article_17226_ en. htm.

④ Karin Bäckstrand & Ole Elgström, "The EU's Role in Climate Change Negotiations：from Leader to 'Leadiator'," *Journal of European Public Policy*, Vol. 20, No. 10, 2013, pp. 1369 – 1386.

代表就气候变化展开非正式对话，以促进国际气候谈判取得突破。在 2011
年德班气候会议上，欧盟实施了一个"双管齐下"的气候外交战略，首先
它把接受《京都议定书》第二承诺期作为同时发起一个包括所有主要排放
者的约束性气候协定谈判路线图的条件；同时，欧盟与小岛国联盟和非洲
国家建立了一个新的积极联盟。于是，欧盟与小岛国和欠发达国家发表了
联合声明，呼吁采取更加积极的行动，促使大部分国家接受了德班平台，
奠定了通向巴黎的路线图，小岛国联盟和欠发达国家的立场和意愿开始向
欧盟靠拢。正如卡尼特强调指出的"没有德班，我们今天就不会在这
里。"① 德班气候会议是欧盟气候外交的胜利和欧盟在哥本哈根气候峰会
之后领导力恢复的标志。欧盟气候谈判首席代表康妮·赫泽高被人们欢
呼为英雄，因为她在斡旋各缔约方达成新的《京都议定书》以及德班平
台发挥了关键作用。德班路线图划定之后，接下来欧盟开始积极开展气
候外交，从中承担起"领导兼调解者（leader-cum-mediator）"② 的角色。

　　2014 年 9 月联合国秘书长潘基文召集的联合国气候变化峰会在纽约
举行。欧盟对此次峰会非常重视，认为此次峰会将是 2015 年巴黎气候会
议最终达成全球气候新协议的一个重要里程碑。对欧盟而言，这将是一
次重申其应对气候变化承诺并展示欧盟在此次气候峰会界定的所有行动
领域采取气候行动的一个重要机会。③ 为参加峰会做充分准备，就在峰
会召开前的 9 月 20 日，欧盟委员会气候行动委员赫泽高在纽约组织了一
次非正式的气候变化部长级圆桌会议，此次圆桌会议的目的是讨论在应
对气候变化领域比较"激进的国家（progressive countries）"如何为在
2015 年巴黎气候会议达成一个雄心勃勃的气候协议而一起工作。会议大
约有来自 40 个发达国家和发展中国家代表参加，包括欠发达国家
（LDCs）和小岛国发展中国家（SIDS）。赫泽高强调，高级部长的参会是

---

① "Historic Climate Deal in Paris: Speech by Commissioner Cañete at the press conference on the results of COP21," http://eu - un. europa. eu/articles/en/article_17226_en. htm

② Karin Bäckstrand & Ole Elgström 给欧盟在国际气候谈判中的作用创造了一个新名词 "leadiator"，就是 leader - cum - mediator。参见 Karin Bäckstrand & Ole Elgström, "The EU's Role in Climate Change Negotiations: from Leader to 'Leadiator'," *Journal of European Public Policy*, Vol. 20, No. 10, 2013, pp. 1369 - 1386.

③ European Commission, UN Climate Summit 2014, http://ec. europa. eu/clima/policies/inter-national/summit_2014/index_en. htm, accessed on October 28, 2014.

一个非常好的展示，说明他们对保持 2015 年气候会议的雄心并为了确保取得最好的结果而一起积极工作有着共同的兴趣。赫泽高还高度评价潘基文秘书长召集的气候峰会，认为这是联合国历史上国家或政府首脑在最高层面讨论气候变化问题的最大集会。[①] 此次圆桌会议实际上是欧盟再次团结欠发达国家和小岛国发展中国家，为 2015 年巴黎气候会议能够达成一项符合欧盟意愿的新国际气候协议而开展的颇有成效的气候外交行动。欧盟试图再次联合欠发达国家和小岛国联盟这些在全球气候变化问题上最脆弱的国家，向其他国家施加压力，敦促其他国家采取更加积极的措施应对日益紧迫的气候变化问题，推动 2015 年巴黎气候会议取得实质性成果。随后，欧盟委员会主席巴罗佐代表欧盟出席了 9 月 23 日的联合国气候峰会。他在讲话中指出，欧盟的温室气体排放自 1990 年已经下降了 19%，而同时 GDP 却增长了 45%。巴罗佐期盼在框架公约缔约方会议第 21 届会议（即 2015 年巴黎气候会议）最后达成一个新的国际气候协议，他重申了欧盟到 2030 年与 1990 年相比减排 40% 的目标。巴罗佐强调欧盟 2014～2020 年预算的 20% 将用于气候行动（大约 1800 亿欧元），在接下来的七年欧盟将贡献 30 多亿欧元对发展中国家的可持续能源提供支持。[②] 巴罗佐的声明向国际社会重申了欧盟 2030 年气候与能源政策框架，为推动国际气候谈判在 2015 年达成新的国际气候协议注入了政治动力。与此同时，欧盟成员国德国、法国、英国、意大利、西班牙、荷兰、丹麦、奥地利、芬兰、瑞典等 24 个国家的国王、总统、首相或有关部长出席了此次联合国气候峰会，并且都结合欧盟的气候目标和各自国家的现状提出了自己国家的减排目标和金融援助数额，向国际社会进一步展示了欧盟及其成员国在应对气候变化问题上的决心和行动。

卡尼特在巴黎气候大会总结会议的讲话中，特别强调了巴黎气候大会期间出现的由欧盟和 79 个非洲、加勒比和太平洋国家组成的所谓"雄

---

① International Institute for Sustainable Development（IISD），"EU Climate Action Commissioner Hosts Ministerial Roundtable on Climate Change," http://climate – l. iisd. org/news/eu – climate – action – commissioner – hosts – ministerial – roundtable – on – climate – change/, accessed on October 28, 2014.

② International Institute for Sustainable Development（IISD），"A Summary Report of the UN Climate Summit 2014," *Climate Summit Bulletin*, Vol. 172, No. 18, 26 September, 2014, p. 3.

心壮志联盟（The High Ambition Coalition）"①。按照卡尼特的说法，该联盟是欧盟整体气候战略中精心打造的一个由部分发达国家和发展中国家组成的联盟。2015 年 5 月第六次彼得堡气候对话会议在柏林举行，会议期间来自安哥拉、马绍尔群岛、德国、格林纳达、秘鲁、圣卢西亚、英国、冈比亚、哥伦比亚、智利、墨西哥和瑞士等国举行了第一次会议，意在推动巴黎气候大会达成一个更加严格的气候协议，这个非正式联盟一开始被称为"进步派（the progressives）"。后来，在走向巴黎气候大会的过程中，欧盟（卡尼特）又专门出访巴布亚新几内亚、摩洛哥、厄瓜多尔和巴西，与这些国家协调立场。在巴布亚新几内亚，欧盟与该地区几乎所有国家一道发表了清洁能源宣言并讨论了巴黎会议的战略；在摩洛哥，欧盟与摩洛哥一起发起了拉巴特（Rabat）国际论坛，盘点了巴黎气候大会前国家提交的自主决定贡献；在巴西，欧盟与巴西讨论了巴黎协议中关于对国家自主决定贡献每五年进行评审的方式以及关于减排目标更加严格的法律形式等；在厄瓜多尔首都基多（Quito），欧盟与一些拉美国家协调了立场。在欧盟的外交协调下，又有一些非洲、加勒比、拉美和太平洋国家加入了该联盟，巴黎大会期间美国也加入，逐渐形成了"雄心壮志联盟"。②尽管该联盟是在巴黎气候大会期间出现的一个非正式谈判联盟，该联盟也强调是开放的，不针对任何国家，③但从卡尼特的上述发言中，我们能够看到，这的确是欧盟在哥本哈根气候大会之后改变谈判战略，着重加强与小岛国与和发达国家间的协调与合作的结果。2015 年 11 月 2 日，法国总统奥朗德在巴黎气候大会召开前夕专门来中国进行国事访问，双方发表《中法元首气候变化联合声明》，围绕在即将召开的巴黎气候大会上拟谈判达成的巴黎协议的有关内容达成了重

---

① "Climate Coalition Breaks Cover in Paris to Push for Binding and Ambitious Deal," http://www. theguardian. com/environment/2015/dec/08/coalition – paris – push – for – binding – ambitious – climate – change – deal; "EU and 79 African, Caribbean and Pacific countries join forces for ambitious global climate deal", http://eu – un. europa. eu/articles/en/article_17208_en. htm

② "Historic Climate Deal in Paris: speech by Commissioner Cañete at the press conference on the results of COP21," http://eu – un. europa. eu/articles/en/article_17226_en. htm

③ 孙莹：《凤凰网独家专访白宫气候负责人：奥巴马不断给各国领导人打电话》，http://news. ifeng. com/a/20151209/46598665_0. shtml；国务院新闻办公室网：《国新办举行"巴黎归来谈气变"中外媒体见面会》，http://www. scio. gov. cn/xwfbh/xwbfbh/wqfbh/2015/33930/index. htm

要共识，特别是中国支持每五年以全面盘点的方式审核长期目标的总体进展。盘点的结果将为缔约方以国家自主决定的方式定期加强行动提供信息，[①] 为巴黎气候大会的成功奠定坚实基础。

（三）欧盟通过其他重要的多边和双边外交舞台开展的气候外交

1. 欧盟通过七国／八国集团（G7／G8）峰会开展的气候外交

作为欧盟核心成员国的德国、英国、法国和意大利同时也是七国／八国集团峰会（G8／G7）的重要成员，同时，欧盟委员会主席从1981年就开始被邀请参加 G7／G8 峰会，对峰会的议题和结论也施加了欧盟的影响。欧盟一方面通过其重要成员国担任八国集团峰会轮值主席国，另一方面也依靠自身的影响力来实现通过八国集团峰会推动自己的气候外交。气候变化问题首次被引入七国／八国集团峰会（G8／G7）是在 2005 年英国鹰谷（Gleneagles）峰会上，在这次峰会上，主办国英国首相布莱尔邀请了中国、巴西、印度、墨西哥和南非五个发展中国家参加，使 G8 + 5 机制正式形成。会议发布了《气候变化、清洁能源和可持续发展鹰谷行动计划》，强调稳定进而降低温室气体排放的必要性，各国领导人同意就气候变化、清洁能源和可持续发展问题展开对话（又称"鹰谷对话"），也邀请其他感兴趣的国家参与，为推动达成新的气候协议而努力。对话为期三年，除了八国集团成员国和 5 个主要发展中国家，还邀请澳大利亚、印度尼西亚、伊朗、尼日利亚、波兰、韩国和西班牙参加，共计 20 个国家。此外，欧盟委员会、世界银行和国际能源署等主要国际组织以及《公约》秘书处也参与对话。从此，气候变化和能源问题占据八国集团峰会议程的突出优先位置。2007 年在海利根达姆峰会上，八国集团的轮值主席国德国邀请中国、巴西、印度、墨西哥和南非参加"G8 + 5"峰会。欧盟通过德国、英国等试图把美国重新带回到联合国气候谈判进程。但德国准备的雄心勃勃的气候变化议程和建议因受到美国的反对而没有成功，只在峰会公报中强调"考虑到 IPCC 第四次评估报告的研究结果，全球温室气体排放总量的上升必须停止，然后再大幅下降，全球减排目标的确定需要注意温室气体排放体共同参与，并对欧盟、加拿大和日本要求 2050 年全球温室气体排放减半的建议进行认真考虑"。并在此

①　《中法元首气候变化联合声明》，《人民日报》2015 年 11 月 3 日 02 版。

次会议做出一个重要决定，在德国主导下发起了一个海利根达姆进程（Heiligendamm Process），把八国集团和发展中大国的对话以新的形式固定下来，在对话会议后继续就不同主题协商谈判，以寻求共同的解决方案。2008 年 G8 峰会在日本洞爷湖举行，峰会讨论了气候变化问题，同意 G8 成员国到 2050 年碳排放减少至少 50%。2009 年在意大利拉奎拉 G8 峰会上，发达国家和发展中国家达成一致意见，确认全球平均气温在工业化以前水平上升高的度数不应超 2℃。这也是欧盟很早就提出的全球变暖的温度升高上限，正是在欧盟的努力推动下，八国集团以及与会的发展中国家首次明确承认了这一科学温升限制。但发达国家与发展中国家在诸多气候变化议题上分歧依然严重。2009 年峰会延续了海利根达姆进程，决定在平等基础上将伙伴关系延续两年，并将其更名为“海利根达姆－拉奎拉进程”。此后，由于二十国集团峰会的召开以及世界金融危机的蔓延，八国集团的影响力有所下降。2015 年德国担任 G7 轮值主席国，峰会发表的领导人宣言中对巴黎气候大会达成一项新的气候协议表达了坚定的信心，该协议应该具有较高目标、具有法律约束力、具有包容性、严格有力、适用于所有缔约方并反映正在发生变化的各国国情。宣言同时也表达了确保全球温升限制在 2℃ 目标的坚定决心。[①]

2. 欧盟通过一些重要的双边机制开展气候外交

（1）中欧领导人会晤机制中的欧盟气候外交。中欧领导人会晤机制始于 1998 年，但最初并未涉及气候变化议题。随着《京都议定书》生效问题的严峻和紧迫，特别是 2001 年美国退出议定书之后，欧盟急需中国的支持。因此，从 2001 年中欧领导人第四次会晤开始，中欧领导人就有了促进双方环境保护和能源合作的意向。2002 年中欧领导人第五次会晤中明确强调双方遵守气候变化的国际合作制度。这次会晤的联合新闻公报指出双方领导人重申对《公约》和《京都议定书》的承诺，认为这两个文件是在气候变化问题上进行国际合作的框架，并强调议定书早日生效具有重要意义。[②] 这是在该会晤机制中首次谈及气候变化问题。这次会晤之后的历次中欧领导人会晤都涉及气候变化议题，而且把气候变化

---

① G7, *Leaders' Declaration G7 Summit*, 7 – 8 June 2015; "G7 sends powerful message on climate change," http://eu – un. europa. eu/articles/en/article_16525_en. htm

② 《第五次中欧领导人会晤联合新闻公报》，《人民日报》2002 年 9 月 25 日 03 版。

作为提升双边关系的重要内容。2003 年中欧领导人第六次会晤发表的联合新闻公报和 2004 年中欧领导人第七次会晤发表的联合声明中都强调要进一步落实可持续发展世界首脑会议后续行动和加强在《联合国气候变化框架公约》及《京都议定书》领域内合作的重要性。2005 年在中欧领导人第八次会晤期间双方发表了《中欧气候变化联合宣言》，确定在气候变化领域建立中欧伙伴关系。2006 年 9 月中欧领导人第九次会晤发表的联合声明同意进一步加强这方面的对话与合作，包括在《联合国气候变化框架公约》进程内进一步促进国际气候变化政策发展；同意为进一步落实伙伴关系积极制定一个从 2007 年到 2010 年的滚动工作计划。①2006 年 10 月 19 日，为落实气候变化联合宣言提出的目标及第八次领导人会晤达成的气候合作目标，经过双方磋商，达成了滚动工作计划，制定了中欧气候变化合作的具体目标、合作框架与未来的合作规划。2007 年 11 月中欧领导人第十次会晤发表的联合声明中，双方强调高度重视气候变化问题，愿继续加强合作共同应对气候变化带来的严峻挑战。中欧根据"共同但有区别的责任"和各自能力的原则，共同致力于将大气中温室气体浓度稳定在一个防止气候系统受到危险的人为干扰的水平上。双方致力于在联合国系统内继续努力，呼吁所有各方积极并建设性地参与 2007 年 12 月在巴厘岛举行的联合国气候变化会议。双方欢迎在"开展长期合作、加强公约实施、解决气候变化对话"方面取得的进展，并同意在巴厘岛缔约方会议上，推动启动关于 2012 年后全面安排进程，以促进公约实施并尽快但不迟于 2010 年完成这一进程下的工作。② 欧盟在气候变化议题上与中国加强合作，为巴厘岛气候行动计划的达成奠定了坚实基础。2009 年 11 月 30 日，哥本哈根气候峰会召开在即，中欧领导人第十二次会晤举行，气候变化议题是双方讨论的核心议题，会后发表的联合声明中双方认为气候变化是当今国际社会面临的最重大挑战之一，需立即采取合作行动加以应对，同意进一步加强该领域的务实合作。双方将按照《联合国气候变化框架公约》、《京都

---

① 《第九次中欧领导人会晤联合声明》，中国外交部网站，http://www.fmprc.gov.cn/web/gjhdq_676201/gj_676203/oz_678770/1206_679930/1207_679942/t271095.shtml

② 《第十次中欧领导人会晤联合声明》，中国外交部网站，http://www.fmprc.gov.cn/web/gjhdq_676201/gj_676203/oz_678770/1206_679930/1207_679942/t386518.shtml

议定书》和"巴厘路线图"的要求，在"共同但有区别的责任"原则基础上，同国际社会一道推动 2009 年 12 月在哥本哈根举行的联合国气候变化会议达成全面、公平和具有雄心的结果。中国还特别欢迎并赞赏欧方在应对气候变化方面已经发挥的引领作用和做出的很大努力。双方肯定中欧在气候变化领域开展的全面合作，同意通过加强协调与合作进一步落实《中欧气候变化联合宣言》，并同意提升气候变化伙伴关系，并强调双方将在伙伴关系框架下，强化气候变化领域的政策对话和务实合作。[①]

2010 年 4 月 29 日欧盟委员会气候行动委员康妮·赫泽高率团访问中国，与中国国家发展和改革委员会副主任解振华在北京举行中欧气候变化部长级磋商，并发表中欧气候变化对话与合作联合声明，形成了中欧气候变化部长级对话与合作机制。[②] 2010 年 10 月中欧领导人第十三次会晤举行，鉴于哥本哈根气候峰会并没有大会实质性的 2012 年后国际减排协议，欧盟与中国的气候合作从相对宏观的政治和战略层面开始走向务实合作的具体政策层面，双方强调将进一步加强中欧气候变化伙伴关系和能源对话框架下的政策对话与务实合作。合作的重点包括可再生能源、能效、智能电网和包括碳捕存在内的清洁煤技术。[③] 2012 年 2 月，中欧领导人第十四次会晤举行，双方同意在中欧气候变化伙伴关系框架下，就共同关心的问题进一步深化务实合作。双方重申致力于碳捕集和封存领域的合作。双方同意继续探索在碳排放交易领域开展务实合作。[④] 2013 年中欧第十六次领导人会晤在北京举行，欧洲理事会主席赫尔曼·范龙佩和欧盟委员会主席若泽·曼努埃尔·巴罗佐应邀来华出席。双方着眼 2020 年战略合作，共同制定了《中欧合作 2020 战略规划》，其中在可持续发展框架下涉及能源、气候变化和环境保护等重要议题，双方强调："基于联合国政府间气候变化专门委员会最新报告，加强《联合国气候

① 《第十二次中国—欧盟领导人会晤联合声明》，中国外交部网站，http://www.fmprc. gov.cn/web/gjhdq_676201/gj_676203/oz_678770/1206_679930/1207_679942/t630133.shtml

② 《中国欧盟建立中欧气候变化部长级对话与合作机制》，中国政府门户网站，http:// www.gov.cn/gzdt/2010 - 04/29/content_1595630.htm

③ 《第十三次中欧领导人会晤联合新闻公报》，新华网，http://news.xinhuanet.com/world/ 2010 - 10/07/c_12633469.htm

④ 《第十四次中欧领导人会晤联合新闻公报》，新华网，http://news.xinhuanet.com/poli- tics/2012 - 02/14/c_111524053.htm

变化框架公约》及其《京都议定书》有关有效国际气候变化措施的实施，为德班平台强化行动进程和执行多哈会议成果服务。"① 2015 年 6 月第十七次中欧领导人会晤在布鲁塞尔举行，正值国际社会准备巴黎气候大会的关键时期，中国国务院总理李克强应邀出席会议。双方专门就气候变化问题发表《中欧气候变化联合声明》，双方同意提升气候变化合作在中欧双边关系中的地位，并强调指出："认识到他们在应对全球气候变化这一人类面临的重大挑战方面具有重要作用。该挑战的严重性需要双方为了共同利益、在可持续的经济社会发展框架下建设性地一起努力。"② 致力于在过去十年成功合作的基础上，进一步推动中欧气候变化伙伴关系取得显著进展。

（2）欧盟 - 美国峰会中的气候外交。自二战结束以来，西欧国家就与美国保持着密切的盟友关系。1953 年欧洲煤钢共同体成立不久，美国就与其建立和保持了外交关系。随着欧洲一体化步伐的加快，欧美关系也深入发展，其中美国 - 欧盟峰会是自 1990 年开始的欧美领导人定期会晤机制。自 1991 年国际气候谈判以来，由于欧盟与美国在诸多问题上存在分歧，欧美领导人会晤在很长时间并没有成为其中的重要议题。在美国退出《京都议定书》之前，欧盟主要是通过《公约》及《都议定书》框架下的联合国多边谈判机制与美国进行联系。自 2001 年美国退出《京都议定书》之后，欧盟在很长一段时间试图通过外交努力，使美国重新回到《京都议定书》的谈判轨道，以保持《公约》在国际气候外交中的主渠道地位，因而迟迟不愿与美国开展双边气候外交。2005 年《京都议定书》终于生效，国际气候谈判也进入后京都时代，欧盟才逐渐在欧美领导人会晤机制中设置气候变化议题，希望借此增加对美国的影响力，促使美国更加积极参与后京都气候机制的构建进程。③ 2006 年 6 月在欧盟 - 美国领导人维也纳峰会上，双方首次就气候变化问题进行讨论，并决定建立欧盟 - 美国气候变化、清洁能源和可持续发展高级别对话（EU - U. S. High Level Dialogue on Climate Change, Clean Energy and Sustainable

---

① 《第十六次中国欧盟领导人会晤发表〈中欧合作 2020 战略规划〉》，新华网，http://news. xinhuanet. com/world/2013 - 11/23/c_118264906. htm

② 《中欧气候变化联合声明》，《人民日报》2015 年 7 月 1 日 03 版。

③ 高小升：《欧盟气候政策研究》，北京：社会科学文献出版社，2015 年版，第 151 页。

Development)。① 2007 年 5 月在美国华盛顿举行的欧盟 – 美国领导人峰会进一步讨论了气候变化问题，峰会专门发表了《能源安全、效率与气候变化联合声明》，双方承认将大气中的温室气体浓度稳定在防止气候系统受到危险的人为干扰的水平上的最终目标，并认可 IPCC 最近开展的工作。声明还特别强调提高能源效率，接近零排放的煤和可再生能源，包括生物燃料对于提升能源安全以及减少人为温室气体排放的重要性。② 2008 年 6 月，欧盟 – 美国领导人峰会在斯洛文尼亚布尔多（Brdo）举行，在峰会发表的联合宣言中，双方决定继续伙伴关系的框架下应对面对的各种全球性挑战，包括气候变化，双方承诺在《公约》的背景下，到 2009 年底确保达成一项协议，以便能够通过长期合作行动完全、有效和可持续地实施公约，双方寻求通过主要经济体会议（MEM）和 G8 等促进公约下的国际谈判，双方也强调继续通过气候变化、清洁能源和可持续发展高级别对话加强在气候政策方面的合作。③ 2009 年奥巴马入主白宫，美国在气候变化问题上变得比较积极，声称要重拾在国际气候谈判中的领导地位。因此，在 2009 年 4 月的欧盟 – 美国领导人布拉格峰会上，欧盟希望在应对全球气候变化问题上发挥主导作用，并为此制定了雄心勃勃的减排目标，希望美国为在 2009 年底哥本哈根联合国气候变化大会上达成有关气候变化新协议做出积极贡献。随着 2009 年哥本哈根气候大会的临近，欧盟 – 美国峰会 11 月 3 日在华盛顿再次举行，在发表的峰会宣言中，双方强调进一步扩展在一些全球关切的问题上的合作，特别是气候变化、发展、能源、网络安全和健康问题。在气候变化问题上，双方的合作进一步加强，同意在哥本哈根会议上促进一个有力度的、综合的国际气候协议的达成，双方一起努力，力争到 2050 年达到全球减排 50% 的目标，并反映所有主要经济体——既包括发达国家也包括新兴经

---

① EU – US Vienna Summit, *Vienna Summit Declaration*, 21 June 2006. http://eeas. europa. eu/us/sum06_06/docs/decl_final_210606_en. pdf

② EU – US Washington Summit, 2007 *EU – U. S. Summit Statement Energy Security*, *Efficency*, *and Climate Change*, 30 April 2007. http://eeas. europa. eu/us/sum04_07/joint_statement_energy_security. pdf

③ Council of the European Union, 2008 *EU – US Summit Declaration*, Brdo, Slovenia, 10 June 2008. http://www. consilium. europa. eu/uedocs/cms _ Data/docs/pressdata/en/er/101043. pdf

济体——的中期减缓努力。双方认可气候变化的科学评估和全球平均温度升高不应该超过工业化前水平的 2℃（正如主要经济体能源与气候论坛领导人所宣布的）。① 面对哥本哈根气候大会的失败，2010 年的欧盟－美国领导人里斯本峰会强调坚持在哥本哈根会议上做出的承诺，包括减排承诺，双方同意在墨西哥坎昆会议上促使各方达成一个积极的结果，包括包含在《哥本哈根协议》中已经取得进步的所有核心要素，并强调双方将在所有相关论坛，特别是《公约》和主要经济体上密切合作，以确保建立一个全面的、所有主要经济体都做出强有力的、透明的减排承诺的全球气候框架。② 2011 年 11 月双方领导人峰会在华盛顿举行，在气候变化问题上，双方确认密切合作确保在南非德班会议上有一个积极、平衡的结果，使坎昆会议上达成的协议开始运作，促进国际社会达成一项所有缔约方参与的综合的全球框架，包括所有主要经济体做出的强有力的、透明的减排承诺，重申 2℃ 目标。③ 2012 年和 2013 年欧美峰会没有举行。2014 年随着巴黎气候大会的临近，欧盟领导人和美国总统 3 月 26 日在布鲁塞尔举行了峰会。在发表的联合声明中，双方决定进一步加强在气候变化问题上的合作，重申坚定的决心，促使在 2015 年巴黎气候大会上达成一项适用于所有缔约方的议定书、另一法律文书或某种有法律约束力的议定结果。声明强调 2015 年协定必须与科学和 2℃ 目标相一致，因此应该包括雄心勃勃的减缓贡献，特别是来自世界主要经济体和其他重要排放者的贡献。声明还强调双方正在实施其现有的承诺并正在准备 2015 年第一季度提交它们新的减缓贡献，确保新的承诺是透明的、量化的、可核查的和有力度的，声明还指出欧盟和美国展示了领导作用，并正在加强双方的合作。④

---

① EU－US Washington Summit, 2009 *EU－US Summit Declaration*, Washington, 3 November 2009. http://eeas. europa. eu/us/sum11_09/docs/declaration_ en. pdf

② Council of the European Union, *EU－US Summit Joint Statement*, Lisbon, 20 November 2010. http://www. consilium. europa. eu/uedocs/cms_data/docs/pressdata/EN/foraff/117897. pdf

③ Council of the European Union, *EU－US Summit Joint Statement*, Washington, 28 November 2011. http://www. consilium. europa. eu/uedocs/cms _ data/docs/pressdata/EN/foraff/126389. pdf

④ EU－US Brussels Summit, *EU－US Summit Joint Statement*, Brussels, 26 March 2014. http://www. eeas. europa. eu/statements/docs/2014/140326_02_en. pdf

第二节 欧盟气候外交的动因分析

前文的分析已经表明，欧盟的气候战略总体上是一个生态现代化战略，这种战略本身就包含着一个国际向度，正如欧盟委员会在一份文件中所指出的："国际层面总是欧盟关于气候变化行动雄心的关键部分。欧盟的核心目标是保持全球温度升高低于2℃，阻止气候变化的最坏影响，而这唯有通过协调的国际努力才可能实现。"① 那么，欧盟在国际气候谈判中积极发挥领导作用，开展积极的气候外交，其本身的战略动因有哪些？接下来，本节从生态现代化的视角来分析欧盟气候外交的战略动因。

一 全球低碳发展潮流、新兴发展中国家的崛起及欧盟危机感的加强

全球气候变化是一个典型的全球性难题。如果说生态恶化和环境退化已经给传统的发展方式敲响了警钟，而由温室气体排放不断增加所导致的全球气候变化却从一个更大范围和更加根本的层面上宣告了当前人类发展方式的不可持续性。气候变化事实上要求全球范围的经济社会发展模式做出根本性改变，这使得走向低碳经济和低碳发展成为一个全球性潮流。而在这股潮流当中，越是走在前列，低碳化发展越是较早的国家或地区也就越具有了较强的竞争力。而且，也许不仅仅是历史的巧合，全球气候治理至少发生于以下两个大的历史背景之下：（1）冷战的终结，国际体系开始发生翻天覆地的变化，原先被东西方冷战所压制或掩盖的矛盾开始凸显（包括气候变化在内的非传统安全问题的凸显），全球化进程加快伴随着各种非国家力量的兴起；（2）20世纪90年代以来一个最具有体系性的变化就是美国霸权的衰退和东亚（中国）经济的强势崛起，全球气候治理与国际体系权力转移和权力流散的进程大致处于同一历史进程之中。20世纪90年代初联合国框架下的全球气候治理进

① European Commission, *International Climate Policy Post – Copenhagen: Acting now to reinvigorate global action on climate change*, Brussels, COM (2010) 86 final, 9. 3. 2010.

程正式拉开，而同时也正是中国经济的起飞和快速发展时期，也是印度、巴西等新兴经济体经济快速发展的时期。尤其是进入 2000 年以来，中国、印度等新兴经济体强势崛起，发展迅猛，中国经济的快速发展，其规模之大、速度之快可能是出乎大部分人所料。如图 6－1 所示，1990 年中国的 GDP 不到美国的 6%、日本的 10%，而到 2000 年中国的 GDP 已经达到美国的 12%、日本的 26%，到 2012 年中国的 GDP 已经达到美国的 51%，已经超过日本，是日本 GDP 的 138%。总体而言，20 世纪 90 年代之后，中国等新兴国家群体性崛起，新兴经济体日益成为影响国际经济和政治进程的重要力量，同时也逐渐成为温室气体排放的主要贡献国，其中 2006 年开始中国超过美国成为全球温室气体排放的第一大国（见图 6－2）。在这种背景下，随着国际气候政治格局的深刻变化，国际竞争也必然加剧。在全球气候变化的刚性约束之下，低碳发展一方面成为欧盟在日趋激烈的国际竞争中保持经济优势的重要途径，另一方面，也是制约在资金、技术和市场等方面处于相对落后状态的新兴经济体国家快速崛起的重要手段。

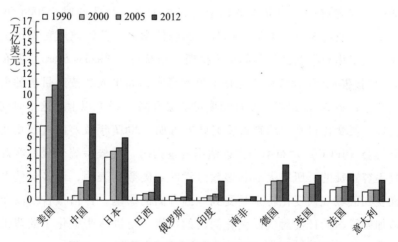

图 6－1　世界主要国家国内生产总值（GDP）变化

资料来源：1990、2000、2005 年 GDP 引自王伟光、郑国光主编《应对气候变化报告（2009）》附录Ⅰ，以 2000 年美元汇率为标准计算；2012 年数据来自世界银行网站，以当年美元汇率计算（http://data.worldbank.org/country）。

后京都时代国际气候体制谈判时正是国际经济格局、能源格局发生更加重大变化的时期。2006 年国际能源组织（IEA）发布的报告预计，到 2009 年中国将超越美国成为世界上第一大温室气体排放国，其他发展

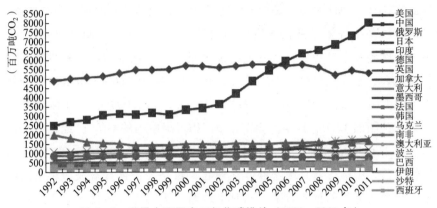

图6-2　世界主要国家二氧化碳排放（1992～2011年）

资料来源：IEA, CO2 Emissions From Fuel Combustion Highlights 2013, http://www. iea. org/publications/freepublications/publication/name, 43840, en. html, accessed on May 18, 2014, 作者根据数据自制图表。

中大国，如印度和巴西的温室气体排放量也将迅速增加，甚至有研究机构和研究人员认为，从2006年、2007年中国已经超过美国成为世界第一大排放国。发展中国家温室气体排放大幅增长问题开始成为全球气候治理的中心议题之一，引起发达国家的格外关注。与此同时，2006年10月，受英国政府邀请，前世界银行首席经济学家、英国政府首席经济学家和气候变化与发展经济顾问尼古拉斯·斯特恩（Nicolas Stern）发布了《斯特恩报告》，认为气候变化是不争的事实，如果人类按照目前的模式继续下去，到21世纪末，全球温度可能会升高2～3℃以上。这个时期也是全球气候变化科学界取得重要突破的时期。2007年政府间气候变化专门委员会（IPCC）发布第四次评估报告也指出，气候系统变暖的客观事实是不容置疑的，所有大陆和多数海洋的观测数据表明，许多自然系统正在受到区域气候变化特别是受到气温升高的影响。评估报告的发布进一步加剧了国际社会对气候变化问题的担忧，也进一步强化了欧盟采取积极政策的政治意志。

伴随着新兴经济体温室气体排放的迅速增加，这些国家的经济实力在世界经济格局中的地位也在显著增强，而发生于2008年的世界金融危机显然进一步加剧了这种经济格局的转换。基于此，欧盟的气候战略开始发生重大变迁，一方面，新兴经济体的崛起使得欧盟更加关注应对气候变化所带来的经济影响，提升欧盟的经济竞争力成为欧盟整个气候战略的核心考量；另一方面，能源安全问题由于俄美欧之间对原苏东地区的战略争夺（比如2006年和2009年俄乌"斗气"的影响）日益凸显，能源安全越来越成为欧盟气候战略的又一核心考量。可以说，2006年、2007年以来，随着全球气候变化对当前经济社会发展的全局性影响日益加强，气候变化问题已经不再是一个单纯的生态环境问题，已经严重影响到国家的经济社会发展。面对着强势崛起的新兴发展中国家，欧盟无论是在政治经济的全球影响力方面，还是在全球低碳经济的发展中，都面临着来自美国和日本等发达国家的强烈竞争，还面临着来自新兴发展中国家的强烈竞争。在这种形势下，欧盟当局的危机意识日益加强，欧盟认为，必须采取更加强烈的应对策略，才可能使欧盟在未来的国际竞争中立于不败之地。而以应对气候变化为立足点，对于经济社会发展已基本处于后工业化时代的欧盟而言，应对气候变化不但可以促进其经济发展模式的重大变革，而且也为其引领世界经济发展潮流提供了一个重大机遇。当欧盟的决策者日渐清楚地意识到世界经济最终走向低碳发展将成为一股无法阻挡的全球潮流的时候，欧盟也把应对气候变化视为了一个促进其经济社会走向低碳化的重大战略机遇，这种理念集中体现在欧盟2008年初发布的气候和能源政策文件当中。在该文件中欧盟明确宣布在应对气候变化方面继续发挥全球领导作用，直面挑战，建立一个安全、可持续的和具有竞争力的能源体系，使欧盟经济成为21世纪可持续发展的典范，把气候变化视为一个重要的机遇（opportunity）。[①]

二　生态现代化视野下欧盟气候外交的战略动因

第一，进一步从战略高度出发促使欧盟内部的能源结构、生产方式等发生转变，从根本上确保欧盟在未来的经济竞争中立于不败之地，抢占"低碳经济时代"的制高点，成为未来"多极世界"中的一极。欧盟试图通过在其内部立法推行节能减排，一方面，促进经济结构战略性调整，提升自身竞争力；另一方面，发挥示范效应，增强自身的影响力。这正是长期以来欧盟奉行的"以内促外"气候外交战略的主要动因，通

---

① 参见 CEC, 20 20 *by* 2020—*Europe's Climate Change Opportunity*, COM（2008）30 final, Brussels, 23. 1. 2008.

过严格对等的国际气候行动,一方面减轻欧盟经济面临的竞争压力,另一方面也促使其内部能源结构和经济结构发生重大变化,最终目的是保持欧盟的竞争优势。

第二,争夺国际气候政治主导权,竭力按照欧盟的意图制定游戏规则,主导全球气候治理进程。正如上文所述,环境问题重要性的日益显现,气候谈判未来影响的加深,使这一问题在国际事务中的分量急剧加大,可以毫不夸张地说,主导国际气候政治极有可能把握未来国际政治的"制胜点",进而实现"四两拨千斤"的宏图大略。综观国际气候谈判启动以来世界主要国家的态度、立场,美国持消极态度,而日本也不太热情,中国作为一个发展中国家强调发展的空间和权利,根据"共同但有区别的责任"而不承担具体的量化减排义务,欧盟利用这样一个机会能够实现其对国际事务的领导雄心,特别是 2001 年美国宣布退出《京都议定书》更是为欧盟发挥领导作用打开了一扇"机会之窗"。[①] 在这种大背景下,欧盟凭借其已经施加了深刻影响的全球气候治理机制,进一步主导这一深刻影响世界各国经济社会发展的国际议题,使之朝着有利于欧盟的方向发展。

第三,推动美日等发达国家积极应对气候变化,与其争夺未来低碳经济的主导权。美国退出《京都议定书》之后,欧盟在促进《京都议定书》的生效方面再次表现了积极的推动和领导作用,欧盟积极采取措施,鼓励日本、俄罗斯等国加入并批准《京都议定书》。经过各缔约国的艰苦谈判,《京都议定书》最终于 2005 年生效。在这个过程中,欧盟的行动表明在没有美国参与甚至是在美国的阻碍和反对下国际社会依然能够解决一些重大全球性问题。从这个意义上讲,欧盟推动《京都议定书》生效除了挽救岌岌可危的《京都议定书》,为国际气候谈判做贡献本身以外,还具有显示其领导作用、抗衡美国的战略意图。同时,正如本书第四章的分析,面对全球气候变化的约束,美国、日本等发达国家都在积极行动,在低碳发展方面未雨绸缪,这无形中与欧盟展开了激烈的竞

---

① Jon Hovi, Tora Skodvin and Steinar Andresen, "The Persistence of the Kyoto Protocol: Why Other Annex I Countries Move on Without the United States," *Global Environmental Politics*, Vol. 3, No. 4, 2003, p. 15.

争，在某些低碳经济领域欧盟甚至处于竞争劣势。[①] 所以，欧盟竭力通过自身的生态现代化战略倒逼自身经济转型，从而取得与美日的竞争优势，争夺未来低碳经济的主导权。

第四，推广和扩展欧盟的气候治理模式，以便把欧盟的环境标准"扩展"到世界其他地区，最终让其他竞争者也采取同样的标准。通过《公约》和《京都议定书》提供的一些工具，比如清洁发展机制（CDM），欧盟鼓励和支持发展中国家加入应对气候变化的努力，并鼓励它们采用欧盟的标准和技术。例如，欧盟与中国紧密合作，在2005年建立了欧盟-中国气候变化伙伴关系（EU - China Partnership on Climate Change），促进了欧盟低碳技术的转让和清洁发展项目的发展。[②]

第五，主导未来低碳经济时代国际低碳技术标准和规则制定的"游戏规则"，减少欧盟自身经济技术调整和适应的成本。全球气候变化对世界各国经济社会发展的约束日益严重，走向低碳经济已经成为一种全球性潮流，在这种形势下，行动越早的国家或地区，在未来采取低碳技术和低碳标准的过程中就越具有适应性，从而很大程度上减少了欧盟企业和市场调整及适应的成本。因此，在欧盟的气候外交中，欧盟采取积极的生态现代化战略，主导低碳经济规则的制定，引领低碳经济潮流，使欧盟的企业和市场成为低碳经济的主导力量，而不是被动适应并为此付出高昂的代价与成本。

第六，树立欧盟"规范性权力（normative power）"的国际形象，增强欧盟在全球气候治理领域的领导合法性，提升自身的"软权力"。全球气候变化问题已经成为一个国际伦理道德问题，从维护全人类利益的角度出发，任何政治力量无论其本身的利益考量如何，都会在政治和舆论上采取积极主动立场。通过应对气候变化生态现代化战略的外在向度，欧盟进一步展示其在全球气候治理领域的示范性，从而进一步增强其

---

① 蔡林海：《低碳经济：绿色革命与全球创新竞争大格局》，北京：经济科学出版社，2009年版；何建坤、周剑、刘滨、孙振清：《全球低碳经济潮流与中国的响应对策》，《世界经济与政治》2010年第4期，第18~35页。

② R. Daniel kelemen, "Globalizing European Union Environmental Policy." *Journal of European Public Policy*, Vol. 17, No. 3, 2010, pp. 335 - 349.

"规范性权力"。① 通过这种规范性权力身份的建构，欧盟在全球气候治理中赢得了权力与合法性。欧盟在国际气候治理过程中"领导"地位和作用的发挥必将进一步增强欧盟的"合法性"和国际权力地位。长期以来，欧盟以应对全球气候变化为主要抓手，积极向全球推动可持续发展理念和政策实践，也进一步增强了其作为一种"规范性权力"的形象，正如有学者指出："欧盟对于可持续发展价值的话语建构及其对外政策的展开，为国际社会应对全球性的气候变化问题注入了新的动力，并提供了一种独特的'绿色规范性力量（Green Normative Power）'"。②

三　气候外交与欧盟的综合安全保障：生态现代化战略

如果我们从一个安全的视角来看，欧盟应对气候变化的生态现代化战略更多是出于欧盟自身的生态安全、能源安全、经济安全和社会安全的一个综合考虑。③ 而这种综合安全战略有一个重要的国际向度。欧盟正是通过在气候外交战略中积极推动其生态现代化技术和政策的扩展，来维护其综合安全。因此，全球气候变化问题进入国际政治议程以来，欧盟一直发挥着非常重要的推动作用甚至"领导"作用，引领国际气候谈判达成一个具有法律约束力并具有明确量化减排目标和时间表的国际气候协议，在国际上积极推动与之对等或匹配的相应减排行动，防止碳泄露，促进全球经济的低碳转型。而另一方面，欧盟应对气候变化的生态现代化战略也具有重要的国际经济考量，推动其他国家和地区的低碳转型可以使欧盟的低碳技术和低碳标准得到更加广泛的推广和应用，从而为欧盟带来更加丰厚的经济收益。而且，欧盟在国际上积极推动量化减排行动，推动全球经济的低碳转型，无疑也是为了全球气候和生态系统的安全，而这也是最终保障欧盟生态安全和经济安全的重要基础。

上文的分析表明，从长远来看，在应对气候变化问题上行动越早，

---

① 贺之杲、巩潇泫：《规范性外交与欧盟气候外交政策》，《教学与研究》2015 年第 5 期，第 86～94 页。

② 柯坚：《可持续发展对外政策视角下的欧盟气候变化国际合作方略》，《上海大学学报（社会科学版）》2016 年第 1 期，第 18 页。

③ 李慧明：《气候变化、综合安全保障与欧盟的生态现代化战略》，《欧洲研究》2015 年第 5 期，第 18～34 页。

采取越严格的生态环境标准，无论是对于维持经济的竞争力，还是对于促进经济社会发展的可持续性，都具有非常积极的意义。但是，在某个特定的历史时期，低碳技术还没有取得主导性地位，清洁能源还没有成为主要能源的情况下，严格的环境标准事实上意味着增加了经济成本，从而降低了经济的竞争力。在这种情况下，如果欧盟的积极气候战略没有其他国家的对等或相匹配行动的话，无疑会带来三个严重后果：一是增加欧盟经济的成本；二是导致投资和市场向生态环境标准相对较低的国家或地区转移，从而损害欧盟的经济，给欧盟带来重大的安全影响；三是欧盟的单边减排行动被其他国家碳排放的增加抵消，不但带来经济损失，而且不利于全球减排行动。这就是所谓的碳泄露（carbon leakage）问题。"碳泄露"也称竞争力损失，是指一组国家碳排放减少被其他国家排放增加所抵消；实施严格碳排放政策的国家因成本提高，其生产活动会转移到碳排放政策宽松的国家，导致前者的碳减排在一定程度上被后者所抵消。经合组织的研究显示：如果欧盟单独采取减排措施，它的碳泄露比例达到12%；如果整个发达国家都采取减排行动，碳泄露程度不到2%。[①] 因此，欧盟通过积极的气候外交，一方面可以推动欧盟内部的低碳转型，从而不但在低碳经济上占据经济优势而且在减排问题上占据道德优势；另一方面，促使其他国家和地区采取相应政策行动，既可以维护其竞争优势又可以有效防止和解决"碳泄露"带来的多重消极影响。

　　综合以上分析，如果我们从安全视角来分析欧盟气候外交战略的话，如图6-3所示，我们看到欧盟力图通过应对气候变化打造一个综合安全保障战略。该战略的总体目标就是实现欧盟的综合安全，这种综合安全包括生态、能源、经济和社会等各个方面的安全，各个方面相辅相成、相互作用，形成一个整体。鉴于全球气候变化对于经济社会全面而深远的影响，应对全球气候变化已经成为欧盟实施其综合安全保障战略的总抓手和战略支点，而生态现代化——即力图通过技术革新和生态产业的发展实现生态与经济的互利耦合——则是实施其战略目标的手段与方式。也就是说，面对全球气候变化带来的严峻安全挑战，欧盟在其内部以生

---

① 《碳泄露》，《求是》2010年第4期，第59页。

态现代化为主要行动方式，旨在促进欧盟的低碳发展和加快欧盟经济的低碳转型，顺应低碳发展潮流，瞄准未来低碳经济，长远谋划，投资未来。从而一方面增强欧盟经济的竞争力，实现欧盟经济的可持续增长，最终解决欧盟在全球气候变化影响下的经济安全问题；另一方面，减少传统化石能源的使用，提升能源使用效率，大力发展清洁能源，加大可再生能源发展和利用，以便解决近年来欧盟日益凸显的能源安全问题。而与此同时，经济转型和持续增长，加快能源的本土化和可再生能源等新兴产业的快速发展，也可以解决欧盟近年来面临的高失业率问题，提升就业率，促进社会和谐，解决欧盟所面临的社会安全问题。最终，通过经济社会发展的低碳转型以及能源供应安全和清洁化，实现温室气体排放的持续下降，达到《公约》所提出的"将大气中温室气体的浓度稳定在防止气候系统受到危险的人为干扰的水平上"的目标，也就是 2009 年哥本哈根气候大会以来公约缔约方进一步确认的控制全球温度升高不超过工业革命前的 2℃目标，也就是实现了全球生态系统和气候系统的安全。欧盟在国际舞台上积极展开气候外交，积极推动国际社会的其他国家采取对应行动，促动全球经济的低碳转型，最终促进欧盟的综合安全。

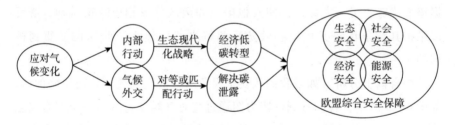

图 6－3　欧盟应对气候变化的综合安全保障战略

第三节　欧盟气候外交的成效及其局限

一　欧盟气候外交的主要特征

在全球气候治理领域，欧盟长期致力于发挥领导作用，以积极的姿态推动各个层面的气候政策以及国际气候行动的深入持久发展。对于欧盟在全球气候治理领域发挥积极领导作用的动因，不同的学者有不同的解读。[①] 对于欧盟积极开展气候外交的动因无疑也是一个仁者见仁智者见智的问题。本书的核心论题在于从生态政治学的视角来探究欧盟的气候政策及其国际气候谈判立场，揭示欧盟采取积极气候外交立场的深刻内在动因，亦即试图通过一种生态现代化的战略推动、促进和主导全球的低碳发展潮流，争夺未来低碳经济的主导权。因此，如果从这个视角来分析，正如上文的分析所表明，欧盟气候外交的一个基本特征就是"通过榜样与示范进行领导"，也就是说，欧盟试图通过其内部行动的相对成功和可行，然后向其他国家和地区展示其政策的可行性和社会经济效益，从而发挥带领作用，目的在于促使世界其他国家和地区进行模仿和跟随，从而使其治理政策和理念得以扩散。总体而言，使用的是一种相对"软"的外交策略。这种气候外交主要是一种先行者策略，通过欧盟自身积极的内部行动，使用示范、吸引和劝说的方式而不是强迫的方式去实现欧盟的气候外交目标。正如本书第五章已经讨论，欧盟更多发挥了一种方向型和理念型领导。正因如此，当欧盟在 2009 年哥本哈根气候大会的气候外交以失败而告终的时候，开始有人质疑和批评欧盟长期以来奉行的这种"通过榜样与示范进行领导"的气候外交战略。[②] 吸取 2009 年哥本哈根气候大会失败的惨痛经验教训，在后哥本哈根全球气候外交进程中，欧盟开始适当调整自己的外交策略，一方面开始积极寻求与气候更加脆弱的小岛国发展中国家和欠发达国家建立联盟，例如在 2011 年德班气候会议上与这些国家一起发表了联合声明，敦促其他国家采取积极的气候行动；另一方面，开始部分地使用其结构性权力，在构建联盟、对外援助和国际贸易（比如征收航空碳税）等领域开始利

---

① 李慧明：《欧盟在国际气候谈判中的政策立场分析》，《世界经济与政治》2010 年第 2 期，第 48～66 页；谢来辉：《为什么欧盟积极领导应对气候变化？》，《世界经济与政治》2012 年第 8 期，第 72～91 页；Louise Van Schaik and Simon Schunz, "Explaining EU Activism and Impact in Global Climate Politics: Is the Union a Norm – or Interest – Driven Actor?" *Journal of Common Market Studies*, Vol. 50, No. 1, 2012, pp. 169–186.

② Simon Schunz, *Beyond Leadership by Example: Towards A Flexible European Union Foreign Climate Policy*, Working Paper FG8, 2011/1, January 2011, SWP Berlin; Nigel Purvis and Andrew Stevenson, *Rethinking Climate Diplomacy: New Ideas for Transatlantic Cooperation post – Copenhagen*, Washington: The German Marshall Fund of the United States, 2010; Constanze Haug and Frans Berkhout, "Learning the Hard Way? European Climate Policy After Copenhagen," *Environment*, Vol. 52, No. 3, 2010.

用欧盟自身较强的经济、技术和政治影响力来推行其气候外交行动。

二　欧盟气候外交的主要成效

长期以来，欧盟致力于推动联合国框架下达成一项具有法律约束力的全球气候治理体系，促进全球经济向绿色低碳转型。上文对欧盟气候外交的分析已经充分展示了欧盟的具体行动。我们看到二十多年来，欧盟凭借其较为发达的现代化经济社会发展基础以及民众较高的生态环境意识，在全球层面积极开展了一系列外交活动，在很大程度上影响了全球气候治理体系的面貌和形态。当然，对于欧盟的气候外交对全球气候治理进程产生了多大程度的影响，学术界和政策界具有不同的评价，[①] 全球气候治理体系发展到目前这种图景更多是多方博弈的结果，特别是欧盟、美国和发展中国家三方折中妥协的结果，[②] 但从全球外交的视角来看，欧盟无疑发挥了非常关键的作用，我们可以大致观察到以下几个方面的成效。

（1）推动全球气候治理体制和机制的深入与完善，增强了全球气候治理体制的"自上而下（top - down）"和"强体制（strong regime）"色彩。前几章的分析已经表明，自全球气候变化问题进入国际政治议程以来，对于治理体制和模式就一直存在着不同的声音，其实质而言主要是以欧盟偏好的"自上而下"方式，即法律约束性目标加明确时间表的模式，与美国偏好的"自下而上"的方式，即更多依靠市场法则和国际联合行动之间的斗争。在《公约》谈判期间，鉴于气候变化科学性及其经济社会影响的不确定性，美国偏好的气候治理模式占据了上风，实质性地影响并决定了公约的内容及其奠基的治理模式；但随着气候变化科学确定性的增强及其对经济社会发展严重影响的日益显现，加之欧美环境行动主义组织以及一些绿色国家集团力量的增强，欧盟偏好的治理模式逐渐占据上风，这就是以《京都议定书》为核心代表的治理模式。从2005 年开始，2007 年正式启动的关于后京都时代全球气候治理体制构建

---

① Simon Schunz, "The European Union's Climate Change Diplomacy," in Joachim A. Koops and Gjovalin Macaj eds. , *The European Union as A Diplomatic Actor*, Hampshire：Palgrave Macmillan, 2015, pp. 178 - 201.

② 薄燕：《全球气候变化治理中的中美欧三边关系》，上海：上海人民出版社，2012 年版。

的外交谈判斗争中，欧盟凭借其在京都时代奠定的基础，试图推动一个涵盖范围更加广泛，且把美国、中国、印度等全球主要温室气体排放者都纳入其中的综合性"自上而下"治理体制。正如有的研究者指出，欧盟在哥本哈根气候大会之前推动达成的气候治理方式具有两个主导性的特征：第一，它是一种"自上而下"而不是"自下而上"的方式，也就是把国家的责任由一个事先确定的集体行动目标——欧盟的主张就是全球温升不超过2℃的目标——来界定，该目标的实现优先于其他的国家利益；第二，欧盟预设了一种国际关系学者称之为"强体制"的治理体制，即国际制度和条约包含能够通过国际核查，具有法律约束力的承诺，不遵约行为将会带来严重的后果，从而强化这些体制的实施。[1] 正是在欧盟的积极推动下，包括《京都议定书》在内的一系列具有"强体制"色彩的气候治理机制被确立并付诸实施。当然，对于全球气候治理的效果而言，到底是"自上而下"还是"自下而上"的方式更好，到底是"强体制"还是"弱体制"更加有效，这可能不能一概而论。正如研究人员指出的，"自上而下"的方式是以科学为基础，但却存在政治上不可行的严重风险；而"自下而上"的方式在政治上可能更加可行，但却存在不能满足科学要求的风险。[2] 因此，本书并不对欧盟所持的治理方式偏好做出评论，但就从全球气候治理二十多年的发展进程来看，欧盟在推动治理体制具有法律约束力和更加有效方面确实发挥了关键作用，欧盟正是通过这种相对"强"的"自上而下"治理方式的诉求，推动全球气候治理朝着其既定目标迈出关键步伐。当然，自2009年哥本哈根气候大会以来，特别是通过2015年巴黎气候大会达成的《巴黎协定》的确认，全球气候治理体制日益朝着一种具有法律约束力却在治理方式上越来越走向"自下而上"的方向发展，[3] 欧盟自身的治理方式偏好会向什

---

[1]　Nigel Purvis and Andrew Stevenson, *Rethinking Climate Diplomacy: New Ideas for Transatlantic Cooperation post – Copenhagen*, Washington: The German Marshall Fund of the United States, 2010.

[2]　Nigel Purvis and Andrew Stevenson, *Rethinking Climate Diplomacy: New Ideas for Transatlantic Cooperation post – Copenhagen*, Washington: The German Marshall Fund of the United States, 2010.

[3]　李慧明：《〈巴黎协定〉与全球气候治理体系转型》，《国际展望》2016年第2期，第1～20页。

么方向发展还无法确定。

（2）促进低碳经济理念与政策的全球性扩散。如果说应对全球气候变化给世界各国带来影响最为广泛的一个词，那可能就是"低碳"。正因为传统发展方式的高碳特征是导致全球变暖的最为核心的原因，"低碳（low-carbon）"或"去碳化（decarbonization）"已经成为应对气候变化最为关键的选择。由此，"低碳经济"、"低碳发展"、"低碳城市"等等，已经成为近年来各国经济社会发展中使用频率最高的词汇。欧洲是低碳经济理念的发源地，也是全球低碳经济潮流的主要实践者和推动者。前文已经论及，"低碳经济"一词是由最早进行工业革命的英国率先提出的。2003 年英国政府发布能源白皮书《我们的能源未来：构筑低碳经济》（Our Energy Future：Creating a Low Carbon Economy），正式提出了"低碳经济"这一概念，为全球经济社会转型的发展趋势和潮流指明了方向。英国宣布到 2050 年能源发展的总体目标是从根本上把英国变成一个低碳经济国家，着力于发展、应用和输出新的先进技术，创造新的商机和就业机会，支持世界各国经济朝着环境友好型、可持续、可靠的和有竞争性的能源市场发展，同时在这方面将把英国变成欧洲，乃至世界的先驱国家。低碳经济一经提出，就在国际社会引发了热烈的反响。2005 年在英国召开了全球 20 个温室气体排放大国"向低碳社会迈进"的部长级高层次会议，低碳经济得到广泛认同，逐步成为全球共识。2008 年联合国环境规划署把世界环境日的主题定为"转变传统观念，推行低碳经济"。在近年来一些重要的涉及全球气候变化国际会议发布的文件当中，低碳经济也逐渐成为关键词。运用低碳技术实现低碳发展已经成为当前绝大多数国家应对气候变化的共识。在 2014 年 11 月发布的《中美气候变化联合声明》中就特别强调"技术创新对于降低当前减排技术成本至关重要，这将带动新的零碳和低碳技术发明和推广，并增强各国减排的能力"[1]。在 2015 年 6 月发布的《中欧气候变化联合声明》中也特别强调"开展合作，在保持强劲经济增长的同时发展低成本高效益的低碳经济"[2]。在 2015 年 9 月 25 日发布的《中美元首气候变化联合

---

[1]　《中美气候变化联合声明》，新华网，http://news. xinhuanet. com/world/2014 - 11/12/c_ 1113221744. htm

[2]　《中欧气候变化联合声明》，《人民日报》2015 年 07 月 01 日 03 版。

声明》中，中美两国元首"重申坚定推进落实国内气候政策、加强双边协调与合作并推动可持续发展和向绿色、低碳、气候适应型经济转型的决心"①，这些声明对低碳技术和低碳经济的强调，表明绿色低碳经济已经成为中国、欧洲和美国应对气候变化的共识。

（3）建立起一个相对积极的国际气候谈判联盟，推动联合国框架下的全球气候治理体系持续主导整个全球气候治理进程并逐步走向相对完善。鉴于世界各国在全球气候治理中利益诉求的差别和气候治理的地缘政治，国际气候谈判中的集团化现象持续存在，形成了各种不同的谈判联盟，基本形成了以发达国家和发展中国家划线的南北阵营下的三大谈判集团：欧盟（欧洲）、美国为核心的伞形集团和发展中国家集团（七十七国集团加中国）。长期以来，欧盟主要是通过其成员国及欧洲其他国家之间的联合支持推动联合国框架下的气候谈判取得进展。随着全球气候治理的深入发展和各国利益诉求的变化，国际气候谈判集团也在持续分化组合，尤其是在后京都气候谈判中，随着欧盟的东扩，欧盟的力量得以扩大，而伞形集团和发展中国家集团内部都经历了新的分化。经历了2009年哥本哈根气候大会的失败，欧盟开始与小岛国发展中国家和非洲欠发达国家接近，形成了相互支持的非正式联盟，特别是在2015年的巴黎气候大会上，欧盟与79个非洲、加勒比和太平洋国家组成的所谓"雄心壮志联盟"，巴西和美国也加入其中，尽管对于该联盟的影响及后续发展还有不同的看法，但这些情况也客观上反映了欧盟气候外交的成果，有力推动了巴黎气候大会取得突破。另外，随着全球气候治理的深入发展，全球气候治理制度的碎片化现象日益显现，特别是自2001年美国退出《京都议定书》之后，全球气候治理制度碎片化和领导缺失的现象进一步加剧。② 而

① 《中美元首气候变化联合声明》，新华网，http://news. xinhuanet. com/world/2015 - 09/26/c_1116685873. htm

② Frank Biermann, Philipp Pattberg, Harro van Asselt and Fariborz Zelli, "The Fragmentation of Global Governance Architectures: A Framework for Analysis," *Global Environmental Politics*, Vol. 9, No. 4, 2009; Fariborz Zelli and Harro van Asselt, "The Institutional Fragmentation of Global Environmental Governance: Causes, Consequences and Responses," *Global Environmental Politics*, Vol. 13, No. 3, 2013, pp. 1 - 13; 李慧明：《霸权式微、秩序转型与全球气候政治：全球气候治理制度碎片化和领导缺失的根源?》，《南京政治学院学报》2014年第6期，第56~65页；李慧明：《全球气候治理制度碎片化时代的国际领导及中国的战略选择》，《当代亚太》2015年第4期，第128~156页。

且，由于联合国框架下全球气候治理进程的缓慢与僵局，也使一些人开始对联合国制度下的治理效率和多边主义提出质疑。[①] 在这种情况下，欧盟坚持联合国气候治理体系的主导地位，维护联合国的权威。比如，正如前文已经详细论述，在美国退出《京都议定书》之后，欧盟积极开展气候外交，使得议定书最终生效。当然，正如前文论述已经指出，欧盟不顾美国的反对"拯救"议定书有其特定的政治经济利益考量，但客观上却维护了京都进程，确保了联合国的主导地位。正是在欧盟、小岛国联盟、中国等国家和国际组织的支持和推动下，联合国气候治理体系正在逐步走向完善。

三　欧盟气候外交的主要局限

作为一个地区经济一体化组织，欧盟在积极开展气候外交的过程中无疑主要是从欧盟自身的利益和偏好出发，为维护欧盟及其成员国的利益而服务。上文的分析已经指出，欧盟的气候外交战略实质上主要是其内部生态现代化战略的外在延伸，也是欧盟试图贯彻"先行者"战略的主要表现，欧盟试图通过"先行一步"引发其他国家和地区的模仿和追随，从而使欧盟的"先行"技术和市场得以扩散。气候外交也是欧盟长期以来声称发挥领导作用的主要舞台，但是我们从整个全球气候外交的发展历程来看，欧盟这种先行者战略的效果并未完全显现出来。欧盟这种气候外交战略至少具有以下三个方面的局限。

第一，欧盟的"软性"气候外交战略某种程度上受到其他国家的抵制而不是积极的支持。上文的论述已经表明，欧盟的气候治理理念和主张与美国为代表的伞形集团国家一开始就存在分歧，当然背后是基于国家利益的权力之争。在传统发展方式没有发生根本性质变之前，传统化石燃料依然是支撑现代经济社会的核心要素。在这种状况下，维持传统发展方式、争取更多温室气体排放空间和时间对于任何国家而言中短期内都具有极端重要的意义，尤其是对于正处于现代化进程中的广大发展中国家而言更是如此，更多的排放空间和时间意味着更多的经济增长和

---

① Robyn Eckersley, "Moving Forward in the Climate Negotiations: Multilateralism or Minilateralism?" *Global Environmental Politics*, Vol. 12, No. 2, 2012, pp. 24 – 42.

实力增强。因此，欧盟的"软性"气候外交，即欧盟的方向型领导在中短期内受到国际体系内霸权国（美国）和处于追赶型现代化进程中新兴经济体（中国、印度等）的联合抵制，这一点在哥本哈根气候大会上得到了清晰体现。欧盟无论是其经济实力还是其温室气体排放在全球所占的份额都在下降，这使欧盟不再占据主导地位而发挥关键的作用，欧盟正在遭遇一个新的全球气候变化地缘政治格局，新兴经济体（中国）和美国越来越成为国际气候谈判的"单位否决者"，而成为任何新国际气候协议达成的关键性力量，欧盟在全球气候治理中的权力受到削弱。

第二，欧盟气候外交长期所致力于实现的那种"自上而下"的"强体制"模式并不受到其他国家的广泛接受。上文已经指出，欧盟长期致力于推动一种"自上而下"的"强体制"气候治理模式。我们暂且不论这种模式是否更加有效，但在京都时代及后京都时代的国际气候谈判中，欧盟的这种气候外交努力持续受到美国及一些发展中国家的抵制。正如有的学者指出，哥本哈根气候大会也许对欧盟自身的尊严最具有打击性的是它十分钟情的气候体制模式并不受到广泛的接受。[①] 从欧盟自身采取的"责任共担"与"努力共享"以及排放交易体系等气候治理方式，[②] 到欧盟面对其他国家"不情愿"行动时采取的"视情况而定的单边主义"[③] 措施（比如征收航空碳税），欧盟都在致力于把其内部采取的这种"自上而下"的"强体制"气候治理模式推广到全球层面。但是，这种努力因受到其他国家的抵制而效果不佳。在联合国关于后2020年国际气候协议的后德班时代谈判中，欧盟最后被迫采取灵活务实的外交态度，最后在2015年巴黎气候大会上达成了以"自下而上"模式为核心的全球气候治理体制。

第三，欧盟基于生态现代化理念的气候外交更多是出于维护欧洲主导地位的政治经济目的，无法从根本上解决全球气候变化问题。欧盟一直声称致力于全球气候治理的根本目标实现，在全球气候治理进程中也

---

① Constanze Haug and Frans Berkhout, "Learning the Hard Way? European Climate Policy After Copenhagen," *Environment*, Vol. 52, No. 3, 2010, p. 24.

② 李慧明:《从"责任共享"到"努力共享"：欧盟气候治理中的负担共享政策及启示》，《学术论坛》2011年第4期，第37~46页。

③ Joanne Scott and Lavanya Rajamani, "EU Climate Change Unilateralism," *The European Journal of International Law*, Vol. 23, No. 2, 2012, pp. 469 – 494.

积极推广欧盟自身所青睐的规范与理念，比如可持续发展、低碳经济与生态现代化等，但我们看到欧盟更多是出于占据未来低碳经济主导地位的政治经济目的而行动的。① 当然，任何国家或国家集团在全球气候治理中的行动都是基于自身的利益考量。但即便是从欧盟所积极推动的生态现代化战略本身而言，其对于全球气候治理最终目标的实现也是存在很大局限性的。正如有的学者指出，根据"共同但有区别的责任"原则，欧美发达国家和广大发展中国家应该一起行动，但国际社会对共同难题的认同未必一定能够转换成自觉与负责的行动，而新兴经济体国家迄今也并未能够创造性地形成一种全新的经济架构和发展模式，这些国家经济增长与环境之间的冲突和矛盾更加紧张，因此也就很难说这些国家的经济崛起构成了对欧美工业化国家的一种历史性取代，或声称它们正在走向一种更加可持续的方向，就此而言，欧美国家，尤其是核心欧盟国家版本的可持续发展实践——生态现代化——的相对成功，在全球层面上只具有十分有限的意义。② 就目前的全球经济现状而言，欧盟等西方发达国家的生态现代化成效事实上在某种程度上是建立在经济全球化基础上来自发展中国家的资源供应、商品供给以及与此同时付出的环境退化（包括温室气体排放）的巨大代价的。就目前欧盟的现状而言，欧盟范围的大多数国家确实是在很大程度上已经超越了传统发展方式，实现了经济社会的生态化或绿色化，但如果我们从全球而不是从某一个国家或区域的视角来考虑，这种发展模式的局限性也就显而易见，因此也就无法从根本上解决日益严峻的全球气候变化难题。

本章小结

　　欧盟已经把积极应对气候变化视为其整体经济社会发展转型的重要战略"支点"，以撬动整个经济社会的低碳转型，推动整个经济社会的生态现代化发展，最终掌握未来低碳经济的主导权。这种生态现代化战略拥有一个重要的外在向度或国际向度，需要欧盟开展积极的气候外交

---

① 李慧明：《欧盟在国际气候政治中的行动战略与利益诉求》，《世界经济与政治论坛》2012 年第 2 期，第 105～117 页。

② 郇庆治：《可持续发展与生态文明建设》，《绿叶》2014 年第 9 期，第 13 页。

来推动其生态现代化战略的实现。欧盟的气候外交取得了重要成就，当然也遇到了诸多挑战，比如欧盟在 2009 年哥本哈根气候大会上遭遇的困境以及国际气候谈判中仍然激烈的博弈却缓慢的进展。但是，我们从欧盟在 2014 年 10 月刚刚通过的 2020 - 2030 年的气候与能源政策仍然可以看到，欧盟对低碳经济的未来是充满信心的，欧盟坚信无论当前其内部发展正面临怎样的困局，也无论在当前的国际气候谈判中面临着怎样的困境与挑战，世界各国都将不可避免地走向低碳经济。欧盟当前的应对战略（生态现代化战略）代表着一种未来发展方向和世界潮流的战略，也仍然是欧盟试图突破其内外困局最为有效的政策选择。就此而言，欧盟通过其气候外交推行其生态现代化战略尽管从根本上而言是为维护欧盟自身的利益，是一种提升经济社会竞争力的手段，但是客观上而言，它对于当前世界各国转变其发展方式仍然具有重要的借鉴和启示价值，特别是对于仍处于经济社会发展现代化进程中的广大发展中国家。尽管国家的发展阶段、经济技术基础、资源禀赋和战略追求可能不尽相同，我们不能也不应该完全照搬欧盟的发展经验，但基于全球气候变化的共同影响以及保护全球气候系统安全的人类共同目标，我们有理由相信欧盟应对气候变化的生态现代化路径对于世界各国的低碳发展提供了重要的理论参考和实践经验。

第七章 案例分析

前文从理论和实证两方面对欧盟国际气候谈判立场的生态现代化影响因素进行了详细分析，本章选取两个典型案例对以上分析进行一个检验和反馈，一是欧盟后京都国际气候谈判立场的形成，二是欧盟成员国内部气候政策立场的差异性分析。通过这些案例分析本书试图进一步厘清这些变量之间的关系，并进一步阐释影响欧盟国际气候谈判立场的各种因素之间的复杂关系。

第一节 欧盟后京都国际气候谈判立场的形成

本节首先分析欧盟后京都国际气候谈判立场形成的背景，从中剖析欧盟立场形成的国际和内部形势；接下来对欧盟后京都国际气候谈判立场的形成过程进行一个全景式的描述；最后，在上述基础上对影响欧盟后京都国际气候谈判立场的因素进行评述并对欧盟的后京都国际气候战略做一个定性，由此判断本书提出的三个变量是否对欧盟后京都国际气候谈判立场产生了重大影响。

一 欧盟后京都国际气候谈判立场形成的背景分析

应对气候变化是欧盟整体经济社会发展的一个重要环节，欧盟气候战略的形成必须放在更加宽泛的国际和欧盟内部经济社会发展的大背景下去考察。（1）经过近 8 年的艰苦努力，《京都议定书》最终生效。在美国退出并宣布 "《京都议定书》已经死亡" 的情况下，欧盟 "挽救" 议定书的行动和努力增强了欧盟在国际气候治理中继续发挥领导作用的自信心和国际信誉。（2）2006 年英国财政部发布了 "气候变化经济学评论"，也就是著名的 "斯特恩评论"。[1] 斯特恩评论运用经济学知识为欧

---

[1] Nicholas Stern, *The Economics of Climate Change*, Cambridge: Cambridge University Press, 2006.

盟的气候行动提供注脚，强调尽早、强有力应对气候变化的行动所带来的好处将大大超过行动的成本。如果不采取行动，气候变化带来的损失将至少达到每年全球 GDP 的 5%，如果更加坏的情况出现，损失量可能达到全球 GDP 的 20% 以上，而尽早采取行动的成本大约只相当于全球 GDP 的 1%，拖延得越久需要付出的代价越大。斯特恩评论的发表表明气候变化问题不仅仅成为欧盟议事日程中的一个重要问题，而且已经真正成为欧盟政治的主流。（3）2006 年 1 月俄罗斯决定暂时中断对乌克兰的天然气供应（2009 年同样的事件再次发生）。而俄罗斯是欧盟石油和天然气进口的最主要来源地（见图 7－1），这进一步提升了欧盟对自身能源安全的担忧和提高能源效率及发展可再生能源的急迫性。（4）2007 年 IPCC 第四个评估报告发布，指出气候变化正在发生并将引起重大影响。（5）石油价格急剧波动并飙升至每桶接近 150 美元。（6）中国和印度等新兴经济体的兴起使欧盟的经济发展面临更大的挑战和压力。（7）2006 年欧盟的两个创始成员国法国和荷兰全民公决否决了欧盟宪法条约草案，使欧洲一体化进程严重受挫，欧盟认识到必须在某些具体的政策领域有所建树，方能进一步促进欧洲一体化的发展，应对气候变化问题为欧盟

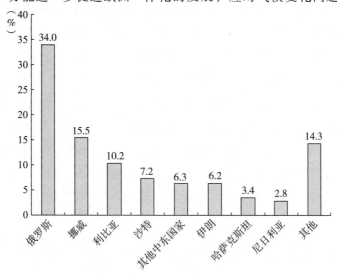

图 7－1　欧盟 27 国原油进口来源地及比例（2007 年）

资料来源：笔者根据欧盟委员会文件数据整理，参见 European Commission, *EU Energy and Transport in Figures* 2010, Part II Energy, availible at：http：//ec. europa. eu/ energy/publications/statistics/statistics_ en. htm, accessed on 21 November 2010.

提升一体化进程提供了一个较好的机会。（8）里斯本战略进展毁誉参半，虽然取得重大进展，但并没有达到理想的目标，诸多行动遭遇新的挑战，欧盟处于一个面对内部和外部挑战的关键十字路口，从 2005 年初开始欧盟决定重新发起里斯本战略。①

二　欧盟后京都国际气候谈判立场的形成过程

根据欧盟气候政策的决策程序和机制，欧盟的气候政策是欧盟委员会（发起和提出政策草案）、欧盟理事会（包括欧洲理事会和部长理事会）（对委员会的提案做出决定）和欧洲议会（与理事会一起行使联合决策权）三个主要决策机构相互作用形成的。2005 年《京都议定书》生效之后，欧盟就开始准备 2012 年之后的国际气候治理机制及减排目标的谈判。2005 年 2 月 9 日欧盟委员会发布《赢得应对全球气候变化的战斗》的政策文件，② 正式拉开了欧盟 "后京都时代" 国际气候谈判立场形成的序幕。该文件重申了欧盟 1996 年就提出的全球温升不超过工业化前 2℃水平的主张，并强调采取行动达到这样目标所得到的收益要超过行动的成本，呼吁广泛的国际参与，并鼓励发展中国家参与减排行动。同时，加强低碳技术的研发，并继续运用市场机制实施成本更低效率更高的政策措施。2005 年 3 月 10 日欧盟环境部长理事会和 3 月 22～23 日的欧洲理事会对欧盟委员的提议做出积极回应，强调欧盟将来的气候战略应该努力与所有国家进行最广泛的合作，包括所有重要的温室气体、部门和减缓选择，驱动技术革新，使 "推" 和 "拉" 政策达到最优结合——特别是在交通和能源部门，促进技术向适当的市场转化，继续应用以市场为基础的灵活手段。鉴于气候变化的全球性本质，呼吁所有国家根据共同但有区别的责任以及它们各自的能力，有效的、成本高效的和适当的国际参与，温室气体排放在今后 20 年内达到峰值，然后开始重

①　Council of the European Union, *Presidency Conclusions*, Brussels, March 25/26, 2004; Council of the European Union, Presidency Conclusions, Brussels, March 22/23, 2005; CEC, *Working together for Growth and Jobs: A New Start for the Lisbon Strategy*, COM（2005）24, Brussels, 02. 02. 2005; CEC, *Common Actions for Growth and Employment: The Community Lisbon Programme*, COM（2005）330 final, Brissels, 20. 7. 2005.

②　CEC, *Winning the Battle against Global Climate Change*, COM（2005）35 final, Brussels, 9. 2. 2005.

大减排至少 15%，也许到 2050 年与 1990 年相比减排 50%。[①] 2006 年 12 月 14 日的欧洲理事会讨论了"革新、能源与气候变化"问题，把技术革新、能源供应安全与应对气候变化问题放在一起协同解决，强调运用一种一体化的方法建立一种安全、环境友好与充满竞争力的能源政策，这将展示欧盟在把气候变化目标融入其他部门政策措施之中这一领域的领导作用。强调对于气候变化挑战，不行动的代价远远超过行动的成本。[②] 在理事会的积极推动下，欧盟的后京都国际气候谈判战略逐渐明朗。2007 年 1 月 10 日在题为《限制全球气候变化到 2 摄氏度：走向 2020 年的道路及其超越》的政策文件中，[③] 欧盟委员会正式全面阐述了欧盟"后京都时代"应对气候变化的内外政策主张。欧盟认为，为了达到 2℃ 目标（也就是把温室气体浓度保持在 550ppm 以下），国际社会必须签订一个新的气候协议，确保全球温室气体排放到 2025 年前达到峰值，然后到 2050 年减少 50%（在 1990 年的基础上）。欧盟主张发达国家应该到 2020 年减排 30%，同时需要发展中国家减缓温室气体排放增长并逆转森林退化导致的排放。为此，欧盟委员会提出了欧盟内部政策行动与国际行动主张。

1. 欧盟的行动目标及政策措施

欧盟强调只有通过一个国际协定才能达到它的气候变化目标，但是，欧盟内部行动已经表明减少温室气体排放而不损害经济增长是可能的，必要的技术手段和政策措施也已经存在，欧盟将继续采取决定性的内部行动应对气候变化。为此，建议欧盟及其成员国到 2020 年减排 30% 作为国际协定的一部分。在缔结新国际协定之前，欧盟单方面承诺，将通过排放交易体系、其他气候变化政策以及能源政策框架内的行动，到 2020 年在 1990 年基础上减排 20%。这就会给欧洲工业界发出一个明确的信号，2012 年之后将对排放配额有重大的需求，从而对减排技术和低碳替

① Council of the European Union, Press Release 2647th Council Meeting Environment, 6693/05 (Presse 40), Brussels, 10 March 2005; Council of the European Union, *Presidency Conclusions*, Brussels, March 22/23 2005.

② Council of the European Union, *Presidency Conclusions*, Brussels, December 14/15 2006.

③ CEC, *Limiting Global Climate Change to 2 degrees Celsius: The way ahead for 2020 and beyond*, COM (2007) 2 final, Brussels, 10.1.2007.

代能源方面的投资提供激励。同时，明确提出了欧盟的能源政策目标。根据"欧盟战略性能源评论"，欧盟将采取具体行动以确保一个具有竞争力、更加可持续、更加安全的能源体系，确保到 2020 年实现重大的减排：第一，到 2020 年提高能源效率 20%；第二，到 2020 年将可再生能源的份额提高到 20%；第三，采取一项环境安全的碳捕获和封存（CCS）政策，包括到 2015 年在欧洲建设 12 个大规模示范工厂。为了实现上述目标，欧盟决定强化其排放交易体系，限制交通运输部门的排放，在住宅和商业建筑部门推广能效要求，限制非 CO_2 温室气体排放，加强能源技术研发，使用凝聚基金和结构基金促进可持续交通和能源以及环境技术和生态创新。

2. 欧盟的国际行动主张

欧盟把制定一项新的国际气候协定作为其对外工作的最优先目标，未来国际气候协定必须考虑以下三方面的行动：（1）发达国家的行动。为了实现 2℃ 目标，作为 2012 年后国际协议的一部分，发达国家应承诺到 2020 年减排 30%。排放交易是确保发达国家以更加成本有效的方式实现目标的关键性工具。2012 年后的框架应包括监测和实施义务的具有约束力和有效的规则，以帮助各国树立履行承诺的信心，避免发生倒退。（2）发展中国家的行动。发展中国家不论是绝对和相对排放量到 2020 年均会占全球的 50% 以上。所以，仅靠发达国家采取进一步的措施不仅效果不佳而且也是不够的，发展中国家，特别是新兴经济体的行动是必要的，必须尽快开始减缓其排放量的增长趋势，从绝对数上减少 2020 年后的排放量。（3）其他行动。第一，进一步开展国际研究及技术合作；第二，今后 20 年内必须完成终止并逐渐扭转因森林植被净损失而带来的排放；第三，帮助一些国家适应气候变化不可避免的后果，这必须成为未来全球气候协议的一个不可或缺的部分；第四，签订一项包括关键的家用电器生产国在内的国际能源效率标准协议，将有利于市场准入和温室气体减排。

2007 年 2 月 14 日，欧洲议会通过关于气候变化问题的决议，对委员会和理事会的建议做出积极回应。决议极力主张欧盟在达成一个 2012 年后的气候变化国际框架协议的国际谈判中保持它的领导地位，并在将来与其他谈判方磋商时保持高度的积极性，极力主张欧盟在实现它的内部和国际减排目标方面发挥示范作用，强调欧盟的气候变化战略应该建立在以下关键目标的基础上：（1）限制全球平均温升不超过工业化前水平的 2℃；（2）所有工业化国家到 2020 年与 1990 年相比减排 30%，到 2050 年减排 60%～80%。同时强调欧盟所有内部政策和措施都应该建立在到 2020 年与 1990 年相比减排 30% 目标的基础上。[①] 2007 年 2 月 20 日欧盟环境部长理事会继续重申了欧盟的 2℃目标，重申今后 10～15 年温室气体排放必须达到峰值，然后开始重大的全球减排，到 2050 年与 1990 年相比减排 50%。理事会同时强调，绝对的减排承诺是全球碳市场的基石，发达国家应该继续发挥带头作用，承诺到 2020 年集体减排 30%，到 2050 年在 1990 年基础上减排 60%～80%。理事会特别强调指出，生态革新对于实现"为了增长与就业的里斯本战略"、环境质量以及欧盟的可持续、具有竞争力和安全的能源未来目标具有重大贡献，通过完全利用在诸如可持续和安全的低碳技术、可再生能源以及能源与资源效率等领域的领导型市场的潜力，使欧洲成为在生态革新以及世界上绝大部分能源与资源效率领域的先行者。[②] 2007 年 3 月 8～9 日的欧洲理事会春季峰会讨论了欧盟委员会和环境部长理事会的建议，正式提出了一个综合的气候和能源政策，郑重承诺只要其他发达国家做出相应的承诺，而经济发展比较先进的发展中国家根据自身的责任和能力做出应有的贡献，欧盟将到 2020 年减排 30%，欧盟将致力于把欧洲转变为一个能效高、排放低的经济体，在达成全球协议之前欧盟单方面承诺到 2020 年在 1990 年基础上减排 20%。[③] 在理事会承诺的基础上，为了使欧盟的后京都气候战略更加明确和具体，2008 年 1 月 23 日欧盟委员会在题为《2020 年的 20/20：欧洲的气候变化机会》的文件中，提出了欧盟的气候和能源一揽子政策建议，全面阐述了欧盟的"20－20－20"目标。文件指出，2007 年是欧盟气候和能源政策的一个转折点，欧盟向国际社会显示它准备在下列问题领域发挥全球领导作用：应对气候变化，直面挑战，建立一个安全、可持续的和具

① European Parliament Resolution on Climate Change Adopted on 14 February 2007（P6_TA（2007）0038）.

② Council of the European Union, Press Release 2785th Council Meeting Environment, 6272/07（Presse 25）, Brussels, 20 February 2007.

③ Council of the European Union, *Presidency Conclusions*, Brussels, March 8/9, 2007, pp. 10－12.

有竞争力的能源体系，使欧盟的经济成为 21 世纪可持续发展的典范。[①]
2008 年底欧盟理事会和欧洲议会根据联合决策程序分别批准了委员会提出的立法建议，欧盟的"20/20/20"战略正式成为具有法律约束力的欧盟法律文件。[②]

三　欧盟后京都国际气候谈判立场的主要影响因素分析

无论从理论还是实践层面来看，欧盟的国际气候谈判立场都是多种因素在多个层面复杂作用下的结果。以上背景分析和过程叙述表明，欧盟在制定其后京都气候战略时受到来自国际和欧盟内部政治、经济、科技、安全等多种因素的影响。通过剖析欧盟委员会、欧洲议会和欧盟理事会（欧洲理事会和环境部长理事会）三个机构从 2005～2008 年间的政策文件文本我们可以看到，影响欧盟气候政策立场的主要因素有以下几点。

第一，气候变化的科学进展，特别是 IPCC 第四次评估报告的发布，降低了关于气候变化的不确定性，极大地提高了应对气候变化的紧迫性，而且气候变化已经对欧盟造成严重影响，欧盟的决策者和公众都普遍相信气候变化的科学性与严重威胁。2005 年欧盟委员会《赢得应对全球气候变化的战斗》的文件就强调，气候变化正在发生，温室气体浓度比过去 45 万年任何时候都要高，压倒性的科学共识是全球气候变化的原因是来自人类活动温室气体排放。2007 年 1 月委员会《限制全球气候变化到 2℃》的文件指出强烈的科学证据表明应对气候变化需要采取紧急行动。2007 年 3 月欧洲理事会主席结论强调关于气候变化问题的最新研究已经导致对气候变化长期后果越来越多的意识和知识，包括对全球经济发展影响的认识，应对气候变化需要采取决定性的、立即的行动。2008 年欧

---

① CEC, 20 20 *by* 2020: *Europe's Climate Change Opportunity*, COM (2008) 30 final, Brussels, 23. 1. 2008.

② DIRECTIVE 2009/28/EC OF THE EUROPEAN PARLIAMENT AND OF THE COUNCIL of 23 April 2009 on the promotion of the use of energy from renewable sources and amending and subsequently repealing Directive 2001/77/EC and 2003/30/EC; DIRECTIVE 2009/29/EC OF THE EUROPEAN PARLIAMENT AND OF THE COUNCIL of 23 April 2009 amending Directive 2003/87/EC so as to improve and extend the greenhouse gas emission allowance trading scheme of the Community; Decision No 406/2009/EC OF THE EUROPEAN PARLIAMENT AND OF THE COUNCIL of 23 April 2009 on the effort of Member States to reduce their greenhouse gas emissions to meet the Community's greenhouse gas emisson reduction commitments up to 2020.

盟委员会《2020 年的 20/20：欧洲的气候变化机会》的文件专门强调指出了欧盟公众要求紧急应对气候变化的强烈观念。

第二，主导气候变化政治议题，发挥领导作用的政治考量。2007年 2 月欧洲议会关于气候变化问题的决议强调在全球层面采取具体行动解决气候变化问题的紧迫性，而这需要一个"政治领导"驱动气候治理进程继续前进，决议极力主张欧盟在后京都国际气候谈判中发挥领导作用。2007 年 3 月欧洲理事会特别强调欧盟在国际气候保护中的领导作用。2008 年欧盟委员会《2020 年的 20/20：欧洲的气候变化机会》的文件强调欧盟在应对气候变化以及带动世界走向低碳经济的过程中发挥领导作用，并指出政治共识已经使气候变化成为欧盟议事日程中的核心问题，成为里斯本战略的中心，成为欧盟与世界其他伙伴关系的首要问题。

第三，应对气候变化的成本收益评估，特别是斯特恩评论的影响。2005 年欧盟委员会《赢得应对全球气候变化的战斗》的文件指出，越来越多的科学证据表明限制全球平均气温升高到 2℃ 收益将远远超过减缓行动的成本，如果采取适当的政策措施，应对气候变化的政策成本以及对竞争力的影响将最小化。2007 年委员会《限制全球气候变化到 2℃》的文件和 2008 年《2020 年的 20/20：欧洲的气候变化机会》的文件都专门引用斯特恩评论的结论，指出不行动的代价将远远超过行动的成本，强调有令人信服的证据表明不行动的代价对于世界经济是灾难性的。

第四，促进欧盟经济社会发生深刻转型，走向低碳经济的战略性考量。2007 年 3 月欧洲理事会主席结论强调欧盟承诺要使欧洲实现转型，成为一个具有更高能源效率和更低温室气体排放的经济。而 2008 年欧盟委员会《2020 年的 20/20：欧洲的气候变化机会》的文件指出，欧洲经济的繁荣依赖于发现正确前进的道路，这是欧盟领导人做出使欧洲经济实现转型的深刻背景。与此同时，这种转型也为欧洲经济实现现代化提供了一个坚实的基础，在欧盟的未来实现技术和社会与新的需要相适应，技术革新与经济创新将促进增长与增加就业的新机会。委员会所建议的气候与能源一揽子措施反映了准备使欧洲朝向一个低排放经济转型的一种连贯一致的综合路径。事实上，应对气候变化是欧盟整体经济社会发展战略的一个关键步骤。里斯本战略包含经济、社会和环境三个层面，欧盟的最终目标是实现这三个因素的协同发展，而气候变化行动正好完全可以把这三个层面连接起来，因为应对气候变化一方面可以促进低碳技术革新和可再生能源发展，而这正是在一个预期的低碳经济时代支撑经济社会发展的最为核心的要素；同时，应对气候变化可以促进经济社会的转型，创建更多的生态产业，从而促进社会就业，给人们提供更好更多的工作机会；另一方面，应对气候变化当然可以改善环境，实现可持续发展。因此，欧盟的整个气候战略就是要把环境、经济和社会目标协同实现，通过解决气候变化问题应对经济挑战，促进技术革新，提升社会就业。

第五，气候技术革新和生态产业发展给欧盟带来的收益。2008 年欧盟委员会在《2020 年的 20/20：欧洲的气候变化机会》文件中特别指出，可再生能源技术已经达到 200 亿欧元，创造了 30 万个工作岗位。可再生能源达到 20% 的比例意味着到 2020 年这一产业将创造 100 万个工作机会，如果欧盟全面开发它在这一领域的潜力，成为世界的领导者，那么创造的价值和就业机会将会更多。通过鼓励所有的企业采用低碳技术，气候变化挑战能够转为欧盟工业的一个重要机会。总体衡量，欧盟的生态产业已经创造了 340 万工作岗位，它仍具有特别的增长潜力，绿色技术是欧盟工业中一个日益增长的部分，现在它每年生产总额达到了 2270 亿欧元，为率先进入这一领域市场的先行者提供了真正的优势和利益。

第六，能源节约和提升能源供应安全的战略考量。2007 年 2 月欧洲议会气候变化决议强调指出能源政策是欧盟全球气候战略的关键因素，可再生能源资源的多样化以及向具有最高能源效率的技术转换对于削减温室气体排放，同时确保降低欧盟能源的对外依存度具有巨大潜力。2007 年 3 月欧洲理事会强调应对全球变暖、确保能源供应安全的需要以及加强商业竞争力的考量使欧盟及其成员国采取气候与能源一体化的行动战略至关重要。2008 年欧盟委员会《2020 年的 20/20：欧洲的气候变化机会》的文件强调削减温室气体排放以及提升可再生能源将使欧盟对石油和天然气进口的依赖程度降低，并指出新的气候政策将使欧盟的石油和天然气进口到 2030 年下降 300 亿欧元，如果当前的石油价格成为石油的标准价格，那么，能源进口削减带来的节约将大大提升。

通过以上分析，我们可以看到，在影响欧盟后京都国际气候谈判立场的多种因素中，经济利益的考量居于核心地位。欧盟的整体气候战略可以说是通过应对气候变化促进欧盟整体经济社会的生态化转型，也就是通过技术革新促进生态效率和经济效率的提升，实现经济社会的可持续发展，使经济增长和环境保护目标一同实现。而这也正是里斯本战略的宗旨——"把欧洲建设成为世界上最具有竞争力、最具活力的知识经济体"的核心与精髓。而这种战略的核心价值也正是生态现代化理论的核心理念。[①] 对照前文阐述的生态现代化理念的核心主张，我们可以从欧盟委员会、欧洲议会、欧洲理事会和环境部长理事会的政策文件文本看到生态现代化理念的重要影响，比如集中阐述欧盟后京都气候战略的文件《2020 年的 20/20：欧洲的气候变化机会》，把应对气候变化视为实现欧盟经济社会全面转型、走向低碳经济的一个重大"机会"，这种战略本身事实上就是一种生态现代化战略。而环境技术和生态产业的发展以及能源节约和能源安全的提升都是欧盟的生态现代化收益，这种现实与潜在收益以及欧盟对未来低碳经济的强烈预期，成为欧盟制定其气候战略的重要考量。正如有研究者指出，在巴罗佐第一任期后期生态现代化理念在欧盟的气候政策建议中变得更加突出，比如在 2005 年提出的里斯本战略修订版本中，委员会特别强调创造就业与支持引入减缓气候变化新技术之间的强烈关联，而在欧盟的"2020 年战略"中更是强调创造积极的生态 – 经济关系（positive ecological – economic relationship）来加强气候和能源综合计划。[②]

另外，从表 7 – 1 看到，从 2004 年下半年开始，直到 2008 年欧盟完

① 生态现代化理论的主要创立者马丁·耶内克把系统的"生态效率"（或"经济效率"）（eco-efficiency）的提高视为与"生态现代化"最为接近的概念。参见 Martin Jänicke, "Ecological Modernisation：New Perspectives," *Journal of Cleaner Production*, Vol. 16, No. 5, 2008；郇庆治、〔德〕马丁·耶内克：《生态现代化理论：回顾与展望》，《马克思主义与现实》2010 年第 1 期，第 175 ~ 179 页。

② Pamela M. Barnes, "The Role of the Commission of the European Union：Creating External Coherence from Internal Diversity," in in Rüdiger K. W. Wurzel and James Connelly eds., *The European Union as a Leader in International Climate Change Politics*, London：Routledge, 2010, p. 52.

成其后京都气候战略的整个立法程序，其间担任欧盟理事会轮值主席的国家除了葡萄牙和斯洛文尼亚外，都是欧盟的"绿色成员国"，还包括德国、法国和英国三大国。从欧盟气候政策的整个立法程序来看，欧洲理事会和环境部长理事会起决定性的作用，而这其中轮值主席国发挥至关重要的作用。正是在德国担任轮值主席国期间欧洲理事会通过了综合的气候和能源政策，2008年底在法国担任轮值主席国期间理事会顺利通过了关于整个气候战略的立法程序。而这些"绿色成员国"本身都是深受生态现代化理念影响，这些国家的生态产业也非常发达，占欧盟整体生态产业的绝大部分。比如2004年这七个绿色国家的生态产业总额占欧盟25国的70%。[①] 这从另外一个层面说明生态现代化理念、生态现代化收益与生态现代化成效对欧盟气候政策立场的重要影响。

表7-1　欧盟理事会轮值主席国（2004~2008年）

2004 年	-	荷兰
2005 年	卢森堡	英国
2006 年	奥地利	芬兰
2007 年	德国	葡萄牙
2008 年	斯洛文尼亚	法国

资料来源：作者自己整理。

四　小结

鉴于欧盟本身就是一个多层治理体系，欧盟气候战略的形成必定是多种因素在多个层次综合作用下的结果。以上分析表明，欧盟后京都气候战略的形成一方面受到国际形势的影响，比如气候科学研究的进展，石油价格的飙升与波动，另一方面也受到欧盟自身内部因素的影响，比如斯特恩评论的发布，里斯本战略的重新启动与调整。整体看来，影响欧盟后京都国际气候谈判立场的因素除了本书提出的三个重要因素之外，还存在其他因素。但是，正如本书在导言部分就强调指出的，欧盟国际

---

① Ernst & Young, *Eco-industry*, *Its size*, *Employment*, *Perspectives and Barriers to Growth in an Enlarged EU*, 2006, p. 26.

气候谈判立场的形成不可能是一个单因素导致的结果，也就是说，在导致欧盟在国际气候谈判中采取比较积极立场的原因存在于多个方面。本书的研究主要意在揭示对欧盟的气候政策和气候治理行动产生重大影响的生态现代化理念，以及这种理念对欧盟在国际气候治理中的利益认知及其利益实现方式的重要影响。本书并没有否认其他因素对欧盟国际气候谈判的影响，比如气候变化本身给欧盟的经济社会造成的严重影响（欧盟的生态脆弱性），还有欧盟本身的自然地理条件以及欧盟本身在气候变化减缓技术方面的先进水平，还有欧盟自身相对而言比较激进的传统环境政治运动与公众较高的环境保护意识。通过案例分析，本书确实发现了生态现代化理念、生态现代化收益与生态现代化成效对欧盟国际气候谈判立场直接或间接的重要影响，而且，这三个变量之间也存在积极的相互作用关系。生态现代化理念影响了欧盟的气候治理行动，而这种气候治理行动促进了欧盟生态现代化收益的进一步实现，而生态现代化收益的实现过程事实上也是欧盟自身的生态现代化转型过程，这三者之间有一种相互强化的密切关系。这种影响从欧盟委员会、欧洲理事会和环境部长理事会以及欧洲议会的政策文件中都可以反映出来，特别是欧盟委员会 2008 年 1 月的《2020 年的 20/20：欧洲的气候变化机会》政策文件，就这份文件所反映的欧盟应对气候变化的基本战略理念和政策措施而言，对照生态现代化理论，可以说这份集中反映欧盟后京都国际气候谈判立场的战略性纲领性文件实质上就是一份欧盟的"生态现代化宣言书"，就此而言，欧盟的整个后京都国际气候战略就其本质而言完全是一个"生态现代化战略"。

第二节　生态现代化与欧盟成员国的气候政策分析

前文的分析表明，欧盟的后京都气候治理及其国际气候谈判立场实质上是一个生态现代化战略，欧盟试图一方面通过推动国际气候谈判，建立一套符合欧盟治理理念以及规范的国际气候制度，运用这种国际制度或机制达到约束和限制其他国家和地区的目的，实现欧盟的目标；另一方面欧盟积极先行，试图通过国家之间的竞争与学习，依靠自身的先驱行动影响和带动其他国家和地区"追随"和"效法"欧盟，使欧盟成为其他国家和地区的榜样。① 这种气候治理战略实质上是欧盟试图通过其自身经济社会发展的"绿化"，用更高的环境标准和生态原则促使其经济结构进一步调整，最终走向低碳经济，占据低碳经济时代的制高点，进一步提升欧盟在国际格局中的竞争力和综合实力。因此，欧盟应对气候变化问题的内部行动战略实际上是一条"生态现代化"道路，把生态原则贯穿到了经济社会发展的各个层面。这种生态现代化战略不仅深刻影响了欧盟的国际气候谈判立场，而且也深刻影响了欧盟各成员国的气候政策和立场选择。接下来，本节主要考察和分析生态现代化对欧盟成员国气候政策立场的影响，以此进一步证明本书所提出的理论假设。

一　欧盟成员国内部气候政策立场的差异

应对全球气候变化已经成为欧盟议事日程中一个高度关注的问题。1997 年京都谈判中欧盟作为一个"地区经济一体化组织"整体承诺在《京都议定书》第一承诺期（2008 - 2012 年）以 1990 年排放水平为基础，温室气体减排 8%，这就是所谓的"欧盟大气泡（the Bubble）"。而在欧盟内部则依靠"责任共担"机制，依据各个成员国不同的情况承担不同的减排任务，从卢森堡减排 28%，到葡萄牙和希腊各自增排 27% 和25%。作为一个具有"半联邦"特征的地区一体化组织，欧盟在国际气候谈判中用这种方式尽量以一个"单一行为体"的面目与其他博弈者进行直接谈判，做到"以一个声音说话"。但是，欧盟内部成员国之间的气候谈判立场和政策的分歧和差异也是一个不争的事实。许多研究者和观察者都注意到了欧盟内部立场协调的费力和耗时，在国际气候谈判中

---

① 　如本书第四章已经指出，这种行动战略在某种程度上正符合德国著名环境政治学者马丁·耶内克（Martin Jänicke）曾经指出的国际环境治理的两条路径：一种是通过国家之间的协调或通过国际组织——比如联合国——的努力在国际上达成共识，来解决全球环境问题（比如国际气候治理中的《公约》及其《京都议定书》的达成），这种模式可以称之为"通过国际规制的治理（governance by international regulations）"；另一种就是通过国家之间的竞争与学习，主要依靠某些国家的先驱行动影响和带动其他国家来达到解决环境问题的目的，这种模式可以称之为"通过国家先驱政策的治理（governance by national pioneer policy）"。参见 Martin Jänicke, *The Role of the Nation State in Environmental Policy: The Challenge of Globalisationy*, Forschungsstelle für Umweltpolitik（FFU）Report 2002 - 07, Berlin: Free University of Berlin, 2002, p. 6.

需要快速反应和行动时"欧盟经常表现出缺乏灵活性和迅速反应的能力"。[①] 欧盟本身的这种复杂性事实上已经成为其在国际气候谈判中发挥领导作用的一个障碍，也造成了欧盟国际承诺与其内部政策落实之间的信用差距。即便在欧盟内部为达成 1997 年京都谈判前的"责任共担"协定和 2008 年为后京都谈判达成的"努力共享"协定，欧盟成员国之间事实上也是经历了激烈的博弈和纷争。[②] 面对环境问题，特别是气候变化问题，欧盟成员国之间的政策和立场也差别较大，有些国家采取积极超前的行动，成为欧盟乃至全球环境治理的"领导者"，而有的国家成为"拖后腿者"。[③] 有的研究者指出，因为欧盟内部成员国之间相互竞争甚至相互对立的利益，加上成员国与欧盟机构之间的竞争已经阻碍了欧盟在国际气候谈判中发挥更加积极的作用，欧盟的行动并不像一个单一理性行为体那样。[④] 那么，对于欧盟内部成员国来说，哪些因素影响并决定其气候政策及参与气候合作的政策立场？我们如何解读这些差异性？这些差异性的背后反映出了哪些值得我们深刻思考的问题？

二　超越"以利益为基础"的分析方法

1. "以利益为基础"的环境政策分析方法

利益考量是影响一个国家环境政策和行为的重要因素，尤其是对于全球气候变化问题，因为气候变化本身对经济社会发展的重要影响以及应对

① Nuno S. Lacasta, Suraje Dessai, Eva Kracht and KatharineVincent, "Articulating a Consensus: the EU's Position on Climate Change," in Paul G. Harris ed., *Europe and Global Climate Change: Politics, Foreign Policy and Regional Cooperation*, Cheltenham: Edward Elgar Publishing Limited, 2007, p. 216.

② 李慧明：《从"负担共享"到"努力共享"：欧盟气候治理中的负担共享政策及启示》，《学术论坛》2011 年第 4 期，第 37～46 页。

③ 关于欧盟成员国之间环境政策和气候政策的差异可参见：Paul G. Harris ed., *Europe and Global Climate Change: Politics, Foreign Policy and Regional Cooperation*, Cheltenham: Edward Elgar Publishing Limited, 2007; Michael Skou Andersen and Duncan Lieferink eds., *European Environmental Policy: The Poineers*, Manchester and New York: Manchester University Press, 1997; Magnus Andersson and Arthur P. J. Mol, "The Netherland in the UNFCCC Process—Leadership between Ambition and Reality," *International Environmental Agreements: politics, Law and Economics*, Vol. 2, No. 1, 2002, pp. 49–68.

④ Lasse Ringius, *The European Community and Climate Protection: What's behind the 'Empty Rhetoric'*? Center for International Climate and Environmental Research – Oslo (CICERO), Report 1999–8, Oslo: CICERO, 1999.

气候变化的行动直接涉及几乎所有社会经济部门，所以气候变化问题从来就与国家的经济发展问题有着异常紧密的关系。从根本上讲，气候变化问题本身直接涉及一个国家的经济利益主要包括三个方面：（1）气候变化给国家的社会经济带来的危害和损失（生态脆弱性）；（2）应对气候变化行动的成本与受影响的经济部门（减缓成本）；（3）应对气候变化的技术革新以及一些可替代产品所带来的收益（比如替代化石燃料的可再生能源及其技术的发展）（第三方收益或并发性收益）。这三个变量都是影响一个国家应对环境问题政策立场的根本因素。但是，目前学术界在研究环境问题或气候变化问题时更多关注前两个因素。比如本书导论部分已经提到的，1994 年美国学者戴尔特莱夫·斯普林茨（Detlef Sprinz）和塔帕尼·瓦托伦塔（Tapani Vaahtoranta）提出的"以利益为基础"的国际环境政策分析模式，[①] 他们认为国家的生态脆弱性和减缓成本是决定国家在国际环境谈判中政策立场选择的两个关键变量。1995 年依安·罗兰兹（Ian H. Rowlands）运用类似的分析方法研究了 24 个经合组织（OECD）国家的气候变化政策，作者分析了这些国家面对气候变化采取行动（也就是减缓成本）与不采取行动（也就是生态脆弱性）的成本，分析了生态脆弱性和减缓成本对这些国家气候政策的影响。[②] 相比较而言，很少有研究者关注应对环境问题或气候变化时由于技术革新或替代产品的出现带来的收益及潜在收益对于一个国家环境政策及环境行动的重大影响。罗兰兹在 1995 年的论文中虽然提到了国家在国际气候合作中可能会带来并发性收益（secondary benefits），但其论文主要根据生态脆弱性与减缓成本的大小来推断国家的国际气候谈判立场，并没有对这种并发性收益进行深入研究。

2. 生态现代化理论与"投资未来"

长期以来，环境保护与经济发展的关系一直是学术界、政策界争论的一个焦点问题。[③] 环境保护实质上是通过某种管治措施实现外部成本

---

① Detlef Sprinz and Tapani vaahtoranta, "The Interest – Based Explanation of International Environmental Policy," *International Organization*, Vol. 48, No. 1, 1994, pp. 77 – 105.

② Ian H. Rowlands, "Explaining National Climate Change Policies," *Global Environmental Change*, Vol. 5, No. 3, 1995, pp. 235 – 249.

③ Albert Weale, "Ecological Modernisation and the Integration of European Environmental Policy," in J. D. Liefferink, P. D. Lowe and Arthur P. J. Mol eds. , *European Integration and Environmental Policy*, London: Belhaven Press, 1993, pp. 196 – 216.

的内部化，使生产活动承担环境成本。因此，一定意义上，环境标准的提高是生产成本或消费成本增大的代名词。就企业而言，这又意味着市场竞争力的削弱。就此而言，环境保护的加强意味着经济发展受到负面影响。但是，这往往只是一种静态化观察的结果，也没有考虑企业技术革新所带来的另外收益。正如本书第一章在分析生态现代化理论时曾经提到的，哈佛大学学者米切尔·庞特对环境保护与国家的经济竞争力之间的关系进行了深入研究之后，提出了严格的环境政策与环境标准会提高国家经济竞争力的"庞特假说"。① 事实上，当我们从一个全球性国际竞争的视角来看，在一个低碳经济时代，环境技术及其相关的环境产业将成为未来经济的关键，生态效率将成为所有工业产品与服务的一个主要特征。未来的国际竞争将不仅仅在于产品的价格、质量与设计，环境标准与生态效率也将成为一个更加重要的因素。在这种情况下，在环境技术方面处于领先地位的先驱国家将在未来的国际竞争中具有非常突出的优势。而这也正是生态现代化理论的一个核心主张。②

让我们再回到应对气候变化的国际争论上来。当前国家之间直接或间接的较量与博弈事实上都是围绕"减排"或"增排"的权力争夺，博弈各方似乎都陷入了"减排会阻碍经济增长"，"排放才有增长"，"有'排放权'才会有'发展权'"的二律背反的局面之中。③ 各国为了争夺排放的时间和空间，也就是为了"赢得经济增长的时间和空间"而激烈博弈。短期来看，支撑经济增长的最重要物质性因素仍然是化石燃料，争夺"经济增长的时间和空间"实质上就是争夺这种高排放资源的使用权。然而，从一种长远战略视野来看，应对气候变化和防止地球进一步变暖正在成为一种全球性共识，传统化石燃料的有限性和排放容量的有限性正在越来越限制国家经济发展的手段选择和方式途径，低碳转型和低排放经济正在成为一种战略性选择。基于此，只要科学认知和全球舆

---

① Michael E. Porter and Claas van der Linde, "Green and Competitive: Ending the Stalemate," *Harvard Business Review* (73), September – October 1995, pp. 120 – 134.

② Martin Jänicke, *Ecological Modernization: Innovation and Diffusion of Policy and Technology*, FFU – report, 08 – 2000; Martin Jänicke and Klaus Jacob, *Ecological Modernisation and the Creation of Lead Markets*, FFU – report, 03 – 2002.

③ 蔡林海：《低碳经济：绿色革命与全球创新竞争大格局》，北京：经济科学出版社，2009 年版，第 18 页。

论继续肯定全球气候变化是我们人类当前面临的最大挑战之一，只要"低碳经济"不再只是书本上的一种愿景而成为未来发展的真实选择，那么，应对全球气候变化的战略行动必将关系到一个国家在未来国际体系中的实力和地位。因此，应对气候变化的行动（温室气体减排或限制温室气体排放）从根本上触及到了一个国家经济社会发展模式和方向的转型问题。而这种模式和方向无疑直接关系到国家的现实利益以及持续发展的潜力。从这种意义上讲，一种既能有效应对气候变化问题，也能给国家带来经济利益并促进其实现"低碳化"转型的战略无疑也就成为一种较为理想的气候战略选择，也就是说，有效的气候战略需要找到应对气候变化与促进经济发展二者的契合点，实现二者的互利耦合。这种战略实质上就是要求决策者在这种短期利益与长期利益、传统发展模式与新兴发展模式之间激烈博弈的关键时期要有一种"投资未来"的长远战略性考量，也就是通过技术革新与新能源的开发和利用实现低碳发展，这种战略无疑对于一国未来的发展有着无可估量的影响。

基于以上分析，我们认为，一个国家积极应对气候变化的技术革新及其市场的扩展所带来的收益无疑对一个国家参与国际气候合作的政策和立场产生至关重要的影响，从长远利益的考量来看也许是最为重要的一个影响变量。进而，一个国家应对气候变化问题的技术革新及其成功市场化形成了该国的生态产业，而这种生态产业规模的大小、实力的强弱反过来会对该国气候保护政策与立场产生重要影响。在此基础上，本节主要考察欧盟15个成员国（2004年之前的欧盟成员国）在应对气候变化问题时的政策立场，从定量分析的角度来考察每个国家应对气候变化过程中的"生态产业"或"环境产业"与其气候政策立场之间的关系。

三　欧盟成员国生态产业实力及其气候政策与立场

（一）欧盟15国生态产业实力评估

要界定和衡量欧盟15个成员国的生态产业实力，必须首先界定什么是生态产业。鉴于本书第四章已经对生态产业进行了界定，本章不再赘述。与第四章界定的生态产业相同，本节所考察的这14类生态产业部门并不是全部都与气候变化问题相关，但是，由于以下原因本节打算全部进行量化分析。（1）环境问题的相关性。许多环境问题之间都相互影响，有时候很难进行绝对的区分。（2）一般而言，在某些环境问题上持积极政策和立场的国家也会对其他环境问题积极应对。（3）为了收集资料和分析数据的方便。一般而言，许多研究资料和统计数据都没有完全对各个生态产业部门进行详细的区分，所能收集到的资料一般都是某个国家整体生态产业的数据。

生态产业的哪些数据能够反映一个国家生态产业实力的大小呢？或者说，本节所要分析的欧盟成员国生态产业实力的大小将如何衡量？哪些指标能够较为真实地评判和衡量一个国家生态产业实力的大小？这或许是存在争议的问题。鉴于本节主要限于欧盟范围之内，笔者认为至少可以通过以下几个指标大致衡量欧盟每个成员国生态产业实力的大小。（1）欧盟成员国生态产业总额占欧盟总额的比例。生态产业总额的绝对大小可能由于国家总体经济实力强弱、国土面积大小、人口的多寡而有着很大的差异，比如有些小国尽管其生态产业总额较小，但这些产业相对于该国总体经济力量却有着重要地位，所以这个指标的高低只具有相对的意义，但可以从总体上看出一个国家生态产业的规模大小。（2）各成员国生态产业进出口总额占欧盟总额的比例。本节的主要研究目的之一就是考察国家生态产业实力与其气候政策及参与国际气候治理的立场之间的关系。所以，一个国家生态产业进出口规模越大说明它与外界经济的联系越紧密，特别是生态产业的出口规模，可能更直接反映该国生态产业对外部经济的依存度以及对外部生态产业的重要影响力。而这种依存度越高和影响力越大，它越会在国际环境合作中持积极立场，以期通过这种积极立场加强对其他国家的影响从而进一步扩大其生态产业的市场份额和经济实力。（3）各成员国生态产业占该国 GDP 的比例。相对于第一个指标而言这个指标可能更能较为客观地反映出一个国家生态产业在该国的经济实力，这个比例越高说明生态产业在该国的重要性相对越强，从而对该国的环境政策和立场的影响也就越大。（4）各成员国在生态产业领域的就业人数占该国总就业人数的比例。就业人数直接反映了与生态产业有直接利益关系的人数，在民主国家，公众的意愿和影响力对该国家的政策有着重要影响。所以，相对而言，一个国家在生态产业领域就业的人数越多，该国越可能采取积极的环境政策并在国际环境合作中持积极的立场。本节将根据以上四项指标综合分析 1999 ~ 2008 年欧盟 15 国生态产业情况。

　　首先，我们分析欧盟 15 国生态产业的总体实力情况。从图 7 - 2、图 7 - 3、图 7 - 4 可以看出，从生态产业整体规模和实力来看，德、法、意、英四大国就占据了欧盟生态产业的绝大部分（1999 年占欧盟 15 国的 74%，2004 年占欧盟 25 国的 67%，2008 年占欧盟 27 国的 58%），其次是荷兰、奥地利、西班牙和丹麦，考虑这些国家总体经济规模较小，

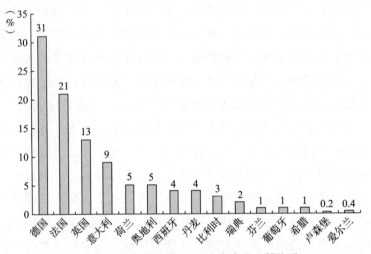

图 7 - 2　1999 年欧盟 15 国生态产业总额比重

资料来源：Ecotec, *Analysis of the EU eco-industries, their employment and export potential*, report for the European Commission DG Environment, 2002, p. 35.

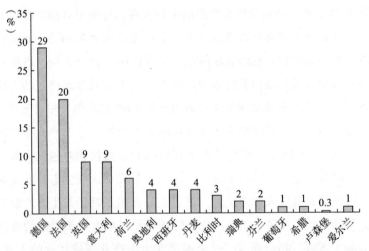

图 7 - 3　2004 年欧盟 15 国生态产业比重（占欧盟 25 国总额比例）

资料来源：Ernst & Young, *Eco-industry, its size, employment, perspectives and barriers to growth in an enlarged EU*, 2006, p. 26.

相对而言生态产业在该国就更占据重要地位。生态产业占 GDP 的比重可以直接反映生态产业在该国的影响力，综合图 7 – 5、图 7 – 6 可以看出，奥地利、丹麦、比利时和荷兰相对具有最高的比例，其次是芬兰、法国和德国。恩斯特和扬报告所提供的 2004 年欧盟成员国生态产业额占 GDP 比重前七名国家分别是丹麦、奥地利、德国、荷兰、法国、芬兰和比利

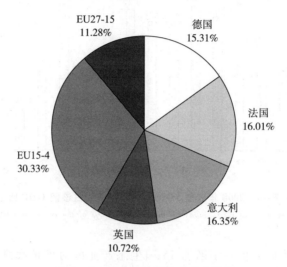

图 7 – 4　2008 年欧盟生态产业比重

资料来源：ECORYS, *Study on the competitiveness of the EU eco-industry*, 2009, p. 40.

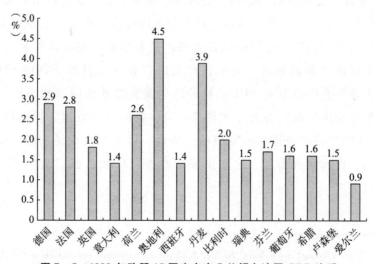

图 7 – 5　1999 年欧盟 15 国生态产业总额占该国 GDP 比重

资料来源：Ecotec, *Analysis of the EU Eco-industries, Their Employment and Export Potential*, Report for the European Commission DG Environment, 2002, p. 36.

时,① 除了比例大小与排名不同之外与 1999 年和 2008 年数据反映的国家情况完全一致。

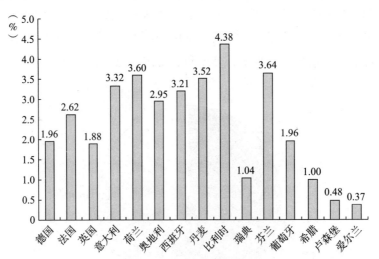

图 7 – 6　2008 年欧盟 15 国生态产业总额占该国 GDP 比重

资料来源: ECORYS, *Study on the competitiveness of the EU eco-industry*, 2009, p. 54.

其次,我们分析一下欧盟 15 国生态产业的对外依存度大小。根据 2002 年欧盟委员会发布的《欧盟生态产业,它们的就业及出口潜力分析》,奥地利、比利时、德国、爱尔兰、瑞典生态产业表现出非常强的出口导向,荷兰、英国、芬兰、丹麦和法国的出口水平接近欧盟 15 国的平均水平。同时,德国是欧盟生态产品和服务的最大提供者,也是世界上仅次于美国的第二大生态产业出口者(占世界份额的 17%),荷兰生态产业出口总额 49% 的目的地是欧盟以外的国家和地区。② 根据恩斯特和扬的研究报告(见图 7 – 7),我们可以看出,德国占据了欧盟 25 国生态产业进出口总额的三分之一以上,其次是法国、英国、意大利、比利时和荷兰,这些国家总的进出口额占据了欧盟 25 国的 70% 以上。

---

① Ernst & Young, *Eco-industry*, *Its Size*, *Employment*, *Perspectives and Barriers to Growth in an Enlarged EU*, 2006, p. 28.

② Ecotec, *Analysis of the EU Eco-industries*, *Their Employment and Export Potential*, Report for the European Commission DG Environment, 2002, p. 51 – 56.

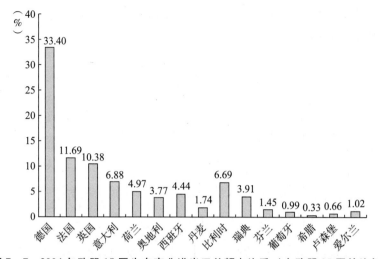

图 7 - 7　2004 年欧盟 15 国生态产业进出口总额占比重（占欧盟 25 国的比例）

资料来源：笔者根据 Ernst & Young2006 年报告自己计算得到的结果。参见 Ernst & Young, *Eco-industry, Its Size, Employment, Perspectives and Barriers to Growth in an Enlarged EU*, 2006, p. 41.

再次，对欧盟 15 国生态产业部门就业人口的评估。从图 7 - 8 和图 7 - 9 可以看出，2008 年与 1999 年相比，各个成员国的生态产业就业人数情况发生了很大变化。2004 年之后 10 个新成员国的加入改变了原先欧盟 15 国就业人数在欧盟所占据的比例情况，从 2009 年《欧盟生态产业竞争力研究》报告可以看出，欧盟 10 个新成员国在生态产业的从业人员相对占据较高比例，比如保加利亚在生态产业的就业人数达 7.11%，斯洛文尼亚达 3.68%。[①] 相对而言，欧盟老成员国的比重有所下降。但考虑到本章的主要研究目的是大致衡量欧盟 15 个老成员国生态产业的相对实力状况，所以，从这两个统计图表我们可以大致推断它们在生态产业就业人数在欧盟的相对比重。在两个年度分别都位居前几名的国家有奥地利、丹麦、意大利、荷兰和西班牙，其次是 1999 年特别突出的德国、法国和英国，2008 年特别突出的是比利时和芬兰。综合以上，笔者认为单从就业人数来看，德、法、英、意、西班牙等欧盟五个人口大国的生态产业就业人数的绝对数量无疑是高的，相对而言，比利时、荷兰、丹麦和奥地利的就业人数也具有相对较高的比例。由于这两个统计图表实

① ECORYS, *Study on the Competitiveness of the EU Eco-industry*, 2009, p. 55.

际上反映了两种不同的情况，所以用其来衡量此项所反映的欧盟 15 国生态产业实力时只能分别进行评估。

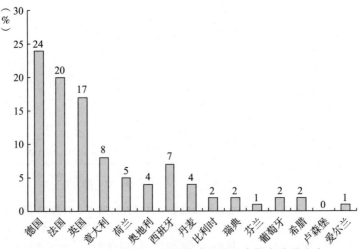

图 7 - 8　1999 年欧盟 15 国生态产业就业人数占欧盟生态
产业就业人数的比重

资料来源：Ecotec, *Analysis of the EU Eco-industries, Their Employment and Export Potential*, report for the European Commission DG Environment, 2002, p. 70.

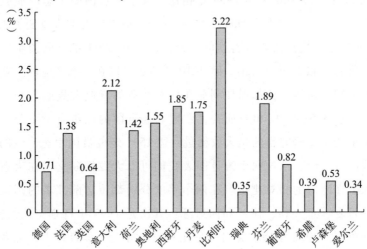

图 7 - 9　2008 年欧盟 15 国生态产业就业人数占该国总就业人数的比重

资料来源：ECORYS, *Study on the Competitiveness of the EU Eco-industry*, 2009, p. 55.

综合以上分析，我们可以对欧盟 15 国生态产业实力做一个大致的比较判断，如表 7 - 2 所示，笔者分别取出四项指标中的前七名国家进行综合排序，排序结果显示，在四项指标中都位居前列的国家有：德、法、奥、荷。在其中三项位居前列的国家有：英、意、丹、比，在其中两项位居前列的有：西班牙、芬兰。没有一项进入前七名的国家有：瑞典、卢森堡、葡萄牙、希腊和爱尔兰。根据这个评估结果，对照上文依据生态现代化理论所提出的理论假设，我们可以从理论上推断欧盟15国在解决气候变化问题以及参与国际气候合作时的政策立场，如表7-3所示，笔者把欧盟15国划分为三类：推动者、中间者、拖后腿者，把中间者又划分为倾向于积极的中间者和倾向于拖后腿的中间者。那么，这15个国家在应对气候变化及参与国际气候合作时的现实表现到底如何，下文将对此进行分析和判断。

表7-2　欧盟15国生态产业实力评估

	生产总额	占GDP绝对比重	对外依存度	就业人数	
前七名国家	德、法、英、意、荷、奥、西、丹	奥、丹、比、荷、芬、法、德	德、法、英、意、荷、比、奥	德、法、英、意、西、荷、奥	
				比、意、芬、西、丹、奥、荷	

表7-3　欧盟15国气候政策及立场理论预测划分

	推动者	中间者		拖后腿者
		倾向于积极	倾向于拖后	
国家	德、法、奥、荷	英、意、丹、比	芬、西	瑞、卢、葡、希、爱

（二）欧盟15国气候变化政策及其立场分析

20世纪80年代末90年代初，欧盟及其成员国就开始关注气候变化问题。纵观这20多年欧盟气候变化政策及其立场的演进历程，欧盟各成员国在面对气候变化问题时表现出了一定的差异性，甚至相互对立的政策立场。20世纪90年代初为解决气候变化问题欧盟试图采取的最为重要的一项政策就是征收CO_2/能源税，丹麦、德国和荷兰积极支持和推动在欧盟层面征收CO_2/能源税，但是其他成员国反对进行征收。法国由于在能源方面核能占据重要地位而反对征收合并的CO_2/能源税，主张直接征收CO_2税，而英国认为应该由各成员国自己决定，其他国家反对任何形式的税收。① 在随后的欧盟气候政策的发展过程中，德国、荷兰、奥地利与丹麦一直持比较积极的政策立场，特别是德国一直是公认的欧盟气候政策的"领导者"，许多重要的欧盟气候政策及其国际气候谈判立场都由德国倡导或领导。② 德国很早就提出到 2005 年在 1987 年的基础上减排温室气体 25% ~30%，奥地利在 1988 年多伦多会议之后就制定实施会议提出的到 2005 年从 1987 年的基础上 CO_2 排放减少 20% 的"多伦多目标"，丹麦、荷兰、比利时也都较早提出减排 3% –5% 的目标。③ 也许最能反映成员国气候政策及其立场的就是 1997 年京都会议之前及之后欧盟温室气体减排"责任共担"协议（见第二章表 2 –5）。

　　通过"责任共担"协议我们可以看出，在欧盟内部温室气体减排力度最大的几个国家分别是：卢森堡（ –28%）、德国（ –21%）、丹麦（ –21%）、奥地利（ –13%）和英国（ –12.5%），而增排最多的是葡萄牙（ +27%）、希腊（ +25%）、西班牙（ +15%）和爱尔兰（ +13%）。如果按照欧盟总体 CO_2 减排量来计算，实际上德国单独就承担了欧盟整体减排目标的 80% 以上（因为其本身的基数很大）。而卢森堡虽然减排幅度最大，但其基数很小，事实上对整个欧盟的减排影响并不是很大。相应地，英国因为其排放基数较大实际上也承担了欧盟整体减排的较大比重（27% 左右），而且英国在京都会议之后的气候政策和立场逐渐趋于积极并开始在欧盟及国际气候谈判中发挥"领导作用"。④ 而荷兰作为

① Lasse Ringius, *European Community and Climate Protection: What's behind the 'Empty Rhetoric'?* Center for International Climate and Environmental Research – Oslo (CICERO), Report 1999 – 8, Oslo: CICERO, 1999, p. 14.

② 关于德国气候政策可参见 Tim O'Riordan and Jill Jäger eds., *Politics of Climate Change: A European perspective*, London: Routledge, 1996; Miranda A. Schreurs, *Environmental Politics in Japan, Germany and the United States*, Cambridge: Cambridge University Press, 2002; Miranda A. Schreurs and Yves Tiberghien, "Multi – Level Reinforcement: Explaining European Union Leadership in Climate Change Mitigation," *Global Environmental Politics*, Vol. 7, No. 4, 2007, pp. 36 – 37.

③ 关于欧盟成员国的气候政策及立场可参见 Tim O'Riordan and Jill Jäger eds., *Politics of Climate Change: A European perspective*, London: Routledge, 1996; Ute Collier and Ragnar E. Löfstedt eds., *Cases in Climate Change Policy: Political Reality in the European Union*, London: Earthscan, 1997.

④ Loren R. Cass, "The Indispensable awkward Partner: the United Kingdom in European Climate Policy," in Paul G. Harris ed., *Europe and Global Climate Change: Politics, Foreign Policy and Regional Cooperation*, Cheltenham: Edward Elgar Publishing Limited, 2007, pp. 63 – 86.

一个中小国家也一直试图借助欧盟在国际气候谈判中发挥积极甚至"领导作用"。[①] 而丹麦作为 2009 年哥本哈根气候会议的东道国也在国际气候谈判中发挥了积极的作用。

综合以上分析，我们可以发现，在应对气候变化问题的实际表现上，德国、荷兰、奥地利是坚定和持续的"推动者"，而英国、丹麦、比利时、意大利、卢森堡等国的气候政策基本上是积极的，法国和芬兰的表现一般，而瑞典的情况比较复杂，一方面处于传统上对待环境问题比较积极的国家，对气候变化问题也试图发挥积极作用，但另一方面由于国内能源现状和利益集团的制约和羁绊又使其无法在欧盟以及国际上表现积极，瑞典处于一种"尴尬的"境地。[②] 而西班牙、葡萄牙、希腊、爱尔兰是欧盟气候政策的"拖后腿者"。因此，欧盟 15 个成员国在应对气候变化问题上的实际表现可见表 7－4。

表 7－4　欧盟 15 国气候政策及立场现实表现分类

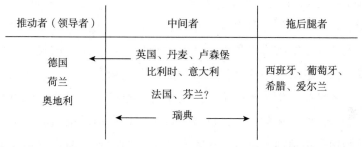

现在，对照表 7－3 和表 7－4，我们发现，本文所做的对欧盟 15 个国家在应对气候变化问题时的政策和立场表现的预测，其中正确的有：德国、奥地利、荷兰、英国、意大利、丹麦、比利时、芬兰、葡萄牙、希腊、爱尔兰 11 个国家，对西班牙和瑞典的预测可以说是部分正确，理

① Magnus Andersson and Arthur P. J. Mol, "The Netherland in the UNFCCC Process—Leadership between Ambition and Reality," *International Environmental Agreements: Politics, Law and Economics*, Vol. 2, No. 1, 2002, pp. 49 – 68; Norichika Kanie, "Middle Power Leadership in the Climate Change Negotiations: Foreign Policy of the Netherlands," in Paul G. Harris ed., *Europe and Global Climate Change: Politics, Foreign Policy and Regional Cooperation*, Cheltenham: Edward Elgar Publishing Limited, 2007, pp. 87 – 112.

② Kate E. Marshall, "Sweden, Climate Change and the EU Context," in Paul G. Harris ed., *Europe and Global Climate Change: Politics, Foreign Policy and Regional Cooperation*, Cheltenham: Edward Elgar Publishing Limited, 2007, pp. 139 – 157.

论预测不正确的国家只有法国和卢森堡，正确率为80%。

四 小结

莱塞·芮休斯（Lasse Ringuis）在1999年提交的一份关于欧盟（欧共体）的气候政策报告中指出，在欧盟内部事实上存在着三个不同的成员国集团："富且绿（rich and green）"集团，由奥地利、丹麦、芬兰、德国、荷兰和瑞典组成，它们采取积极的环境政策，发挥领导作用；"富但少绿（rich but less green）"集团，由比利时、英国、法国、意大利和卢森堡组成，它们不大可能冲在前列，缺乏采取积极环境政策的动力；"贫穷且更少绿色（poorer and least green）"的集团，由葡萄牙、西班牙、希腊、爱尔兰组成，它们是欧盟环境政策的拖后腿者。[①] 但只是作了一个大致的定性判断而并没有进行详细论证。本节的分析结果与该报告的论述基本上一致，但本节量化分析的结果对欧盟成员国的政策立场进行了更加精确的判断，比如对于瑞典、芬兰和丹麦的分析更加符合事实。总体而言，本节从生态现代化理论视角出发，根据欧盟15个成员国的生态产业实力大小对欧盟成员国的现实表现作了基本正确的解释，那就是欧盟成员国在应对气候变化问题时的政策和立场受其国家内部生态产业发展情况的影响，生态产业实力的大小与国家应对气候变化政策和立场之间有着直接的正相关关系，也就是说本节所做的理论预测基本得到了验证。德国、奥地利、荷兰、丹麦和英国等国的现实表现明确地显示出这种趋势，那就是一个国家生态产业的实力越强，其越倾向于采取积极的气候政策，其参与国际气候谈判的立场也越积极与超前。

对于法国、卢森堡、西班牙和瑞典的例外情况，作如下解释：第一，对于卢森堡来说，因为其人口（2008年统计50万）、经济规模（2007年GDP总量360亿欧元，相当于欧盟27国总额的1/340）都非常小，[②] 所以其生态产业的总体规模也就相对较小，正如上文所述，即便卢森堡是

---

① Lasse Ringuis, *European Community and Climate Protection：What's behind the "Empty Rhetoric"？* Center for International Climate and Environmental Research – Oslo（CICERO），Report 1999－8，Oslo：CICERO，1999.

② Eurostat, *Key Figures on Europe 2009 Edition*，Luxembourg：Office for Official Publications of the European Communities, 2008.

欧盟 15 国减排比例最大的国家，但实际上它 1990 年总的 CO_2 排放才 1330 万吨，只相当于欧盟 15 国总额的 1/247，所以，总体而言，卢森堡是个特殊情况；第二，正如上文所述，瑞典是个比较复杂的情况，基于传统上比较积极的环境政策，瑞典曾在许多环境问题上发挥了重要作用（比如 1972 年联合国人类环境会议就在瑞典首都斯德哥尔摩召开），但是在气候变化问题上由于其能源结构（高度依赖核能，但核能又是一种好多人反对的能源，1985 年瑞典全民公决禁止核能继续发展，使其能源政策陷入困难和两难境地）等原因也导致其表现不佳；第三，西班牙也是一个复杂的混合体，从生态产业的实际情况来看，其在气候政策上的表现应该不是非常消极，但是由于西班牙本身是一个高度分散化和联邦制国家，内部存在着文化传统、制度和能源结构各异的 17 个自治单元，这种情况阻碍了西班牙实施统一有效的气候政策，加之经济发展水平相对较低，致使其成为实现减排承诺"最失败的国家之一"。[①] 第四，法国对本研究是个真正的挑战，无论从生态产业总体规模还是从进出口总额还是从其生态产业占 GDP 的比例来看，法国都可能是环境政策的推动者和领导者，其各项指标事实上仅次于德国，而且法国也是欧盟温室气体排放的第四大户（前三个分别是德国、英国和意大利）。但是，总体来说法国在欧盟以及国际气候谈判中表现并不积极（与德国和英国相比），这可能在很大程度上与瑞典的情形有些相似，法国是个高度依赖核能的国家，而核能本身在一些国家是引发争议和公众抗议反对的能源，核能的调整具有较长的周期性，所以，事实上法国的温室气体排放是在下降（2006 年比 1990 年减少 4%），但是可能由于并没有像德国那样强烈的环境政治传统，加之欧盟三大国其他两大国在气候变化问题上都比较积极，也就反衬出法国的不积极。不过，有的研究者也指出，法国的气候政策处于转型过程而趋于积极，在将来可能会发挥更大的作用。[②] 而在推动

---

① J. David Tabara, "A New Climate for Spain: Accommodating Environmental Foreign Policy in a Federal State," in in Paul G. Harris ed., *Europe and Global Climate Change: Politics, Foreign Policy and Regional Cooperation*, Cheltenham: Edward Elgar Publishing Limited, 2007, pp. 161 – 181.

② Miranda A. Schreurs and Yves Tiberghien, "Multi – Level Reinforcement: Explaining European Union Leadership in Climate Change Mitigation," *Global Environmental Politics*, Vol. 7, No. 4, 2007, pp. 39 – 40.

国际社会达成《巴黎协定》的进程中，以及在 2015 年底的巴黎气候大会上，法国的态度与立场已经变得非常积极，成为推动全球气候治理的中坚力量。这也进一步证实了本节提出的理论假设。

通过欧盟 15 国的案例分析，本节的主要发现有以下几点：第一，一国生态产业实力的大小与其应对气候变化的政策及参与国际气候合作的立场之间确实具有非常密切的关系；第二，德国在欧盟内部以及在国际气候谈判中积极发挥"领导者"作用的背后有其重要的经济利益动机；第三，"生态现代化"作为一种环境政策理念与环境政治思想对于解决包括气候变化问题在内的环境问题有着重要的指导意义和价值，德国、荷兰、奥地利等国的实践经验非常明显地向我们揭示了这一点；第四，鉴于环境问题（特别是气候变化）已经成为现实和未来人类社会发展面临的严峻挑战，发展生态经济（也就是绿色经济或低碳经济）也就成为人类发展的必然选择，而在这种历史潮流中，越早行动并获得经济技术突破的国家在未来越占据优势地位。

第八章　人类文明发展视野下的欧盟气候治理战略审视与评价

　　全球气候变化已经成为当前人类社会面临的最严峻挑战之一。人类文明发展到今天，也许从没有像现在这样面临着如此复杂的发展困境与挑战。全球气候变化对人类社会发展方式和手段选择的约束已经日渐明显，当前人类社会发展的不可持续性也暴露无遗。在某种程度上，今天的人类文明正面临着何去何从的重大战略性抉择。在这种情况下，欧盟的气候治理战略及其背后所昭示的深刻理念，对于我们反思人类社会发展道路、探寻前进的方向，以至找到人类文明可持续发展的道路，无疑具有重大的现实和理论意义。正是从这种意义上，作为对整个欧盟气候治理战略的一个总结，本章将从人类文明发展的大视野出发，全面系统客观地审视和评价欧盟近三十年的气候治理战略，评述其价值和意义，分析其局限与问题，以便对整个人类文明的未来发展提供一点启发和借鉴。

第一节　全球气候变化刚性约束下的人类低碳发展之路

一　全球气候变化影响下的人类文明发展道路

　　根据政府间气候变化专门委员会（IPCC）已经发布的五次评估报告和科学界的一些研究结论，全球气候变化已经成为当今世界面临的最严峻挑战之一，也是当前涉及范围最广、影响面最大、应对难度最大的一个全球性问题。它涉及并影响到当今世界的每一个国家，并影响到每一个国家的未来发展。从生态环境到经济社会发展，从个人的衣食住行到社会生产方式的选择，从文化到政治，几乎都可看到全球气候变化的影响，并且这种影响还在继续深入和显现。而且，全球气候变化问题与任何其他全球性问题相比具有更加深远的经济影响，一方面，它不可避免地与其他国际经济问题交织在一起，包括国际金融流动、国际贸易政策以及发展援助等，这必然影响到国际经济秩序的转型与变迁；另一方面，任何重大国际与国内减排及适应政策所导致的现存生产与消费模式的转型都必然深刻地影响到每一个国家的经济社会实践，进而对每一个国家的发展方式及后果产生不可避免的影响。① 这是全球气候变化问题与其他全球性问题相比，更加难以应对和解决的最根本原因。而与此同时，全球气候变化的严重影响正在显现，应对该问题的紧迫性使任何拖延和迟缓都可能使国际社会及全人类的生存受到无可估量的灾难性影响。正如本书第一章对于全球气候变化给整个人类社会带来的严重影响的分析所表明，人类对气候系统的影响是明显的，而且这种影响还在不断增强，在世界各个大洲都已观测到这种影响。如果任其发展，气候变化将会增强对人类和生态系统造成严重、普遍和不可逆转影响的可能性。IPCC 第五次评估报告强调，很大程度上受经济和人口增长所驱动，自工业革命以来人为温室气体排放的增长达到了前所未有的程度，这导致至少在过去 80 万年的时间，人为温室气体的浓度达到了前所未有的高度。它们的影响连同其他人为驱动因子极有可能（extremely likely）是 20 世纪中期以来观察到的全球变暖的主导原因。② 因此，全球气候变化的特殊性在于：（1）全球气候变化的影响已经渗透到人类生产生活的每一个方面，而且正在变得越来越紧迫；（2）应对全球气候变化需要人类社会的生产生活方式进行革命性变革，摒弃传统依赖化石能源支撑经济发展的生产生活方式，并走向低碳经济；（3）应对全球气候变化既需要一个全球层面的国际法协议自上而下调整各个国家的政策，也需要一个来自从个人到家庭、社区、企业以及各级政府自下而上的具体直接行动，这从根本上推动了各种国际制度以及由来自各个层面的观念变化汇聚而成的国际观念的变革。

　　从全球气候变化所带来的严重影响以及对于世界经济社会发展的根本性影响来看，人类文明的发展正在经受前所未有的挑战。全球气候变化带给整个人类文明发展的影响是一种根本意义上的影响，它将迫使人

---

① James Meadowcroft, *Climate Change Governance*, Background Paper to the 2010 World Development Report.

② IPCC, *Climate Change 2014 Synthesis Report：Summary for Policymakers*, http://www. ipcc. ch/index. htm.

类社会的生产生活方式乃至人类本身的生存方式必须进行根本性调适和根本性转变，否则，人类文明的延续与发展将面临巨大的灾难性影响，且当前的传统发展方式事实上已经走到了尽头。那么，在全球气候变化给整个人类文明发展带来如此重大影响的背景之下，我们应该如何看待我们当前所面临的发展困境及其解决之道？在全球气候变化带来如此刚性的约束之下，人类未来的发展之路到底应该转向何方？概括言之，我们可以从以下四个层面进行系统分析。

第一，从人类文明发展史的角度来看，当前的人类发展困境更多是18世纪中叶以来工业革命所创造的工业文明的过度发展所致，必须扬弃和超越工业文明，建设生态文明，才能从根本上解决人类的发展难题，延续人类的文明。许多研究人员已经指出，生态文明是人类文明的高级阶段，是对工业文明的扬弃和超越。从人类文明发展的历史来看，人类历史经历了狩猎文明向农耕文明，又由农耕文明向工业文明的转变，每一次转变都极大地推动了人类生产力的提升，促进人类社会朝向更加进步文明的道路发展。特别是自18世纪下半叶开始的第一次工业革命以来，人类社会的发展水平得到了前所未有的提高，生产力水平迅速提升，正如马克思、恩格斯所指出的："资产阶级在它不到一百年的阶级统治中所创造的生产力，比过去一切世代创造的全部生产力还要多，还要大。自然力的征服，机器的采用，化学在工业和农业中的应用，轮船的行驶，铁路的通行，电报的使用，整个大陆的开垦，河川的通航，仿佛用法术从地下呼唤出来的大量人口，——过去哪一个世纪料想到在社会劳动里蕴藏有这样的生产力呢？"[①] 第一次工业革命以来的二百多年，人类社会的发展经历前所未有的巨变，世界的面貌和世界格局也随之经历了翻天覆地的改变，西方国家凭借其工业革命所带来的强大物质进步而开始主导世界范围的人类发展进程。由于体现在器物层面的巨大进步和成功，也使与之相对应的科学思维方式和制度设计成为现代化的主要象征和标志；地理大发现之后的五百多年历史进程，在西方强势介入及在坚船利炮的胁迫下，其他一切文明形态显得相形见绌，由此开启了一个近似一

---

① 马克思、恩格斯：《共产党宣言》，《马克思恩格斯选集》（第1卷），北京：人民出版社，1995年版，第277页。

元化（以西方的现代工业文明为榜样走向现代化）及一维化（世界范围的所有文明和国家都向同一个现代化方向发展）的人类文明进化历程。由此"现代化"也就成为一股不可阻挡的潮流席卷了整个世界。然而，这种前所未有的发展也给人类带来了前所未有的干预生态环境的能力，也导致了空前的人类危机，包括环境污染危机、能源资源危机、全球气候变化以及其他全球性生态环境危机等多重危机。由此，从20世纪六七十年代开始，世界范围内开始了一场对西方工业文明的反思及对现代文明的转型与重构，最为典型的就是本书在前文所论述生态政治理论时提到的《寂静的春天》和《增长的极限》的发表所唤起的人们对人类文明史的反思浪潮。以1972年在瑞典首都斯德哥尔摩召开第一次人类环境会议为标志，国际社会对生态环境危机的关注逐渐上升到了国际政治的议事日程，引发世人对此问题越来越多的关注，在全球范围内兴起了对可持续发展理念及其实践的积极探索。从1987年《我们共同的未来》第一次提出"可持续发展"理念，到1992年联合国环境与发展会议（里约会议）发布的《里约宣言》和《21世纪议程》明确把"可持续发展"确立为人类发展的未来道路，到2002年约翰内斯堡的联合国可持续发展首脑会议（地球峰会）提出了"经济发展、社会进步和环境保护相互联系、相互促进、共同构成可持续发展的三大支柱"的思想，再到2012年6月为纪念里约联合国环境与发展会议20周年而召开的联合国可持续发展大会（"里约＋20"峰会），会议通过的重要成果文件《我们希望的未来》（也译作《我们憧憬的未来》）再次重申和确认"可持续发展"的重要性。可以说，改变传统发展方式，实现人类可持续发展的紧迫性已经越来越清晰地展现在世人面前。《我们希望的未来》明确强调："气候变化是贯穿各领域的问题，是持久存在的危机，气候变化的负面影响范围大，十分严重，波及所有国家，削弱所有国家特别是发展中国家实现可持续发展和千年发展目标的能力，威胁国家的延续和生存。因此，我们强调，要对抗气候变化，就需要根据《联合国气候变化框架公约》的原则和规定，采取雄心勃勃的紧急行动。"① 也就是说，在全球气候变化

---

① 联合国：《我们希望的未来》，参见 http：//www. un. org/zh/documents/view_doc. asp？symbol＝A/RES/66/288&referer＝http：//www. un. org/zh/sustainablefuture/index. shtml&Lang＝C。

的刚性约束之下，人类社会的发展方式和道路选择已经受到了严格的限制，走向生态可持续发展事实上已经成为扭转传统的"无节制"现代化方向的普遍共识。在这种情况下，从人类文明发展的大视野出发，我们看到，人类文明的发展进程正在发生深刻转型，如果我们把生态文明理解为一种超越工业文明的更高文明形态的话，从工业文明走向生态文明将成为人类文明的发展大势。正如有学者指出："如果从原始文明、农业文明、工业文明这一视角来观察人类文明形态的演变发展，那么可以说，生态文明作为一种后工业文明，是人类社会一种新的文明形态，是人类迄今最高的文明形态。"① "生态文明是一种文明演变的新形态和历史发展的新阶段。人类文明发展经历了原始文明、农业文明和工业文明阶段。生态文明是工业文明发展到一定阶段的产物。"② 面对全球气候变化的严重影响，人类必须有智慧也更要有能力跨越工业文明的藩篱，走向更高层级但也更"文明"的文明形态。生态文明是对工业文明的扬弃与超越，在一定程度上也是对自然的"回归"。

第二，从形而上的哲学层面来看，当前人类面临的危机首先是人类的价值观念危机，是包括人与自然的关系以及人与人之间关系的价值危机。归根结底，当前人类发展所面临的困境和危机是人与自然之间的矛盾和人与人之间的矛盾。如果我们把生态文明理解为"一种能够充分考虑并尊重自然生态规律及其客观要求的人类社会化生存及其组织形态。它集中体现为人与自然、社会与自然，以及人与人之间的和平、和谐与共生"③，那么，人类文明的发展必须实现马克思和恩格斯所提出的"两个和解"，"即人类与自然的和解以及人类本身的和解"④，才能从根本上保证人类文明的可持续性和进步性。正如恩格斯的"自然辩证法"曾经深刻地指出："我们统治自然界，绝不像征服统治异民族一样，决不同于站在自然界以外的某一个，——相反，我们连同肉、血和头脑都是属于自然界并存于其中的；我们对自然界的全部支配力量，就是我们比其他

---

① 俞可平：《科学发展观与生态文明》，《马克思主义与现实》2005 年第 4 期，第 4~5 页。

② 曹荣湘：《导论：推进生态治理体系和治理能力现代化》，曹荣湘主编《生态治理》，北京：中央编译出版社，2015 年版，第 2 页。

③ 郇庆治、李宏伟、林震：《生态文明建设十讲》，北京：商务印书馆，2014 年版，第 2 页。

④ 《马克思恩格斯文集》（第 1 卷），北京：人民出版社，2009 年版，第 63 页。

一切生物强，能够认识和正确运用自然规律。……人们就愈多地不仅感觉到，而且认识到，自身是和自然界一致的，而那种关于精神和物质、人和自然、灵魂和肉体间的对立的荒谬的、反自然的观念，也就愈来愈成为不可能的东西了"，① 为此，恩格斯发出了他著名的警告："我们不要过分陶醉于我们人类对自然界的胜利。对于每一次这样的胜利，自然界都对我们进行报复。每一次胜利，起初确实取得了我们预期的结果，但是往后和再往后却发生完全不同的、出乎预料的影响，常常把最初的结果又消除了。"② 人类必须尊重自然规律才能顺应自然，人必须认识到人自身也不过是自然界中的一分子，只有充分依靠自然才能创造属于人类的文明并延续人类的文明。实现"两个和解"的关键在于人自身的解放和价值观念的转变，马克思曾经明确指出："人们对自然界的狭隘的关系决定着他们之间的狭隘的关系，而他们之间的狭隘的关系又决定着他们对自然界的狭隘的关系。"③ 归根结底，"人类同自然的和解"与"人类本身的和解"的历史进程也是人的自由全面发展的过程，但这个过程首先是一个尊重自然和顺应自然的过程。因此，解决当前人类面临的巨大生态危机实质上就是实现这"两个和解"的过程，它必将要求人类自身的生存和发展方式进行根本性变革。这是一场观念、制度、生产与消费方式等方面全面实现变革的系统而伟大的工程。就此而言，我们从人类文明的发展大势来看，由于全球气候变化给整个人类文明所带来的全方位和根本性影响，人类文明，包括人类本身的生存方式及其所创造的所有物质层面和精神层面的文明成果，都将日益由一种"合生态"的标准和尺度来要求和衡量。

第三，从人类发展方式来看，全球气候变化所反映的危机是人类生产和生活方式的不当所带来的危机。"全球生态危机从本质上宣告了西方自第一次工业革命以来的高投入、高消耗、高污染排放的增长模式是不可持续的。这一危机也预示着人类发展模式必须转型，必须转向自觉、自律的发展，通过一场全新的绿色工业革命，寻求新的发展方式。"④ 由

---

① 《马克思恩格斯选集》（第4卷），北京：人民出版社，1995年版，第383~384页。

② 《马克思恩格斯选集》（第4卷），北京：人民出版社，1995年版，第383页。

③ 《马克思恩格斯选集》（第1卷），北京：人民出版社，1995年版，第82页。

④ 胡鞍钢：《中国：创新绿色发展》，北京：中国人民大学出版社，2012年版，第9页。

于全球气候变化，当前的传统发展方式已经难以为继，依靠传统化石能源支撑经济发展的不可持续性已经暴露无遗，"低碳经济将是全人类共同的选择，也是可持续发展的现实路径。有理由认为低碳经济可能也是最终的选择，因为留给人类社会改进发展模式的时间和机会都不多了。在全球气候变暖的背景下，以低能耗、低污染为基础的低碳经济政治成为国际热点和全球新趋势。"[①] 也就是说，人类文明发展由于全球气候变化的根本性影响已经到了必须转型和调整的时候了，传统工业文明的高碳和高排放特征已经到了难以为继的地步。低碳发展，走向低碳经济，建设人类的生态文明已经到了刻不容缓的地步。由于全球气候变化的刚性约束，必须转变发展方式，实现经济社会的低碳化，才能从根本上扭转当前生态环境持续退化的严峻态势。有研究人员指出："从地球的资源环境供给能力看，经济规模的无限扩张是不可能的。研究发现，20 世纪 80 年代以来，地球人口增长和消费扩张导致的生态足迹已经超过了地球承载能力，到 2010 年的超出量已经达到 30% 左右。按照到 2050 年地球人口增长到 90 亿、世界经济平均年增长 3% 的规模扩展情景，届时的地球生态足迹将超过地球承载能力的 1 倍，即需要两个地球的资源环境能力支撑地球的人口与经济。因此，经济增长需要考虑地球资源环境的生态门槛，超过生态限制的经济增长被认为是非经济的，也是不可能的。正是这样的思想，为当前有关地球气候变化问题的行动提供了理论基础。"[②] 因此，应对全球气候变化，必须转变生产方式，转型发展。

第四，从人类发展的能源供应史和科技史的角度来看，全球气候变化所反映出来的深刻危机首先是传统化石能源的高碳后果以及由此导致的支撑经济社会发展关键产业及技术所面临的转型挑战。人类社会的发展时刻离不开能源供应，从农业社会的薪柴到蒸汽时代的煤炭再到电气时代的石油电力，这些传统能源，尤其是到第二次工业革命之后大规模煤炭石油资源的开发和利用，推动了整个经济社会日益高碳化，致使温

---

① 何建坤主编《低碳发展——应对气候变化的必由之路》，北京：学苑出版社，2010 年版，第 29～30 页。
② 诸大建：《可持续发展研究的 3 个关键课题与中国转型发展》，《中国人口·资源与环境》2011 年第 21 卷第 10 期，第 35～39 页。

室气体排放迅速增长。而且，传统能源都是不可再生资源，本质而言这些资源最终都会走向枯竭而难以为继。当前，由于全球能源需求持续高涨，传统化石能源作为支撑经济社会发展的核心要素短期难以改变，由于新兴国家的能源需求正在急剧上升，致使化石能源供求关系持续紧张，世界各国对能源的争夺加剧，原油、天然气和煤炭价值总体上保持上涨态势。所有这些因素进一步加剧了全球经济的不稳定，也使当前世界各国调整能源结构的压力持续增加。正是从这个角度来讲，美国著名经济学家杰里米·里夫金（Jeremy Rifkin）提出"第三次工业革命"，倡导新的变革，他指出："我们的工业文明正处在十字路口。曾经支撑起工业化生活方式的石油和其他化石能源正日益枯竭，那些靠化石燃料驱动的技术已陈旧落后，以化石燃料为基础的整个产业结构也运转乏力。随之而来的是，世界范围内的失业问题到了危险的地步。政府、企业、消费者都陷入了债务泥沼，各地生活水平骤然下降。"① 也有学者积极倡导"绿色发展"，提出"第四次工业革命"。② 无论是被称为第三次还是第四次工业革命，其本质是一样的，即都非常明确指出传统化石能源支撑的工业文明正在遭遇前所未有的困境与挑战，全球能源结构及其带动的产业结构正在发生重大变迁。"当前，世界范围内已出现由化石能源为支撑的高碳能源体系，逐步向以新能源和可再生能源为主体的新型低碳能源体系过渡的趋向，并将引发新的经济技术的重大变革。"③

　　总而言之，全球气候变化正在给全球经济社会发展带来前所未有的挑战，而由此给当前经济社会的发展方式和手段选择带来了越来越严厉的刚性约束，传统发展方式愈发难以为继，人类文明的发展必须寻求全新的突破和转型，而这一切都源于应对全球气候变化所带来的日益严重

① 〔美〕杰里米·里夫金：《第三次工业革命》，张体伟、孙豫宁译，北京：中信出版社，2012 年版，前言第XXIII页。

② 有学者从人类社会发展中的能源结构以及相对应的产业类型出发，把当前正在兴起的以可再生能源为代表的新能源革命称为"第三次工业革命"，比如里夫金等研究人员；也有学者从科技革命的视角，把 20 世纪 50 年代到 20 世纪末以计算机广泛应用和核能开发为代表的新兴产业发展称为"第三次工业革命"，而把新能源（绿色能源）开发及其应用称为"第四次工业革命"，参见胡鞍钢《中国：创新绿色发展》，北京：中国人民大学出版社，2012 年版，第 35～47 页。

③ 何建坤：《我国能源发展与应对气候变化的形势与对策》，《经济纵横》2014 年第 5 期，第 16～20 页。

影响的紧迫性，碳减排已经刻不容缓。以上论述也表明，走向低碳经济将是人类社会经济发展的一项综合性浩大工程，它要求的将是整个人类社会的价值观念、生活方式、生产方式、能源体系甚至国际关系发生根本性变革，只有这样才能从根本上维护地球整体生态系统和气候系统的安全，才能确保人类文明的延续。正如我国著名经济学家厉以宁等强调指出："碳减排看似简单的三个字，深究其途径却不难发现它是一个横跨工业、能源和产业结构的重大工程，是一个事关人类消费、生产、生活甚至娱乐等领域的巨大变革，这也就意味着'低碳革命'触动了人类生活方式变革的神经，是一场继蒸汽时代、电气时代之后的第三次工业革命。"[1] 因此，全球气候变化带来的是对整个人类文明的挑战，而走向低碳经济将是人类发展的最终选择。[2]

二　全球气候治理背景下的全球低碳经济共识与愿景

(一)"低碳经济"理念及其内涵

前文已经论述了"低碳经济"这一概念的提出及扩散。2003 年低碳经济一经提出就成为全球经济社会发展的重要理念。全球气候变化的客观现实正在制约着国家发展方式的选择，整个气候治理进程事实上已经成为国际社会为推动全球经济向低碳经济根本转型而展开国际谈判的过程。[3] 全球气候治理本质上就是推动世界各国向低碳经济转型的一个过程。有研究人员已经指出："在全球应对气候变化形势推动下，世界范围内正在经历一场经济和社会发展方式的变革，其核心内容是：发展低碳能源技术，提高能源效率，优化能源结构；转变经济发展方式，建立低碳经济发展模式和低碳社会消费模式，并将其作为协调经济发展与保护气候之间关系的根本途径。世界低碳经济的发展潮流也在引发新的经济、贸易、技术的竞争，先进低碳能源技术也正在成为世界科技创新和技术

---

[1]　厉以宁、傅帅雄、尹俊：《经济低碳化》，南京：江苏人民出版社，2014 年版，第 2 页。

[2]　何建坤主编《低碳发展——应对气候变化的必由之路》，北京：学苑出版社，2010 年版，第 28 页。

[3]　Radoslav S. Dimitrov, "Inside UN Climate Change Negotiations: The Copenhagen Conference," *Review of Policy Research*, Vol. 27, No. 6, 2010, p. 795.

竞争的前沿和重点，成为一个国家核心竞争力的标志。"[①] "实现全球控制温升不超过2℃的目标，世界各国都将面临排放空间不足的挑战。经济发展不断增长的能源需求与减少 CO_2 排放形成尖锐矛盾，发展低碳经济成为全球在可持续发展框架下应对气候变化的必然选择"。[②] 随着全球气候治理的深入，走向低碳经济已经成为当前的一种全球性共识。尽管当前学界和政界对于低碳经济的内涵与特征还存在一定程度的争论，[③]但普遍认为，基于全球气候变化的严峻影响，当前以传统化石能源支撑的高碳和高排放经济已经不可持续，限制以及最终减少高碳能源的使用，运用低碳技术减少碳排放，最终实现整个社会经济生活碳消耗和碳排放的双重削减、低排放甚至零排放，这是应对全球气候变化、维持人类文明可持续的根本要求和必然选择。因此，以低碳为特征的未来社会经济是一种与当前高碳和高排放传统社会经济相根本区别的一种经济形态和社会形态，它必然要求支撑整个经济社会高质量运转的核心要素实现低碳化或去碳化（decarbonization），这必定引发整个社会经济的支撑要素、生产生活特征、运行模式发生根本的转型与变革。因此，从全球气候变化引发的对人类经济社会活动产生的刚性约束来看，"低碳经济是指在一定碳排放约束下，碳生产力和人文发展均达到一定水平的一种经济形态，旨在实现控制温室气体排放的全球共同愿景（Global shared vision）。"[④]这种共同愿景就是在《联合国气候变化框架公约》所提出的"将大气中温室气体的浓度稳定在防止气候系统受到危险的人为干扰的水平上。"也就是2009年哥本哈根气候大会以来公约缔约方进一步确认的控制全球温度升高不超过工业革命前的2℃目标。因此，低碳经济并非一种即刻就实现的经济，它需要国际社会协力合作，长远谋划，通过国际社会的共

---

① 何建坤、周剑、刘滨、孙振清：《全球低碳经济潮流与中国的响应对策》，《世界经济与政治》2010年第4期，第18~35页。

② 何建坤：《中国的能源发展与应对气候变化》，《中国人口·资源与环境》2011年第21卷第10期，第40~47页。

③ 潘家华、庄贵阳、郑艳、朱守先、谢倩漪：《低碳经济的概念辨识及核心要素分析》，《国际经济评论》2010年第4期，第88~101页；付加锋、庄贵阳、高庆先：《低碳经济的概念辨识及评价指标体系构建》，《中国人口·资源与环境》2010年第20卷第8期，第38~43页。

④ 潘家华、庄贵阳、郑艳、朱守先、谢倩漪：《低碳经济的概念辨识及核心要素分析》，《国际经济评论》2010年第4期，第88~101页。

同推动才可能实现的一种经济形态。就此而言，低碳经济是国际社会达成的全球性共识，是人类的共同愿景，它需要世界各国采取积极的政策，通力协作，需要付出成本和代价甚至痛苦的抉择，因此，更需要世界各国的战略决断和发展观念的根本转变。当前正处于走向低碳经济的道路上，这个过程就是低碳发展。低碳经济是低碳发展的结果，低碳发展是实现低碳经济手段和方式的选择和实践过程。"低碳经济是一种经济形态，而向低碳经济转型的过程就是低碳发展的过程，目标是低碳高增长，强调的是发展模式。低碳经济通过技术跨越式发展和制度约束得以实现，表现为能源效率的提高、能源结构的优化以及消费行为的理性。低碳经济的竞争表现为低碳技术的竞争，着眼点是低碳产品和低碳产业的长期竞争力。"[①]

（二）"低碳经济"的实现方式及愿景

低碳经济的实现必定是一个全面系统的浩大社会经济工程。上文已经指出，它将涉及人类社会发展的价值理念、人们的生活方式、生产方式、能源结构等各个方面，是一个系统工程。因此，低碳经济将是人类社会经济发展实现根本转型的结果，它不可能在短期内实现，需要人类社会的政治、经济、文化等各个层面的协同推进。

1. 能源结构的根本转型

气候变化给人类带来的安全威胁根源于支撑现代经济社会发展的化石能源。化石能源燃烧排放的二氧化碳是地球温室效应的主要根源，因温室气体排放不断增加所带来的全球变暖在客观上给整个人类带来了生存威胁，从而使整个人类在主观上对未来充满了恐惧。因而，应对气候变化的根本途径事实上主要是限制高碳排放的化石能源的使用，甚至直至找到低排放或零排放的更加清洁的替代能源，使化石能源逐步退出能源供应系统。上文分析已经表明，人类社会的发展事实上就是能源结构不断调整的过程。自工业革命以来，从煤炭为主要能源到石油、天然气的广泛利用，传统化石能源显然已经成为现代经济社会发展的核心动力，也是现代工农业运转的"血液"。据国际能源署（International Energy A-

---

① 潘家华、庄贵阳、郑艳、朱守先、谢倩漪：《低碳经济的概念辨识及核心要素分析》，《国际经济评论》2010 年第 4 期，第 88～101 页。

gency - IEA）的最新统计，与能源相关的温室气体排放占整个温室气体排放的三分之二，能源部门的有效行动对于应对气候变化问题具有至关重要的意义。[①] 据国际能源署的统计数据表明（见图 8 - 1），1973 年世界最终总体燃料消费总计 4672 百万吨油当量（Mtoe），其中石油和煤炭占总消费量的近 62%，到 2012 年燃料消费总量达到 8979 百万吨油当量（Mtoe），比 1973 年增长近一倍，其中石油和煤炭所占比重有所下降，但仍占到了 50% 以上，能源结构并没有发生实质性变化。不过，经过 40 年的发展变化，电力在最终燃料消费中的比例有明显增长，其他可再生能源业有了明显发展。1973 年以来正是世界各国环境保护运动日益引发人们重视及人们的环境意识日益增强的时期，这些相对清洁燃料的增加都反映了清洁能源和利用清洁能源进行生产生活重要性的日益增加。但是，我们看到，传统化石燃料仍然是当前世界经济的核心支柱。煤炭、石油、天然气仍旧占到了最终燃料消费的 60% 以上，比例虽然有所下降，但由于燃料消费总量的成倍增长，事实上这些传统化石能源的消费量仍然非常惊人。因此，要推动全球经济的低碳转型，能源结构必须进行实质调整。考察当前世界各国的主要经验，大致有以下三种方式：第一，也是当前最重要的趋势就是大力发展可再生清洁能源，其中，最主要的是风能和太阳能。为此，世界主要经济体都制定了雄心勃勃的可再生能源发展规划，加大对可再生能源的投资和研发，推动整个可再生能源的开发利用。第二，依靠科技进步，提高能源效率，或者实施碳捕集和封存，减少传统化石能源使用过程的碳排放。提高能源使用效率和大力发展可再生能源是当前大多数发达国家应对气候变化的两大支柱，比如欧盟在 2008 年制定的关于 2020 年气候和能源目标就包括可再生能源达到能源消费总量的 20%，能源效率提高 20%；2014 年刚刚制定的 2030 年气候和能源目标包括可再生能源达到 27%，能源效率提高 27%。第三，减少传统化石能源的使用，使其在最终能源消费中的比重有较大下降。正如前文的分析所表明，即便大力发展清洁能源，提高能源效率，但如果消费总量大幅度增长的话，化石燃料使用所产生的温室气体排放仍然会继续

---

① International Energy Agency, *Energy and Climate Change: World Energy Outlook Special Report*, 2015, p. 20.

增加。因而，转变生产生活方式，减少传统化石能源的使用，也是调整能源结构的重要环节。

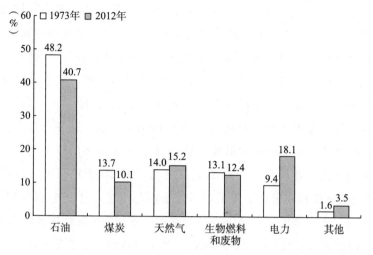

图 8 - 1　最终总体消费燃料量各成分所占份额

注：（1）煤炭包括泥炭和油页岩气；（2）其他包括地热、太阳能、风能和热能。

资料来源：International Energy Agency, *key World Energy Statistics*, 2014。

　　由于全球气候变化的严重影响，未来可再生能源和提高能源效率的产业将成为推动全球走向低碳经济的核心产业。据德国环境部（Federal Ministry for the Environment, Nature Conservation, Building and Nuclear Safety）发布的一份文件预测，可再生能源和能源效率的世界市场额将会持续增长，环境友好型能源和能源储存方面的产业直到 2025 年将保持 9.1% 的年均增长率，能源效率方面的产业将保持 3.9% 的年均增长率。[①] 这种趋势已经说明全球经济走向低碳经济的潮流已经不可阻挡，全球的能源结构必将发生根本性转型。

　　2. 经济结构的根本转型

　　解决气候变化问题的最根本途径在于切断经济增长与温室气体排放之间的关联，也就是使经济增长过程伴随的碳排放降低甚至降为零排放，

---

① Federal Ministry for the Environment, Nature Conservation, Building and Nuclear Safety, *Climate Action in Figures: Facts, Trends and Incentives for German Climate Policy* 2015 *edition*, June 2015, p. 64, http://www. bmub. bund. de/fileadmin/Daten _ BMU/Pools/Broschueren/ klimaschutz_ in_ zahlen_ en_ bf. pdf, accessed on September 27, 2015.

这也就是国际上通常使用的"脱钩"（decoupling）概念，也就是反映经济增长与物质消耗和有害于环境的废物排放不同步变化的指标。"从长期看，一个国家（或地区）向低碳经济转型的过程，就是温室气体排放与经济增长不断脱钩的过程。从全球层面来看，如果没有足够的政策干预，人均收入增长和人均排放之间的正相关关系将长期存在。"[①] 那么，这个不断脱钩的过程也就是全球经济结构不断转型的过程。要解决全球气候变化问题，必须摒弃传统的高投入、高消耗和高排放的"三高"产业，大力发展低碳技术及其这种技术应用所形成的产品、服务及技术支撑等相关低碳产业。因而，走向低碳经济的核心在于经济的根本转型，从传统产业向低碳产业转移。正如美国总统奥巴马 2009 年在国会演讲时强调："刺激经济和稳定金融体系只不过是短期性的为促使美国经济复苏的手段而已。要完全地恢复美国经济的强度，唯一的途径就是进行长期性的投资，以便创造新的产业和新的就业，以及与其他国家竞争的能力……我所提出的预算将重点投资经济的未来。"[②] 这里奥巴马强调的就是面对全球气候变化对于产业格局调整的强大压力，美国要有"投资未来"的战略眼光，促进新型产业的发展。"低碳型产业的创新是在二氧化碳管制日益得到强化的情况下胎动的，换句话说，初期阶段的低碳型产业的创新与二氧化碳排放管制密切相关，二氧化碳排放管制导致了低碳型产业的诞生。另外，二氧化碳排放管制政策又产生了对低碳技术及其商品与服务的市场需求，经过一定的阶段，市场需求将取代排放管制成为促进低碳型产业创新的新的动力。低碳型产业的创新又激发了国际竞争力的新的大竞争。"[③] 根据德国环境部最近发布的一份报告显示，2013 年全球环境友好型技术和资源利用效率产业市场额达到了 25360 亿欧元，而全球市场对于绿色产品、技术和服务将持续快速增长，预计到 2025 年将达到 53850 亿欧元，比 2013 年翻一番还多，其中主要有六大"领导型市场"：能源效率，可持续水资源管理，环境友好型电力生产、储存与分配，资

---

① 庄贵阳：《低碳经济引领世界经济发展方向》，载张坤民、潘家华、崔大鹏主编《低碳经济论》，北京：中国环境科学出版社，2008 年版，第 99 页。

② 蔡林海：《低碳经济：绿色革命与全球创新竞争大格局》，北京：经济科学出版社，2009 年版，第 3 页。

③ 蔡林海：《低碳经济：绿色革命与全球创新竞争大格局》，北京：经济科学出版社，2009 年版，第 165 页。

源利用效率，可持续动力，废物管理与循环利用（见图 8 - 2）。① 可以看出，在碳排放空间和时间日益趋紧的时代，低碳技术及其产业都具有了前所未有的发展前景，正如本书前几章的论述所表明，这正是在应对气候变化问题上"先行者优势"的日益凸显时期。

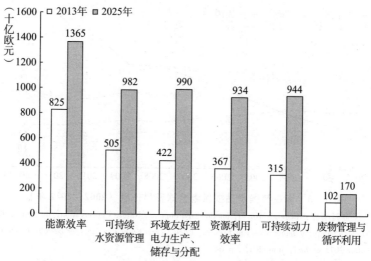

图 8 - 2 环境技术与资源利用效率领导型市场全球份额

资料来源：Federal Ministry for the Environment, Nature Conservation, Building and Nuclear Safety, *GreenTech Made in Germany* 4. 0 – *Environmental Technology Atlas for Germany*, July 2014, p. 49.

伴随着能源结构的深刻转型，与之相关的经济结构也必将发生深刻的变化。当前，欧洲、美国和日本等发达国家和地区已经未雨绸缪，投资未来，争夺未来低碳经济的主导权。在这一方面，中国也做出了许多具有战略意义的重大经济调整战略，比如对可再生能源的投资。中国在2009 年取代美国，成为清洁能源的最大投资国。但在奥巴马政府实行补贴政策、作为 2009 年经济刺激一揽子计划的一部分以后，中国于 2011年失去领先地位，2012 年中国再次超过美国，成为全球最大的清洁能源投资国。在潜在气候产品（potential climate products）的全球贸易中，中

---

① Federal Ministry for the Environment, Nature Conservation, Building and Nuclear Safety, *GreenTech Made in Germany* 4. 0 – *Environmental Technology Atlas for Germany*, July 2014, p. 49, http://www. bmub. bund. de/fileadmin/Daten_ BMU/Pools/Broschueren/greentech_ atlas_ 4_0_ en_ bf. pdf, accessed on September 27, 2015.

国（包括香港）在 2012 年占全球总额的 19.1%，远远领先于世界其他国家和地区，德国居第二位（占 13.2%），美国居第三位（占 11.1%）。统计数据显示，2002～2012 年中国在该领域的全球贸易中持续快速增强，一路超过法国、日本、德国和美国（见图 8－3）。

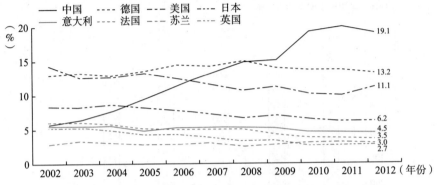

图 8－3　潜在气候产品提供者全球贸易份额（2002～2012 年）

资料来源：Federal Ministry for the Environment, Nature Conservation, Building and Nuclear Safety, *Climate Action in Figures: Facts, Trends and Incentives for German Climate Policy* 2015 edition, June 2015, p. 64。

3. 生活方式的根本转型

应对全球气候变化不仅仅需要国际社会就减排目标达成共识转而达成具有法律约束力的国际气候协议，也不仅仅需要各国采取积极的政策措施去具体落实这些目标和国际协议，它更需要千百亿消费者转变其生活方式，支持低碳转型。在某种程度上，人们生活方式的根本转型对于全球走向低碳经济更具有关键意义。正如联合国环境规划署执行主任阿齐姆·施泰纳所说，在二氧化碳减排的过程中，普通民众拥有改变未来的力量。[①] 具体而言，人们生活方式的根本转型包括消费模式的低碳化和日常生活方式的低碳化。

人既是生产者也是消费者，"全部人类历史的第一个前提无疑是有生命的个人的存在。"[②] "因此我们首先应当确定一切人类生存的第一个前提，也就是一切历史的第一个前提，这个前提是：人们为了能够'创造

---

① 潘家华主编《低碳转型——践行可持续发展的根本途径》，北京：学苑出版社，2010 年版，第 166 页。

② 《马克思恩格斯选集》（第 1 卷），北京：人民出版社，1995 年版，第 67 页。

历史'，必须能够生活。但是为了生活，首先就需要吃喝住穿以及其他一些东西。"① 因此，在很大程度上，人们的消费活动决定着当前生产活动的内容和方式，有什么样的需求就有什么样的生产（当然，同时在很大程度上，生产活动也影响和决定着人们的消费活动，有什么样的产品才会有与之相适应的消费。消费活动与生产活动相互影响和相互作用）。生态足迹（ecological footprint）是反映人类生产和生活对环境造成影响的一个概念，又叫"生态占用"，在 20 世纪 90 年代初，由加拿大大不列颠哥伦比亚大学教授威廉·里斯（William E. Rees）提出。其基本含义是指人类的衣、食、住、行等生活和生产活动都需要消耗地球上的资源，并且产生大量的废物，生态足迹就是用土地和水域的面积来估算人类为了维持自身生存而利用自然的量，从而评估人类对地球生态系统和环境的影响，即在现有的技术条件下，某一人口单位（一个人、一个城市、一个国家或全人类）需要多少具备生产力能力的土地和水域，来生产所需资源和吸纳所衍生的废物。根据由世界自然基金会等发布的最新《地球生命力报告 2014》（*Living Planet Report 2014*），"40 多年来，人类对自然的需求已经超过地球的可供给能力。我们需要 1.5 个地球的资源再生能力，才能提供我们目前使用的生态服务。'生态超载'之所以会出现是因为我们砍伐树木的速度超过其生长速度，捕鱼的数量超过海洋的供给能力，或者释放到大气中的二氧化碳超过了森林和海洋的吸收能力。"② 如图 8-4 所示，从 1961 年至 2010 年，由于科技进步、农业投入和灌溉已经提高了每公顷生产用地（尤其是耕地）的平均产量，将地球的生物承载力总量由 99 亿全球公顷（gha）提高至 120 亿全球公顷，但同时期由于人口的急剧增加，使人均生物承载力不升反降，而同时期的人类生态足迹也在不断增加，远远大于地球的生物承载力，地球生产力的增加并不足以补偿不断增长的全球人口的需求。同时，生态足迹与国家的收入水平直接相关，因为，消费水平和消费模式是由收入水平或购买力决定的，如图 8-5 所示，全球高收入国家的人均生态足迹也远远超过了中等收入和低收入国家。只有收入较高的人群才可能有奢侈性消费。而人们的消

---

① 《马克思恩格斯选集》（第 1 卷），北京：人民出版社，1995 年版，第 78～79 页。
② WWF，《地球生命力报告 2014：摘要》（中文版），http://wwf. panda. org/about_ our_ earth/all_ publications/living_ planet_ report/。

费模式和消费行为在很大程度上与人们的宗教文化和观念意识有关，例如在美国，消费者追求自由个性，因而公共交通不发达，而以私人汽车为主要交通工具。中国的收入水平远不如欧洲和日本，但中国市场上的小汽车多为大排量的，而且体形偏大。其中一个主要原因在于，在中国汽车是一种身份地位的象征，要买就买好的，高档的。[1] 因此，必须改变人们的消费观念，改变人们的个人意识，才能改变人们的消费行为和

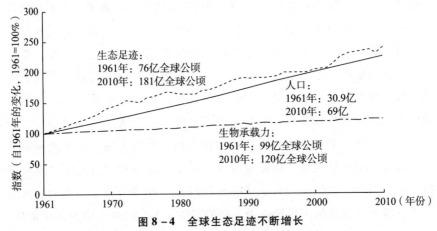

图 8－4　全球生态足迹不断增长

资料来源：WWF，《地球生命力报告 2014：摘要》（中文版），第 11 页，http://
wwf. panda. org/about_our_earth/all_publications/living_planet_report/。

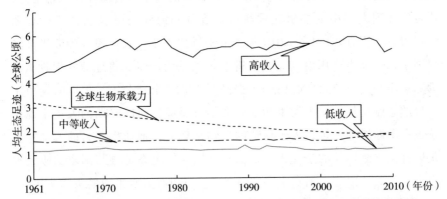

图 8－5　1961 年至 2010 年间高收入、中等收入和低收入国家人均生态足迹

资料来源：WWF，《地球生命力报告 2014：摘要》（中文版），第 16 页，http://
wwf. panda. org/about_our_earth/all_publications/living_planet_report/。

---

[1]　潘家华主编《低碳转型——践行可持续发展的根本途径》，北京：学苑出版社，2010
年版，第 165 页。

消费模式，通过改变消费者行为偏好来降低能耗，从而减少温室气体排放。为此，大力倡导低碳生活、低碳出行，让消费者在日常生活中节约能源，减少碳排放，这是走向低碳经济的重要基础性工作，也是非常关键的举措。

以上分析表明，全球气候变化是一种对于人类发展方式和手段选择限制越来越严格的全球性问题。正如有的研究人员指出，气候危机已经成为我们时代一个关键的文明驱动因素（key civilizational driver），它从根本上限定了国际体系中各种行为体的行为模式，气候危机已经移入国际政治的核心，没有全球治理结构的真正转型，就不可能维持我们时代文明的可持续发展路径。[1] 也就是说，全球气候变化的影响使得传统的高碳经济无法再继续，走向低碳经济已经越来越成为当前的世界发展潮流，它对于置身其中的国家的发展方式和手段选择越来越具有强制性。因此，全球气候变化致使我们生活在一个日益"泛生态化"和环境国际化治理的世界，任何国家和民族发展手段和方式的选择都已经受到严重的制约和限制，而不能再"随心所欲"和"无所顾忌"地行动，环境关切及其国际化制度和规范已经成为一种必需的考量。[2]

第二节 欧盟气候治理生态现代化
战略的价值与局限

鉴于以上分析，我们看到，全球气候变化对于人类文明发展道路的限制和刚性约束日益加强，走向低碳经济已经成为当前的世界潮流和全球共识。由此来看，笔者认为欧盟气候治理战略的生态现代化路径迄今为止是一条相对成功的路径选择，气候治理也是欧盟整体经济社会走向生态现代化的一种重要战略性手段。这种战略对世界其他国家和地区应对气候变化无疑具有重要的参考价值和意义。当然，欧盟的气候治理战略也面临着不仅来自欧盟自身经济社会可持续发展的挑战，也面临着来

---

[1] Eduardu Viola, Matias Franchini and Thais Lemos Ribeiro, "Climate Governance in An International System under Conservative Hegemony: The Role of Major Powers," *Brazilian Journal of International Politics（Rev. Bras. Polit. Int.）*, Vol. 55（special edition），2012.

[2] 郇庆治：《环境政治国际比较》，济南：山东大学出版社，2007年版，导言第3页。

自全球经济转型大环境的难题与挑战，也存在一定的局限性。

一　欧盟气候治理生态现代化战略的价值与意义

生态现代化理念为欧盟的气候战略提供了重要的理念支撑与价值基础，而在这种理念的指导下，欧盟采取的现实气候政策措施与治理行动也较好地达到了生态现代化理念的预期效果。从理念到行动，从行动到结果，欧盟的整体气候战略呈现良性发展的态势。如果说走向低碳经济已经成为人类社会未来发展的理性选择，那么，欧盟的道路至少迄今为止是朝着正确的方向发展，这条道路在某种意义上代表了人类未来的发展趋势。此外，正是由于全球气候变化问题已经成为整个人类社会面临的挑战与难题，应对气候变化的行动，无论其来自于任何国家或集团，也无论其动机和目的是什么，其事实上也是在保护全人类的利益，因此，欧盟积极超前的气候政策立场某种程度上引领了世界各国应对气候变化的"集体行动"，而应对气候变化问题的生态现代化战略也就为其他国家和地区提供了某种可行的发展模式和道路选择，这也是迄今为止欧盟能够在国际气候治理中发挥"领导"作用的一个重要原因。

（一）为国际社会应对气候变化开拓了一条相对可行的道路

全球气候变化已经成为世界各国必须通力合作加以应对的严峻挑战。面对全球气候变化给整个人类经济社会发展所带来的难以估量的深远影响，国际社会在积极探寻减缓和适应气候变化的有效政策措施。正如上文分析表明，从 20 世纪 80 年代全球气候变化进入国际政治视野以来，经过近 30 年的探索，从《公约》到《京都议定书》，到《哥本哈根协定》再到《巴黎协定》，国际社会正在为达成一套相对公平、有效的气候治理协议而继续努力，在全球和国际层面达成共识，确定目标，界定政策，协调纷繁复杂的国家间利益。而与此同时，在这种大的背景下，包括欧盟在内的一些国际组织和一些国家，也在积极发展其内部气候政策，贯彻实施已经达成的国际气候协议，率先启动了一系列低碳发展政策，成为一些政策领域的拓荒者和先驱。可以说，随着全球气候变化对人类经济社会发展方式的刚性约束日益趋紧，世界各国的发展正在进入一个关键的转型时期，从现有不可持续的高碳发展模式向可持续的低碳发展模式转型势在必行，绿色发展正逢其时。正如有的研究者指出："目前，世界正处在一个发展的十字路口。由于现有发展方式难以持续，无论是中国还是世界，都需要寻找新的模式，绿色发展就正是这样一种新模式。其有可能带来经济、社会、环境以及政府角色的全面转型。它是一个机遇：一扇新的机会之门。绿色发展是指经济增长摆脱对资源使用、碳排放和环境破坏的过度依赖，通过创造新的绿色产品市场、绿色技术、绿色投资，以及改变消费和环保行为来促进增长。"[①] 也正如经合组织（OECD）在 2010 年的一份报告中特别指出："绿色增长可被视为一种追求经济增长和发展，同时又防止环境恶化、生物多样性丧失和不可持续地利用自然资源的方式。它旨在使利用更清洁的增长来源的机会最大化，从而实现更环保的可持续增长模式。[②] 正是在这种背景下，绿色发展已经成为全球应对气候变化的全球性共识，那么，欧盟所实施的生态现代化战略正是这种绿色发展（或低碳发展）的先行者。从前几章的分析我们可以看出，在美国、加拿大、日本、澳大利亚等世界发达国家踯躅不前的时候，欧盟却持续采取了较为积极的气候政策，包括较为激进的温室气体减排目标、可再生能源的发展以及能源效率的提升。而且，经过 20 多年的持续实施，保证了政策举措的连续性，也为投资者的投资提供了政策保障，因而取得了较为明显的成效。根据欧洲环境署（European Environment Agency）2015 年发布的报告，1990 ~ 2012 年间欧盟 28 国的温室气体排放下降了 19%，已经基本实现其提出的 2020 年温室气体减排目标，而与此同时欧盟的总人口增长了 6%，经济总量增长了 45%，每欧元 GDP 的温室气体排放量下降了 44%，人均碳排放从 11.8 吨二氧化碳当量下降到了 9.0 吨。[③] 欧洲统计部门的数据也表明，欧盟的气候政策取得了明显成效，温室气体减排提前达到预期目标，而且可再生能源也有长足发展，欧盟 28 国可再生能源在最后总的能源消费中的份额在 2004 年占 8.3%，到 2013 年上升到了 15.0%，欧盟 28 国来自可再生资源生产的电力占总的电力消费的比例从 2004 年的 14.3% 上升到 2013

---

① 世界银行、中国国务院发展研究中心联合课题组：《2030 年的中国：建设现代、和谐、有创造力的社会》，北京：中国财政经济出版社，2013 年版，第 139 页。

② 经合组织（OECD），《绿色增长战略中期报告：为拥有可持续的未来履行我们的承诺》，经合组织部长级理事会会议，2010 年 5 月 27 ~ 28 日，经合组织部长级理事会会议。

③ EEA, *The European Environment — State and Outlook* 2015: *synthesis report*, European Environment Agency, Copenhagen, 2015, p. 93.

年的 25.4% 。① 可见，欧盟的气候政策已经取得了明显的进展，在迈向低碳经济的征程上开拓出了一条相对可行的发展道路。

（二）为其他国家和地区的气候行动提供了一套可借鉴的模式和经验

欧盟应对气候变化问题的政策措施无疑是建立在欧盟自身独特的政治制度和治理理念基础上的。比如有学者指出，正是欧盟各种机构之间以及欧盟与其成员国之间的良性互动及相互促进，多层相互强化，使欧盟在全球气候变化问题上发挥了积极的领导作用。② 也有国内学者把欧盟应对气候变化的经验归纳为：把握挑战、凝聚共识、依法决策、贯彻实施，揭示了欧盟多层次治理的特点。③ 本书着重从欧盟应对气候变化问题的政策理念及战略行动出发，系统阐释了欧盟在应对气候变化问题上及参与国际气候谈判的政策立场，以上章节的分析已经充分说明，欧盟应对气候变化的战略总体而言是一个生态现代化战略，该战略体现在国际向度上就是欧盟在国际气候谈判中采取的积极立场。欧盟自身也多次强调其气候政策的榜样示范作用，采取了一条通过榜样与示范进行领导（leadership by example）的战略，因此，欧盟的气候战略作为一种先行者行动，对于其他国家和地区的气候行动无疑具有重要的借鉴和参考价值。

（三）增强了国际社会应对全球气候变化的政治意志和信心

政府间气候变化专门委员会（IPCC）在第五次评估报告的《综合报告》特别强调："如果个别方面只顾自身利益，则不可能实现有效的减缓。气候变化具有在全球尺度上集体采取行动解决问题的特点，因为大部分温室气体会随时间的推移而累积并在全球范围发生混合，任何方面（例如个人、社区、公司、国家）的排放都会影响其他方面。因此需要合作响应，包括国际合作来有效减缓温室气体排放并应对其他气候变化事宜。通过在各层面开展互补式行动，包括国际合作，可提高适应的有

---

① Eurostat, *Sustainable Development in the European Union: Key Messages*, 2015 edition, Luxemburg: Publications Office of the European Union, 2015, p. 77.

② Miranda A. Schreurs and Yves Tiberghien, "Multi – Level Reinforcement: Explaining European Union Leadership in Climate Change Mitigation," *Global Environmental Politics*, Vol. 7, No. 4, 2007, pp. 19 – 46.

③ 王伟男：《应对气候变化：欧盟的经验》，北京：中国环境科学出版社，2011 年版。

效性。"① 然而，国际气候谈判启动 20 多年的事实充分说明全球气候治理正在面临集体行动的难题，屡次陷入谈判的僵局，一些国家搭便车的行为非常严重；另一方面，气候变化减缓技术突破难度大，特别是经济社会发展对传统化石能源的高度依赖，可再生能源和替代能源发展缓慢。这些都增加了全球气候治理的难度，全球气候治理的总体成效并不明显。政府间气候变化专门委员会（IPCC）在第五次评估报告的《综合报告》指出："如果不做出比目前更大的减缓努力，即使有适应措施，到 21 世纪末，变暖仍将导致高风险至很高风险的严重、广泛和不可逆的全球影响（高信度）。"② 因此，在这种大背景下，欧盟的积极行动无疑对于增强国际社会应对气候变化的政治意志和信心具有特别重要的意义。2014年 10 月 23～24 日，欧洲理事会达成协议，同意欧盟委员会提出的欧盟2030 年气候与能源政策框架。③ 决定通过之后，联合国秘书长发言人对此发表评论，高度赞赏欧盟的决定，"这个决定展示了欧盟在应对气候变化问题上采取重大行动方面继续发挥全球领导作用。……这个决定也为所有国家的气候雄心提出了一个新的标准，对即将到来的全球谈判提供支持。"④ 当时，欧盟委员会主席巴罗佐在欧洲理事会结论通过之后发表的演讲指出："今天的这个协定无疑能使欧盟在明年巴黎峰会以及即将到来的利马会议之前的国际气候对话中保持驱动者的地位。我们已经树立了一个榜样，其他国家应该紧随其后。"⑤ 2014 年 11 月 12 日中美发表《中美气候变化联合声明》⑥ 之后，新任欧盟委员会主席让－克劳德·容克（Jean－Claude Juncker）和欧洲理事会主席范龙佩发表联合声明，认

---

① 政府间气候变化专门委员会（IPCC）：《气候变化 2014：综合报告》，第 76 页。
② 政府间气候变化专门委员会（IPCC）：《气候变化 2014：综合报告》，第 77 页。
③ European Council, *European Council* (23 *and* 24 *October* 2014) *Conclusions on* 2030 *Climate and Energy Policy Framework*, Brussels, 23 October 2014.
④ "UN Secretary － General strongly commends EU's decision for reducing greenhouse gas emissions," 23 October 2014, http://eu － un. europa. eu/articles/en/article_15636_en. htm, accessed on November 14, 2014.
⑤ José Manuel Durão Barroso, Statement by President Barroso following the first day of the European Council of 23 － 24 October 2014, Press Conference, Brussels, 24 October 2014, SPEECH/14/719.
⑥ "中美气候变化联合宣言"，新华网，http://news. xinhuanet. com/world/2014 － 11/12/c_1113221744. htm，登录时间 2014 年 11 月 13 日。

为这是欧洲理事会 10 月 24 日通过 2030 年气候与能源一揽子政策之后，吁请其他国家尽快提出减排目标的呼吁得到了回应，对中美的气候战略表示欢迎。① 可见，欧盟的先行者行动正在积极推动国际气候谈判取得进展。

二　欧盟气候治理生态现代化战略的局限与问题

迄今为止，欧盟应对气候变化的生态现代化战略已经取得了一些明显的成效。但是，在很大程度上，人类当前面临的发展困境是一个各种因素综合作用下的结果，生态现代化战略在某种程度上仍然是一个强调经济技术手段在解决当前人类困境中发挥关键作用的战略。就此而言，欧盟的气候治理战略当然也具有一定的局限性。

（一）欧盟气候战略本身的局限性

正如众多学者（包括生态现代化理论的主要创立者）都强调指出生态现代化本身所具有的局限性，② 作为一种"现实主义"色彩浓重的环境政策理念，生态现代化战略实施过程中面临着众多挑战。比如技术革新与突破的限度，生态现代化的渐进变革与经济增长所导致的经济总量提升对变革效果的抵消，环境问题的区域性解决与全球性存在的矛盾。还有一个更为严重的问题是在全球化时代，经济发展受到众多复杂因素的影响，而任何经济波动往往都会影响到环境治理。近年来，欧盟经济增长乏力，失业率居高不下，特别是在近期世界金融危机的影响下，欧盟经济面临更多的挑战。在存在诸多强劲竞争对手（美国、日本的挑战以及新兴经济体的崛起）的情况下，欧盟的气候治理战略能否达到理想

---

① "EU Commission President Juncker and Council President Van Rompuy welcome US – China climate announcement", 12 November 2014, http://eu – un. europa. eu/articles/en/article_15734_en. htm, accessed on November 14, 2014.

② Martin Jänicke, *Ecological Modernization: Innovation and Diffusion of Policy and Technology*, Forschungsstelle für Umweltpolitik (FFU) Report 2000 – 08, Berlin: Free University of Berlin, 2000; Martin Jänicke and Klaus Jacob, *Ecological Modernisation and the Creation of Lead Markets*, Forschungsstelle für Umweltpolitik (FFU) Report 2002 – 03, Berlin: Free University of Berlin, 2002; Martin Jänicke, "Ecological Modernisation: New Perspectives," *Journal of Cleaner Production*, Vol. 16, No. 5, 2008, pp. 557 – 565；郇庆治：《生态现代化理论与绿色变革》，《马克思主义与现实》2006 年第 2 期，第 90 ~ 98 页。

的预期效果，生态现代化战略所预期的先行者优势是否会因受到无法预料的其他因素的影响而有所降低，如何协调短期战略利益与长期战略利益之间的矛盾，这些都是欧盟气候战略所面临的严峻考验；另外，鉴于欧盟本身的结构特点，多年以来，欧盟对内实质上一直倾向于采取一种"软治理"方略，也就是对内更多倾向于采取基于市场机制和自愿减排协定等手段来达到减排目标，这种政策有助于降低执行成本，更多提高治理效率，但同时也存在着诸多漏洞与弊端（比如排放交易体系运行初期的问题以及与汽车工业达成的自愿减排协定并没有达到预期效果）。如何运用更多基于市场机制的成本有效的手段而同时使用有效的管治措施，也是欧盟气候治理过程中遇到的重大挑战。正如德国著名环境政治学者马丁·耶内克强调指出："我们可能存在满足于市场化的、'双赢方案'的'眼下成果'的风险。归根结底，如果不将可持续发展管治纳入一个结构性解决方案的话，其最终是不可能成功的。因为，更为关键的任务将是长期性环境干扰的预防，工业转型终将不可避免地与既得利益集团相冲突。"① 全球气候变化问题将是国际社会面对的长期风险与挑战，其解决不但需要基于短期利益考量的政策举措（比如清洁技术的突破与应用），更需要基于长期利益考量的人类经济社会发展和人类行为的根本性转变。基于此，我们认为"生态现代化战略"从根本上讲仍然是一种治标不治本的环境治理战略，其属于生态政治理念中倾向于继续维护资本主义社会制度、以经济技术手段革新为核心的"浅绿"阵营。② 在一定程度上讲，这种战略也就是在当前人类社会现有条件和智慧的状况下，与其他环境治理战略（比如先污染后治理或者某些"末端治理"措施）相比，相对具有较强现实可行性和可接受性的一种战略方案，人类社会所面临的巨大的以气候变化为代表的环境难题的解决，可能需要整个人类社会进行重大的结构性转变，包括社会制度、人类自身的文化理念以及国际社会的性质与状态。也正因为如此，包括全球气候变化问题在内的人类社会发展难题的解决必将是一个长期的复杂进程，需要人

---

① 〔德〕马丁·耶内克、克劳斯·雅各布主编《全球视野下的环境管治：生态与政治现代化的新方法》，李慧明、李昕蕾译，济南：山东大学出版社，2012 年版，第 28 页。

② 参见郇庆治主编《当代西方绿色左翼政治理论》，北京：北京大学出版社，2011 年版，导言部分。

类的耐心更需要人类的智慧。

(二) 欧盟国际气候战略的局限性

正如欧盟对内实施"软治理"方略，欧盟的对外国际气候战略同样甚至更多采取了"软治理"战略，主要运用"榜样与示范"力量来发挥领导作用，试图依靠环境技术和环境政策的对外扩散来达到国际气候治理的目标，预期通过展示"最好的实践"，借助于国家之间治理模式的竞争来影响其他国家和地区。这种战略符合欧盟自身与气候治理的特点，也与欧盟作为一种"规范力量"所追求的价值观和理念相一致，而且，从整个国际气候治理的发展历程和经验研究来看，这种战略也产生了重要影响，对于国际气候治理也起到了非常积极的作用。但是，这种战略也具有很大的局限性。事实上，从国际气候谈判一开始，欧盟领导作用的发挥及其效果就受到来自美国和日本的严重影响，特别是美国退出《京都议定书》更是给欧盟的领导力带来巨大挑战，在这一点上，国家的"权力"开始显示其抵制外界影响的能力，"权力"作为一种结构性物质资源在某种程度上限制甚至抵消了欧盟"理念型"领导力的发挥。2009 年哥本哈根气候大会的事实实际上正表明部分发达国家和发展中国家是在拒绝或抵制欧盟的"生态现代化"扩散战略。后京都时代的国际气候政治格局欧、美、中三极格局逐渐成形，[①] 美国和中国在气候政治领域的影响力上升，而且与欧盟的利益诉求和治理理念存在明显的差异，欧盟的领导地位受到挑战和质疑。有些评论者指出在哥本哈根气候大会上欧盟的"被边缘化"，以及 2010 年墨西哥坎昆会议显示出一种"群龙无首"的迹象，[②] 都说明欧盟在气候变化领域的实际影响力有所下降；而且，由于金融危机的严重影响，欧盟经济受到削弱，更多关注内部经济复苏和就业问题，在资金和技术转让等国际气候谈判的关键问题上，欧盟越来越犹豫不决，而且随着成员国数量的增加其内部成员国之间立

---

① 潘家华：《气候变化：地缘政治的大国博弈》，《绿叶》2008 年第 4 期，第 77～82 页；陈迎：《国际气候政治格局的发展与前景》，李慎明、王逸舟主编《全球政治与安全报告 (2008)》，北京：社会科学文献出版社，2007 年版，第 282～309 页。

② 凤凰网：《张海滨：我最担忧坎昆会议群龙无首》，参见：http://news.ifeng.com/world/special/kankun/lvsefangtan/detail_2010_11/29/3267041_0.shtml，登录日期 2010 年 11 月 30 日。

场协调的难度也在增加，所有这些都在损害欧盟发挥领导作用的意志和能力。总而言之，面对来自于国际及其内部的种种挑战，欧盟有必要调整和进一步完善它的国际气候战略，以便有效应对越来越复杂的国际气候治理的现实困境。

第三节　欧盟气候治理战略对中国的启示

迄今为止，欧盟的气候治理代表了相对比较成功的一种战略模式。尽管由于自然地理条件的差异，经济社会程度的不同，地缘文化的区别，我们不可能照搬欧盟的气候战略，但是，欧盟应对气候变化的生态现代化战略在某种程度上讲可以说是代表了人类社会未来发展的一种方向和道路，走向低碳经济和生态现代化似乎越来越成为一种全球共识。在全球应对气候变化的大背景下，随着城市化和现代化步伐的加快，中国温室气体排放的总量迅速增长，发展面临的资源环境压力也日益增大，中国将面临越来越大的内部挑战和国际社会的压力。如何抓住机遇，审时度势，既能够在未来的国际气候谈判中灵活应对，又能够为国家的长远发展运筹帷幄，这是中国在"后巴黎时代"必须认真加以解决的外交和内政方面的重大课题。基于此，欧盟的气候战略为我国的低碳转型带来重要启示。本节接下来结合我国当前经济社会发展面临的日益增强的资源环境压力以及应对全球气候变化的挑战，来探索欧盟的气候治理战略带给我们的有益启示和值得借鉴的经验。

一　全球气候变化影响下中国经济社会发展面临的转型难题

作为一个气象和气候条件复杂多变的国家，中国是全球气候变化的受影响最大的国家之一，全球气候变化也正在给中国经济社会发展带来严重影响。正如 2015 年 6 月 30 日中国政府向联合国气候变化框架公约秘书处提交的应对气候变化国家自主贡献文件《强化应对气候变化行动——中国国家自主贡献》特别强调的："中国是拥有 13 多亿人口的发展中国家，是遭受气候变化不利影响最为严重的国家之一。中国正处在工业化、城镇化快速发展阶段，面临着发展经济、消除贫困、改善民生、保护环境、应对气候变化等多重挑战。积极应对气候变化，努力控制温室气体排放，提高适应气候变化的能力，不仅是中国保障经济安全、能源安全、生态安全、粮食安全以及人民生命财产安全，实现可持续发展的内在要求，也是深度参与全球治理、打造人类命运共同体、推动全人类共同发展的责任担当。"①

根据 2007 年中国发布的《中国应对气候变化国家方案》，与全球气候变化的大环境同步，中国的气候系统也正在发生重大变化，主要表现在以下几个方面：（1）近百年来，中国年平均气温升高了 0.5～0.8℃，略高于同期全球增温平均值，近 50 年变暖尤其明显。（2）近百年来，中国年均降水量变化趋势不显著，但区域降水变化波动较大。（3）近 50 年来，中国主要极端天气与气候事件的频率和强度出现了明显变化。（4）近 50 年来，中国沿海海平面年平均上升速率为 2.5 毫米，略高于全球平均水平。（5）中国山地冰川快速退缩，并有加速趋势。② 全球气候变化已经给中国的气候系统带来严重影响。2011 年以来，中国相继发生了南方低温雨雪冰冻灾害、长江中下游地区春夏连旱、南方暴雨洪涝灾害、沿海地区台风灾害、华西秋雨灾害和北京严重内涝等诸多极端天气气候事件，给经济社会发展和人民生命财产安全带来较大影响。③ 2014 年 9 月中国国家发展和改革委员会正式发布《国家应对气候变化规划（2014 - 2020 年）》，对应对气候变化问题进行统筹规划，文件指出："近一个世纪以来，我国区域降水波动性增大，西北地区降水有所增加，东北和华北地区降水减少，海岸侵蚀和咸潮入侵等海岸带灾害加重。全球气候变化已对我国经济社会发展和人民生活产生重要影响。自 20 世纪 50 年代以来，我国冰川面积缩小了 10% 以上，并自 90 年代开始加速退缩。极端天气气候事件发生频率增加，北方水资源短缺和南方季节性干旱加剧，洪涝等灾害频发，登陆台风强度和破坏度增强，农业生产灾害损失加大，重大工程建设和运营安全受到影响。"④ 上述资料表明，全球气候变化已经给中国的经济社会发展带来了严重的负面影响，我们必须正视这个严酷的现实。

---

① 《强化应对气候变化行动——中国国家自主贡献》，《人民日报》2015 年 7 月 1 日第 22 版。
② 国家发展与改革委员会：《中国应对气候变化国家方案》，2007 年 6 月。
③ 国家发展与改革委员会：《中国应对气候变化的政策与行动 2012 年度报告》，2012 年 11 月。
④ 国家发展与改革委员会：《国家应对气候变化规划（2014 - 2020 年》，www.ndrc.gov. cn/zcfb/zcfbtz/201411/wo20141104584717807138.pdf.

与此同时，中国近年来经济的高速增长也付出了沉重的资源环境代价。据世界银行的评估，在过去10年间，中国的环境退化和资源枯竭所造成的成本已经接近GDP的10%（见图8-6），比同时期的印度、巴西等国付出的环境资源代价更大，其中，空气污染占6.5%，水污染占2.1%，土壤退化占1.1%。①

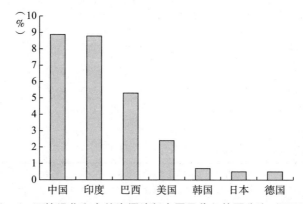

图8-6　环境退化和自然资源消耗占国民收入的百分比（2008年）

资料来源：世界银行、国务院发展研究中心联合课题组：《2030年的中国：建设现代、和谐、有创造力的社会》，北京：中国财政经济出版社，2013年版，第15页。

然而，我国的能源结构和经济社会发展的阶段却又正在加剧这种状况。如表8-1所示，中国是一个以煤炭为主要能源的能源消费大国，虽然近年来煤炭消费占一次性能源消费总量的比例有所下降，清洁能源（包括核能）所占比重有较大幅度提升。近年来，随着经济的高速发展和城市化进程的加快，能源需求显著增加，对外依存度大大提高。这种能源结构决定了中国经济在很大程度上是一个高碳经济，碳排放持续增长导致我国经济社会发展不仅面临着来自国家内部的巨大资源环境挑战与压力，而且越来越面临着来自国际上的减排压力。如图8-7所示，1960~2010年，中国的人口占世界的比重稳中有降，但中国的生态足迹占世界的比重却快速增加，到2010年占世界生态足迹总量的将近25%，而且，如图8-8所示，自1961年以来的50多年，中国的人均生态足迹平稳上升，而碳足迹增长显著。1961年碳足迹占生态足迹的10%；1998

---

① 世界银行、国务院发展研究中心联合课题组：《2030年的中国：建设现代、有创造力的社会》，北京：中国财政经济出版社，2013年版，第44页。

年占 35%；2003 年占 41%；2008 年已经占 54%。从 2003 年到 2008 年，中国的人均碳足迹增加了 76%。①

表 8 - 1   中国能源消费总量及构成（2009～2015 年）

年份	能源消费总量（百万吨油当量）	构成（能源消费总量 = 100）					
		煤炭	石油	天然气	核能	水电	可再生能源
2009	2187.7	71.2	17.7	3.7	0.7	6.4	0.3
2010	2432.2	70.5	17.6	4.0	0.7	6.7	0.5
2011	2613.2	70.4	17.7	4.5	0.7	6.0	0.7
2012	2735.2	68.5	17.7	4.7	0.8	7.1	1.2
2013	2898.1	67.7	17.4	5.3	0.87	7.2	1.6
2014	2972.1	66.0	17.5	5.6	0.96	8.1	1.8
2015	3014.0	63.7	18.6	5.9	1.3	8.5	2.1

资料来源：2011 年至 2016 年《BP 世界能源统计年鉴》中文版，作者根据统计数据计算所得。

注：石油消费量以百万吨为单位计量，其他燃料以百万吨油当量为单位计算

图 8 - 7   中国人口、生物承载力与生态足迹占世界比重

资料来源：世界自然基金会（WWF）：《中国生态足迹报告 2012：消费、生产与可持续发展》，第 13 页，http://www.footprintnetwork.org/images/article_uploads/China_Ecological_Footprint_2012_Chinese.pdf

---

① 世界自然基金会（WWF）：《中国生态足迹报告 2012：消费、生产与可持续发展》，第 14 页，http://www.footprintnetwork.org/images/article_uploads/China_Ecological_Footprint_2012_Chinese.pdf

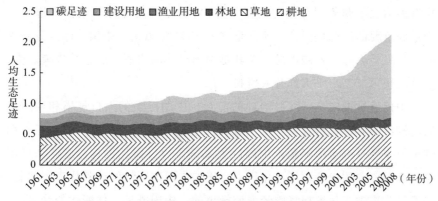

图 8 – 8　中国人均生态足迹的组分构成（1961～2008 年）

资料来源：世界自然基金会（WWF）：《中国生态足迹报告 2012：消费、生产与可持续发展》，第 14 页，http：//www. footprintnetwork. org/images/article_ uploads/China_ Ecological_ Footprint_2012_ Chinese. pdf

二　中国在当前全球气候治理中的定位与影响

20 世纪 90 年代以来一个最具有体系性的变化就是美国霸权的衰退和东亚（中国）经济的强势崛起，全球气候治理制度碎片化的形成与演化历程与国际体系权力转移和权力流散的进程大致处于同一历史进程之中。20 世纪 90 年代初联合国框架下的全球气候治理进程正式拉开，而同时也正是中国经济的起飞和快速发展时期，也是印度、巴西等新兴经济体经济快速发展的时期。许多研究全球气候治理南北格局形成和演化的学者都注意到，无论是 1992 年达成的《公约》还是 1997 年达成的《京都议定书》都是按照当时的国家发展现状安排的。[①] 当时的发展中国家（中国）无论是经济力量还是温室气体排放都没有达到与发达国家同一层级的水平。但中国和印度经济快速发展的势头和温室气体排放的上升越来越具有重要影响。有研究者指出，中国经济（以及能源使用与碳排放）自 2001 年开始呈指数级上升，对美国的全球霸权产生威胁，印度

① Virak Prum, "Climate Change and North – South Divide：Between and Within," *Forum of International Development Studies*, 34, 2007；Daniel Abreu Mejia, "The Evolution of the Climate Change Regime：Beyond a North – South Divide?" *Institut Catala Internacional per la Pau* (*ICIP*) *Working Papers*, 2010/06, Barcelona, 2010.

也有能力去削弱美国劳动力的竞争力,[①] 这是理解全球气候治理进程一个最为重要的结构性因素。尤其是进入 2000 年以来,中国、印度等新兴经济体强势崛起,发展迅猛,尤其是中国经济的快速发展,其规模之大、速度之快可能是出乎大部分人所料。

中国已被推向全球气候治理的前台,中国巨大的人口规模和快速发展的经济与城市化进程使中国的碳排放呈现高速增长态势,中国正在面临不但主要是来自国际舆论中的巨大减排压力,而且也日益遭遇来自国家内部的资源约束和环境退化压力。正如中国国际气候谈判代表团团长、国家发改委副主任解振华曾经强调指出的,中国既是气候变化的受害者,也是气候变化的"贡献者",因为中国目前已经是第一排放大国,总排放量占全球的 25% 以上,每年新增的排放量也不少。"这是发展阶段决定的,中国正处于工业化接近完成的转型发展阶段,而城镇化还有较长的路要走,客观上决定了中国的温室气体排放量还会增加。""中国人均GDP 仅仅是 6000 多美元,还有近 1 亿人口收入在贫困线以下,中国依然是发展中国家。中国仍处在工业化、城镇化、农业现代化的过程中,面临着发展经济、改善民生、保护环境、应对气候变化多重挑战,我们的发展方式还比较粗放,转变发展方式、调整结构的任务很艰巨,中国有13 亿人口,由于发展产生的温室气体排放在今后一段时间内还会相应的增加,中国正在加强生态文明建设,努力实现绿色低碳循环发展,我们不会无约束地排放,而是大力实行节能减排。积极应对气候变化与我国转变发展方式、消费模式,调整结构,提高经济增长的质量效益在价值取向、政策措施上完全是一致的,积极应对气候变化是中国可持续发展的内在要求。"[②] 这也就是有学者指出的"中国目前处于一种二元境地",如果中国在节能减排方面不承担相应的责任就是"不负责任",若要承担过多的责任同样是"不负责任"。[③] 积极应对气候变化与我国转变发展

① J. Timmons Roberts, "Multipolarity and the New World (dis) Order: US Hegemony Decline and the Fragmentation of the Global Climate Regime," *Global Environmental Change*, Vol. 21, No. 3, 2011.

② 温泉、李绍飞:《解振华:希望世界真实理解中国发展阶段》,《瞭望》新闻周刊 2013 年第 43 期,第 26~28 页。

③ 温泉、李绍飞:《潘家华:加强气候变化基础研究》,《瞭望》新闻周刊 2013 年第 43 期,第 30 页。

方式、消费模式，调整结构，提高经济增长的质量效益在价值取向、政策措施上完全是一致的，积极应对气候变化是中国可持续发展的内在要求。这是中国正在遭遇的"两难"，这种"二元境地"和"两难"需要中国积极统筹国际与国内两个大局，认清自己在全球气候治理中的使命与责任，认清低碳发展（绿色发展）的全球性潮流，制定中国发展的"绿色大战略"。正如中国国家发改委发布的《中国应对气候变化的政策与行动 2014 年度报告》中强调的，"粗放发展模式已经难以为继，切实转变经济发展方式、推进绿色低碳发展任务日益紧迫。坚持绿色低碳发展、积极应对气候变化，既是新时期中国政府大力推进生态文明建设，实现可持续发展的必由之路，也是树立负责任国家形象，为保护全球气候环境做出积极贡献的现实选择。"①

　　国际国内的双重压力已经清楚地昭示中国必须积极统筹国际国内两个大局，绿色发展不仅是出于减缓日益增大的国际减排压力的需要，更是实现中华民族永续发展的内在要求，绿色发展正是统筹国际国内两个大局的最佳契合点。中国梦是多彩的，绿色应该是其浓重的底色与基础，只有绿色中国梦才是可持续的。当今世界，绿色发展，走向低碳经济，走可持续发展的道路已经成为全球性共识。② 目前，欧盟、日本和美国等发达国家正在进行深刻的经济结构调整，把低碳能源技术作为核心竞争力进行打造，试图抢占未来低碳经济的高地。③ 我们必须要有着眼未来和投资未来的大战略，未雨绸缪，以绿色发展整合我们当前在全球气候治理中多重身份的冲突与利益冲突，以绿色发展树立国家形象，以绿色发展为人类文明的发展做出中华民族的贡献。④

三　欧盟气候治理战略带给中国的经验与启示

（1）必须从国家经济社会发展的长远战略高度重视应对气候变化。

---

① 国家发展和改革委员会：《中国应对气候变化的政策与行动 2014 年度报告》，http://qhs. ndrc. gov. cn/gzdt/201411/W020141126367753366809. pdf，2015 年 3 月 20 日登录。

② 何建坤等：《全球低碳经济潮流与中国的响应对策》，《世界经济与政治》2010 年第 4 期，第 18 ~ 28 页；张梅：《绿色发展：全球态势与中国的出路》，《国际问题研究》2013 年第 5 期，第 93 ~ 102 页。

③ 蔡林海：《低碳经济：绿色革命与全球创新竞争大格局》，北京：经济科学出版社，2009 年版。

④ 胡鞍钢：《中国：创新绿色发展》，北京：中国人民大学出版社，2012 年版。

全球气候变化是人类社会面临的最严峻挑战之一，欧盟的气候治理经验表明，应对气候变化不仅仅需要现实的具体行动，更需要指向未来的战略性谋划和智慧；不但需要拿出坚定的政治勇气来进行应对，而且更需要长远的战略眼光和目标。"应对气候变化，中国需要大视野和大智慧。"① 全球气候变化不仅仅是一个单维度的生态环境问题，它涉及经济社会发展的几乎所有层面，必须有一个谋划长远的战略眼光来看待全球气候变化问题。

（2）必须有一个统筹全局的战略行动。鉴于气候变化的全局性影响，应对气候变化是一个综合的经济社会系统工程，需要一种统筹全局的应对战略，而气候战略目标（或更广泛一点的环境保护要求）必须纳入其他各项政策的制定和实施之中，将应对气候变化全面融入国家经济社会发展的总战略，使生态化原则越来越成为经济社会发展的首要原则。尤其是在制定国家发展战略规划（比如我国的"五年规划"）时一定要把气候变化的减缓和适应等各项目标和行动融入经济社会发展的各项政策之中。

（3）气候变化是一个人类社会面临的严峻威胁，同时也蕴含着重大的战略机遇。正如2015年9月习近平主席在出席联合国气候变化问题领导人工作午餐会时指出的："将应对气候变化作为实现发展方式转变的重大机遇，积极探索符合中国国情的低碳发展道路。"② 在走向低碳经济和生态现代化的道路上，需要坚定的意志和决心，把挑战转化为机遇，实现经济社会的生态化转型，以较小的现实代价获得较大的未来收益，对此，就是要及早应对，未雨绸缪，实施坚定的节能减排战略，大力发展可再生能源，走向一条高效率、低排放的经济社会发展道路，而在走向这条道路的过程中，越早行动付出的成本越少而将来的收益越大。

（4）统筹国内国际两个大局，从全球经济转型的高度来协调我国的内部气候行动与国际行动。内部行动与国际行动相辅相成，有效的内部行动为采取积极的国际立场奠定基础和赢得信用，而积极的国际参与也

---

① 张海滨：《气候变化与中国国家安全》，北京：时事出版社，2010年版。
② 《习近平出席联合国气候变化问题领导人工作午餐会》，新华网，http://news.xinhuanet.com/world/2015-09/28/c_1116697810.htm

会促进内部政策措施的落实。欧盟的国际气候谈判战略经验表明，在内部积极行动的基础上，采取积极主动的态度参与国际气候谈判进程，从而掌握气候政治话语权，积极参与气候治理的规则制定，在树立良好国际形象的同时，为自己争得更大的利益。

结　论

一　研究视角的立意与初衷

如果说 20 世纪 90 年代初欧盟在《公约》谈判过程中的立场和主张还是一种基于欧盟在过去国际环境领域成功经验的延续并伴随着欧盟担当国际环境领域"领导者"的某种"冲动"而形成；欧盟在 1995～1997 年"京都谈判"立场和主张的形成仍然有着这种"领导情结"的痕迹，但全球气候变化问题的巨大经济社会影响以及应对此问题而具有的无可估量的经济社会效应已经对欧盟的决策产生了重要影响，经济社会成本与能源战略安全的考量已经成为欧盟整个气候战略中的应有之义；那么，进入 2000 年，随着欧盟里斯本战略和可持续发展战略的启动，应对气候变化对于促进经济增长和社会就业，提高能源安全，改善环境等全方位的重大影响事实上成为欧盟制定和实施经济社会长远发展"大战略"的重要依托和支点，而这也就成为欧盟"后京都"气候战略的一个重要出发点和战略性考量。而所有这些战略考量的最终出发点从宽泛的意义上讲就是要实现欧盟经济社会的可持续发展，而从更加现实的意义上讲就是实现欧盟的"生态现代化"，以便在未来的低碳经济时代引领潮流，占尽先驱者优势。所以，对未来低碳经济的强烈预期，以及对"欧盟等待得越久，它将来的适应成本也就越高；欧盟行动得越早，利用它的技术和技能，通过开发先行者优势去促进其革新和增长的机会也就越大"[1]的强烈预期，这是欧盟在全球气候变化问题上积极行动，发挥领导带头作用的一种强大精神信念与利益驱动。因此，正是基于这一点，欧盟委员会 2008 年 1 月发布的《2020 年的 20/20：欧洲的气候变化机会》政策文件强调指出，"2007 年 3 月欧洲理事会提出明确的、具有法律约束力

---

[1]　CEC, 20 20 *by* 2020: *Europe's Climate Change Opportunity*, COM (2008) 30 Final, Brussels, 23. 1. 2008, p. 3.

目标的协定是欧盟坚定意志的一个象征。这个决定绝非轻易做出的。"[1]

　　本质而言，人类只要在地球存活一天，人类就需要地球为其提供物质资源维持生存和更高水平的其他活动，人类获取物质和能量的努力就不会停止。如何协调人类需求的增长与自然资源有限的矛盾，也就成为一个关乎人类前途与命运的问题。事实上，这种矛盾一直是一个贯穿人类社会始终的问题，但是，随着18世纪以来工业革命的肇始，人类干预自然的能力和速度飞速提升，使得这种矛盾愈加突出与尖锐。因此，在人类走向现代化的过程中，如何有效协调经济发展、保护环境与社会变迁之间的互动关系，实现三者之间的良性发展，达到经济增长与环境改善之间的互利耦合，也就成为一个人类社会必须直面的突出问题。因此，人类社会越发展，生态环境问题越突出，越需要人类转变发展方式，运用人类的智慧和能力，打破经济增长与环境退化之间的连接，实现经济与环境的双赢，维护人类赖以生存和发展的根基。而这也就是生态现代化理论的全部价值观和终极追求。当前，随着全球气候变化问题的日益突出，基于对全球自然资源和环境容纳度有限性的认知，基于对全球气候变化对人类社会发展道路和手段选择严重制约性的强烈意识，不久的将来人类社会走向一种低碳经济似乎已经成为全人类的共识。而所有这些，立意于整个人类社会的发展，着眼于现实与未来人类面临的问题与挑战，也正是欧盟制定其气候战略，选择应对气候变化问题手段的一个大背景和大前提。从这一点出发我们来看欧盟的整个气候战略，它似乎更多是一种指向未来的战略，也正是从这一点来说，欧盟应对气候变化的政策措施才称得上是一种"战略性"选择与行动。那么，理解了这一点，也就理解了本书从生态现代化理论视角来考察和研究欧盟气候战略的立意与初衷。

二　研究结论

　　本书研究的宗旨和归宿在于探索和揭示欧盟应对气候变化战略选择背后的理念与利益动机。如果说国家利益是国家对外行为的根本动因和

---

[1]　CEC, 20 20 *by* 2020: *Europe's Climate Change Opportunity*, COM (2008) 30 Final, Brussels, 23.1.2008, p. 2.

出发点，那么，通过何种途径和方式认知和界定国家在特定问题领域的利益则是影响国家利益背后的观念性因素。事实上，鉴于国际问题的复杂性，对于绝大多数国际问题，当一个国家要参与其中，并作出重大战略选择的时候，帮助和引导该国认知与界定它在该问题领域的特定利益以及实现其利益的方式与手段的某种战略性理念往往非常深刻地影响了该国最终的战略决策。对于国际环境问题而言尤其如此。通过研究，本书发现，当欧盟面临全球气候变化问题的巨大挑战时，当时占据主流地位的生态政治理念，对于它的政策措施和战略选择产生了重大影响。而这种生态政治理念指导和影响了欧盟的气候治理行动，当这种治理行动达到理念所预期的效果，为欧盟带来相对较大的收益时，又反过来进一步强化了这种理念的指导意义，二者形成了一种良性相互强化关系。具体而言，本书着重分析了20世纪80年代以来在欧盟政策精英中广泛传播的生态现代化理念对欧盟应对气候变化问题的重要影响。通过对生态现代化理念、生态现代化收益与生态现代化成效三个变量与欧盟国际气候谈判立场之间的复杂互动关系的分析，本书得出如下几个结论。

（1）生态现代化理念影响了欧盟在气候变化问题上的利益认知和利益界定，促使欧盟在国际气候治理中采取了积极政策立场，生态现代化理念对欧盟气候政策信念体系的影响越强，欧盟越会采取积极的气候政策立场，生态现代化理念与欧盟的气候政策立场呈正相关关系。生态现代化理念的核心观念就是环境保护与经济发展二者之间并不矛盾和对立，在适当和正确的政策指引下二者可以实现协同发展和双赢，环境保护不是经济活动的负担，而是未来可持续增长的前提。采取严格的环境政策和较高的环境标准不会伤害经济竞争力，反而会促进技术革新，形成领导型市场，促进生态产业的发展，通过环境技术和环境政策的扩散赢得更大的经济利益。鉴于自然资源和生态环境对人类活动容纳度的有限性，经济社会生态化转型是未来经济社会发展的一个必然趋势，生态原则最终会成为人类经济社会活动的首要原则。正是基于这种理念，欧盟在处理和应对气候变化问题时，认为采取积极领先的"先驱政策"会增进欧盟的利益，为欧盟赢得先行者优势，虽然在短期内可能会付出一定的代价，但从整个经济社会的发展趋势来看，会从根本上引导欧盟走向可持续发展的道路。这样可以为欧盟赢得三个方面的重大优势：第一，技术优势。解决气候变化问题最终必然依靠技术进步，只有技术进步和突破方能提高经济社会的效率和消除经济增长的负面影响，并发展可替代能源和资源，从根本上实现经济社会发展的生态化转型。第二，市场优势。经济社会的生态化转型，人类走向低碳经济，必然形成巨大的生态需求和市场潜力，依靠技术革新和政策优势，打造领导型市场，从而主导未来的低碳经济市场。第三，政策优势。通过积极的国际推动，把欧盟的环境标准和规则变成国际标准和规则，一方面可以大大减小欧盟自身调整和适应国际标准的成本，另一方面也降低了因较高环境标准而产生的贸易成本，也使欧盟企业的竞争优势最大化。而生态现代化理念通过以下路径影响了欧盟的决策：为欧盟在全球气候变化问题上提供行动路线图，为协调欧盟各种利益集团与成员国的利益和偏好充当利益汇合的焦点，并通过制度化，镶嵌到欧盟的有关环境制度中，影响了欧盟的气候政策决策。

（2）赢得生态现代化收益是欧盟制定和实施积极气候政策和国际气候谈判立场的一个重要战略性利益考量，而欧盟的气候治理行动也确实为欧盟赢得了较高的生态现代化收益，这种生态现代化收益强化了生态现代化理念对欧盟气候政策立场的影响，生态现代化理念与生态现代化收益形成了一种良性相互强化的关系，成为欧盟采取积极气候政策立场的深层次经济根源和内在动力。在生态现代化理念的影响下，通过明确坚定的减排行动促进欧盟低碳技术的革新并使之成功市场化，打造气候变化领域的"领导型市场"，发展新兴的生态产业，在新能源与低碳经济领域占据主导地位，最终为欧盟赢得经济利益。而且，能源效率的提高和可再生能源的发展也会节约资源和经济成本并提高欧盟的能源安全。这些都是欧盟制定积极气候政策的重大利益考量。本书的研究表明，对于欧盟而言，气候变化是一个严峻挑战，但同时更是经济社会转型的一个重大机遇。通过落实生态现代化战略，积极的气候政策为欧盟赢得了相对丰厚的生态现代化收益，在气候变化减缓技术、生态产业以及能源效率提高导致的经济节约与能源安全的提升这三大方面，欧盟都获得了相对较高的收益。与美国、日本相比，在诸多领域（比如可再生能源技术和产业领域）欧盟都处于世界领先地位，尽管有些领域也受到日本和美国的严峻挑战。这证明积极的气候政策与生态现代化理念以及欧盟的利益诉求具有较高的契合度，生态现代化理念预期的收益与政策实施的实际收益之间也具有较高的契合度，这种较高的契合度进一步加强了生态现代化理念对欧盟决策的影响，促使欧盟采取积极的气候政策立场。这表明生态现代化收益越高，欧盟越倾向于采取积极的气候政策立场，生态现代化收益与欧盟的气候政策立场之间存在较强的正相关关系。

（3）生态现代化成效奠定了欧盟"通过榜样与示范进行领导"的内在基础，为欧盟采取积极的气候政策立场赢得了国际信誉，这种生态现代化成效强化了生态现代化理念对欧盟气候政策的影响，生态现代化理念与生态现代化成效形成了一种良性相互强化关系，推动欧盟采取积极的气候政策立场。欧盟内部的气候治理成效是其国际承诺落实与执行的结果，那么，其国际承诺的落实程度也就成为欧盟在国际气候治理中发挥领导作用的信用和合法性的基础。气候治理是一个全方位的经济社会工程，温室气体减排行动直接推动了整个经济社会的生态化转型，促使欧盟走向一个具有更高能源效率、更高能源供应安全以及更低排放的低碳经济。就此而言，欧盟的气候治理成效实质上就是欧盟整个经济社会生态现代化程度的反映。由于气候治理内在行动与国际行动二者之间的密切相关关系，欧盟内部的生态现代化成效直接奠定了欧盟在国际气候谈判中采取积极政策立场的坚实基础。研究表明，整体而言，欧盟的气候治理取得了积极的成果：第一，欧盟的气候治理取得了积极的环境成效和经济成效。到目前为止，温室气体减排已经实现了欧盟的"京都目标"，而且整体环境表现好于美日；尽管由于部分成员国竞争力的下降导致欧盟平均全球竞争力有所下降，但大部分成员国，特别是在气候政策方面发挥领导作用的"绿色成员国"的竞争力呈上升趋势，表明"绿色国家"的气候先驱政策并没有伤害欧盟的经济竞争力，事实上是促进了欧盟整体竞争力的提升；而且，欧盟经济增长与环境退化的脱钩比例也高于美日，经济增长与环境保护之间基本实现了双赢。第二，欧盟经济社会的整体生态现代化程度也高于美国和日本，欧盟的生态进步、经济生态化、社会生态化成效都明显好于美日。这表明欧盟积极的气候政策立场与生态现代化理念以及欧盟自身的经济社会生态化转型存在较高的契合度，这种较高的契合度推动欧盟采取了积极的气候政策立场。

（4）欧盟的气候外交是基于其内部生态现代化战略的外在向度或国

际向度而积极开展的一种国际行动，其本质而言是为欧盟在未来的低碳经济时代掌握主导权服务的。欧盟的气候外交受到其自身价值理念、政策偏好和在全球气候治理中权力地位的深刻影响。总体而言，欧盟基于其自身推动生态现代化战略和综合安全保障的需要，力图在全球气候治理中推动一种"自上而下"的"强体制"治理模式，但受到客观现实环境及其他缔约方的或隐晦或明确的抵制而难以实现。但欧盟的气候外交确实已经取得了重要成效，无论是对全球气候治理体制的影响，还是低碳经济理念的全球性扩散，还是在与一些相对比较激进的气候谈判集团建立"绿色联盟"方面都取得了积极效果。欧盟的气候外交是与其内部气候政策积极相关的，是贯彻其整体气候战略的重要组成部分，通过其内部的积极气候政策为其在国际舞台上实施"通过榜样示范进行领导"的气候外交战略奠定基础；但与此同时，任何欧盟的内部气候政策和外部气候外交都是发生在全球气候治理这一大的背景之下，受到外部大环境的制约和影响，因而，随着欧盟自身遭遇经济、社会以及当前难民危机的重大影响，尽管欧盟自身在减排行动、技术创新和新能源开发（生态现代化）等方面都取得了明显的成效，但其在全球气候治理中的影响力似乎正在下降，这也是欧盟气候外交变得越来越理性务实的重要根源。

（5）欧盟气候战略具有深刻的利益动机。本书反复强调指出，无论从理论还是实践层面来看，影响欧盟国际气候谈判立场的因素很多，也就是说，当本书把欧盟的国际气候谈判立场当作一个因变量去进行研究的时候，事实上可以列出一系列自变量。研究视角的不同可能会发现不同的影响因素，本书所列的三个"生态现代化"变量事实上只是影响欧盟气候政策及其国际气候谈判立场的因素当中最为重要的内部变量之一。就此而言，本书的研究只是从一个侧面揭示了欧盟整个气候战略背后的生态现代化理念与利益的影响，本书的研究意在揭示这样一个重要的事实，也就是欧盟在国际气候治理中发挥领导带头作用，其背后实质上具有非常深刻的利益动机，而这种利益动机受到生态现代化理念的影响并在现实的国际气候治理中通过生态现代化战略显现出来。通过坚定的减排承诺和立法措施，力促欧盟的整个经济社会走低碳发展道路，抢占低碳经济时代的制高点，赢得先行者优势，这是欧盟整个气候战略的出发点和最终归宿。就这一点，欧盟把应对气候变化视为其里斯本战略和可

持续发展战略的核心要素，而且仍然把它作为 2010 年初制定的"欧洲
2020 年战略"① 的一个核心要素，有其深刻的战略性利益考量。正如有
的研究者指出，"欧盟推崇较激进的减限排温室气体措施，有助于强化其
对主要经济伙伴的相对竞争优势。欧洲建立了一体化联盟并启动统一货
币（欧元），但仍然难敌美国。在德、英、法等国温室气体排放有了明
显下降的情况下，欧盟希望减缓全球气候变化和减少温室气体排放能够
成为其增强经济发展和竞争能力的新契机。"②

（6）欧盟积极气候战略也为欧盟带来其他收益，比如国际政治、国
际道义方面的收益，软实力的提升。全球气候变化是全人类面临的巨大
挑战。欧盟在国际气候谈判中采取明确坚定的减排立场并发挥领导带头
作用，在国际道义和国际政治上占据了主动地位。"当前气候变化日益受
到国际社会的高度重视，促进温室气体减排已经成为国际共识的大背景
下，欧盟自身利益被全球利益所掩盖，似乎成为全球利益的代言人。"③
全球气候变化问题已经成为一个国际伦理道德问题，从维护全人类利益
的角度出发，任何政治力量无论其本身的利益考量如何，都会在政治和
舆论上积极回应。欧盟似乎已经成为维护全人类利益的"代言人"，这
本身就增强了欧盟的国际影响力和"软实力"。有的学者也指出，欧盟
在气候政治领域采取激进立场的"单边行动被认为是一种没有利益考虑
的伦理外交行动"，"与美国相比，在欧盟的外交政策中伦理因素比经济
利益具有更优先的地位"。④ 就此而言，积极的气候治理行动为欧盟在国
际政治上争取了主动，提升了欧盟的国际形象，在国际道义方面获得了
收益，所有这些都提升了欧盟的软实力。

（7）在全球气候变化给全球经济社会发展造成严重刚性约束的背景

① CEC, *Europe* 2020: *A Strategy for Smart, Sustainable and Inclusive Growth*, COM（2010）
2020, Brussels, 3. 3. 2010.

② 庄贵阳、朱仙丽、赵行姝：《全球环境与气候治理》，杭州：浙江人民出版社，2009 年
版，第 221 页。

③ 陈迎：《国际气候政治格局的发展与前景》，李慎明、王逸舟主编《全球政治与安全报
告（2008）》，北京：社会科学文献出版社，2007 年版，第 289～290 页。

④ Vanden Brande, "EU Normative Power on Climate Change: A Legitimacy Building Strategy?"
See http://www. uaces. org/pdf/papers/0801/2008_VandenBrande. pdf, accessed on 12 March
2010.

下，欧盟应对全球气候变化的生态现代化战略及其所昭示的低碳经济道路在某种程度上代表了整个人类社会的未来发展方向。正如前文的研究和分析已经表明，人类社会的传统发展方式正在受到严峻挑战，全球气候变化已经给全球经济社会带来了严重影响，世界各国必须调整自身的发展模式，反思所走过的道路，绿色发展已经成为全球性趋势和潮流。如果我们从全球气候变化带给整个人类文明的根本影响来看，走向低碳经济已经成为全球气候变化背景下人类的必然选择。当前，国际社会正在形成共识，发展低碳经济已经成为应对气候变化的核心方式和道路选择。[①]　就此而言，欧盟应对气候变化的生态现代化战略对于当前世界各国转变其发展方式就具有了重要的借鉴和启示价值，特别是对于仍处于经济社会发展现代化进程中的广大发展中国家，尽管国家的发展阶段、经济技术基础、资源禀赋和战略追求可能不尽相同，但基于全球气候变化的共同影响以及保护全球气候系统安全的人类共同目标，我们有理由相信欧盟应对气候变化的综合安全保障战略及其生态现代化路径对于世界各国的低碳发展提供了重要的理论参考和实践经验。

三　值得进一步探讨的问题

欧盟的气候政策及其在国际气候谈判中的立场既是一个由欧盟内部（欧盟机构本身及其成员国）及欧盟与国际气候谈判其他博弈方相互斗争与妥协所影响和决定的，也是由欧盟所置身并受到欧盟自身政策理念塑造和影响的全球气候治理大环境所影响和决定的，加之全球气候变化本身深刻而复杂的影响，这是一个异常纷繁复杂的图景。也唯其如此，本书只是提供了审视这个复杂图景的其中一个视角、一个侧面。也许是盲人摸象，可能忽视或忽略了其中很多有价值的信息。在研究的过程中，笔者也感到有许多问题犹如蜻蜓点水，没有深入探究。在此，笔者提出几个值得进一步研究的问题供后续研究参考。

（1）在气候变化问题上，欧盟层面的决策机构（比如本书第三章提到的欧盟理事会与欧盟委员会）与欧盟成员国之间的互动关系如何，进

[①]　潘家华、庄贵阳、郑艳、朱守先、谢倩漪：《低碳经济的概念辨识及核心要素分析》，《国际经济评论》2010 年第 4 期，第 88～101 页。

而应对全球气候变化对于欧洲一体化进程到底产生了什么样的影响。前文已经论及，欧盟在气候变化问题上在很大程度上仍然采取的是政府间主义的决策方式，欧盟成员国在重大及关键问题领域起主导作用。但欧盟作为一个地区经济一体化组织是《公约》、《京都议定书》以及最近达成的《巴黎协定》的缔约方，其在欧盟层面上也采取了统一的政策立场。也就是说，对全球气候治理，欧盟作为一个重要行为体已经深入参与其中。因此，有必要继续追问：应对全球气候变化在多大程度上有助于促进欧洲的一体化进程？尤其是在当前欧洲一体化进程受到如此严峻挑战（2016 年 5 月英国公投脱欧）的情形下，欧盟在气候变化问题上是否还能采取更加协调一致的统一立场，换言之，欧盟在应对气候变化问题上采取的统一行动在多大程度上能够对欧洲正在面临的一体化危机产生积极影响？反过来，欧洲一体化进程受到的严峻挑战对于欧盟的国际气候谈判立场，进而对于整个全球气候治理进程将产生多大的消极影响？

（2）从全球环境政治的视野来看，特别是从当前正处于关键转型期以及正在深入发展着的全球气候治理的视野来看，2015 年 12 月达成的《巴黎协定》对于整个全球气候治理进程到底会产生怎样的影响，如何全面评估国际社会迄今为止在联合国框架下采取的应对全球气候变化近三十年的历史进程？从一个全球气候治理的历史长时段来看，如何评估《巴黎协定》所开创的新治理模式？通过《巴黎协定》，全球气候治理体系到底会向什么方向转型？在这其中，如何评价和看待欧盟所发挥的作用？在这种转型期间以及转型之后，欧盟是否还能够像它所声称的那样继续发挥"领导"作用？如果是，那么，欧盟的"领导"作用要把全球气候治理"导"向何方？如果不是，哪些因素影响了欧盟"领导"作用的发挥？有没有新的力量在全球气候治理中发挥"领导"作用？

（3）全球气候变化作为一个当前人类社会面临的共同难题和挑战，已经对世界各国的发展道路和发展方式产生了重大影响，随着 2015 年《巴黎协定》的达成，许多专家认为这预示着全球化石燃料时代将会走向终结，[①]

---

① John Vidal, "Paris Climate Agreement May 'Signal End of Fossil Fuel Era," *The Guardian*, 13 December 2015, http://www.theguardian.com/environment/2015/dec/13/paris-climate-agreement-signal-end-of-fossil-fuel-era

绿色发展成为全球性潮流。[①] 那么，在当前世界秩序（国际秩序）也面临深刻转型的重大历史关头，在当今世界面临着诸如恐怖主义威胁、传统领土主权争端加剧、传统安全问题抬头并有日益加剧趋势等诸多难题的复杂背景下，全球气候变化对世界秩序（国际秩序）的转型会产生多大程度的影响？也就是说，全球气候变化对整个人类社会和人类文明产生的影响在多大程度上足以影响正在发生的世界秩序（国际秩序）转型，未来世界秩序（国际秩序）的面貌和性质能够被全球气候变化打上多深的烙印？或者，全球气候变化作为塑造和影响未来世界秩序（国际秩序）的一个重要因素，它在形塑未来世界秩序（国际秩序）的过程中到底会发挥什么样的作用？它只是众多因素之一，还是其中的关键因素，抑或起主导作用的因素？进而，无论如何，全球气候变化无疑已经并将越来越强烈地影响着当今世界，那么，全球气候治理到底通过什么样的方式和路径影响了世界秩序（国际秩序）？我们该如何评估全球气候变化在众多形塑世界秩序（国际秩序）因素中的地位和影响力？

---

① 胡鞍钢：《中国：创新绿色发展》，北京：中国人民大学出版社，2012年版；张梅：《绿色发展：全球态势与中国的出路》，《国际问题研究》2013年第5期，第93～102页。

参考文献

一　中文部分

著作

《马克思恩格斯文集》（第1卷），北京：人民出版社，2009年版。

《马克思恩格斯选集》（第1卷），北京：人民出版社，1995年版。

《马克思恩格斯选集》（第4卷），北京：人民出版社，1995年版。

薄燕：《国际谈判与国内政治：美国与〈京都议定书〉谈判的实例》，上海：上海三联书店，2007年版。

薄燕：《全球气候变化治理中的中美欧三边关系》，上海：上海人民出版社，2012年版。

蔡林海：《低碳经济：绿色革命与全球创新竞争大格局》，北京：经济科学出版社，2009年版。

蔡守秋：《欧盟环境政策法律研究》，武汉：武汉大学出版社，2002年版。

陈刚：《〈京都议定书〉与国际气候合作》，北京：新华出版社，2008年版。

陈鹤：《气候危机与中国应对——全球暖化背景下的中国气候软战略》，北京：人民出版社，2010年版。

陈志敏：《当代外交学》，上海：复旦大学出版社，2008年版。

崔大鹏：《国际气候合作的政治经济学分析》，北京：商务印书馆，2003年版。

冯建中：《欧盟的能源战略：走向低碳经济》，北京：时事出版社，2010年版。

傅聪：《欧盟气候变化治理模式研究：实践、转型与影响》，北京：中国人民大学出版社，2013年版。

高小升：《欧盟气候政策研究》，北京：社会科学文献出版社，2015年版。

郭锦鹏：《应对全球气候变化共同但有区别的责任原则》，北京：首都经济贸易大学出版社，2014年版。

国家气候变化对策协调小组办公室，中国 21 世纪议程管理中心：《全球气候变化——人类面临的挑战》，北京：商务印书馆，2004 年版。

胡鞍钢、管清友：《中国应对全球气候变化》，北京：清华大学出版社，2009 年版。

胡鞍钢：《中国：创新绿色发展》，北京：中国人民大学出版社，2012 年版。

胡鞍钢：《超级中国》，杭州：浙江人民出版社，2015 年版。

郇庆治：《环境政治国际比较》，济南：山东大学出版社，2007 年版。

郇庆治、李宏伟、林震：《生态文明建设十讲》，北京：商务印书馆，2014 年版。

李少军：《国际关系学研究方法》，北京：中国社会科学出版社，2008 年版。

厉以宁、傅帅雄、尹俊：《经济低碳化》，南京：江苏人民出版社，2014 年版。

鲁毅等：《外交学概论》，北京：世界知识出版社，1997 年版。

潘家华、庄贵阳、陈迎：《减缓气候变化的经济分析》，北京：气象出版社，2003 年版。

秦亚青：《霸权体系与国际冲突：美国在国际武装冲突中的支持行为》，上海：上海人民出版社，2008 年版。

苏长和：《全球公共问题与国际合作：一种制度的分析》，上海：上海人民出版社，2000 年版。

世界银行、国务院发展研究中心联合课题组：《2030 年的中国：建设现代、和谐、有创造力的社会》，北京：中国财政经济出版社，2013 年版。

唐颖侠：《国际气候变化条约的遵守机制研究》，北京：人民出版社，2009 年版。

王伟男：《应对气候变化：欧盟的经验》，北京：中国环境科学出版社，2011 年版。

肖主安、冯建中：《走向绿色的欧洲：欧盟环境保护制度》，南昌：江西高校出版社，2006 年版。

阎学通、孙雪峰：《国际关系研究实用方法（第二版）》，北京：人民出版社，2007 年版。

杨兴：《〈气候变化框架公约〉研究》，北京：中国法制出版社，2007
　　年版。

张海滨：《环境与国际关系：全球环境问题的理性思考》，上海：上海人
　　民出版社，2008 年版。

张海滨：《气候变化与中国国家安全》，北京：时事出版社，2010 年版。

张焕波：《中国、美国和欧盟气候政策分析》，北京：社会科学文献出版
　　社，2010 年版。

张茂明：《欧洲联盟国际行为能力研究》，北京：当代世界出版社，2003
　　年版。

庄贵阳、陈迎：《国际气候制度与中国》，北京：世界知识出版社，2005
　　年版。

庄贵阳、朱仙丽、赵行姝：《全球环境与气候治理》，杭州：浙江人民出
　　版社，2009 年版。

邹骥、傅莎、陈济等：《论全球气候治理——构建人类发展路径创新的国
　　际体制》，北京：中国计划出版社，2015 年版。

编著

蔡守秋主编《欧盟环境政策法律研究》，武汉：武汉大学出版社，2002
　　年版。

曹荣湘主编《全球大变暖：气候经济、政治与伦理》，北京：社会科学
　　文献出版社，2010 年版。

曹荣湘主编《生态治理》，北京：中央编译出版社，2015 年版。

丁一汇主编《中国气候变化——科学、影响、适应及对策研究》，北京：
　　中国环境科学出版社，2009 年版。

何建坤主编《低碳发展——应对气候变化的必由之路》，北京：学苑出
　　版社，2010 年版。

郇庆治主编《环境政治学：理论与实践》，济南：山东大学出版社，
　　2007 年版。

郇庆治主编《当代西方绿色左翼政治理论》，北京：北京大学出版社，
　　2011 年版。

姜冬梅、张孟衡、陆根法主编《应对气候变化》，北京：中国环境科学

出版社，2007 年版。

刘雪莲主编《欧洲一体化与全球政治》，长春：吉林大学出版社，2008
　　年版。

潘家华主编《低碳转型——践行可持续发展的根本途径》，北京：学苑
　　出版社，2010 年版。

王伟光、郑国光主编《应对气候变化报告（2009）——通向哥本哈根》，
　　北京：社会科学文献出版社，2009 年版。

王伟光、郑国光主编《应对气候变化报告（2010）——坎昆的挑战与中
　　国的行动》，北京：社会科学文献出版社，2010 年版。

王伟光、郑国光主编《应对气候变化报告（2015）——巴黎的新起点和
　　新希望》，北京：社会科学文献出版社，2015 年版。

王伟中主编《从战略到行动：欧盟可持续发展研究》，北京：社会科学
　　文献出版社，2008 年版。

许小峰、王守荣、任国玉等编著《应对气候变化战略研究》，北京：气
　　象出版社，2006 年版。

杨洁勉主编《世界气候外交和中国的应对》，北京：时事出版社，2009
　　年版。

张坤民、潘家华、崔大鹏主编《低碳经济论》，北京：中国环境科学出
　　版社，2008 年版。

中国环境与发展国际合作委员会、中共中央党校国际战略研究所编《中
　　国环境与发展：世纪挑战与战略抉择》，北京：中国环境科学出版社
　　2007 年版。

译著

〔澳〕约翰·德赖泽克：《地球政治学：环境话语》，蔺雪春、郭晨星译，
　　济南：山东大学出版社，2008 年版。

〔德〕马丁·耶内克、克劳斯·雅各布：《全球视野下的环境管治——生
　　态与政治现代化的新方法》，李慧明、李昕蕾译，济南：山东大学出
　　版社，2012 年版。

〔加〕安德鲁·F. 库珀、〔波〕阿加塔·安特科维茨：《全球治理中的新
　　兴国家：来自海利根达姆进程的经验》，史明涛、马骏等译，上海：
　　上海人民出版社，2009 年版。

〔美〕丹尼尔·A. 科尔曼:《生态政治——建设一个绿色社会》，梅俊杰
　　译，上海:上海世纪出版集团，2006 年版。

〔美〕杰里米·里夫金:《第三次工业革命》，张体伟、孙豫宁译，北京:
　　中信出版社，2012 年版。

〔美〕曼瑟尔·奥尔森:《集体行动的逻辑》，陈郁等译，上海:格致出
　　版社、上海三联书店、上海人民出版社 1995 年版。

〔美〕朱迪斯·戈尔茨坦、罗伯特·O. 基欧汉编《观念与外交政策:信
　　念、制度与政治变迁》，刘东国、于军译，北京:北京大学出版社，
　　2005 年版。

〔英〕安东尼·吉登斯:《气候变化的政治》，曹荣湘译，北京:社会科
　　学文献出版社，2009 年版。

〔英〕克莱夫·庞廷:《绿色世界史:环境与伟大文明的衰落》，王毅等
　　译，北京:中国政法大学出版社，2015 年版。

世界环境与发展委员会:《我们共同的未来》，王之佳等译，长春:吉林
　　人民出版社，1997 年版。

文章、学位论文

〔挪威〕唐更克、何秀珍和本约朗:《中国参与全球气候变化国际协议的
　　立场与挑战》，《世界经济与政治》2002 年第 8 期，第 34~40 页。

薄燕:《"京都进程"的领导者:为什么是欧盟不是美国?》，《国际论坛》
　　2008 年第 5 期，第 1~7 页。

薄燕、陈志敏:《全球气候变化治理中欧盟领导能力的弱化》，《国际问
　　题研究》2011 年第 1 期，第 37~44 页。

薄燕:《从华沙气候大会看国际气候变化谈判中的合作与分歧》，《当代
　　世界》2013 年第 12 期，第 44~47 页。

薄燕、高翔:《原则与规则:全球气候变化治理机制的变迁》，《世界经
　　济与政治》2014 年第 2 期，第 48~65 页。

曹荣湘:《导论:推进生态治理体系和治理能力现代化》，曹荣湘主编
　　《生态治理》，北京:中央编译出版社，2015 年版，第 1~20 页。

陈迎:《中国在气候公约演化进程中的作用与战略选择》，《世界经济与
　　政治》2002 年第 5 期，第 15~20 页。

陈迎:《国际制度的演进及对中国谈判立场的分析》，《世界经济与政治》

2007 年第 2 期，第 52 ~ 59 页。

陈迎：《国际气候政治格局的发展与前景》，李慎明、王逸舟主编《全球政治与安全报告（2008）》，北京：社会科学文献出版社，2007 年版，第 282 ~ 309 页。

陈迎：《国际气候谈判新进展与中国发展低碳经济面临的挑战》，中国社会科学院环境与发展研究中心编《中国环境与发展——全球化背景下的中国环境与发展》，北京：中国社会科学出版社，2010 年版，第 95 ~ 112 页。

邓梁春、吴昌华：《中国参与构建 2012 年后国际气候制度的战略思考》，《气候变化研究进展》2009 年第 3 期，第 156 ~ 162 页。

董亮、张海滨：《IPCC 如何影响国际气候谈判——一种基于认知共同体理论的分析》，《世界经济与政治》2014 年第 8 期，第 64 ~ 83 页。

方世南、张伟平：《生态环境问题的制度根源及其出路》，《自然辩证法研究》2004 年第 5 期，第 1 ~ 4 页。

冯存万、朱慧：《欧盟气候外交的战略困境与政策转型》，《欧洲研究》2015 年第 4 期，第 99 ~ 113 页。

甘均先、余潇枫：《全球气候外交论析》，《当代亚太》2010 年第 5 期，第 52 ~ 69 页。

韩昭庆：《〈京都议定书〉背景及其相关问题分析》，《复旦学报（社会科学版）》2002 年第 2 期，第 100 ~ 104 页。

贺之杲、巩潇泫：《规范性外交与欧盟气候外交政策》，《教学与研究》2015 年第 6 期，第 86 ~ 94 页。

何建坤、周剑、刘滨、孙振清：《全球低碳经济潮流与中国的响应对策》，《世界经济与政治》2010 年第 4 期，第 18 ~ 35 页。

何建坤：《中国的能源发展与应对气候变化》，《中国人口·资源与环境》2011 年第 21 卷第 10 期，第 40 ~ 48 页。

何建坤：《我国能源发展与应对气候变化的形势与对策》，《经济纵横》2014 年第 5 期，第 16 ~ 20 页。

郇庆治：《生态现代化理论与绿色变革》，《马克思主义与现实》2006 年第 2 期，第 90 ~ 98 页。

郇庆治、〔德〕马丁·耶内克：《生态现代化理论：回顾与展望》，《马克思主义与现实》2010 年第 1 期，第 175～179 页。

郇庆治：《可持续发展与生态文明建设》，《绿叶》2014 年第 9 期，第 12～
　　16 页。

黄英娜、叶平：《20 世纪末西方生态现代化思想述评》，《国外社会科学》
　　2000 年第 4 期，第 1～9 页。

康晓：《多元共生：中美气候合作的全球治理观创新》，《世界经济与政
　　治》2016 年第 7 期，第 34～57 页。

柯坚：《可持续发展对外政策视角下的欧盟气候变化国际合作方略》，
　　《上海大学学报（社会科学版）》2016 年第 1 期，第 13～26 页。

孔凡伟：《浅析中国气候外交的政策与行动》，《新视野》2008 年第 4 期，
　　第 94～96 页。

李慧明：《欧盟在国际气候谈判中的政策立场分析》，《世界经济与政治》
　　2010 年第 2 期，第 48～66 页。

李慧明：《从"负担共享"到"努力共享"：欧盟气候治理中的负担共享
　　政策及启示》，《学术论坛》2011 年第 4 期，第 37～46 页。

李慧明：《欧盟在国际气候政治中的行动战略与利益诉求》，《世界经济
　　与政治论坛》2012 年第 2 期，第 105～117 页。

李慧明：《霸权式微、秩序转型与全球气候政治：全球气候治理制度碎片
　　化和领导缺失的根源?》，《南京政治学院学报》2014 年第 6 期，第
　　56～65 页。

李慧明：《全球气候治理制度碎片化时代的国际领导及中国的战略选
　　择》，《当代亚太》2015 年第 4 期，第 128～156 页。

李慧明：《〈巴黎协定〉与全球气候治理体系转型》，《国际展望》2016
　　年第 2 期，第 1～20 页。

李彦文：《生态现代化理论视角下的荷兰环境治理》，山东大学博士学位
　　论文，2009 年 3 月。

刘衡：《论欧盟关于后 2020 全球气候协议的基本设计》，《欧洲研究》
　　2013 年第 4 期，第 108～123 页。

马建英：《全球气候外交的兴起》，《外交评论》2009 年第 6 期，第 30～
　　45 页。

马建英：《从科学到政治：全球气候变化问题的政治化》，《国际论坛》

2012 年第 6 期，第 7～13 页。

潘家华、庄贵阳、陈迎：《"气候变化 20 国领导人会议"模式与发展中
国家的参与》，《世界经济与政治》2005 年第 10 期，第 52～57 页。

潘家华：《国家利益的科学论争与国际政治妥协——联合国政府间气候变
化专门委员会〈关于减缓气候变化社会经济分析评估报告〉述评》，
《世界经济与政治》2002 年第 2 期，第 55～59 页。

潘家华：《后京都国际气候协定的谈判趋势与对策研究》，《气候变化研
究进展》2005 年第 1 期，第 10～15 页。

潘家华：《减缓气候变化的经济与政治影响及其地区差异》，《世界经济
与政治》2003 年第 6 期，第 66～71 页。

潘家华：《气候变化——地缘政治的大国博弈》，《绿叶》2008 年第 4 期，
第 77～82 页。

潘家华、庄贵阳、郑艳、朱守先、谢倩漪：《低碳经济的概念辨识及核心
要素分析》，《国际经济评论》2010 年第 4 期，第 88～101 页。

潘家华、王谋：《国际气候谈判新格局与中国的定位问题探讨》，《中国
人口·资源与环境》2014 年第 4 期，第 1～5 页。

秦大河、罗勇、陈振林、任贾文、沈永平：《气候变化科学的最新进展：
IPCC 第四次评估综合报告解析》，《气候变化研究进展》2007 年第 6
期，第 311～314 页。

邵锋：《国际气候谈判中的国家利益与中国的方略》，《国际问题研究》
2005 年第 4 期，第 45～48 页。

苏伟、吕学都、孙国顺：《未来联合国气候变化谈判的核心内容及前景展
望》，《气候变化研究进展——"巴厘路线图"解读》2008 年第 1
期，第 57～60 页。

孙超：《前行中的困顿：京都时代与后京都时代俄罗斯气候环境外交》，
《俄罗斯研究》2010 年第 6 期，第 89～102 页。

王瑞彬：《国际气候变化机制的演变及其前景》，《国际问题研究》2008
年第 4 期，第 57～62 页。

王伟男：《欧盟应对气候变化的基本经验及其对中国的借鉴意义》，上海
社会科学院博士论文，2009 年 4 月。

王毅：《全球气候谈判纷争的原因分析及其展望》，《环境保护》2001 年

第 1 期，第 44～47 页。

谢来辉：《为什么欧盟积极领导应对气候变化?》，《世界经济与政治》
　　2012 年第 8 期，第 72～91 页。

阎学通：《国际关系研究中使用科学方法的意义》，《世界经济与政治》
　　2004 年第 1 期，第 16～17 页。

俞可平：《科学发展观与生态文明》，《马克思主义与现实》2005 年第 4
　　期，第 4～5 页。

张海滨：《中国在国际气候变化谈判中的立场：连续性与变化及其原因探
　　析》，《世界经济与政治》2006 年第 10 期，第 36～43 页。

张世秋：《低碳经济——应对气候变化与大气污染》，中国社会科学院环
　　境与发展研究中心：《中国环境与发展——全球化背景下的中国环境
　　与发展》，北京：中国社会科学出版社，2010 年版，第 83～94 页。

赵斌：《全球气候治理的"第三条路"？——以新兴大国群体为考察对
　　象》，《教学与研究》2016 年第 4 期，第 73～82 页。

周文：《欧美"气候立法"的法律、外交和经济内涵》，《学习时报》
　　2007 年 4 月 2 日。

诸大建：《可持续发展研究的 3 个关键课题与中国转型发展》，《中国人
　　口·资源与环境》2011 年第 21 卷第 10 期，第 35～39 页。

庄贵阳：《欧盟温室气体排放贸易机制及其对中国的启示》，《欧洲研究》
　　2006 年第 3 期，第 68～87 页。

庄贵阳：《后京都时代国际气候治理与中国的战略选择》，《世界经济与
　　政治》2008 年第 8 期，第 6～15 页。

庄贵阳：《低碳经济引领世界经济发展方向》，张坤民、潘家华、崔大鹏
　　主编《低碳经济论》，北京：中国环境科学出版社，2008 年版，第
　　97～104 页。

二　英文部分

著作

Andersen, Michael Skou and Duncan Lieferink eds. (1997), *European Envi-ronmental Policy: The Poineers*, Manchester and New York: Manchester University Press.

Barry, John, Baxter, Brian and Richard Dunphy eds. (2004), *Europe, Globalization and Sustainable Development*, London: Routledge.

Beise, Marian (2001), *Lead Markets. Country – Specific Success Factors of the Global Diffusion of Innovations*, Heidelberg.

Cass, Loren R. (2006), *The Failures of American and European Climate Policy: International Norms, Domestic Politics and Unachievable Commitments*, New York: State University of New York Press.

Collier, Ute and Ragnar E. Löfstedt eds. (1997), *Cases in Climate Change Policy: Political Reality in the European Union*, London: Earthscan.

Downie, Christian (2014), *The Politics of Climate Change Negotiations: Strategies and Variables in Prolonged International Negotiations*, Northampton, MA: Edward Elgar.

Dryzek, John and David Schlosberg eds. (1998), *Debating the Earth: The Environmental Politics Reader*, Oxford: Oxford University Press.

Fisher, Dana R. (2004), *National Governance and the Global Climate Change Regime*, Lanham: Rowman & Littlefield Publishers, Inc. .

Giddens, Anthony (2009), *The politics of Climate Change*, Cambridge: Polity Press.

Grant, Wyn, Matthews, Duncan and Peter Newell (2000), *The Effectiveness of European Union Environmental Policy*, London: MacMillan Press.

Grubb, Michael et al. (1999), *The Kyoto Protocol – A Guide and Assessment*, London: Royal Institute of International Affairs.

Gupta, Joyeeta and Michael Grubb eds. (2000), *Climate Change and European Leadership: A Sustainable Role for Europe?* Dordrecht: Kluwer Academic Publishers.

Hajer, Maarten A. (1995), *The Politics of Environmental Discourse: Ecological Modernization and the Policy Process*, Oxford: Oxford University Press.

Hanigan, J. A. (1995), *Environmental Sociology: A Social Constructivist Perspective*, London and New York: Routledge.

Harris, Paul G. ed. (2000), *Climate Change and American Foreign Policy*, New York: St. Martin's Press.

—— (2007), *Europe and Global Climate Change: Politics, Foreign Policy and Regional Cooperation*, Cheltenham: Edward Elgar Publishing Limited.

Heike Schröder, *Negotiating The Kyoto Protocol: An analysis of negotiation dynamics in international negotiations*, Münster: LIT Verlag, 2001.

Houghton, John (2004), *Global Warming: The Complete Briefing (Third Edition)*, Cambridge: Cambridge University Press.

Howlett, Michael and M. Ramesh (2003), *Studying Public Policy: Policy Cycles and Policy Subsystems*, 2nd Edition, Oxford: Oxford University Press.

Huber, Joseph (1982) *Die verlorene Unschuld der Ökologie. Neue Technologie und superindustrielle Entwicklung*, Frankfurt: Fisher.

—— (1985), *Die Rengenbogengesellschaft. Ökologie und Sozialpolitik (The Rainbow Society. Ecology and Social Policy)*. Frankfurt am Main: Fisher.

Inglehart, Ronald (1990), *Cultural Shift in Advanced Industrial Society*, Princeton: Princeton University Press.

Jacob, Klaus et al. (2005), *Lead Markets for Environmental Innovations*, Heidelberg: Physica – Verlag.

Jaggard, Lyn (2005), *Germany Climate Change Policy: Best Practice for International Relations?* Berlin: WZB.

—— (2007), *Climate Change Politics in Europe: Germany and the International Relations of the Environment*, London: Tauris Academic Studies Press.

Jänicke, Martin (1990), *State Failure: the Impotence of Politics in Industrial Society*, Cambridge: Polity Press.

——, Helmut Weidner (1997), *National Environmental Policies: A Comparative Study of Capacity – Building*, Berlin: Springer.

——, Jacob, Klaus eds. (2006), *Environmental Governance in Global Perspective: New Approaches to Ecological and Political Modernisation*, Berlin: Free University of Berlin.

Jordan, Andrew (2005), *Environmental Policy in the European Union: Actors, Institutions and Process*, 2nd Edition, London: Earthscan.

Jordan, Andrew, Huitema, Dave, van Asselt, Harro, Rayner, Tim and Frans Berkhout eds. (2010), *Climate Change Policy in the European Union: Confronting the Dilemmas of Mitigation and Adaptation?* Cambridge: Cambridge University Press.

Korppoo, Anna, Karas, Jacqueline and Michael Grubb (2006), *Russia And the Kyoto Protocol: Opportunities And Challenges*, London: The Royal Institute of International Affairs.

Liefferink, J. D., Lowe, P. D. and Arthur P. J. Mol eds. (1993), *European Integration and Environmental Policy*, London: Belhaven Press.

Luterbacher, Urs and Detlef F. Sprinz eds. (2001), *International Relations and Global Climate Change*, Cambridge: The MIT Press.

McCormick, John (2001), *Environmental Policy in the European Union*, New York: Palgrave.

Milner, Helen V. (1997), *Interests, Institutions and Information: Domestic Politics and International Relations*, Princeton: Princeton University Press.

Mintzer, Irving M. and J. Amber Leonard ed. (1994), *Negotiating Climate Change: The Inside Story of the Rio Convention*, Cambridge: Cambridge University Press.

Moe, Arild and Kristian Tangen (2000), *The Kyoto Mechanisms and Russian Climate Politics*, London: Royal Institute of International Affairs.

Mol, Arthur P. J., David A. Sonnenfeld eds. (2000), *Ecological Modernisation Around the World: Perspective and Critical Debates*, London and Portland: Frank Cass.

——, Frederick H. Buttel eds. (2002), *The Environmental State under Pressure*, Oxford: Elsevier Science Ltd..

——, Sonnenfeld, David A. and Gert Spaargaren eds. (2009), *The Ecological Modernisation Reader: Environmental Reform in Theory and Practice*, London: Routledge.

Norman J. Vig and Michael G. Faure eds., *Green Giants? Environmental Policies of the United States and the European Union*, Cambridge: The MIT Press, 2004.

O'Riordan, Tim and Jill Jäger eds. (1996), *Politics of Climate Change: a European perspective*, London: Routledge.

Oberthür, Sebastian and Hermann E. Ott (1999), *The Kyoto Protocol: International Climate Policy for the 21st Century*, Berlin: Springer.

——, Pallemaerts, Marc eds. (2010), *The New Climate Policies of the European Union: Internal Legislation and Climate Diplomacy*, Brussels: VUB-PRESS, Brussels University Press.

Oshitani, Shizuka (2006), *Global Warming Policy in Japan and Britain: Interactions between Institutions and Issue Characteristics*, Manchester: Manchester University Press.

Peeters, Marjan and Kurt Deketelaere eds. (2006), *EU Climate Change Policy: the Challenge of New Regulatory Initiatives*, Cornwall: Edward Elgar Publishing Limited.

Schreuder, Yda (2009), *The Corporate Greenhouse: Climate Change Policy in A Globalizing World*, New York: ZED Books Ltd.

Schreurs, Miranda A. (2002), *Environmental Politics in Japan, Germany and the United States*, Cambridge: Cambridge University Press.

Stern, Nicolas (2006), *The Economics of Climate Change: The Stern Review*, Cambridge: Cambridge University Press.

Vanderheiden, Steve ed. (2008), *Political Theory and Global Climate Change*, Cambridge: The MIT Press.

von Prittwitz, Volker (1984), Umweltaußenpolitik: Grenzüberschreitende Luftverschmutzung in Europa [Foreign Environmental Policy: Transboundary Air Pollution in Europe], Frankfurt a. M.: Campus.

—— (1990), Das Katastrophenparadox: Elemente einer Theorie der Umweltpolotik [The Catrastrophe Paradox: Elements of a Theory of Environmental Policy], Oplanden: Leske + Budrich.

Vogel, David (1995), *Environmental Policy and Industrial Innovation: Strategies in Europe, the USA and Japan*, London: Earthscan.

Weal, Albert, Pridham, Geoffrey, Cini, Michelle, Konstadakopulos, Dimitrios, Porter, Martin and Brendan Flynn eds. (2000), *Environmental Gov-

ernance in Europe, Oxford: Oxford University Press.

Weale, Albert (1992), *The New Politics of Pollution*, Manchester and New York: Manchester University Press.

World Commission on Environment and Development (1987), *Our Common Future*, New York: Oxford University Press.

Wurzel, Rüdiger K. W. and James Connelly eds. (2011), *The European Union as a Leader in International Climate Change Politics*, London: Routledge.

文章、论文

Andersson, Magnus and Arthur P. J. Mol (2002), "The Netherland in the UNFCCC Process—Leadership between Ambition and Reality," *International Environmental Agreements: politics, Law and Economics*, Vol. 2, No. 1, pp. 49 – 68.

Andrensen, Steinar and Shardul Agrawala (2002), "Leaders, Pushers and Laggards in the Making of the Climate Regime," *Global Environmental Change*, Vol. 12, No. 1, pp. 41 – 51.

Antholis, William (2009), "The Good, the Bad, and the Ugly: EU – US Cooperation on Climate Change," paper presented to the International Conference on "The Great Transformation: Climate Change as Cultural Change, Essen, Germany, June 10.

Bäckstrand, Karin & Ole Elgström (2013), "The EU's Role in Climate Change Negotiations: from Leader to 'Leadiator'," *Journal of European Public Policy*, Vol. 20, No. 10, pp. 1369 – 1386.

Bodansky, Daniel (2001), "The History of the Global Climate Change Regime," in Urs Luterbacher and Detlef F. Sprinz eds. , *International Relations and Global Climate Change*, Cambridge: The MIT Press, pp. 23 – 40.

Barkdull, John and Paul G. Harris (2002), "Environmental Change and Foreign Policy: A Survey of Theory," *Global Environmental Politics*, Vol. 2, No. 2, pp. 63 – 91.

Barnes, Pamela M. (2010), "The Role of the Commission of the European Union: Creating External Coherence from Internal Diversity," in in Rüdiger K. W. Wurzel and James Connelly eds. , *The European Union as a Leader in International Climate Change Politics*, London: Routledge, pp. 41 – 57.

Beise, Marian and Klaus Rennings (2003), *Lead Markets for Environmental Innovations: A Framework for Innovations and Environmental Economics*, ZEW Discussion Paper 03 – 01, Mannheim.

Biermann, Frank (2005), "Between the USA and the South: strategic choices for European climate policy," *Climate Policy*, Vol. 5, No. 3, pp. 273 – 290.

——, Philipp Pattberg, Harro van Asselt and Fariborz Zelli (2009), "The Fragmentation of Global Governance Architectures: A Framework for Analysis," *Global Environmental Politics*, Vol. 9, No. 4.

Burns, C. (2005), "The European Parliament: The EU's Environmental Champion," in Andrew ed. , *Environmental Policy in the European Union*, 2nd edition, London: Earthscan, pp. 87 – 105.

——, Carter, Neil (2010), "The European Parliament and Climate Change: From Symbolism to Heroism and Back again," in Rüdiger K. W. Wurzel and James Connelly eds. , *The European Union as a Leader in International Climate Change Politics*, London: Routledge, pp. 58 – 73.

Christoff, Peter (1996), "Ecological Modernisation, Ecological Modernities," *Environmental Politics*, Vol. 5, No. 3, pp. 476 – 500.

Collier, Ute (1997), "The EU and Climate Change Policy: The Struggle over Policy Competences," in Ute Collier and Ragnar E. Löfstedt eds. , *Cases in Climate Change Policy: Political Reality in the European Union*, London: Earthscan, pp. 43 – 64.

Costa, Oriol (2008), "Is Climate Change Changing the EU? The Second Image Reversed in Climate Politics," *Cambridge Review of International Affairs*, Vol. 21, No. 4, pp. 527 – 544.

Dahl, Agnethe (2000), "Competence and Subsidiarity: Legal Basis and Political Realities," in Joyeeta Gupta and Micheal Grubb eds. , *Climate Change and European Leadership: A Sustainable Role for Europe?* Dordrecht: Kluwer Academic Publishers, pp. 203 – 220.

Delreux, Tom (2006), "The European Union in International Environmental Negotiations: A Legal Perspective on the Internal Decision-making Process," *International Environmental Agreements*, Vol. 6, No. 3, pp. 231 – 248.

Dimas, Stavros (2005a), "Environment Policy to 2010 – A Sustainable Road to Lisbon," Speech at Meeting of G9 group of environmental NGOs, European Parliament (Brussels), January 26.

—— (2005b), "Sustainable Development and Competitiveness," Speech at EPC Meeting, Brussels, 5 October.

—— (2005c), "Developing the EU Climate Change Programme," Speech at Stakeholder Coference launching the Second European Climate Change Programme, Brussels, 24 October.

—— (2008), "Climate Change – International and EU Action," Speech at EU Climate Change Conference, Prague, 31 October.

DTI (Department of Trade and Industry) (2003), *UK Energy White Paper: Our energy future – creating a low carbon economy*, published by TSO (The Stationery Office).

Douma, Wybe TH. (2006), "The European Union, Russia and the Kyoto Protocol," in Marjan Peeters and Kurt Deketelaere eds., *EU Climate Change Policy: the Challenge of New Regulatory Initiatives*, Cheltenham: Edward Elgar Publishing Limited, pp. 51 – 66.

Eckersley, Robyn (2012), "Moving Forward in the Climate Negotiations: Multilateralism or Minilateralism?", *Global Environmental Politics*, Vol. 12, No. 2, pp. 24 – 42.

Falkner, Robert (2006), "The European Union as a 'Green Normative Power'? EU Leadership in International Biotechnology Regulation," *Center for European Studies Working Paper Series* #140, *Harvard University*.

Germany Federal Ministry for the Environment, Nature Conservation and Nuclear Safety (2007), *Environment – Innovation – Employment: Elements of a Europe Ecological Industrial Policy*, Working Paper to the Informal

Meeting of Environmental Ministers in Essen.

Gouldson, Andrew and Joseph Murphy (1996), "Ecological Modernization and the European Union," *Geoforum*, Vol. 27, No. 1, pp. 11 – 21.

Groenleer, Martijn L. P. and Louise G. van Schaik (2007), "United We Stand? EU's International Actorness in the Cases of International Criminal Court and Kyoto Protocol," *Journal of Common Markets Study*, Vol. 45, No. 5, pp. 969 – 998.

Grubb, Michael (1995), "European Climate Change Policy in a Global Context," in Helge O le Bergesen, Georg Parmann, and Øystein B. Thommessen eds. , *Green Globe Yearbook of International Co – operation on Environment and Development* 1995, Oxford: Oxford University Press, pp. 41 – 5.

Grubb, Michael and Farhana Yamin (2001), "Climatic Collapse at The Hague: what happened, why and where do we go from here?" *International Affairs*, Vol. 77, No. 2, pp. 261 – 276.

Gupta, Joyeeta and Lasse Ringuis (2001), "The EU's Climate Leadership: Reconciling Ambition and Reality," *International Environmental Agreements: Politics, Law and Economics*, Vol. 1, No. 2.

Haigh, Nigel (1996), "Climate Change Policies and Politics in the European Community," in Tim O'Riordan and Jill JäGer eds. , *Politics of Climate Change: A European Perspective*, London: Routledge, pp. 155 – 185.

Haug, Constanze and Frans Berkhout (2010), "Learning the Hard Way? European Climate Policy After Copenhagen", *Environment*, Vol. 52, No. 3, pp. 22 – 27.

Hovi, Jon, Skodvin, Tora and Steinar Andresen (2003), "The Persistence of the Kyoto Protocol: Why Other Annex I Countries Move on Without the United States," *Global Environmental Politics*, Vol. 3, No. 4, pp. 1 – 23.

Huber, Joseph (2008), "Technological Environmental Innovations (TEIs) in a Chain – Analytical and Life – Cycle – Analytical Perspective," *Journal of Cleaner Production*, Vol. 16, pp. 1980 – 1986.

—— (2008), "Pioneer countries and the global diffusion of environmental innovations: Theses from the Viewpoint of Ecological Modernization Theory," *Global Environmental Change*, Vol. 18, pp. 360 – 367.

Jachtenfuchs, Markus and Michael Huber, "Institutional Learning in the European Community: the Response to the Greenhouse Effect," in J. D. Liefferink, P. D. Lowe and A. P. J. Mol eds. , *European Integration and Environmental Policy*, London: Belhaven Press, 1993, pp. 36 – 58.

Jänicke, Martin (1985), "Prevetive Environmental Policy as Ecological Modernisation and Structural Policy, " International Institute for Environment and Society (IIUG) Discussion Papers dp 85 – 2.

—— (2004), "Industrial transformation between ecological modernisation and structural change. " In: K. Jacob, M. Binder, and A. Wieczorek, eds. *Governance for industrial transformation*. Proceedings of the 2003 Berlin Conference on the Human Dime Forschungsstelle für Umweltpolitik nsions of Global Environmental Change. Berlin: Environmental Policy Research Centre.

—— (2008), "Ecological Modernisation: New Perspectives," *Journal of Cleaner Production*, Vol. 16, No. 5, p. 557.

—— (2010), "On Ecological and Political Modernization," in Arthur P. J. Mol, David A. Sonnenfeld and Gert Spaargaren eds. , *Ecological Modernisation Reader: Environmental Reform in Theory and Practice*, London: Routledge, pp. 28 – 41.

JäGer, Jill, O'Riordan, Tim (1996), "The History of Climate Change Science and Politics," in Tim O'Riordan and Jill JäGer eds. , *Politics of Climate Change: A European Perspective*, London: Routledge, pp. 1 – 31.

Jänicke, Martin, Manfred Binder, and Harald Mönch (1997), "Dirty Industries: Patterns of Change in Industrial Countries," *Environmental and Resource Economics*, Vol. 9, No. 4, pp. 467 – 491.

——, Jacob, Klaus (2004), "Lead Markets for Environmental Innovations: A New Role for the Nation State," *Global Environmental Politics*, Vol. 4, No. 1, pp. 29 – 46.

Johnson, Debra (2004), "Ecological Modernization, Globalization and Europeanization: A Mutually Reinforcing Nexus?" in John Barry, Brian Baxter and Richard Dunphy eds. , *Europe, Globalization and Sustainable Development*, London: Routledge, pp. 152 – 167.

Jordan, Andrew, Huitema, Dave and Harro van Asselt (2010), " Cliamte Change Policy in the European Union: an Introduction," in Andrew Jordan, Dave Huitema, Harro van Asselt, Tim Rayner and Frans Berkhout eds. , *Climate Change Policy in the European Union: Confronting the Dilemmas of Mitigation and Adaptation?* Cambridge: Cambridge University Press, pp. 3 – 25.

——, Rayner, Tim (2010), "The Evolution of Cliamte Policy in the European Union: an Historical Overview," in Andrew Jordan, Dave Huitema, Harro van Asselt, Tim Rayner and Frans Berkhout eds. , *Climate Change Policy in the European Union: Confronting the Dilemmas of Mitigation and Adaptation?* Cambridge: Cambridge University Press, pp. 52 – 80.

Jung, Martina, Michaelowa, Axel, Nestle, Ingrid, Greiner, Sandra and Michael Dutschke (2007), "Common Policy on Climate Change: Land Use, Domestic Stakeholders and EU Foreign Policy," in Paul Harris ed. , *Europe and Global Climate Change: Politics, Foreign Policy and Regional Cooperation*, Cheltenham: Edward Elgar Publishing Limited, pp. 233 – 254.

Lavranos, Nikolaos (2002), "Multilateral Environmental Agreements: Who Makes the Binding Decisions?" *European Environmental Law Review*, Vol. 11, No. 2, pp. 44 – 55.

Leal – Arcas, Rafael (2001), "The European Community and Mixed Agreements", *European Foreign Affairs Review* Vol. 6, No. 4, pp. 483 – 513.

Lewis, Joanna I. (2007/2008), "China's Strategic Priorities in International Climate Change Negotiations," *The Washington Quarterly*, Vol. 31, No. 1, pp. 155 – 174.

Manners, Ian (2002), "Normative Power Europe: A Contradiction in Terms?" *Journal of Common Market Studies*, Vol. 40, No. 2, pp. 235 – 258.

—— (2006), "The European Union as a Normative Power: A Response to Thomas Diez," *Millennium: Journal of International Studies*, Vol. 35,

No. 1, pp. 167 – 180.

Mejia, Daniel Abreu (2010), "The Evolution of the Climate Change Regime: Beyond a North – South Divide?" *Institut Catala Internacional per la Pau (ICIP) Working Papers*, 2010/06, Barcelona.

Metz, Bert, Kok, Marcel T. J., Van Minnen, Jelle G., Moor, Andre De and Albert Faber (2001), "How Can the European Union Contribute to a COP – 6 Agreement? An Overview for Policy Makers," *International Environmental Agreements: politics, Law and Economics*, Vol. 1, No. 2, pp. 167 – 185.

Mol, Arthur P. J. (1999), "Ecological Modernization and the Environmental Transition of Europe: Between National Variations and Common Denominators," *Journal of Environmental Policy & Planning*, Vol. 1, No. 2, pp. 167 – 181.

—— (2002), "Ecological Modernization and the Global Economy," *Global Environmental Politics*, Vol. 2, No. 2, pp. 92 – 115.

Mol, Arthur P. J. and Martin Jänicke (2010), "The Origins and Theoretical Foundations of Ecological Modernisation Theory," in Arthur P. J. Mol, David A. Sonnenfeld and Gert Spaargaren eds., *Ecological Modernisation Reader: Environmental Reform in Theory and Practice*, London: Routledge, pp. 18 – 20.

——, David A. Sonnenfeld (2000), "Ecological Modernisation Around the World: An Introduction," *Environmental Politics*, Vol. 9, No. 1, pp. 3 – 16.

——, Gert Spaargaren (2000), "Ecological Modernization Theory in Debate: A Review," *Environmental Politics*, Vol. 9, No. 1, pp. 17 – 49.

Oberthür, Sebastian (2007), "The European Union in International Climate Policy: The Prospect for Leadership," *Intereconomics*, March/April, pp. 77 – 83.

——, Claire Roche Kellz (2008), "EU Leadership in International Climate Policy: Achievements and Challenges," *The International Spectator*, Vol. 43, No. 3, pp. 35 – 50.

—— (2009), "The Role of the EU in Global Environmental and Climate Governance," in Mario Telo ed. , *European Union and Global Governance*, London: Routledge, pp. 192 – 208.

——, Pallemaerts, Marc (2010), "The EU's Internal and External Climate Change Policies: and Historical Overview," in Sebastian Oberthür and Marc Pallemaerts eds. , *The New Climate Policies of the European Union: Internal Legislation and Climate Diplomacy*, Brussels: VUBPRESS, Brussels University Press, pp. 27 – 63.

——, Dupont, Claire (2010), "The Council, the European Council and International Climate Policy: From Symbolic Leadership to Leadership by Example," in Rüdiger K. W. Wurzel and James Connelly eds. , *The European Union as a Leader in International Climate Change Politics*, London: Routledge, pp. 74 – 91.

Ott, Hermann E. (1998), "The Kyoto Protocol: Unfinished Business," *Environment* Vol. 40, No. 6, pp. 16 – 20 and pp. 41 – 45.

Pallememaerts, Marc and Rhiannon Williams (2006), "Climate Change: the International and European Policy Framework," in Marjan Peeters and Kurt Deketelaere eds. , *EU Climate Change Policy: the Challenge of New Regulatory Initiatives*, Cheltenham: Edward Elgar Publishing Limited, pp. 22 – 50.

Porter, Michael E. and Claas van der Linde (1995), "Green and Competitive: Ending the Stalemate," Harvard Business Review, Vol. 73.

Ringius, Lasse (1999a), "Differentiation, leaders, and fairness," *International Negotiation*, Vol. 4, No. 2, pp. 133 – 166.

—— (1999b), *The European Community and Climate Protection: What's behind the 'Empty Rhetoric'*? Center for International Climate and Environment Research – Oslo (CICERO), Report 1999: 8.

Robert D. Putnam, "Diplomacy and Domestic Politics: The Logic of Two – Level Games," *International Organization*, Vol. 42, No. 3, 1988, pp. 427 – 460.

Roberts, J. Timmons (2011), "Multipolarity and the New World (dis) Order: US Hegemony Decline and the Fragmentation of the Global Climate Regime", *Global Environmental Change*, Vol. 21, No. 3.

Rowbotham, Elizabeth J. (1996), "Legal Obligations and Uncertainties in the Climate Change Convention," in Tim O'Riordan and Jill JäGer eds., *Politics of Climate Change: A European Perspective*, London: Routledge, pp. 32 – 50.

Rowlands, Ian H. (1995), "Explaining National Climate Change Policies," *Global Environmental Change*, Vol. 5, No. 3, pp. 235 – 249.

Rootes, Christopher (2003), "Conclusion: Environmental Protest Transformed?" in Christopher Rootes ed., *Environmental Protest in Western Europe*, Oxford: Oxford University Press.

Rüdig, Wolfgang (1998), "Peace and Ecology Movements in Western Europe," *West European Politics*, Vol. 11, No. 1, p. 27.

Schaik, Louise van and Christian Engohofer (2005), "Improving the Climate: Will the New Constitution Strengthen EU's Performance in International Climate Negotiations?" *CEPS Policy Brief*, No. 63/February.

Schreurs, Miranda A. (2004), "The Climate Change Divide: The European Union, the United States, and the Future of the Kyoto Protocol," in Norman J. Vig and Michael G. Faure eds., *Green Giants?: Environmental Policies of the United States and the European Union*, Cambridge: The MIT Press, p. 209.

Schreurs, Miranda A. and Yves Tiberghien (2007), "Multi – Level Reinforcement: Explaining European Union Leadership in Climate Change Mitigation," *Global Environmental Politics*, Vol. 7, No. 4, pp. 19 – 46.

——, Selin, Henrik and Stacy D. VanDeveer (2009), "Conflict and Cooperation in Transatlantic Climate Politics: Different Stories at Different Levels," in Miranda A. Schreurs, Henrik Selin and Stacy D. VanDeveer eds., *Transatlantic Environment and Energy Politics: Comparative and International Perspective*, England: Ashgate Publishing Limited.

Schunz, Simon (2011), *Beyond Leadership by Example: Towards A Flexible European Union Foreign Climate Policy*, Working Paper FG8, 2011/1,

January 2011, SWP Berlin.

Schunz, Simon (2015), "The European Union's Climate Change Diplomacy", in Joachim A. Koops and Gjovalin Macaj eds. , *The European Union as A Diplomatic Actor*, Hampshire: Palgrave Macmillan, pp. 178 – 201.

Scott, Joanne and Lavanya Rajamani (2012), "EU Climate Change Unilateralism", *The European Journal of International Law*, Vol. 23, No. 2, pp. 469 – 494.

Skjærseth, Jon Birger (1994), "The Climate Policy of the EC: Too Hot to Handle?" *Journal of Common Market Studies*, Vol. 32, No. 1, pp. 25 – 45.

Spaargaren, G. and Arthur P. J. Mol (1992), "Sociology, Environment and Modernity: Ecological Modernisation as a Theory of Social Change," *Society and Natural Resources*, Vol. 5, No. 4, pp. 323 – 344.

Sprinz, Detlef and Tapani vaahtoranta (1994), "The Interest – Based Explanation of International Environmental Policy, " *International Organization*, Vol. 48, No. 1, pp. 77 – 105.

Van Schaik, L. G. and C. Egenhofer (2003), *Reform of the EU Institutions: Implications for the EU's Performance in Climate Negotiations*, CEPS Policy Brief No. 40, September, Centre for European Policy Studies, Brussels.

——, Egenhofer, C. (2005), "Improving the Climate: Will the New Constitution Strengthen EU's Performance in International Climate Negotiations?" *CEPS Policy Brief*, No. 63/February 2005.

—— (2010), "The Sustainability of the EU's Model for Climate Diplomacy," in Sebastian Oberthür and Marc Pallemaerts eds. , *The New Climate Policies of the European Union: Internal Legislation and Climate Diplomacy*, Brussels: VUBPRESS, Brussels University Press, pp. 251 – 280.

——, Schunz, Simon (2012), "Explaining EU Activism and Impact in Global Climate Politics: Is the Union a Norm – or Interest – Driven Actor?" *Journal of Common Market Studies*, Vol. 50, No. 1, pp. 169 – 186.

Viola, Eduardu, Franchini, Matias and Thais Lemos Ribeiro (2012), "Climate Governance in An International System under Conservative Hegemony: the Role of Major Powers", *Brazilian Journal of International Politics* (*Rev. Bras. Polit. Int.*), Vol. 55 (special edition), pp. 9 – 29.

Vogel, David (1997), "Trading up and Governing across: Transnational Governance and Environmental Protection," *Journal of European Public Policy*, pp. 556 – 571.

—— (2001), "Is There a Race to the Bottom? The Impact of Globalization on National Regulatory Policies," In: The Tocqueville Review/La Revue Tocqueville, Vol. XXII, No. 1.

Vogler, John (2005), "The European Contribution to Global Environmental Governance," *International Affairs*, Vol. 81, No. 4, pp. 835 – 850.

—— (2008), *Climate Change and EU Foreign Policy: The Negotiation of Burden – Sharing*, UCD Dublin European Institute Working Paper 08 – 11, July 2008.

Weale, Albert (1993), "Ecological Modernisation and the Integration of European Environmental Policy," in J. D. Liefferink, P. D. Lowe and Arthur P. J. Mol eds., *European Integration and Environmental Policy*, London: Belhaven Press, pp. 196 – 216.

Wu, Joshua Su – Ya (2009), "Toward a Model of International Environmental Action: A Case Study of Japan's Environmental Conversion and Participation in the Climate Change Environmental Regime," *Review of Policy Research*, Vol. 26, No. 3.

Yamin, Farhana (2000), "The Role of the EU in Climate Negotiations," in Joyeeta Gupta and Michael Grubb eds., *Climate Change and European Leadership: A Sustainable Role for Europe?* Dordrecht: Kluwer Academic Publishers, pp. 47 – 66.

Zelli, Fariborz, van Asselt, Harro (2013), "The Institutional Fragmentation of Global Environmental Governance: Causes, Consequences and Responses," *Global Environmental Politics*, Vol. 13, No. 3, 2013, pp. 1 – 13.

研究报告

Aho, Esko et al. (2006), *Creating an Innovative Europe.* Report of the Independent Expert Group on R&D and Innovation appointed following the Hampton Court Summit, Luxembourg: Office for Official Publications of the European Communities. January.

ECORYS (2009), *Study on the Competitiveness of the EU eco-industry*, Final report – Part 1 and Part 2, Brussles, 09 October.

ECORYS (2012), *The number of Jobs dependent on the Environment and Resource Efficiency improvements*, Rotterdam, 3 April.

Ernst & Young (2006), Eco-industry, its size, employment, perspectives and barriers to growth in an enlarged EU.

European Communities (2009), *Employment in Europe* 2009, Luxemborg: Office for Official Publications of the European Communities.

Görlach, Benjamin, Lucas Porsch, Dominic Marcellino and Adam Pearson (2014), "How Crisis – resistant and Competitive Are Europe's Eco-Industries?" Ecologic Institute, Berlin, January.

IPCC (2015), *Climate Change* 2014: *Synthesis Report – Summary for Policymakers*.

International Energy Agency (2015), *Energy and Climate Change: World Energy Outlook Special Report*.

Jänicke, Martin (2000), *Ecological Modernization: Innovation and Diffusion of Policy and Technology*, Forschungsstelle für Umweltpolitik (FFU) Report 2000 – 08, Berlin: Free University of Berlin, 2000.

—— (2002), *The Role of the Nation State in Environmental Policy: The Challenge of Globalisationy*, Forschungsstelle für Umweltpolitik (FFU) Report 2002 – 07, Berlin: Free University of Berlin.

—— (2005), *Governing Environmental Flows: The Need to Reinvent the Nation State*, Forschungsstelle für Umweltpolitik (FFU) Report 2005 – 03, Berlin: Free University of Berlin.

—— (2006), *The "Rio Model" of Environmental Governance – A General Evaluation*, Forschungsstelle für Umweltpolitik (FFU) Report 2006 – 03, Berlin: Free University of Berlin.

——, Klaus Jacob (2002), *Ecological Modernisation and the Creation of Lead*

Markets, Forschungsstelle für Umweltpolitik（FFU）Report 2002 – 03, Berlin: Free University of Berlin.

——, Klaus Jacob（2009）, *A Third Industrial Revolution? Solutions to the Crisis of Resource – intensive Growth*, Forschungsstelle für Umweltpolitik（FFU）Report 2009 – 02, Berlin: Free University of Berlin.

——, Mez, Lutz, Bechsgaard, Pernille and Børge Klemmensen（1998）, *Innovation and Diffusion through Environmental Regulation: The Case of Danish Refrigerators*, Forschungsstelle für Umweltpolitik（FFU）Report 1998 – 3, Berlin: Free University of Berlin.

The High Level Group Chaired by Wim Kok（2004）, *Facing the challenge: The Lisbon Strategy for Growth and Employment*, November.

UK Department for Business, Innovation & Skills（2013）, *Low Carbon Environmental Goods and Services Report* 2011/12, July.

World Bank（2010）, *World Development Report* 2010: *Development and Climate Change*. Washington D. C.

欧盟的政策法律文件

European Council（1990）, *Presidency Conclusions of European Council*, 25 and 26 June, Dublin.

European Council（2000）, *Presidency Conclusion*, Lisbon European Council, 23 and 24 March.

European Council（2001a）, *Presidency Conclusion*, Lisbon European Council 23 and 24 March, Lisbon.

European Council（2001b）, *Presidency Conclusions*, Göteborg European Council – 15 and 16 June,（SN 200/01）, Göteburg.

European Council（2004）, *Presidency Conclusions*, Brussels, March 25/26.

European Council（2005）, *Presidency Conclusion*, Brussels European Council 22 and 23 March, Brussels.

European Council（2006）, *Presidency Conclusions*, Brussels, December 14/15 2006.

European Council（2007）, *Presidency Conclusions*, Brussels European Council, 8 ~ 9 March, 7224/1/07 REV 1. Brussels: European Council.

European Council (2010), *Council Conclusion, EU Position for the Copenhagen Climate Change Conference (7 – 18 December 2009)*, Brussels, 21 October, 2009.

European Council (2014), *European Council (23 and 24 October 2014) Conclusions on 2030 Climate and Energy Policy Framework*, Brussels, 23 October 2014.

European Council (2014), *Joint letter of President of the European Council Herman Van Rompuy and President of the European Commission José Manuel Barroso to the United Nations Secretary – General Ban Ki – moon on the EU comprehensive Climate and Energy Framework*, Brussels, Press Release, 24 October 2014.

Council of the European Union (Environment) (1996), Conclusions of the 1939th Environment Council, Meeting 25 ~ 26 June, Brussels: Council of Ministers.

Council of the European Union (Environment) (2005), Press Release 2647th Council Meeting Environment, 6693/05 (Presse 40), Brussels, 10 March.

Council of the European Union (Environment) (2007), Press Release 2785th Council Meeting Environment, 6272/07 (Presse 25), Brussels, 20 February.

Council of the European Union (Environment) (2009), *Contribution of the Council (Environment) to the Spring European Council (19 and 20 March 2009): Further Development of the EU Position on a Comprehensive Post – 2012 Climate Agreement – Council Conclusions*, Brussels, 3 March, 2009.

The Council of the European Union (2015), "Preparations for the 21th session of the Conference of the Parties (COP 21) to the United Nations Framework Convention on Climate Change (UNFCCC) and the 11th session of the Meeting of the Parties to the Kyoto Protocol (CMP 11), Paris 2015", *Press Release 657/15*, 18.09.2015.

Commission of the European Communities (CEC) (1986), *Fourth Environmental Action Programme*, 1987 - 92, COM (86) 485 final, 1986.

Commission of the European Communities (CEC) (1988), *The Greenhouse Effect and the Community. Commission Work programme concerning the evaluation of policy options to deal with the greenhouse effect*, COM (88) 656 final, Brussels, 16 November 1988.

CEC (1991), *A Community Strategy to Limit Carbon Dioxide Emission and to Improve Energy Efficiency*, SEC (91) 1744 final, Brussels, 14 October 1991.

CEC (1992a), *Specific action for greater penetration for renewable energy sources ALTENER*, COM (92) 180 final, Brussels, 29 June 1992.

CEC (1992b), *Proposal for a Council Decision for a monitoring mechanism of Community CO_2 and other greenhouse gas emission*, Brussels, COM (92) 181 final, Brussels, 1 June 1992.

CEC (1992c), *Proposal for a Council Directive to limit carbon dioxide emission by improving energy efficiency (SAVE programme)*, Brussels, COM (92) 182 final, Brussels, 26 June 1992.

CEC (1992d), *Proposal for a Council Directive Introducing a Tax on Carbon Dioxide Emissions and Energy*. COM (92) 226 final, Brussels, 30 June 1992.

CEC (1992e), *A Community Strategy to Limit Carbon Dioxide Emission and to Improve Energy Efficiency*, Brussels, COM (92) 246 final, Brussles, 1 June 1992.

CEC (1992f), *Proposal for a Council Decision concerning the conclusion of the Framework Convention on Climate Change*, Brussels, COM (92) 508 final, Brussels, 14 December 1992.

CEC (1992g), *Commission Communication to the Council Amendment to Commission Decision No 3855/91/ECSC of 27 November 1991 establishing Community rules for aid to the steel industry*, SEC (92) 992 fina l, Brussles.

CEC (1997), *Climate Change - The EU Approach for Kyoto*, COM (1997)

481 final, Brussels, 01. 10. 1997.

CEC (1998), *Climate Change – Towards an EU Post – Kyoto Strategy*, COM (1998) 353 final, Brussels, 03. 06. 1998.

CEC (1999), *Preparing for Implementation of the Kyoto Protocol*, COM (1999) 230 final, Brussels, 19. 05. 1999.

CEC (2000a), *Green Paper on Greenhouse Gas Emissions Trading within the European Union*, COM (2000) 87 final, Brussels, 8. 3. 2000.

CEC (2000b), *on EU Policies and Measures to Reduce Greenhouse Gas Emissions: Towards a European Climate Change Programme (ECCP)*, COM (2000) 88 final, Brussels, 8. 3. 2000.

CEC (2001a), *"Environment 2010: our future, our choice" – The Sixth Environment Action Programme*, COM (2001) 31 final, Brussels, 24. 1. 2001.

CEC (2001b), *Proposal for a Directive of the European Parliament and of the Council establishing a scheme for greenhouse gas emission allowance trading within the Community and amending Council Directive 96/61/EC*, COM (2001) 581 final, Brussels, 23. 10. 2001.

CEC (2002), *A European Union Strategy for Sustainable Development*, Office for Official Publications of the EU.

CEC (2004), *Stimulating Technologies for Sustainable Development: An Environmental Technologies Action Plan for the European Union*, COM (2004) 38 final, Brussels, 28. 1. 2004.

CEC (2005a), *Working together for Growth and Jobs: A New Start for the Lisbon Strategy*, COM (2005) 24, Brussels, 02. 02. 2005.

CEC (2005b), *Winning the Battle Against Global Climate Change*, COM (2005) 35 final, Brussels, 9. 2. 2005.

CEC (2005c), *Common Actions for Growth and Employment: The Community Lisbon Programme*, COM (2005) 330 final, Brissels, 20. 7. 2005.

CEC (2005d), *On the Review of the Sustainable Development Strategy – A Platform for Action*, COM (2005) 658 final, Brussels.

CEC (2006a), *The European Climate Change Programme: EU Action Against Climate Change*.

CEC (2006b), COMMISSION STAFF WORKING DOCUMENT *Impact Assessment Report for the Action Plan for Energy Efficiency* 2006, SEC (2006) 1174, Brussels, 19. 10. 2006.

CEC (2007a), *Renewable Energy Road Map – Renewable Energies in the 21st century: building a more sustainable future*, COM (2006) 848 final, Brussels, 10. 1. 2007.

CEC (2007b), *An Energy Policy for Europe*, COM (2007) 1 final, Brussels, 10. 1. 2007.

CEC (2007c), *Limiting Global Climate Change to 2 Degrees Celsius—The Way Ahead for 2020 and Beyond*, COM (2007) 2 final, 10. 1. 2007.

CEC (2007d), *A European Strategic Energy Technology Plan (SET – Plan): Towards a low carbon future*, COM (2007) 723 final, Brussels, 22. 11. 2007.

CEC (2007e), *A Lead Market Initiative for Europe*, COM (2007) 860 final, Brussels, 21. 12. 2007.

CEC (2007f), *Facts and Figures: the Links Between EU's Economy and Environment*.

CEC (2008a), *Proposal for a Directive of the European Parliament and of the Council amending Directive 2003/87/EC so as to improve and extend greenhouse gas emission allowance trading system of the Community*, COM (2008) 16 final, Brussels, 23. 1. 2008.

CEC (2008b), *Proposal for a Decision of the European Parliament and of the Council on the effort of Member States to reduce their greenhouse gas emission to meet the Community's greenhouse gas emission reduction commitments up to 2020*, COM (2008) 17 final, Brussels, 23. 1. 2008.

CEC (2008c), *Proposal for a Directive of the European Parliament and of the Council on the geological storage of carbon dioxide and amending Council Directives 85/337/EEC, 96/61/EC, Directives 2000/60/EC, 2001/80/EC, 2004/35/EC, 2006/12/EC and Regulation (EC) No 1013/2006*, COM (2008) 18 final, Brussels, 23. 1. 2008.

CEC (2008d), *Proposal for a Directive of the European Parliament and of the*

Council on the promotion of the use of energy from renewable sources, COM (2008) 19 final, Brussels, 23. 1. 2008.

CEC (2008e), 20 20 *by* 2020—*Europe's Climate Change Opportunity*, COM (2008) 30 final, Brussels, 23. 1. 2008.

CEC (2008f), Questions and Answers on the Decision on Effort Sharing, MEMO/08/797, Brussels: Commission of the European Communities.

CEC (2008g), *Boosting growth and jobs by meeting our climate change commitments*, Press Release IP/08/80, Brussels, 23 January.

CEC (2008h), *Second Strategic Energy Review: an EU Energy Security and Solidarity Action Plan*, COM (2008) 781 final, Brussels, 13. 11. 2008.

CEC (2009a), *Towards a Comprehensive Climate Change Agreement in Copenhagen*, COM (2009) 39 final, Brussels, 28. 1. 2009.

CEC (2009b), *Stepping up International Climate Finance: A European Blueprint for the Copenhagen Deal*, COM (2009) 475/3, Brussels, 10 September, 2009.

CEC (2010a), *Europe* 2020: *A Strategy for Smart, Sustainable and Inclusive Growth*, COM (2010) 2020, Brussels, 3. 3. 2010.

CEC (2010b), Commission Staff Working Document *State of play in the EU energy policy*, SEC (2010) 1346 final, Brussels, 10. 11. 2010.

European Commission (2011), *A Roadmap for moving to a competitive low carbon economy in* 2050, COM (2011) 112 final, Brussels, 8. 3. 2011.

European Commission (2014a), *A policy framework for climate and energy in the period from* 2020 *to* 2030, COM (2014) 15 final, Brussels, 22. 1. 2014.

European Commission (2014b), *European Energy Security Strategy*, COM (2014) 330 final, Brussels, 28. 5. 2014.

European Commission (2015), *The Paris Protocol – A blueprint for tackling global climate change beyond* 2020, COM (2015) 81 final, Brussels, 25. 2. 2015.

European Commission (2016), *EU energy in figures* 2016, Publications Office of the European Union.

European Communities (2007), *EU action against climate change: Research and development to fight climate change.*

European Communities (2005), *EU action against climate change: EU Emissions Trading - An Open Scheme Promoting Global Innovation.*

European Union (2010), *The European Strategic Energy Technology Plan (SET - Plan): Towards a Low - carbon Future.*

European Parliament (EP) (2007), European Parliament resolution on climate change adopted on 14 February 2007 (P6_TA (2007) 0038).

Resolution of the Council of the European Communities and of the representatives of the Governments of the Member States, meeting within the Council, of 7 February 1983 on the continuation and implementation of a European Community policy and action programme on the environment (1982 to 1986), The Official Journal, OJ C 046, 17. 2. 1983.

Resolution of the Council of the European Communities and of the representatives of the Governments of the Member States, meeting within the Council, of 1 February 1993 on a Community programme of policy and action in relation to the environment and sustainable development, The Official Journal, OJ C 138, 17. 5. 1993.

Decision 94/69/EC of the Council of the European Union of 15 December 1993 Concerning the Conclusion of the United Nations Framework Convention on Climate Change. *Official Journal of the European Union*, 7 February, L 33/11.

Decision 2002/358/EC of the Council of the European Union of 25 April 2002 Concerning the Approval, on Behalf of the European Community, of the Kyoto Protocol to the United Nations Framework Convention on Climate Change and the Joint Fulfilment of Commitments Thereunder. *Official Journal of the European Union*, 15 May, L 130/1.

Directive 2003/87/EC of the European Parliament and of the Council establishing a scheme for greenhouse gas emission allowance trading within the Community and amending Council Directive 96/61/EC, OJ L 275, 25. 10. 2003.

DIRECTIVE 2009/28/EC OF THE EUROPEAN PARLIAMENT AND OF THE COUNCIL of 23 April 2009 on the promotion of the use of energy from renewable sources and amending and subsequently repealing Directive 2001/77/EC and 2003/30/EC. *Official Journal of the European Union*, 5 June, L 140/16.

DIRECTIVE 2009/29/EC OF THE EUROPEAN PARLIAMENT AND OF THE COUNCIL of 23 April 2009 amending Directive 2003/87/EC so as to improve and extend the greenhouse gas emission allowance trading scheme of the Community. *Official Journal of the European Union*, 5 June, L 140/63.

Decision No 406/2009/EC OF THE EUROPEAN PARLIAMENT AND OF THE COUNCIL of 23 April 2009 on the effort of Member States to reduce their greenhouse gas emissions to meet the Community's greenhouse gas emisson reduction commitments up to 2020. *Official Journal of the European Union*, 5 June, L 140/136.

国际组织出版物

European Environment Agency (EEA) (2010), Annual European Union Greenhouse Gas Invetory 1990 – 2008 and Invetory Report 2010: Submission to UNFCCC Secretaiat, EEA Technical Report No. 6 2010.

European Environment Agency (EEA) (2016), *Annual European Union Greenhouse Gas Invetory 1990 – 2014 and Invetory Report 2016: Submission to UNFCCC Secretaiat*, EEA Report No. 15/2016, 17 June 2016.

European Environment Agency (EEA) (2016), *Renewable Energy in Europe 2016: Recent Growth and Knock – on Effects*, Luxembourg: Publications Office of the European Union, 2016.

OECD, Eurostat (1999), *The Environmental Goods and Services Industry: Manual for Data Collection and Analysis*.

OECD (2002), Indicators to Measure Decoupling of Environmental Pressure from Economic Growth.

United Nations Environment Programme (UNEP) (2008), *Green Jobs: Towards Decent Work in A Sustainable, Low – carbon World*.

United Nations Environment Programme (UNEP) (2008), *Green Jobs: Towards Sustainable Work in a Low - carbon World*.

World Economy Forum, The Global Competiveness Report.

网络资源

Barroso, José Manuel, "Europe's Energy Policy and the Third Industrial Revolution," SPEECH/07/580, availible at: http://europa. eu/rapid/press-ReleasesAction. do? reference = SPEECH/07/580&format = HTML, accessed on 22 May 2010.

Bradley, Rob, *EU Leadership in Climate Change Policy*? Availible at: www. inforse. org/europe/ppt_ docs/CAN - Europe. ppt, accessed on 5 November 2010.

Brande, Vanden, "EU Normative Power on Climate Change: A Legitimacy Building Strategy?" Availible at http://www. uaces. org/pdf/papers/0801/2008_ VandenBrande. pdf, accessed on 12 March 2010.

CEC, Climate Action and Renewable Energy Package, 2008. Availible at http://ec. europa. eu/environment/climat/climate_ action. htm, accessed on 13 May 2010.

Climate Action Network Europe, *Global Leadership Means Domestic Action*, 2009. Availible at: http://www. foe. co. uk/resource/consultation _ responses/eu_ ets_ review. pdf, accessed on 5 November 2010.

Climate change and international security, availible at: www. consilium. europa. eu/ueDocs/cms _ Data/docs/pressData/en/reports/99387. pdf, accessed on 15 May 2010.

Council of The European Union, Presidency Conclusions on COP15 - Copenhagen Climate Conference, 2988th ENVIRONMENT Council meeting, Brussels, 22 December 2009, availible at: http://www. consilium. europa. eu/uedocs/cms_ data/docs/pressdata/en/envir/112067. pdf, accessed on 22 February 2010.

Dechezleprêtre, Antoine (2009) *Invention and International Diffusion of Climate Change Mitigation Technologies: An Empirical Approach*, p. 126. Availible at: http://pastel. paristech. org/6166/01/th% C3% A8se_ AD_

2_ oct. pdf, accessed on 21 October 2010.

Dechezleprêtre, Antoine, Glachant, Matthieu, Hascic, Ivan, Johnstone, Nick and Yann Ménière, *Invention and Transfer of Climate Change Mitigation Technologies on a Global Scale*: *A Study Grawing on Patent Data*, CERNA Working Papr Series, Working Paper 2010 – 01, p. 32. Availible at http://hal – ensmp. archives – ouvertes. fr/docs/00/48/82/14/PDF/CWP_ 2010 – 01. pdf, accessed on 21 October 2010.

Ecofys, G8 Climate Scorecards, availible at http://www. ecofys. com/com/ publications/brochures_ newsletters/g8_ climate_ scorecards. htm, accessed on 22 November 2010.

Ecofys, G8 Climate Scorecards. Climate performance of Canada, France, Germany, Italy, Japan, Russia, United Kingdom and Unites States of America. Background information for China, Brazil, India, Mexico and South Africa, availible at http://www. ecofys. com/com/publications/brochures_ newsletters/g8_ climate_ scorecards_ climate_ performance. htm, accessed on 22 November 2010.

European Commission (2010), *EU energy and transport in figures.* availible at: http://ec. europa. eu/energy/publications/statistics/statistics _ en. htm, accessed on 18 November 2010.

European Commission, *Climate Action Progress Report* 2015, http://ec. europa. eu/clima/policies/strategies/progress/docs/progress_ report _ 2015 _ en. pdf, accessed on 18 October 2016.

European Union Ratifies the Kyoto Protocol, availible at: http://www. europa – eu – un. org/articles/en/article_1420_ en. htm, accessed on 21 June 2010.

IPCC, IPCC Second Assessment Report: Climate Change 1995, availible at: http://www. ipcc. ch/pdf/climate – changes – 1995/ipcc – 2nd – assessment/2nd – assessment – en. pdf, accessed on 16 February 2010.

Keeling Curve, availible at: http://scrippsco2. ucsd. edu/program _ history/ keeling_ curve_ lessons. html, accessed on 8 July 2010.

Oberthür, Sebastian, EU Leadership on Climate Change: Living up to the Challenges, availible at: http://ec. europa. eu/education/ajmforum07/

oberthur. pdf. accessed on 5 March 2010.

OECD, Measuring aid targeting the objectives of the Rio Conventions, availible at: http://www. oecd. org/dataoecd/46/13/42819225. pdf, accessed on 21 February 2010.

OECD, Aid Targeting the Objectives of the Rio Conventions 1998 – 2000, availible at: http://www. oecd. org/dataoecd/2/20/1944468. pdf, accessed on 21 February 2010.

OECD (2008), Compendium of Patent Statistics 2008, availible at http://www. oecd. org/dataoecd/5/19/37569377. pdf, accessed on 18 October 2010.

OECD (2010), *Climate Policy and Technological Innovation and Transfer: An Overview of Trends and Recent Empirical Results*, 2010. Availible at http://www. oecd. org/dataoecd/54/52/45648463. pdf, accessed on 18 October 2010.

Pew Center on Global Climate Change, European Commission's Proposed "Climate Action and Renewable Energy Package" January 2008, availible at: http://www. pewclimate. org/docUploads/EU_ Proposal_ 23Jan2008. pdf, accessed on 5 March 2010.

Scripps CO_2 Program – Atmospheric CO_2, availible at: http://scrippsco2. ucsd. edu/data/atmospheric_ co2. html, accessed on 8 July 2010.

Second European Climate Change Programme, availible at: http://ec. europa. eu/clima/policies/eccp/second_ en. htm, accessed on 2 November 2010.

United Nations, Report of the World Summit on Sustainable Development, A/CONF. 199/20, available at: http://daccess – dds – ny. un. org/doc/UN-DOC/GEN/N02/636/93/PDF/N0263693. pdf? OpenElement, accessed on 30 July 2010.

Yale Center for Environmental Law and Policy and Center for International Earth Science Information Network, Environmental Peformance Index 2006、2008 and 2010, availible at: www. epi. yale. edu, accessed on 20 November 2010.

Zillman, John W. , *A History of Climate Activities*, availible at: http://www. wmo. int/pages/publications/bulletin_ en/58 _ 3 _ zillman _ en. html#top, accessed on 5 February 2010.

重要网站

Earth Negotiation Bulletin, www. iisd. ca/vol12/

Intergovernmental Panel on Climate Change, www. ipcc. ch

United Nations Frameework Convention on Climate Change (UNFCCC) , www. unfccc. int

United Nations Environment Programme (UNEP) , www. unep. org

United Nations Development Programme (UNDP) , www. undp. org

附录 英文首字母缩略词表

AGBM：Ad Hoc Group on the Berlin Mandate

AOSIS：Alliance of Small Island States

CCMTs：Climate Change Mitigation Technologies

CCS：Carbon Capture and Storage（Carbon Capture and Sequestration）

CDM：Clean Development Mechanism

CEC：Commission of European Communities

COP：Conference of the Parties

EC：European Communities

ECCP：European Climate Change Programme

ECJ：European Court of Justice

EEA：European Environmental Agency

EP：European Parliament

EPI：Environment Performance Index

EPO：European Patent Office

ETS：Emissions Trading Scheme

EU：European Union

GCC：Global Climate Change

GDP：Gross Domestic Product

GEF：Global Environmental Facility

IEA：Internatioanl Energy Agency

ILO：International Labour Organization

INC：Intergovernmental Negotiating Committee for Framework Convention on
　　Climate Change

IPCC：Intergovernmental Panel on Climate Change

LULUCF：Land Use，Land Use Change and Forestry

MOP：Meeting of the Parties

NGOs：Non-governmental Organizations

OECD：Organization for Economic Co-operation and Development

OPEC：Organization of the Petroleum Exporting Countries

UN：United Nations

UNCED：United Nations Conference on Environment and Development

UNDP：United Nations Development Programme

UNEP：United Nations Environment Programme

UNFCCC：United Nations Framework Convention on Climate Change

WMO：World Meteorological Organization

WTO：World Trade Organization

WWF：World Wide Fund for Nature

致　谢

学术之路犹如登山，艰苦攀爬，阻力不断，障碍重重，目标遥遥，需要强大的体力和精神意志力的支撑。但登攀之路也是一种难得的人生体验之路，也是领略各种风光和景致之路。所谓"会当凌绝顶，一览众山小"，虽然我也许终身都无法登临学术之山的峰顶，但登攀至某一高点，回首来时路，满眼风光，大概也是一种别样的人生意境。本书是在我博士论文的基础上经过修改和完善而成。2011年5月完成博士论文答辩，2014年经过修改后非常荣幸地成功申报了国家社科基金后期资助项目，根据项目申报时匿名评审专家提出的宝贵修改意见和建议，经过进一步修改与完善，最终成为当前这部著作。这是我个人学术生涯中很重要的一部学术专著。从2009年下半年开始着手博士论文选题和写作，不觉之间已经走过近八年的漫漫求索之路。一路走来，能够顺利完成这部著作，离不开许多人的帮助和指导，没有他（她）们的鼓励、支持、鞭策和推动，仅凭我个人的微薄之力大概难以完成这样一部作品。怀一颗感恩之心，尽述感怀之意，表达感激之情。

首先，感谢国家社科基金给予我的研究与出版资助，使我能够完成对博士论文的修改和完善，并顺利出版。国家社科基金也是我博士毕业之后拿到的第一份国家级学术资助，正是在这份重要基金的资助下，我能够查询和购买更多学术研究资料，求教于更多专家学者，参加更多相关领域的学术会议，聆听更多专家学者的发言，顺利开展整个学术研究工作，按照既定的规划完成全部书稿。同时，也特别感谢项目申报时给我提出宝贵修改意见和建议的匿名评审专家，正是他们富有建设性的意见和建议，才使本书的一些观点更加明确，逻辑更加自洽，结构更加合理。

其次，特别感谢我的博士导师郇庆治教授。自2008年秋进入山东大学政治学与公共管理学院追随郇老师做环境政治研究以来，受教于郇老师的不仅仅是知识和学术，更从郇老师身上学到了做人的真诚、对学术的执着、对事业的坚守以及对家人师长亲朋好友的挚爱。从整个博士论文的选题到后来的框架设计与完善修改，都凝结着郇老师的汗水与心血。博士三年，郇老师谆谆教诲，言传身教，受益难以言表。虽然自 2009 年下半年郇老师离开山东大学去了北京大学，但并未因此而放松对我的教导，反而给予我更加特别的关怀和指导。至今郇老师组织的一些重要学术会议和活动我都继续参与，师恩难忘，郇老师给予我的提携和鼓励我将终生铭记。三年间，也非常有幸受教于山东大学的刘玉安教授、杨鲁慧教授、王学玉教授、刘昌明教授及其他老师，通过老师们的言传身教，理论拓展，为我博士论文的选题和写作奠定了坚实的学理基础，对老师们给予我的理论熏陶和学术滋养深表谢意。

　　2009 年下半年，在郇老师的鼓励和帮助下，我受到山东大学海外留学基金的资助，顺利到联邦德国柏林自由大学环境政策研究中心进行了为期一年的联合培养。在柏林的一年，受到当时环境政策研究中心主任 Miranda A. Schreurs 教授的友好接待和妥善安排，使我有机会参加了环境政策研究中心的一系列学术活动，为我打开了一扇全新的学术之门，开阔了我的学术视野，使我的人生平添了一笔可贵的精神财富。还有柏林自由大学环境政策研究中心前主任、德国环境政策顾问委员会成员、生态现代化理论的主要创立者 Martin Jänicke 教授也给予我热情帮助和积极鼓励。教授的渊博知识和平易近人使我永生难忘，与教授的交流对我博士论文的写作产生了很大的影响，使我受益终身。同时还要感谢柏林自由大学的 Volker von Prittwitz 教授，教授犀利的观点和独到的见解给我留下了非常深刻的印象，对我论文的写作也有很大启发。异国他乡，在柏林还得到了许多同学、朋友的帮助，尤其是当时在柏林自由大学留学、现在在山东大学政治学与公共管理学院任教的黄栋博士、李昕蕾博士，与她们无数次的深入交流和探讨，不仅使我获得了灵感，完善了我的博士论文，更使我深深懂得了相互交流与相互分享的重要价值。还有当时在柏林自由大学和柏林工业大学留学的黄恺、王晓光、任琳、孙博、严福升、金枫梁、崔文龙等人，他们给予我的帮助使我终生难忘，在此对他们表示深深的感谢。读博士期间也受到邵明昭、袁东生、王利文、和春红、时新华、曲丽涛、禹海霞、鲁法芹等的帮助和鼓励，与他们一起度过了非常愉快而难忘的三年博士生活。感谢他们！另外，还要特别提到的是，在我 2010 年从柏林回国后进行博士论文写作的最后阶段，几次与当时也在山东大学攻读博士学位的林永亮博士进行了深入交谈，使我对博士论文的结构和一些观点更加明确和清晰，给我很大的帮助和启示，对此表示特别感谢。此外，还要感谢我的一些同门师兄师姐师弟师妹们，刘颖博士、李彦文博士、郭晨星博士、蔺雪春博士、曲宏歌博士、郭志俊博士、郭原奇博士、孙凤收博士、王立军博士、王聪聪博士、申森博士等，还有其他同门张鑫、卢文娟、周娜、吴磊、许立根、李明、徐瑞珂、陈夏娟等，同在郇老师门下求学，给予我的不仅仅是生活上的帮扶，还有知识结构上的相互支撑与相互补充，他们都是我攀登之路上的啦啦队和动力源。自 2011 年夏天我在济南大学工作期间受到许多领导和老师的热情帮助和鼓励，尤其是包心鉴教授、李光红副校长、徐庆国书记、丛晓峰院长、梁丽霞院长、刘颖超副书记、郝丽副院长、钱继磊副院长、于龙泉副书记、社科处的王众副处长和周勇副处长等，还有学院国际政治系和其他系的同事，感谢他们多年来给予我的支持、关心与帮助！

2013 年下半年，我有幸到中共中央编译局博士后科研工作站进行博士后科研工作，受到编译局许多人的帮助和提携，尤其是我的合作导师曹荣湘研究员。曹老师在全球气候治理和生态政治研究领域有深厚的造诣，在曹老师的指导下，我的研究得以进一步拓展。此次书稿出版，曹老师在百忙之中欣然应允为我的书稿写序，关切之情跃然纸上，鞭策之意尽在其中，在此，送上我真诚的感谢。另外，在编译局期间还受到俞可平、何增科、陈家刚、杨雪冬、戴隆斌、李义天等老师的批评指导以及朱艳圣、董莹、靳呈伟等老师的帮助，在此一并致谢。

2014 年上半年我受柏林自由大学校友基金的资助，再次返回柏林自由大学环境政策研究中心进行访学，利用访学机会我查找资料，与相关领域的学者进行交流，进一步提升了我的研究水平。在此期间受到贺之杲博士、赵纪周博士、赵晨博士、盛春红博士等人的帮助，使我得以顺利完成访学并进一步完善了博士论文。另外，我还受到北京大学的张海滨教授、中国社科院城环所的庄贵阳研究员、上海国际问题研究院的于宏源研究员、南京信息工程大学的史军教授、湖北大学的陈俊教授等人的帮助，同时，还与马建英博士、刘海霞博士、谢来辉博士、白云真博士、冯存万博士、汤伟博士、郦莉博士、傅聪博士、康晓博士、石晨霞博士、赵斌博士、董亮博士、高小升博士张春满博士等人在不同场合交流与探讨过一些相关问题，拓宽了我的思路，认识了我的不足，对我博士论文的写作和后来的修改完善具有重要的意义，对他们给予我的支持与帮助表示诚挚的感谢。

还要特别感谢带领我进入学术殿堂的硕士研究生导师、山东师范大学的李爱华教授。李老师是我学术研究引路人，带我穿越迷雾、解决难题、探索真理，给予我的提携和帮助使我终身受益。同时，在山师期间，韩玉贵教授、高继文教授、王慧媞教授、杨素群教授和陈海燕教授以及众多同学和朋友都曾给予我很多无私的帮助和鼓励，使我在困难中奋起，在迷茫中坚定前行的步伐，对此表示真诚地感谢。

多年以来，与本书相关的一篇篇阶段性研究成果在《世界经济与政治》《欧洲研究》《当代亚太》《世界经济与政治论坛》《东岳论丛》《国际展望》《南京政治学院学报》《南京工业大学学报（社会科学版)》《鄱阳湖学刊》等杂志发表，使我有了一个个重要的学术交流平台，能够与学界同仁们以文会友，交流观点，相互鼓励，相互批评，思想碰撞，砥砺前行，有了一次次的学术探索之旅，获得了一次次的心灵洗礼。感谢这些杂志对我的厚爱！同时，感谢杂志社那些精益求精、孜孜不倦、甘做人梯的编辑老师们，帮我润色文章、指正谬误、编辑文字，使我的文章行走于学界，求教于同仁，每一篇文章都饱含着他们辛勤的汗水，沉淀着他们的聪明睿智。

还要特别感谢我的爱人崔敏女士和儿子，她们是我坚实的后盾和温馨的港湾，也是我前进路上不竭的动力之源。没有她们的默默奉献也就没有我的今天。她们给予我生活上的支持和精神上的鼓励，是我无论面对任何困难都能勇敢走下去并不断向上追求的无尽动力。我博士论文的写作以及后来的修改时期也正是儿子成长的关键时期，对孩子关爱和教育的欠缺是我此生最大的愧疚，儿子的理解与支持也是我此生最大的安慰。同时，特别感谢我的父母，他们吃苦耐劳、任劳任怨的品格使我深深懂得生活之艰辛与不易，也更加深刻理解，只有经过自己勤奋和汗水浇灌出来的花朵才能为自己换来尊重与尊严。

最后，真诚感谢社会科学文献出版社社会政法分社的周琼社长和责任编辑张建中老师，从书稿的出版事宜到整体编辑以及文字的校对，都凝结着他们的汗水，他们严谨的工作态度、认真的工作作风以及厚实的理论素养，使我的书稿增色不少。

前路漫漫，还需要继续上下求索，唯有不懈奋斗才能回报所有帮助与支持我的亲朋师友！"吾生也有涯，而知也无涯"，书稿既已出版，由于本人才疏学浅，有些问题分析可能欠妥，有些观点可能不当，书中的疏漏与谬误自当由我本人承担，真诚欢迎学界同仁和朋友们批评指正，以文会友，为推动我国全球气候治理研究的深入发展继续做出我的努力。

李慧明

2017 年 8 月于济南

图书在版编目（CIP）数据

生态现代化与气候治理：欧盟国际气候谈判立场研
究／李慧明著. -- 北京：社会科学文献出版社，
2017.12
　国家社科基金后期资助项目
　ISBN 978 - 7 - 5201 - 1720 - 3

　Ⅰ.①生… Ⅱ.①李… Ⅲ.①欧洲国家联盟 - 气候变
化 - 对策 - 研究②气候变化 - 治理 - 国际合作 - 研究
Ⅳ.①P467

中国版本图书馆 CIP 数据核字（2017）第 267688 号

·国家社科基金后期资助项目·

生态现代化与气候治理
　　——欧盟国际气候谈判立场研究

著　　者／李慧明

出 版 人／谢寿光
项目统筹／周　琼
责任编辑／张建中

出　　版／社会科学文献出版社·社会政法分社（010）59367156
　　　　　地址：北京市北三环中路甲 29 号院华龙大厦　邮编：100029
　　　　　网址：www.ssap.com.cn
发　　行／市场营销中心（010）59367081　59367018
印　　装／北京季蜂印刷有限公司

规　　格／开　本：787mm×1092mm　1/16
　　　　　印　张：27　字　数：428 千字
版　　次／2017 年 12 月第 1 版　2017 年 12 月第 1 次印刷
书　　号／ISBN 978 - 7 - 5201 - 1720 - 3
定　　价／128.00 元

本书如有印装质量问题，请与读者服务中心（010 - 59367028）联系